国家自然科学基金项目
地理学辽宁省一流特色学科 资助

U0210446

青藏高原东缘第四纪冰川发育特征与机制

张威　崔之久　李永化 ◎ 著

QING–ZANG GAOYUAN DONGYUAN
DISIJI BINGCHUAN FAYU
TEZHENG YU JIZHI

大连海事大学出版社
DALIAN MARITIME UNIVERSITY PRESS

图书在版编目(CIP)数据

青藏高原东缘第四纪冰川发育特征与机制／张威，
崔之久，李永化著. — 大连：大连海事大学出版社，
2016.11
ISBN 978-7-5632-3409-7

Ⅰ.①青… Ⅱ.①张… ②崔… ③李… Ⅲ.①青藏高
原－第四纪－冰川－研究 Ⅳ.①P343.6

中国版本图书馆 CIP 数据核字(2016)第 284578 号

大连海事大学出版社出版

地址:大连市凌海路1号　邮编:116026　电话:0411-84728394　传真:0411-84727996
http://www.dmupress.com　E-mail:cbs@dmupress.com

大连海大印刷有限公司印装　　　　　　　　大连海事大学出版社发行
2016 年 11 月第 1 版　　　　　　　　　　2016 年 11 月第 1 次印刷
幅面尺寸:185 mm×260 mm　　　　　　　印张:19.25
字数:419 千　　　　　　　　　　　　　印数:1～800 册
出版人:徐华东

责任编辑:杨玮璐　　　　　　　　　　　责任校对:王　琴　孙夏君
封面设计:解瑶瑶　　　　　　　　　　　版式设计:解瑶瑶

ISBN 978-7-5632-3409-7　　　定价:98.00 元

▲ 青海年保玉则主峰附近的冰川地貌

贺兰山主峰敖包疙瘩 ▶
（海拔 3556 m）

1

四川雪宝顶主峰（海拔 5588 m）▲

▼ 太白山主峰拔仙台（海拔 3767 m）

▲ 四川雪宝顶主峰附近
　角峰、刃脊、冰斗等
　侵蚀地貌组合

太白山主峰拔仙台附近　▶
冰川作用塑造的刃脊

贺兰山主峰附近的刃脊地貌　▶

▲ 马衔山陡林沟附近冰川堆积物

▲ 小相岭长海湖两侧对称发育的4条侧碛垄

▲ 小相岭长海沟冰碛剖面

冰川槽谷·云南白马雪山 ▲

冰川槽谷·西藏昌都 ▶
邦达镇八姑村附近

▲ 青海年保玉则北坡冰川槽谷，位于西门错附近

▼ 云南白马雪山典型冰川槽谷

▲ 阿尔泰山北坡冰川槽谷及冰碛湖（海拔 2389 m）

阿尔泰山北坡冰斗及 ▶
　冰川槽谷地貌

▲ 长白山白云峰冰斗（海拔 2200 m）

▲ 长白山将军峰冰斗（海拔 2200 m）

▲ 云南石卡雪山主峰附近的冰斗（海拔 4210 m）

太白山大爷海冰斗湖 ▶
（海拔 3590 m）

◀ 甘肃玛雅雪山南坡小天池冰蚀湖

▲ 太白山主峰八仙台附近夷平面（海拔 3750 m）

羊背石磨光面上的剥离层，指 ▶
示冰川高压研磨作用，位于
阿尔泰山喀纳斯谷地鸭泽湖
旁（海拔 1367 m）

◀ 冰川碾压过的羊背石磨光面表层，发育在喀纳斯谷地二道湾附近（海拔 1439 m）

冰川磨光面·甘肃迭部扎尕那（海拔 3535 m）▶

◀ 螺髻山纸洛达冰斗内羊背石磨光面（海拔 3840 m）

▲ 阿尔泰喀纳斯谷地二道湾附近羊背石上的磨光面（海拔 1439 m）

◀ 冰川擦痕 · 四川螺髻山
清水沟游客中心附近

冰川擦痕 · 云南千湖山上吉沙村 ▶
附近（海拔 3610 m）

冰碛石及其上的冰川擦痕 · 四川雪宝顶南坡上纳咪村至麻凤村之 ▲
间侧碛垄旁（海拔 3350 m）

◀ 喀纳斯谷地二道湾大型羊背石
磨光面上的擦痕，走向 125°
（海拔 1439 m）

四川雪宝顶南坡
冰川槽谷中被流
水切开的岩坎

太白山主峰拔仙台附近三爷海冰蚀湖（海拔3480 m）及冰坎

▲ 谷口冰川沉积物·阿尔泰山北坡

冰斗内的冰川堆积物及前缘冰坎·他念他翁山中段邦达镇青古隆村附近 ▼

▲ 台湾玉山主峰附近宽浅冰斗内的堆积物

▼ 阿尔泰山北坡山麓冰川堆积物

阿尔泰山北坡冰川堆积物（海 ▶
拔 2282 m）

◀ 喀纳斯湖出口处冰碛地貌

山前冰碛地貌·阿尔泰山北坡 ▶

▲ 喀纳斯谷地二道湾附近的羊背石及冰碛垄

▼ 年保玉则北坡西门错谷地保存的末次冰期冰碛垄（海拔4045 m）

▲ 四川雪宝顶主峰南侧冰斗内的冰碛垄（海拔4406 m）

支谷冰川汇聚形成的终 ▲
碛垄·西藏昌都地区
邦达镇八姑村附近

▲ 现代冰川表面及前缘的砾石·西藏昌都邦达镇曲扎河卡纳沟源头

▲ 甘肃玛雅雪山北坡末次冰期冰碛垄（海拔 3782 m）

▼ 终碛垄·西藏昌都邦达镇八姑村附近

▼ 现代冰川及冰川地貌组合·阿尔泰山北坡

▲ 太白山主峰附近夷平面上发育的石海

阿尔泰山北坡冰川槽谷内的大型石冰川 ▼
（海拔 2354 m）

▲ 青海年保玉则久阔河谷地冰碛垄 · 照片显示大型花岗岩风化砾石（海拔 3960 m）

▼ 青海年保玉则久阔河谷地冰碛垄剖面 · 照片显示内部强烈风化的花岗岩砾石（海拔 3960 m）

末次冰期冰碛剖面 · 云南千湖山 ▶
（海拔 3600 m）

▲ 暴露的冰碛剖面·云南白马雪山 U 形谷内（海拔 4150 m）

▼ 水体改造过的冰川外围冰碛物，照片显示粗细相间的层理构造，位于喀纳斯谷地驼颈湾附近（海拔 1314 m）

◀ 喀纳斯谷地月亮湾附近冰碛垄剖面中的冰水夹层（海拔 1312 m）

▲ 冰水沉积结构·云南玉龙雪山干海子（海拔 2530 m）

▲ 冰碛垄剖面中的冰水夹层 · 喀纳斯谷地月亮湾附近
公路旁（海拔 1312 m）

阿尔泰山喀纳斯河谷鸭泽湖附近 ▶
羊背石（海拔 1367 m）

阿尔泰山喀纳斯河谷台地上的冰川漂砾（海拔 1640 m）▲

◄ 冰川槽谷内的冰碛垄及上覆
冰川漂砾·西藏昌都地区邦
达镇八姑村附近

喀纳斯湖西岸山梁上风化严重的花岗 ▶
岩漂砾·下伏基岩为板岩

▲ 年保玉则谷地西门错西侧台地上保存的冰川漂砾

▼ 典型的冰碛石．云南千湖山上吉沙村附近（海拔 3610 m）

▲ 冰水沉积物中花岗岩砾石强烈风化成砂层·他
念他翁山中段邦达镇青古隆村村口

冰水沉积物中强烈风化的花岗岩砾石·他念他 ▲
翁山中段邦达镇卡琼村附近

▲ 甘肃玛雅雪山南坡小天池
　　附近冰川侵蚀与堆积地貌

阿尔泰山北坡暴露在冰碛垄顶部的砾石　▲

风化砾石内部的小砾石·阿尔泰山北坡　▼

◀ 新疆阿尔泰山喀纳斯谷地山梁上
的花岗岩冰川漂砾(海拔 2158 m)

冰碛垄表面砾石的差异性风化·▶
阿尔泰山北坡

▲ 阿尔泰山北坡风化的冰川砾石

28

序

　　严格地说,第四纪气候变化研究是从山地冰川入手的。后来试图解释冰期起源的米兰科维奇假说,也是基于地球轨道参数、日照量与山地冰川发育期次的对比而提出的。20 世纪 70 年代的深海氧同位素研究揭示出第四纪极地冰盖的多旋回历史及其中的轨道参数信号,使米兰科维奇假说得到初步验证而逐步转变为理论。自此,山地冰川发育期次与深海氧同位素的精细对比成为不少地貌与第四纪学者努力的目标。

　　从这个意义上讲,山地冰川研究一直是地貌学与第四纪科学的前沿领域之一,而今天的气候变化问题又为该领域赋予了新的内涵。虽然全球海面变化更多地受极地冰盖的影响,但山地冰川对气候变化的敏感性和反馈作用、演化的区域差异及其对资源和生态环境的控制作用等无疑又使该领域青春焕发,保持了旺盛的生命力。

　　借助于青藏高原及季风气候等地域特色和几代科学家的不懈努力,我国的山地冰川研究不断涌现出丰硕成果,逐步在中国第四纪冰川的发生、发展和演化规律,区域－全球对比等方面形成了较系统的认识,在山地冰川演化的构造－气候控制方面提出了独具特色的看法,受到国内外学术界的广泛重视。这些深厚的科学积累,加之近 20 年来的技术进步和国家的持续支持,又为中国第四纪冰川研究提供了良好的发展契机。

　　本书作者及其科研团队正是站在这个新的研究起点上,以宽广的科学视野及对第四纪冰川学发展的深刻领会和把握,详细阐述了青藏高原东缘第四纪冰川侵蚀与堆积地貌的基本特征,建立了研究区第四纪冰川发育的年代学框架,系统分析了青藏高原东缘第四纪冰川演化的机制,这无疑在以往的认识基础上又向前迈进了一步。

　　本书的内容既是对原有认识的有益补充,又超越了传统的冰川地貌研究范畴。它在提供大量新证据和新认识的同时,也从新视角验证了原有认识的合理性和局限性,从而拓宽了中国第四纪冰川研究领域,把不少推测变为实证。这些进展使该书成为一部了解青藏高原东缘山地冰川研究前沿和进展的难得著作,对提升我国第四纪冰川学研究水平、解决地球科学领域的相关前沿问题、加强生态文明建设等均会起到重要的促进作用。

郭正堂

2016 年 11 月 19 日

前　言

　　冰川不仅是重要的淡水资源,也敏锐地反映气候变化,对生态环境建设具有重要影响。冰川的大规模进退,会导致地壳均衡调整、海平面升降变化、水系变迁、水文条件改变、生物灭绝和变迁等。冰川活动及冰川地质作用,对全球气候和生物发展具有重要影响,尤其是第四纪冰川,与人类的生存环境密切相关。研究和确认第四纪冰川作用的基本特点既有特殊的理论意义,也有普遍的现实意义。

　　近年来,对全球冰川作用的规模、时代、性质的探索,极大地推动了第四纪冰川研究向更深层次发展。随着测年技术的不断进步,对青藏高原及其周边地区的冰川发育特点研究不断深入,中国的第四纪冰川研究取得了可喜成就。基于与经典阿尔卑斯冰期的对比、与深海氧同位素曲线的对比、技术测年三个阶段的系统研究成果,研究者对中国第四纪冰川的发生、发展、分布,及其相应的机制和规律进行了系统梳理和归纳。与全球其他地区相比,青藏高原及其周边地区的第四纪冰川作用具有一定的特殊性,这为深入研究冰川作用机制和过程提供了必要条件。

　　在总结归纳中低纬度第四纪冰川发育基本特点的过程中,第四纪工作者将青藏高原的冰期演化序列和几次重要的构造运动事件相联系,得出中国的第四纪冰川发育强烈依靠山体海拔高度的结论,如上新世晚期的青藏运动(约 3.6 Ma)使高原面开始大幅度隆升,"昆仑 - 黄河运动"早幕(1.1~0.8 Ma)使青藏高原抬升到 3500 m 以上,青藏高原及其边缘山地各高大山系隆升高度进入冰冻圈,开始响应全球冰期旋回,进而发育了昆仑冰期的冰川作用;而"昆仑 - 黄河运动"晚幕(0.7~0.6 Ma)导致青藏高原地面进一步抬升,发育了中梁赣冰期的冰川作用;发生在距今 150 ka 的"共和运动"促进了青藏高原东缘山地末次冰期的冰川作用,从中可以看出第四纪冰川作用和构造运动之间的紧密关系。

　　然而,冰川发育的最根本的条件是气候,如果没有适合冰川发育的气候存在,无论构造抬升多么强烈,也不可能发育冰川。在明确了青藏高原现代冰川发育条件和古冰川的冰期系列与冰进规模的基础上,研究者推断,中国的第四纪冰川作用可能是青藏高原在更新世的快速间歇性隆升过程中,迎合了全球各次冰期(气候条件)而发育了冰川,是气候和构造相互耦合的结果。这种从新的理论视角所厘定的中国第四纪冰期的成因,合理地解释了中国第四纪冰期历史晚于极地和高纬地区的特点,丰富和延伸了第四纪冰川研究的内容和领域。

　　应该说,冰川发育的气候与构造耦合模式,主要是基于几次重要的构造事件与冰期系列的对应关系提出来的,这不仅需要大量冰川作用的地貌与沉积学证据,而且更需要第四纪冰川发生时限的年代学证据。此外,还需要相对科学地确定冰期时段的山体高度与平衡线高度,以此检验冰川作用发生时,山体是否真正达到甚至超过了当时的平衡线高度。这里面涉及的科学问题很多,如:(1)冰川发生的地貌形态学证据的可靠性;(2)不同年代学方法所确定冰川作用发生时间的科学性与可对比性;(3)青藏高原隆升时限与过程的争议性;(4)山体隆升速率与剥蚀速率对山体高度恢复的合理性;(5)古冰川平衡线高度计算方法的有效性;(6)外营力对山体高度的控制性,等等。这些问题对于探讨第四纪冰川发育的气候与构造耦合模式具有至关重要的作用,对上述某个方面或几个方面进行深入研究,都会推动中国第四纪冰期成因理论向前发展。

本书是在国家自然科学基金项目的支持下,以青藏高原东缘山地为研究区,以晚第四纪冰川地貌与沉积物为研究对象,采用野外考察与室内分析相结合的方法,针对上述科学问题,进行重点研究的理论成果。上述研究主要关注以下几方面内容:一是从宏观和微观两个方面阐述冰川作用的地貌与沉积学证据;二是采用相对地貌与绝对测年方法,确定冰川作用的期次,尤其是启动时间;三是确定冰期时段的山体高度和冰川平衡线高度,以构造活动控制山体高度、气候条件控制平衡线的高度为切入点,验证冰川发育的气候和构造耦合模式。

尽管说,山体抬升并且配合冰期气候进而发育冰川是中低纬度冰川发育的一大特点,但在以往的研究中,这种构造与气候的耦合模式是根据冰川地貌规模及其发生时代来确定的。对于山体的绝对高度估算一般采用间接推断法。本书考虑这一问题的思路是:运用山体及流域平均高度,综合考虑侵蚀与抬升速率来计算某一特定时段的山体高度,用山体高度与气候雪线的相互关系讨论冰川发育的气候与构造耦合模式。其合理性在于,可以超越冰川地貌本身,用研究所得到的冰川发育年代及其他相关数据,合理估算山体高度以及雪线高度。尽管也存在一定误差,但所恢复的冰期时段山体高度及雪线高度从逻辑上讲更合理。

本项成果的获得得益于众多单位和个人的大力帮助和支持,分别是:国家自然科学基金委,辽宁省教育厅,辽宁师范大学城市与环境学院,北京大学沉积学实验室、碳十四实验室、释光实验室,国家地震局新构造年代学实验室,河北正定水文所光释光年代学实验室,国家地震局地质研究所刘春茹研究员、张会平研究员、李建平实验员,北京大学刘耕年教授、周力平教授、张家富教授、李有利教授,华南师范大学周尚哲教授、许刘兵教授,中国科学院青藏高原研究所易朝路研究员、冯金良研究员,西北生态环境资源研究院郑本兴研究员、苏珍研究员、赵井东副研究员,兰州大学王杰教授,南京大学朱诚教授,昆明理工大学张兵教授,高雄师范大学齐士峥教授。在此对上述单位和个人表示衷心的感谢!

本书是作者近十年来在国家自然科学基金(41230743、41271093、41671005、41501068)的持续资助下,从事第四纪冰川基础性研究成果的系统总结。参加本书撰写工作的有:崔之久、李永化、杨建强、闫玲、牛云博、穆克华、李川川、韩雪、杨蝉玉、丁蒙、李丽、刘亮、刘啸、于洋、李大鹏、王志麟、王立操、赵徐、李博、钟雷、王美霞、宋亚楠、高志远、毕伟力、贺明月、刘鸽、李媛媛、于治龙、董应巍、刘蓓蓓、李洋洋、何代文、付延菁、师源凰、刘立波、柴乐、刘锐、魏亚刚、王斯文。参加文献编排的有:邢春雷、崔朋、殷媛、高晓昕、纪然、张俊宇、肖瑶。殷媛、王斯文负责全书部分图片的处理工作,郭善莉负责书中主要数学模型的建设。

由于作者水平有限,书中的疏漏和不当之处在所难免,敬请各位同行和读者批评指正!

张　威

2016 年 9 月

目　录

第1章 | 绪　论

1.1　第四纪冰川研究简史

　　冰期与间冰期旋回的多次、重复出现是第四纪气候与环境变迁中一个重要的特征,对于大气环流、季风强弱、海平面变化等自然环境有重大影响,因此研究过去的冰川发育情况,如冰川发育的规模、范围、冰川进退的时限等,不仅可以恢复过去环境变化的信息,同时对于预测将来的环境变化具有重要的指导意义。

　　英国学者霍顿(Hutton)1795 年曾指出是冰川作用形成了侏罗山上的漂砾,Venetz 在 19 世纪初认为冰川覆盖阿尔卑斯山和欧洲大部分地区,阿迦西(Aggasiz)将大冰期的概念成功地运用于欧洲大陆,并且推广到英国和美国,经过实际观察证明了第四纪大冰期的存在。1885 年,德国学者彭克(Penck)和布鲁纳尔(Brückner)合作出版了巨著《冰期之阿尔卑斯》,将第四纪冰期理论提升到一个新的高度。他们依据阿尔卑斯山北坡冰碛地貌及冰水堆积地貌、风化程度与地层层位关系等,将阿尔卑斯冰川划分成四次冰期,并以慕尼黑以西多瑙河的四条小支流进行命名,即玉木(Würm)、里斯(Riss)、民德(Mindel)、贡兹(Günz),形成了经典的阿尔卑斯冰期模式并被全世界所接受。随着研究的不断深入,从形态地层学的角度入手,1930 年,Eberal 认为在贡兹冰期之前存在更老的多瑙冰期(Donau)。1953 年,Schafter 辨认出比多瑙冰期更老的拜伯冰期(Biber)。形态地层学冰期划分阶段被认为是与经典阿尔卑斯冰期相对比的阶段,该时期确定了许多地方性的冰期名称。20 世纪 50 年代以后,部分研究者将注意力转向深海沉积物。20 世纪 70 年代初,随着深海钻探岩芯分析水平的提高、结合氧同位素和古地磁定年,对第四纪冰期的认识得以深化。从深海沉积物的氧同位素记录变化曲线上,学者们推断出奇数阶段代表间冰期(阶)、偶数阶段代表冰期(阶)的冷暖气候波动特征,这一阶段被总结为"冰期地层学对比"阶段。这一阶段主要是将研究的冰期地层的发生时间与深海氧同位素曲线相对比(刘东生等,2000;周尚哲和李吉均,2003)。随着科学技术的发展,第四纪冰期的研究也逐渐深化,对于恢复特定时段的环境变化分辨率要求日益提高,冰川作用发生时限成为亟待解决的问题,第四纪研究者普遍认为,环境时间发生的年代学确定已经成为第四纪环境变迁研究的拦路虎。为此,20 世纪 80 年代以后,第四纪冰川学与其他相关的第四纪学科在技术测年方面取得了长足的进步,尤其是突破了冰川沉积物不适合碳十四(^{14}C)(Yi 等,1998;Yin 等,2001)技术测年的瓶颈,电子自旋共振(ESR)(Grün,2009;况明生等,1997;伍永秋等,1999;史正涛等,2000;赵井东等,2001,2009a;易朝路等,2001;刘春

1

茹等,2011;周尚哲等,2004;许刘兵等,2004a,2005;Kuang 等,1997a;业渝光,1992;陈文寄等, 1991)、光释光(OSL)(欧先交等,2013;Xu 等,2010;Yang,2007;Zhang,2008,2012;Hebenstreit 等,2003;Cui 等,2002;张威等,2012c;Owen 等,2008)、热释光(TL)(Zhang 等,2005;张威等, 2005)、宇宙暴露核素测年(CRN/TCN)(Schaefer 等,2006;Wang 等,2006;许刘兵等,2009;Lal 等,2003;Wang 等,2006;Wang 等,2013;Owen 等,2005;Fu 等,2013;张志刚等,2012;Zech 等, 2009)等方法被广泛地应用到第四纪冰川沉积物与基岩的测定之中,尤其是国际第四纪协会 (INQUA)对于重大古气候项目的实施,推动了第四纪冰川研究的发展(Ehlers 等,2003, 2007)。

我国的冰川研究可以追溯到唐代,《大慈恩寺三藏法师传》中记录了玄奘法师(公元630 年)赴印度取经途中,对天山的木扎尔特冰川进行的描述:"冰雪所聚,积而为凌,春夏不解。" 19 世纪末至 20 世纪初,对于我国冰川的研究,仅限于一些西方国家的研究者对我国西部山 区的探险与考察,如 Merzbacher 对天山博格达峰和汗腾格里四周冰川的考察,Mason 和 Shipe-on 对喀喇昆仑山北麓克勒青河谷冰川的研究,Word 对藏东南和横断山系南部的冰川的探 究,以及 Heim 对贡嘎山冰川的报道;而对于中国第四纪古冰川的研究,可能仅是 Willisman 和 Feridinand 等从远处看见过秦岭上面有古冰斗的描述(崔之久等,2011)。后来,众多学者 开始对中国第四纪冰川进行考察与研究,例如中山大学德籍教授 Credner 1930 年曾登上点苍 山,提出洗马潭是冰川作用所致。气象学家竺可桢 20 世纪 20 年代开始在大学里专门讲述现 代冰川,并一直关注对第四纪冰川的研究,对野外冰川考察工作起着巨大的推动作用。著名 地质学家李四光于 20 世纪 20 年代开始对中国东部第四纪冰川做了大量研究(李四光,1933, 1936,1947,1975),认为太行山、大同盆地发育冰川泥砾等,同时发表论文和专著阐述长江流 域黄山等地发育第四纪冰川侵蚀与堆积地貌遗迹,建立了以庐山为代表的第四纪冰期模式, 并划分出鄱阳、大姑、庐山和大理四次冰期。虽然与欧洲经典冰期划分方案相对比,该方案受 到广泛质疑(竺可桢,1923;Huang,1944;崔之久等,1984;黄培华,1982;施雅风,1981,2010;李 吉均等,1983),但对中国的第四纪冰川研究工作影响强烈。20 世纪 40 年代,地质学家黄汲 清对天山南路台兰河流域的第四纪冰川遗迹进行了详细的考察研究。

20 世纪 50—60 年代,我国科技工作者加大了野外考察力度,特别是对青藏高原以及边 缘山地的专门考察,积累了大量的研究经验并取得了丰硕的研究成果。如 1957 年通过对玉 龙雪山的考察,任美锷划分出大理和丽江两次冰期(任美锷等,1957);1957 年,崔之久发表第 一篇有关贡嘎山的现代冰川论文,论述本区两期冰川作用(崔之久,1958);1958 年,随着研究 条件的成熟与研究队伍的不断扩大,施雅风等在兰州建立了专门的冰川研究机构,并组建了 高山冰雪利用研究队,经过冰川学家道尔古辛(苏联)的训练后,考察了祁连山的现代冰川, 并于 1959 年出版了第一部冰川学论著——《祁连山现代冰川考察报告》。此外,富有成效的 第四纪冰川考察与冰期划分是对喜马拉雅山的希夏邦马峰和珠穆朗玛峰的考察,通过对冰川 地貌特征和沉积物的深入分析,施雅风和郑本兴(1976)将该区第四纪冰川作用的阶段划分 为希夏邦马冰期(早更新世)、聂聂雄拉冰期(中更新世)和喜马拉雅冰期(晚更新世)。其 中,希夏邦马冰期与聂聂雄拉冰期分别是我国迄今为止发现的最早冰期和青藏高原发现的最 大冰期,从规模和时代上都有所确定。随后,郑本兴(郑本兴和施雅风,1976)又对希夏邦马地区做了进一步的研究,认为存在四次冰川作用,分别是早更新世、中更新世、晚更新世和全新世。20世纪70年代,青藏高原科学考察丛书与登山科学考察丛书相继出版,如《西藏冰川》《西藏地貌》《西藏第四纪地质》《南迦巴瓦峰地区自然地理与自然资源》《珠穆朗玛峰地区冰川基本特征》等(李吉均等,1986;李炳元等,1983;彭补拙和杨逸畴,1996)。这一阶段冰川研究的主要进展是将冰川演化和高原隆起及环境变化联系起来。

20世纪80年代,我国冰川研究进入了相对稳定并且发展较快的阶段,现代冰川与第四纪冰川研究均取得了较大成果,其中有关第四纪冰川科学考察工作由青藏高原向东部边缘山地转移,如川西螺髻山(刘耕年,1989;崔之久等,1986)、贡嘎山(崔之久,1958)、云南玉龙雪山(郑本兴,2000;赵希涛等,1999,2007a;明庆忠,1996)、甘肃马衔山(刘勇和李吉均,1991)、陕西太白山(崔之久等,2003;刘耕年等,2005;夏正楷,1990)。

几十年的野外考察,不同地点上都积累了丰硕的成果。随着对海洋、黄土、湖泊、生物等相邻学科研究的深入,中国古冰川的研究拥有了良好的发展背景。20世纪90年代至今,中国的第四纪冰川研究进入了崭新的发展阶段,几代人经过数十年的不懈努力,对中国的古冰川研究进行了系统总结。相关著作与代表性论文(崔之久,2013;施雅风等,2011,2006,1998a)为《混杂堆积与环境》《第四纪冰川新论》《中国第四纪冰川与环境》《地理环境与冰川研究》等,其中内容不断推陈出新,将中国的第四纪冰川推向世界,并在国际气候与冰冻圈研究中占有重要的地位。

1.2 中国第四纪冰期成因特点

多年来,众多学者探讨冰期成因,其中具有影响力的是米兰科维奇提出的天文冰期理论和构造成因学说。中国的第四纪冰川学者通过多年研究,认为冰川的发育可能是气候与构造相耦合的结果。这一逻辑思维是逐渐演化而来的,早在1856年,Dana就将大陆冰川作用与晚新生代山体隆升联系起来。在随后的100多年中,一些学者支持并发展了这种观点,主要逻辑是冰期的出现与造山作用在时间上具有相关性,但是一旦出现比更新世更早的冰川作用,这种时间上的对比就失去了意义。

随着人们认识到更新世冰川作用是地球轨道参数变化叠加在长期气候变冷上的结果,注意力就被转移到气候变冷与区域高度变化之间的耦合作用(Molnar和England,1990)上。Phillips等(2000)曾提出与传统理解不一致的非同步冰川作用(Asynchronous glaciations)概念,这一概念较早就由Gillespie和Molnar于1995年提出(Gillespie和Molnar,1995)。他们认为,许多分布于美、欧、亚等地的山地,在末次冰期中,其冰川扩展规模在深海氧同位素(Marine Isotope Stage,简称MIS)2、3或4阶段都有所不同。研究表明,在深海氧同位素3或4阶段,低温和丰富的降水条件更有利于冰川成长。高山冰川在不同地区依赖于区域气候,如同依赖于全球环境变化一样。Gillespie和Molnar提出"区域气候",即不同于全球气候的区域因素,很可能包括构造抬升所带来的环境效应。近年来的研究也表明,第四纪期间强烈的构造事件——青藏高原的隆起和形成,是晚新生代亚洲地质史上最重大的地质事件,其隆起不仅改造了高原本身的自然环境,也对周围地区的环境产生了巨大的影响。青藏高原在晚新生代的强烈隆起,极大地改变了亚洲的大气环流形势,出现了地球上最强大的亚洲季风系统,并严重影响着北半球的大气环流(施雅风,1998b)。青藏高原的隆起对新生代全球的三次变冷和进入冰期可能具有至关重要的作用(Ehlers 等,2007)。在相邻学科的研究中,如黄土、湖泊、边缘海以及深海沉积物中的环境替代性指标研究(李雪铭,2002;李炳元和潘保田,2002),也揭示了这些特定时段的环境事件很可能是构造抬升(主要指青藏高原抬升)在环境载体中的反映,在此期间,这也否定或者弱化了米兰科维奇的天文冰期理论。

近若干年随着测年技术的发展,对高原及其周边地区的冰川发育特点的研究不断深入,中国的第四纪冰川研究取得了可喜的成就。在运用比较系统的测年资料建立可与深海氧同位素曲线对比的冰期系列基础上,研究者对中国第四纪冰川的发生、发展、分布,及其相应的机制和规律形成了比较全面而系统的认识,并发现了以下主要特征:(1)中国第四纪冰期的出现晚于两极、北美和北欧等地区(图 1-2-1);(2)冰期系列也与其他冰川作用区不尽相同,尤其是存在大量 MIS3 阶段冰川前进的证据(图 1-2-2);(3)中国第四纪冰川的发育强烈地依赖于山地的海拔高度,是构造 – 气候耦合作用的结果(图 1-2-3)。这些为深入研究冰期和间冰期旋回与构造隆升耦合机制及过程打下了坚实的基础。

1.3 冰期系列的绝对年代学研究

近二三十年来,随着科学技术的不断发展创新,一些先进的测年方法被广泛应用到第四纪研究领域,使第四纪冰碛物的年代结果受到了高度重视。如 ^{14}C 断代技术——放射性碳测年(AMS ^{14}C)、释光年代学(OSL 和 TL)、^{210}Pb 沉积速率、^{137}Cs 绝对年龄时标测定、宇宙成因核素年龄(TCN 和 CRN)、铀系不平衡法(U)、古地磁、电子自旋共振(ESR)等。这些断代技术为第四纪冰期的远距离对比提供了重要的时间依据。然而,由于高寒条件下形成的冰川沉积物缺少有机物,因此断代对比十分困难,目前应用比较多的是 OSL、CRN 和 ESR。

国外目前主要依托宇宙暴露核素年代学和光释光年代学实验室,在青藏高原以及其他各大洲的高山上进行系统采样与测年,年代结果不断丰富,也修订了一些以前有年代但是不系统的地点信息。以青藏高原及其周边山地为例,目前已经有多处地点进行了宇宙暴露核素 ^{10}Be(Wang 等,2013)和 OSL(欧先交等,2012)年代测试,其分布地点如图 1-3-1、1-3-2 和1-3-3所示。

国内已经建立近 40 家 OSL 年代学实验室,然而遗憾的是,国内目前还没有 ^{10}Be 年代学实验室,只有几家单位建立了前处理实验室。应该说,宇宙暴露核素年代学测定的是沉积物曝光的最小年代,而且会受到诸多因素的影响,如产率、侵蚀速率、积雪覆盖、地磁场影响等等。一般认为,对于最新暴露的年代(如末次冰期以来),其测定结果是比较可靠的,然而对于较早的年代(倒数第二次冰期以前),其结果的准确性是受到质疑的。同样的问题也出现在 OSL 测年上,冰川沉积物不仅受曝光、热力转移等因素的影响,同时还受到信号饱和强度的限制,一般对于大于 100 ka 的年代,测年结果就会被认为不太理想。为了弥补上述不足,ESR 测年承担了目前能够测定并追踪最早冰期历史的重任,被认为可以测定下限至 1 Ma,尽管说同样面临着诸多不确定性的影响,但是如果谨慎使用并选择好储存信号的元素,其结果还是可以应用的。国外原本对于该方法并非很认同,但在中国学者的推动下近年来有所转变,如目前正在运行的中亚课题组项目,就由多国联合(美国、瑞典、澳大利亚、德国、中国、蒙古、俄罗斯等)对同一冰期系列进行不同年代学之间的比较测试研究,这里面就包括了 ESR、OSL 和^{10}Be 之间的比较。

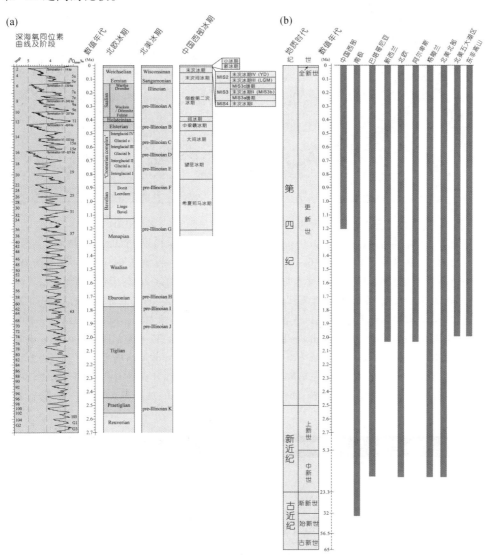

图 1-2-1 北欧、北美和中国西部冰期与全球各地冰期起始时间(Ehlers 等,2007)
(a)北欧、北美和中国西部冰期;(b)全球各地冰期起始时间

图1-2-2　发现的MIS3阶段冰川前进地点(王杰,2010)

1—天山乌鲁木齐河河源;2—天山托木尔峰;3—天山阿莱山脉 Koksu Valley;4—帕米尔高原;
5—兴都库什山系的 Chitral 地区;6—喀喇昆仑山洪扎河谷;7—喀喇昆仑山北坡苏盖提河谷;
8—喜马拉雅山系的 Swat 山脉;9—喜马拉雅山系的 Nanga Parbat 山脉;10—喜马拉雅山系的
Ladakh 山脉的 Bazgo 谷地;11—喜马拉雅山系的 Lahul 山脉;12—喜马拉雅山系的 Garhwal 山
脉;13—喜马拉雅山纳木那马峰;14—喜马拉雅山系 Gorkha 山脉 Macha Khola 谷地;15—喜马
拉雅山系 Khumbu 山脉的 ThyangbocheⅡ;16—念青唐古拉山系;17—唐古拉山山口;18—横断
山系的库照日;19—横断山系的折多山(垭口)西坡;20—横断山系的绒坝岔;21—昆仑山系的
年保玉则山;22—昆仑山系的阿尼玛卿山;23—昆仑山系的布尔汗布达山;24—祁连山东段冷
龙岭地区;25—台湾雪山山庄冰阶;26—千湖山;27—达里加山;28—贺兰山;29—喀纳斯;▲
古里雅冰芯

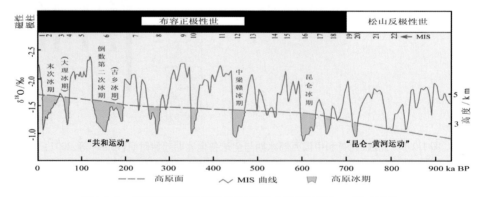

图1-2-3　青藏高原抬升和冰期气候耦合示意图(Zhou 等,2006)

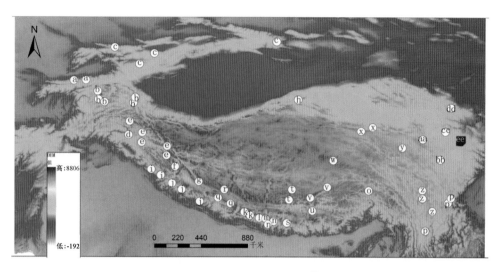

图 1-3-1　青藏高原及其边缘宇宙核素[10]Be 测年地点

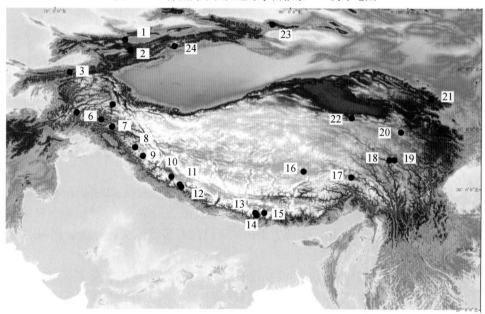

图 1-3-2　青藏高原及其边缘具有 OSL 测年的地点 (欧先交等,2012)

1—At-Bashy；2—Terskey Ala Too；3—KoKsu；4—Hunza；5—Chitral；6—Swat；7—Nanga Parbat；
8—Zanskar；9—Lahul；10—Garhwal；11—Shalang；12—Garbayang；13—Rongbuk；14—Khumbu；
15—Kanchenjunga；16—Nyainqentanglha；17—Parlongzangbo；18—Yingpu；19—Dangzi；20—
Anyemaqen；21—Lenglong Ling；22—Kunlun；23—Bogeda；24—Ateaoyinake

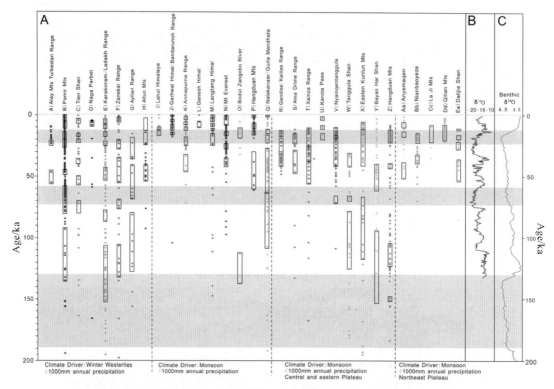

图 1-3-3　已发表的 ^{10}Be 年代数据（王杰，2010）

1.4　中国第四纪冰川作用与深海氧同位素阶段的对比和厘定

科学研究是不断推动第四纪冰川前进的，然而也并非一帆风顺，如中国东部低海拔山地是否存在第四纪冰川作用的争论，青藏高原是否存在大冰盖的争论。此外，还存在第四纪冰期与深海氧同位素对比上的不足。前两方面的论证已经有多篇论文进行总结，本书主要针对第三个问题进行论述。

在过去环境重建过程中，冰川是气候变化的指示，通过冰川遗迹本身是可以推断气候变化的（如通过雪线高度变化），但不确定性因素较多，而且时限也难以把握。为了寻求冰川反应的气候变化准确性的证据，人们试图将已发现的冰期时段与能反映全球气候冷暖波动的深海氧同位素曲线各阶段相对比，从而验证冰川作用发生的合理性。但是，山地冰川沉积物往往是不连续的，体现的是特定时段的气候环境变化，而深海氧同位素，包括黄土、冰芯记录等，其分辨率要明显高于山地冰川，因此在对比的过程中，这种特定时段冷期环境记录应该如何在连续的环境记录中找准自己的位置，同时，在深海氧同位素冷期记录的框架下，如何去寻找和发现新的冰期（或冰阶）都显得尤为重要。因此，本书着重讨论中国的第四纪冰期与深海氧同位素阶段的相互对比，以及在对比过程中应该注意的几个问题。

●**1.4.1** 中国第四纪冰期与深海氧同位素阶段(MIS)对比

1.4.1.1 中国第四纪冰期与深海氧同位素曲线对比的背景

20世纪早期,Penck和Brückner就在合著的《Die Alpen im Eiszeitalter》(冰期之阿尔卑斯)中(Penck等,1909)从形态地层学的角度明确提出了经典阿尔卑斯冰期理论,并被全世界所接受。后来,中国学者根据冰川地貌学划分出冰川发生的期次,并以地方名称命名冰期,同时试图以经典阿尔卑斯冰期为标尺,建立与国外相统一的冰期名称。这里存在的问题是,经典阿尔卑斯冰期模式是从形态地层观点入手,而不是时代地层观念,限于测年手段的限制,人们不知道它们的确切年代,但依据相对地貌法确定的冰期系列仍然是第四纪冰川研究的基础(张威等,2013a;李四光,1975;施雅风等,1989),尤其是李四光先生早期针对中国东部第四纪冰川作用提出的鄱阳、大姑、庐山和大理四次冰期,在国内外产生了广泛影响。随着相邻学科研究的不断深入,20世纪70年代兴起的深海氧同位素阶段所反映的岁差、地轴倾角、地转偏心率的周期变化,恰好为米兰科维奇天文冰期理论找到了地质依据(Hays等,1976)。深海沉积物中底栖有孔虫的^{18}O含量变化被用来推断不同时期的温度和全球冰量的变化,进而反映冰期与间冰期的交替,也就是说,MIS曲线的奇数阶段对应间冰期(阶)或暖期、偶数阶段对应冰期(阶)或冷期。更为主要的是,深海氧同位素阶段的划分是结合古地磁定年进行的,具备了年代学的深意,因此MIS曲线被认为完整地记录了全球气候变化。于是,当人们发现冰川沉积物之后,先是根据冰川沉积物本身来推断当时的气候环境,然后再将冰川发生的时段与MIS曲线偶数阶段所对应的冰期(或冷期)相对应,以此来验证根据冰川遗迹推断的冰川发育气候环境是否与当时的全球气候相对应,为山地冰川的发育寻求气候证据。

表1-4-1 不同研究者冰期划分与深海氧同位素对比表

施雅风,2002			易朝路等,2005			赵井东等,2011a		
年代 (ka BP)	MIS	中国冰期	冰期	年代		年代 (ka)	中国冰期	MIS
	1	冰后期	小冰期	小冰期Ⅲ	(1871±20)AD	0~10	小冰期 新冰期 全新世早 中期冰进	1
11				小冰期Ⅱ	(1777±20)AD			
	2	末次冰期晚冰阶,末次冰盛期		小冰期Ⅰ	(1528±20)AD			
28~32			新冰期	新冰期Ⅲ	(1550±70)a BP	11~28	YD冰进 近冰阶 末次冰盛期	2
	3	3a间冰期			(1580±60)a BP			
				新冰期Ⅱ	2.8~2.5 ka BP			
44				新冰期Ⅰ	3.1 ka BP			

续表

施雅风,2002			易朝路等,2005			赵井东等,2011a		
年代(ka BP)	MIS	中国冰期	冰期	年代		年代(ka)	中国冰期	MIS
		3b 末次冰期中冰阶	末次冰期	末次冰期Ⅳ(YD)	11.5~10.4 ka BP	32~58	3a	3
54				末次冰期Ⅲ	24~16 ka BP		3b	
		3c 间冰阶		末次冰期Ⅱ	56~40 ka BP		3c	
58~60		末次冰期早冰阶		末次冰期Ⅰ	73~72 ka BP	58~75	末次早冰阶	4
	4		倒数第二冰期(相当于MIS6~10阶段的冰期)	Ⅲ阶段	154~136 ka BP			
75		末次间冰期		Ⅱ阶段	277~266 ka BP		5a	
	5a~5e			Ⅰ阶段	333~316 ka BP		5b	
130			倒数第三冰期(相当于MIS12-16)	Ⅱ	520~460 ka BP	75~125	5c	5
	6	倒数第二冰期,开始时间可能为8或10阶段		Ⅰ	710~593 ka BP		5d	
							5e	
		间冰期				130~300	古乡冰期	6~8
420							间冰期	9~11
	12	中梁赣冰期				420~480	中梁赣冰期	12
480						480~620	大间冰期	13~15
	13~15	大间冰期				620~780	昆仑冰期	16~18
600							间冰期	
	16~20	昆仑冰期				>800	希夏邦马冰期	
800								
		间冰期						
		希夏邦马冰期						

1.4.1.2 第四纪冰期与 MIS 阶段对比的深入

随着 MIS 曲线研究的不断深入,人们开始尝试将所划分的第四纪冰期与 MIS 曲线的各个阶段进行对比。这项系统的总结工作开始于 2000 年,内容反映在由刘东生等发表的"以气候变化为标志的中国第四纪地层对比表"一文中(刘东生等,2000),当时,限于测年数据较少,这项对比工作是初步的。

两年以后,随着第四纪冰川测年数据的不断涌现,施雅风于 2002 年对中国第四纪冰期划分进行改进(表1-4-1),建议在 2000 年冰期与 MIS 对比的基础上,增加中梁赣冰期对应深海氧同位素 12 阶段,并提出 MIS3b 阶段的冰进,同时废止此前的"倒数第三次冰期"和"倒数第四次冰期"的说法,也明确指出,原来的倒数第三次冰期更名为"昆仑冰期"。

直至近年来,随着测年技术的发展,研究者不断将测定的冰川沉积物年代与深海氧同位素各阶段对号入座,进一步验证之前利用相对地貌法所确定的冰期序列与深海氧同位素的对应是否正确。此项无绝对年代的冰期与 MIS 的对比工作在 20 世纪 80 年代比较普遍,如李吉均等(1989)通过黄土地层与青藏高原冰期比较,认为青藏高原规模最大的冰期,即原倒数第三次冰期对应于 MIS16,后来施雅风根据年代推断高原最大冰期可能起始于 MIS20 或 MIS18 阶段,到 MIS16 阶段达到鼎盛。一个事实便出现在我们面前,即在没有绝对年代的情况下,根据相对地貌法划分的冰期系列很可能存在偏差,如最明显的就是把昆仑冰期和中梁赣冰期都划归为倒数第三次冰期,而随着中梁赣冰期的出现,以前的倒数第三次冰期的不确定性增加了,这是目前进行冰期系列区域性对比时大家感到比较困惑的地方。但是,冰期系列与 MIS 对比的逐步细化是趋近自然环境演化的必然途径,其成果也必将会被不断地更新。如易朝路等(2005)根据大量的冰期绝对年代数值统计,将中国第四纪冰期与深海氧同位素阶段对比细化,将原倒数第三次冰期划分为两个阶段,年代范围为 710 ~ 593 ka BP、520 ~ 460 ka BP,同时将倒数第二次冰期又划分为三个阶段,年代范围为 333 ~ 316 ka BP、277 ~ 266 ka BP,154 ~ 136 ka BP,按照其统计的年代结果来看,应该分别对应深海氧同位素的 16、12、10、8、6 阶段。最近,赵井东等(2011a)将中国第四纪冰期的划分方案进一步修订,主要以 15 个冰期(冰阶)和间冰期(间冰阶)与深海氧同位素的各个阶段进行细致对比,冰期的划分随着测年数据的增多而不断地被细化,尤其是末次冰期以来与 MIS 阶段对应的冰期(冰阶)。

■1.4.2 目前中国第四纪冰期与 MIS 曲线对比过程中存在的主要问题

1.4.2.1 传统冰期划分对第四纪冰期与 MIS 阶段对比的影响

周尚哲和李吉均(2003)将第四纪冰川研究总结为三个阶段,即与经典阿尔卑斯冰期相对比的阶段(图 1-2-1)、冰期的地层学对比阶段、技术测年阶段。其中,冰期地层的对比阶段主要是冰期与深海氧同位素曲线对比。但是,受传统第四纪冰期理论的影响,最开始并没有找到与 MIS12 阶段对应的冰期,原因主要是地质学家李四光早期研究的影响。在中国东部的庐山进行地貌考察时,李四光发现了他所认为的冰川遗迹,并据此划分了著名的中国第四纪冰期,依次为:早更新世的鄱阳冰期,中更新世早期的大姑冰期,中更新世晚期的庐山冰期,晚更新世的大理冰期,分别可与欧洲经典的阿尔卑斯冰期一一对应。后来,随着中国西部尤其是青藏高原的大规模科学考察工作的展开,中国大部分学者并不赞同李四光认为庐山存在冰川的观点,但他所划分的中国四次冰期仍影响颇深(李四光,1975)。人们在研究青藏高原及其边缘山地时,将不同阶段的冰川遗迹依次命名为:末次冰期、倒数第二次冰期、倒数第三次冰期、倒数第四次冰期,并试图将所划分的冰期与阿尔卑斯的经典冰期相对应,即末次冰期对应晚更新世的玉木冰期(Würm),倒数第二次冰期对应中更新世晚期的里斯冰期(Riss),倒数第三次冰期对应中更新世早期的民德冰期(Mindel),倒数第四次冰期对应早更新世的贡兹冰期(Günz)。这样的对比表面上看十分完美,实际上在对应的过程中却忽略了一个地层时间段,即中更新世中期的冰期到哪儿去了? 为什么存在时间缺失呢? 这正说明当时受经典阿尔卑斯冰期理论的影响,冰期的划分是比较粗略的,而2002年发现的中梁赣冰期,时间上恰恰位于中更新世中期,正好填补了这个时间段的空白。

冰川绝对年代数据的不断涌现,在冰期与深海氧同位素阶段之间架起了一座桥梁,为新的冰期(阶)的发现做好了铺垫,如MIS12(周尚哲等,2001a)和MIS3b(施雅风,2002)阶段冰期(阶)的发现,是在统计全球大量的冰川测年数据的基础上,冰川年代数据落在MIS12和MIS3b所对应的时间段而被提出的。这两次冰期(阶)的发现与确认,应该说是突破传统冰期划分方案的典型例子,因为在用地貌地层法确定它们的时限时,很容易将中梁赣冰期划归为原来的倒数第三次冰期,而MIS3b阶段的冰川遗迹被划归到末次冰期早阶段。由此,更彰显了技术测年对确定冰川发生时限的重要性,它可以不断地修正传统相对地貌法所确定的冰期系列。

1.4.2.2 冰期与深海氧同位素偶数阶段并没有合理的对应

MIS曲线显示偶数阶段中的2、6、12、16恰好相对于其他偶数阶段指示更冷的气候环境,于是人们习惯性地依次将冰期序列与2、6、12、16相对应。这是一些研究者在对比过程中的一种先入为主的心理,即习惯性地认为MIS曲线中显示全球冰量较小时,山地冰川也不太可能发育大规模冰川而成为一个冰期(冰阶)。但在将冰期测年结果与深海氧同位素阶段相对照的过程中,同样存在一定的问题。很多冰川年代的数据不属于2、6、12、16阶段,如周尚哲和李吉均所测沙鲁里山的最老冰碛物年代为571.2 ka(周尚哲和李吉均,2003),如果严格与深海氧同位素各阶段所对应的时代相对照,此数据应属于14阶段(图1-2-1),但人们习惯性地将其直接对应到16阶段(类似的例子还有不少,此处仅举一例)。这样做的直接后果是将原本属于多个偶数阶段的数据人为地划归到MIS2、6、12、16上去了,于是冰期系列与MIS对应的连续性似乎被割裂了。但从大量已发表的冰期系列绝对年代上看,MIS曲线所反映的偶数阶段几乎都有与其各自对应的冰期阶段年代数据(表1-4-1),目前所划分的四次冰期分别包含几个深海氧同位素的偶数阶段,而这些偶数阶段恰好具有连续性。也就是说,这四次冰期包括了中更新世以来MIS的所有偶数阶段。尽管说目前有些对应MIS偶数阶段的冰期系列年代还比较匮乏,但在将来的研究工作中,随着绝对年代数据的不断增加,我们有理由期待,测定的冰期系列年代结果能够落在深海氧同位素的各个偶数阶段上。这恰恰是目前第四纪冰川工作者要将第四纪冰期系列与深海氧同位素曲线对应的理想境界。

第2章 青藏高原东缘山地冰川侵蚀地貌特征及其影响因素

山地冰川侵蚀地貌主要包括冰斗、槽谷(U形谷)、角峰、刃脊、冰坎、羊背石、擦痕、磨光面等,是判定是否发生冰川作用的重要标志。深入研究山地冰川侵蚀地貌的形态特征,可以有效地恢复冰期时冰川作用规模、古平衡线高度,进而为深入探讨冰川地貌演化过程、还原冰期时段的气候环境提供科学依据。相对而言,冰斗和槽谷指向意义明确,而且数量多、分布广、规模大,在第四纪冰川侵蚀地貌中占有重要地位,前人对其形态特征和影响因素进行了较为深入的研究,并取得了一些积极的成果。

然而,随着研究手段的不断丰富,尤其是地理信息系统技术的逐步应用,冰斗和槽谷形态特征的定量化研究水平显著提高。本章在前人研究的基础上,采用定性与定量相结合的方式,对青藏高原东缘山地的冰斗和槽谷形态特征进行深入分析,并探讨其影响因素。

2.1 山地冰川冰斗发育的控制因素与气候变化

冰斗(Cirques)是山地冰川重要的冰蚀地貌之一,位于冰川的源头。在冰斗中,只有底部是冰川作用区,背部是冰川与寒冻风化共同作用区,背壁之上的角峰与刃脊则完全处于冰缘寒冻风化及雪崩、重力过程的控制之下。典型的冰斗是一个围椅状洼地,三面被陡峭的岩壁包围,底部是磨光的岩石斗底,向下坡有一开口,开口处常有一高起的岩槛(冰坎)。虽然冰斗广泛存在,但它们被限定在目前有冰川或以前存在过冰川的地方。冰斗概念的建立最早可追溯到1823年,Charpentier在研究比利牛斯山(Pyreneans)时将其应用于地貌学(Embleton,1975)。冰斗在世界上有很多地方性的名字,如威尔士称其为cwn,苏格兰称其为corrie或者coire,德国和澳大利亚称其为kar,而在挪威和瑞典则被叫作botn或者nisch等。

对于冰斗的研究,有利于加强对冰斗形成和发展机制的理解。目前已有很多国家的学者专门研究冰斗的形态(长、宽、高、面积等),冰斗发育地形特征(高度、坡度、方位等)以及其与构造、气候要素的相互关系(崔之久等,2000;裴善文,1990;Aniya等,1981;Carcia-Ruiz,2000;Embleton等,1988;Evans和Cox,1995;Evans,1994;Federici和Spagoolo,2004;Sauchyn等,1998;Trenhaile,1976;Unwin,1973;Vilborg,1984)。在我国,许多学者对冰斗也展开了大量实质性的研究工作,如研究冰斗的形态特点、平坦指数、冰斗朝向等(崔之久,1980;崔之久等,1986,1999;刘耕年,1989;施雅风等,1989,2006)。但是,从与冰川沉积物的研究对比来看,定量统计描述比较薄弱,很少见到对冰斗进行大范围专门研究的报道。本节主要以长白山典型的冰斗地貌特征作为依据,并对比研究程度比较详细的 12 个山地关于冰斗的相关资料,针对冰斗所在地的地形、岩性、构造等因素进行分析,目的是探讨冰斗发育的控制因素以及在气候变化深入研究方面的作用,以期得出一些有参考价值的成果。

●2.1.1 研究方法

吉林长白山、云南拱王山和点苍山、台湾雪山、四川螺髻山等典型冰斗地貌参数(长、宽、高、朝向)以及岩性特征、地形特点、不同坡向冰斗分布的数量依据野外考察与量测,具体参数如下(图 2-1-1)。

冰斗的平坦指数:Derbyshire(1976)用了平坦指数的概念,研究得出真正冰川塑造的冰斗平坦指数小,为 1.7～5,雪蚀洼地平坦指数为 4.25～11。

长度:从冰斗后壁至冰坎中点方向的线段距离,线段所在直线将冰斗平分成相等的两部分。

宽度:冰斗侧壁之间的最大距离,并与冰斗的长度垂直。

高度:冰斗底部(最大下凹点)到冰斗后壁上缘 P 点所引出水平线之间的垂直距离。

朝向:图(c)中的 α 代表冰斗朝向,是从某点的指北方向线起,顺时针方向至冰斗长度线的水平夹角。

其他研究地点采用公开发表的资料,个别冰斗形态参数的引用是在参考文献中出现的地貌图上测量得到的。所讨论各点位置见图 2-1-2。

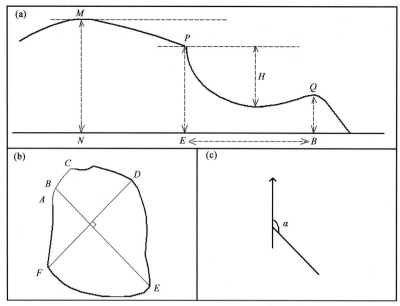

图 2-1-1　冰斗参数和朝向图

(a)EB—冰斗的长度,H—冰斗的高度,MN—冰斗所在的山峰的高度,PE—冰斗后壁上缘高度,QB—冰坎高度;(b)AC—冰坎,B—冰坎中点,EB—冰斗长度(平分冰斗),DF—冰斗宽度(垂直于冰斗长度线);(c)冰斗朝向是冰斗长轴与指北方向相夹的角度

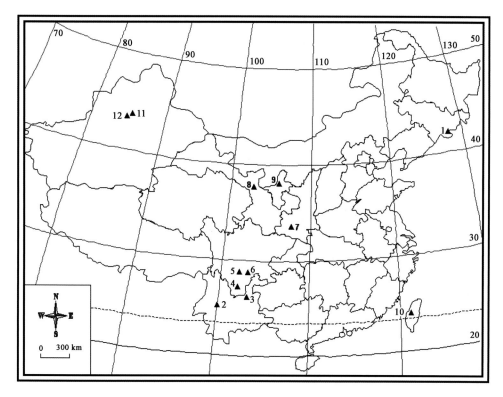

图 2-1-2　冰斗分布图

1—长白山；2—点苍山；3—拱王山；4—螺髻山；5—小相岭；6—马鞍山；7—太白山；8—马雅雪山；9—贺兰山；10—台湾山脉；11—乌鲁木齐河源；12—鹿角湾

2.1.2 影响冰斗发育的控制因素

影响冰斗发育的控制因素很多，包括内因和外因两方面，归纳起来主要有以下几点：

1. 构造和岩性

构造是一个重要的局部因素，Mccabe(1939)认为构造在冰川作用阶段对控制冰斗发育具有重要的影响，尤其体现在冰斗发育的方向上。构造因素如断层、节理等往往使冰川作用前期的依托地层变得破碎，为冰斗后壁的溯源侵蚀作用加快、在深度上的挖蚀和侧向侵蚀作用加强奠定了基础。在我们分析的地点之中，螺髻山、太白山、长白山冰斗发育均与断裂构造有关(刘耕年,1989;施雅风等,1989;Viborg,1977)，如螺髻山冰斗位于南北向的断裂带上，太白山冰斗发育在 NNW、NEE 和 EW 向断裂的交汇处，为冰斗发育提供了重要的构造条件。长白山的白云峰冰斗与朝鲜境内的将军峰冰斗位于 NNW 向断裂带上，而青石峰冰斗与 6 号界碑冰斗则处于 NE 向断裂带上，由于受多组断裂构造的影响，岩石破碎程度高，很容易被冰川旋转滑动挖掘，故而冰斗深度超常。

岩石抵抗侵蚀的能力在限制冰斗后壁和侧壁发展中起重要作用(Enquist,1917)。在威尔士的 Gader Idris massif 地区，火成岩的地方冰斗后壁高达 430 m，而沉积岩处仅 240 m。大部分规模比较大的冰斗都与火成岩或变质岩有关，而在沉积岩地区的冰斗规模相对较小，如威尔士的南部和中部。比利牛斯山花岗岩区的冰斗最大、最长,而砂页岩区的冰斗最小(García-Ruiz 等,2000)。长白山所实测的冰斗中,规模均比较大,这与冰川发育时火成岩的岩性条件密切相关。

在我们所研究的冰斗中,沉积岩(拱王山、螺髻山、马鞍山、马雅雪山、台湾山脉)所占比例为50%,火成岩(长白山、小相岭、太白山)所占比例为30%,变质岩(鹿角湾、点苍山)所占比例为20%(图2-1-3),火成岩和变质岩的比例之和为50%,与沉积岩的比例大致相同。

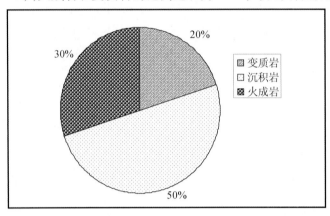

图2-1-3　不同区域岩性百分比

2. 气候条件

气候条件主要包括气温、降水、风向、太阳辐射,是冰斗发育的外因中最重要的因素。冰川发育具有严格的控制条件和发生发展规律,不允许有任意的主观猜想,冰川发生与否关键是该山地是否进入冰冻圈的足够高度,从而进入雪线的范围。在满足地形条件的情况下,气候就是重要的影响因素。在英国处于冰期时,主要的风向是西南风,凹地容易保存积雪,因此冰斗冰川在东北方向上比较容易发育。在爱尔兰,大多数冰斗和雪蚀洼地朝向东北和东南,其主要风向是西南和西北,因此,阴坡和风的方向都是影响冰雪积累的关键控制因素。我国马鞍山古冰川地貌几乎全部集中于山脊的东坡,其原因除受东南气流影响外,还与地貌形态、西风气流、地方气候有较大的关系。对比冰斗发育所依托的气候条件,既有在大陆和海洋性气候条件下产生的冰斗,也有在过渡性气候条件下塑造的冰斗,气候条件在控制冰斗发育的规模、数量和形态特征等方面具有重要贡献。其中,冰斗朝向变化可以揭示相应阶段的古气候条件,同时冰斗方位与气候类型之间也具有明显的对应关系(详见下述)。

3. 地形

除了气候控制冰斗发育外,地形也扮演了重要角色。地形的陡峭与平缓、阴坡和阳坡都对冰斗的发育具有控制作用,如陡峭的斜坡不利于雪斑的保存,不能为冰斗的形成创造良好的条件,而相对平坦的地形却为冰斗的发育提供了可能。陕西太白山、云南拱王山山顶均具有冰川发育的平坦地形,从而在末次冰盛期时发育了相对较大的冰斗冰川。而点苍山则是山峰尖削,冰雪积累效应不好,冰斗发育的规模相对要小。乌鲁木齐河源高望峰冰期的冰川类型可能属于冰帽类型,说明当时的地形条件比现在平缓。此外,阴坡在中纬度地区是最重要的因素,而在热带地区由于太阳辐射的角度很大,从而使得山脉的阴坡和阳坡没有太大的区别。Enquist(1917)指出,最大的冰斗和最大的冰川位于山脉的阴坡。在我们统计的实际资料当中,借助于阴坡发育的冰斗数量明显高于阳坡。

4. 时间

时间是控制冰斗发育的最持续的因素,时间的长短与冰斗的大小成正比。崔之久在研究乌鲁木齐河源区的冰斗时,发现发育在3500～3600 m的高望峰期的冰斗规模小而且数量少(9个),说明当时冰川作用的时间并不长。在拱王山和长白山,末次冰盛期的冰斗规模要远远大于晚冰期形成的冰斗规模,其他山地均有相同的规律。

2.1.3 冰斗发育的气候意义

冰斗发育的形态、朝向、方位以及冰斗底部高度与气候变化之间具有密切的关系。由于冰斗发育的控制因素较多,因此从众多的影响因素中剥离出冰斗与气候变化的关系就显得尤为重要。下面将从几个方面进行讨论。

2.1.3.1 冰斗的长宽比

在以往的研究中,对于冰斗的形态要素进行定性到定量研究的内容不少,其中常见的有长宽比、长幅比、平面闭合度、剖面闭合度和后壁与斗底坡度比等等(崔之久,1980;刘耕年,1989)。通过这些形态参数,崔之久将乌鲁木齐河源的冰斗划分为初始型、成熟型和改造型三种不同类型,并对每一种类型冰斗发育的特点进行了探讨。限于研究者所关注的重点不同,我们所获得的资料也详略不一,因此本节只讨论冰斗发育的长宽比。

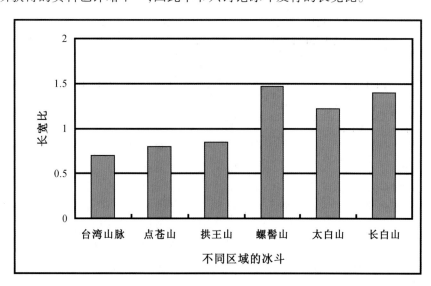

图 2-1-4　不同区域冰斗的长宽比

Federici 和 Spagnolo(2004)认为在法国和意大利边界的阿尔卑斯山上发育的冰斗在平面上具有等距发展的趋势,长宽比平均为1.1。图 2-1-4 表示不同区域的冰斗长宽比,其范围处于0.6～1.47之间,基本上反映了冰斗在平面形态上的等距性,显示由不规则的椭圆到圆的特征。从图2-1-4中可以看出,点苍山(0.6～1.4,平均值0.8)、拱王山(0.7～1.1,平均值0.85)以及处于冬雨(雪)型季风补给区的台湾山脉(0.6～1.5,平均值0.7)末次冰期冰斗的长宽比平均数值要低于螺髻山(1.45～1.49,平均值1.47)、太白山(1.0～1.43,平均值1.22)、长白山(1.3～1.5,平均值1.4),说明水热条件良好能促进冰斗积极成长,并使其长宽比偏小,而处在水热条件不利环境下的冰斗只能是消极适应,并使其长宽比偏大。

2.1.3.2 冰斗方位与气候变化

在北半球中纬度地区,大多数冰斗朝向北和东,而南半球中纬度有限的陆地面积中,南和东南是冰斗保存的优势方向(Viborg,1977),简言之,冰斗总是倾向于在背离太阳的方向上发育。将研究区冰斗方位的分布进行对比(图2-1-5),可以看出各个方位都能形成冰斗,所占比例最大的两个优势方向是NE向和NW向,发育冰斗的比例分别为38%和24%,朝向偏N的占14%。上述三个方向所发育的冰斗比例占绝对优势,即76%,而其他方向所占的比例仅为24%。这与我国西部有现代冰川发育地区统计结果一致(刘潮海等,2000),即偏北向的有22 565条,占71.12%。其中N向有6119条,占19.26%;NE向有8975条,占28.37%;NW向有7449条,占23.49%。

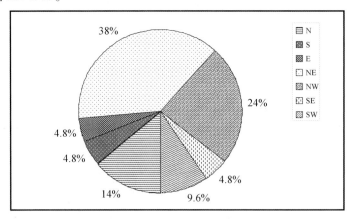

图 2-1-5 不同区域冰斗朝向分布图

朝向的影响在西北大陆性气候区表现得尤为明显,是主导因素,而在其他地区,主导因素既有朝向的影响,也有水汽来源方向的影响,甚至还有风向的影响等。表2-1-1列出了末次冰期时不同区域冰斗朝向的对比情况,点苍山冰斗朝向偏东的占67%、拱王山冰斗朝向偏东的占86%、台湾山脉冰斗朝向偏东的占64%,这些地区的降水量都比较丰富。在点苍山地区,受印度洋西南气流影响,西坡为迎风坡,形成大量降水;同时点苍山也阻滞来自东北方向的冷锋面,使东坡和西坡都形成降水的天气系统。根据点苍山花甸坝1958—1968年各月降水统计,其年降水量达1851.6 mm,从点苍山多年平均降水量等值线图上(李福藻,1995)可以看出,点苍山两侧各海拔高度上的降水量基本相当;拱王山东麓山地海拔2400 m以上的年降水量为1000～1500 mm;台湾山脉的年降雨量在2000 mm左右,其朝向偏东,优势显然与丰富的水汽来源方向和太阳辐射量有关,因而影响这三个地方的主导因素既有朝向又有水汽来源方向,冰斗发育的过程代表了海洋性气候区的特点。太白山冰斗朝向偏南的占50%,朝向偏北的占50%;在喜马拉雅山地区,南坡和北坡的冰斗朝向分别为56%和44%,各个朝向比较平衡,正好是过渡类型气候的特点。而鹿角湾的冰斗89%朝向北,乌鲁木齐河源的空冰斗朝北的数量具有明显优势,这是降水量偏少的大陆性气候的必然产物,冰斗内冰体只能靠阴影而生存,因此朝向的影响最强烈,是主导因素。

表2-1-1 不同区域冰斗朝向的对比表

地区 方位	点苍山		拱王山		台湾山脉		太白山		鹿角湾	
	(个)	(%)	(个)	(%)	(个)	(%)	(个)	(%)	(个)	(%)
NE	15	56	3	43	32	44	1	16.7	13	72
NW	2	7			20	28	2	33.3	3	17
SE	3	11	3	43	14	20	2	33.3	2	11
SW	7	26	1	14	6	8	1	16.7		
合计	27	100	7	100	72	100	6	100	18	100
来源	(杨建强和崔之久,2003)		(张威等,2003,2005)		(施雅风等,1989)		(田泽生和黄春长,1990;夏正楷,1990)		(鞠远江等,2004,2005)	

由于冰斗的形成受上述多种条件的制约,在不同的地点,不同的影响因素可以塑造出相同的优势方向。如鹿角湾和点苍山都是 NE 方向的比例最大,但二者冰斗形成条件却明显不同。位于西北的鹿角湾地区,水热条件不利于冰川的积极发育,冰川只有部分依靠阴坡的庇护才得以发展至一定规模(鞠远江和刘耕年,2005),也就是说地形、坡向起主要作用;而在西南的点苍山地区,不仅冰斗的优势方向在东坡和东北坡居多,而且冰川规模和数量也是东坡和东北坡最大、最多,这与其处在有利的水热条件是密切相关的。

2.1.3.3 冰斗转向的气候意义

在以气候因素为主导的情况下,不同期次的冰斗可以出现转向,这在我国已有研究实例,如乌鲁木齐河源的空冰斗、点苍山末次冰期的冰斗、拱王山晚冰期的冰斗、螺髻山的冰斗等均反映了冰川为适应气候条件的变化而发生转向。冰斗朝向偏转直接反映了在气候变暖积累减少的不利条件下,冰川为维持生存而更多依赖朝向偏北的低温以保存积累,属于一种不得已的消极生存方式,也是冰川发育不利时的特殊表现形式。

在云南点苍山的马龙峰—应乐峰方圆5 km²范围内,存在多个冰斗转向现象。如19.3~17.4 ka阶段的玉局峰北坡4个冰斗(洗马池、小岑峰、中和峰和桃溪北支附近)朝向的中轴线发生明显的向北偏转,而此前大理冰期冰川受南北方向上太阳辐射的差异影响并不明显,所以东西坡发育的冰川基本对称。桃溪北支源头冰斗中轴转向东北的冰斗(3950 m),年代为5.95 ka,表明其转向时间持续了1万多年;而在拱王山东麓狐狸房峰北坡保存的两级冰斗中,晚冰期的两个冰斗(白石崖子和紧风口冰斗)也发生了由北东向到东方向的偏转,从时间上看,末次冰盛期(LGM)的冰斗发育时间在18~25 ka,那么本期冰斗的转向也大约持续了1万年左右;而在螺髻山,刘耕年(1989)所实际测量的16个冰斗中,由下向上的三层冰斗朝向发生了逆时针方向的偏转,东坡的冰斗朝向偏北以获得较好的隐蔽条件。点苍山、螺髻山、拱王山的共同点是发生转向的寄生冰斗数量多。在大陆性冰川作用区的西北乌鲁木齐河源的空冰斗、珠穆朗玛峰地区均有类似的现象,但是大范围内只有个别冰斗发生偏转,而在其他所研究的地区没有明显的冰斗转向的报道,因此,高密度转向的寄生冰斗群的出现是海洋性冰川区的又一大特点。

2.1.3.4 冰斗底部高度与气候变化的关系

山地冰川的进退通常被用于古气候重建,主要目的是推断温度、降水和水汽来源方向等。雪线高度,即代表冰川表面积累与消融作用的平衡线,受复杂的气候过程影响,由于气温、降水以及辐射等因素共同作用于冰川表面,其综合效应往往是复杂的,因而依据雪线推断古气候存在着不确定性。然而,对比古今雪线高度变化,进而推断气候变化仍然是为数不多的有效方法之一。目前,对于古雪线的恢复有很多种方法,冰斗底部高程法是有效确定古雪线的方法之一。其基本原理是,冰斗高度变化首先反映在随着时代变新冰斗的分布高度变高,同时也近似地反映出冰川的物质平衡线上移,说明冰川作用期一次比一次弱,冰川作用的综合气候条件(气温、降水、辐射等)一次比一次差。

冰斗可用来研究古雪线的高程,并通过古雪线的升降研究古气候的变化特征。当地貌上明显具有冰斗、侧碛堤等特征时,一般用冰斗底部海拔高程作为该期(阶)冰川作用的近似雪线高度,其野外证据充分。李吉均等在对横断山区冰川地貌的研究过程中,比较了确定雪线高度的几种方法,认为冰斗法最可靠。在我们所收集的资料中,不同的研究者也多以冰斗分布的不同高度确定存在不同的冰川作用阶段(崔之久,1980;杨建强等,2003;张威等,2005;易朝路,1989;罗成德,1997),如在小相岭、拱王山、点苍山、螺髻山、马鞍山等地,都是根据冰斗分布的不同海拔高度,配合冰川堆积地貌条件来划分冰期,进而以不同阶段的冰斗底部高程作为古雪线的代表,以此为基础讨论不同时间的气候变化情况。

在稳定状态下,雪线(冰川平衡线)的积累量等于消融量,前者可由这一高度处的年降水量(P_a/mm)表示,而后者可用夏季平均气温(T_{6-8}/℃)代表。因此,雪线处的夏季气温和年降水量及其组合,是反映气候变化的重要指标。根据间接推算的中国西部16条冰川及巴基斯坦境内巴托拉冰川平衡线的夏季平均温度和年降水量之间存在如下关系式:

$$T_{6-8} = -15.4 + 2.48\ln P_a \qquad (2\text{-}1\text{-}1)$$

Ohmura 等(1992)根据70条中、高纬度山地现代冰川的观测研究结果,对于平衡线处的夏季温度 T 和年降水量之间的关系得出如下结论:

$$P = a + bT + cT^2 \qquad (2\text{-}1\text{-}2)$$

其中 $a = 645$,$b = 296$,$c = 9$。

公式(2-1-1)和(2-1-2)的用途主要有两个:一是可以通过关系式来推断某一研究区的现代理论雪线高度;二是如果已知某一时期的古雪线高度处的气温,就可以用其来推断当时雪线处的降水量。在我们所讨论的冰斗发育地区,绝大多数均无现代冰川发育,因此,上述公式就成为确定现代理论雪线的重要依据,而冰斗底部高程是比较可靠的指示古雪线高度的依据,因此,通过古今乃至过去不同时期的雪线对比,可以判断当地的水热状况。

由于雪线的变化往往是构造与气候要素的叠加,因此通过冰斗确定不同阶段的雪线高度的对比,可以探讨构造和气候因素在冰川发育过程中的作用。如螺髻山,依据冰斗底部高程计算,各次冰川作用的雪线高度变化不大,表明每次冰期后,尽管气候变暖,雪线上升,但山地抬升量在很大程度上抵消了气候变化的幅度,以至于造成了各次冰期的雪线高度差异不是很大的情况(施雅风,1989)。值得注意的是,在以往的研究中,尤其是末次冰期以来的雪线确定,多数都没有考虑后期构造运动的抬升量,与实际情况可能有一定的出入。这在近来的研究中有所改变,如台湾山脉,Hebenstreit 等(2006)考虑构造抬升量,得出末次冰期的雪线高度与以前的确定值相差 200 多米,在新构造活跃区,今后的研究应该注意考虑其影响。

● 2.1.4 结论

冰斗是山地冰川发育的一种非常重要的侵蚀地貌类型,冰斗的形态特征、发育的地貌部位、冰斗底部高程等是确定古雪线和冰期系列的重要依据。气候条件是控制冰斗发育的重要因素。12 个地区发育的冰斗在不同的气候条件、构造因素、地形地貌、坡度坡向、岩性条件控制下,既具有一定的共性特征,也显示了彼此之间的差异特点。冰斗研究的气候意义主要体现在冰斗的长宽比、冰斗发育方位、冰斗转向,以及通过冰斗底部高程确定古雪线,进而推断当时的气候条件几个方面。

研究结果显示,冰斗的长宽比介于 0.6 ~ 1.47 之间,在平面上近似等距,良好的水热条件能促进冰斗积极成长,并使其长宽比偏小,而水热条件不利环境下的冰斗只能是消极适应,并使其长宽比偏大;冰斗方位在西北大陆性气候区受朝向的影响表现明显,是主导因素,而在其他地区的主导因素中,既有朝向的影响,也有水汽来源方向的影响等;点苍山、螺髻山、拱王山的共同点是发生转向的寄生冰斗数量多,在大陆性冰川作用区的西北乌鲁木齐河源的空冰斗、珠穆朗玛峰地区大范围内只有个别冰斗发生偏转,因此高密度转向的寄生冰斗群的出现是海洋性冰川区的又一大特点。分析表明,中国东部冰斗发育的岩性比例为:沉积岩占50%,火成岩占 30%,变质岩占 20%。一般而言,在火成岩和变质岩地区发育的冰斗规模普遍较大,而在沉积岩地区形成的冰斗规模较小;冰斗的方向性不一,但 N、NE、NW 三个方向所发育的冰斗比例占绝对优势,即 76%,而其他方向所占的比例仅为 24%,这与我国西部有现代冰川发育地区统计结果基本一致;运用冰斗底部高程确定古雪线时,尤其是中国东部新构造运动强烈地区(如台湾山脉、长白山等),应该考虑晚更新世的构造抬升量。

2.2 冰斗发育的形态特征与分布规律

冰斗是山地冰川重要的冰蚀地貌之一,其规模、结构、形态和分布有明显的区域性特征。冰斗不仅可以近似地作为判断过去冰川侵蚀活动性强弱的指标(苏珍和蒲健辰,1996),作为划分冰期系列的辅助因素(崔之久等,2011;崔航等,2013;Derbyshire,1976;李吉均等,1996;刘耕年,1989;施雅风等,2011;易朝路,1989;张威等,2008a,2014a,2014b),而且在某些新构造运动活跃地区,冰斗也是研究新构造运动和气候演变的重要证据(刘耕年等,2011;裴善文,1990;欧先交等,2013;夏正楷,1990;郑本兴,2000;张威等,2008b,2013b;周尚哲等,2004)。前面已经讨论过,冰斗研究的气候意义主要体现在冰斗的发育方位、冰斗形态,以及冰斗底部高程与雪线之间关系等方面(焦世晖等,2015;鞠远江和刘耕年,2005;刘耕年等,

2011;欧先交等,2013;裴善文,1990;张威等,2008b;赵井东等,2007;郑本兴,2000;周尚哲等,2004),其中,冰斗形态的区域差异性可以用来推断过去气候变化特点(Derbyshire,1976;Evans,1994;Unwin,1976;Vilborg,1977)。因此,长期以来,冰斗的形态特点以及影响因素一直受到广大地学工作者的高度关注(易朗路,1989;Federici 和 Spagnolo,2004;Iestyn 和 Matteo,2013)。研究认为,冰斗形态(包括大小、形状和分布)与山地地形、朝向、岩性和构造具有某种对应关系(张威等,2013b;赵希涛等,2002;郑本兴,2000;Carrivick 等,2004;Mîndrescu 等,2014),因此成为研究恢复古气候环境的重要依据。

随着研究的不断深入,学者们尝试运用统计学方法,并结合地理信息系统(GIS)手段,对欧洲、北美、南极洲等地的冰斗形态特征进行分析,并探讨冰斗形态特征及其影响因素,得出了一些积极而有意义的结论(郑本兴,2000;Evans,1990,1972,1994;Federici 和 Spagnolo,2004;García-Ruiz 等,2000;Iestyn 和 Matteo,2013;Magali 等,2014;Marek 和 Peter,2013)。总体上看,冰斗形态与分布在不同地区具有不同的表现,其影响因素也是多方面的,本节即选取西藏昌都地区他念他翁山中段的冰斗作为研究对象,采取 GIS 信息化手段,应用聚类分析和自然断点法,对研究区的冰斗形态特征和分布规律进行深入研究。

● 2.2.1 区域地质地理背景

他念他翁山位于横断山脉西部(图 2-2-1),地势总趋势是由西北向东南倾斜,主山脊整体呈 NW—SE 向分布,东西两侧分别为澜沧江谷地和怒江谷地,东部山体较陡,冰川槽谷陡而短,且切割较深,西部山体缓长,冰川槽谷长而平缓。山体顶部海拔 4700~5000 m 存在高夷平面,为冰川发育提供了宽阔的积累区(苏珍和蒲健辰,1996)。有现代冰川 346 条,面积 332.07 km^2,分别占横断山总数的 17.9% 和 17.4%,其中冰川形态类型以冰斗冰川、悬冰川和峡谷冰川最为典型,现代雪线为 4700~5420 m。气候上主要受高空西风环流、西南季风的控制(苏珍和蒲健辰,1996)。东西两方面的水汽来源受到坡向的影响,一般迎风坡(西坡)水汽丰富(年平均降水量 550 mm),而背风坡(东坡)的降水相对减少(年平均降水量 300~400 mm)。此外,由于高大山体的屏障作用、幽深谷地的通道作用,该区降水还具有垂直分布的特点,直接影响到不同坡向冰川的发育和规模(李吉均等,1986;李吉均等,1996)。研究区岩性以花岗岩和砂岩、砾岩、橄榄岩等为主(陈福忠和廖国兴,1983),在影响冰斗发育的岩性种类中,花岗岩以 65% 左右占绝对优势。

● 2.2.2 材料与方法

依据图 2-2-2 和表 2-2-1 提供的确定方法(Carrivick 等,2004;Trenhaile 等,1976),运用地理信息系统软件(GIS)对近年来国内外学者深入分析的 14 个冰斗形态参数(李吉均等,1996;施雅风等,2011;张威等,2008a;Derbyshire,1976;Evans,1990,1994;Federici 和 Spagnolo,2004;García-Ruiz 等,2000)进行提取测量。提取过程利用 1:100000 地形图(前人也认为 1:100000 的航测地形图能够方便而准确地识别冰斗)和分辨率为 30 m 的 GDEM 数据图,结合 Google Earth 反复比对,对他念他翁山冰斗进行了详细的测量。为了尽可能保证以上方法所识别冰斗的可靠性,对他念他翁山中段的邦达镇青古隆村和机场附近的冰斗进行了野外实地测量,并将测量的参数与地形图进行比对,发现所识别出的成群出现的冰斗参数均符合以上特征。

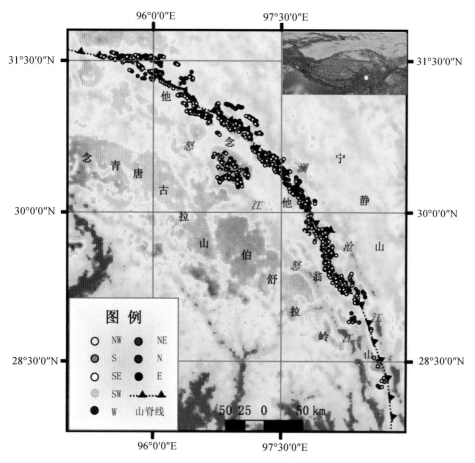

图 2-2-1 他念他翁山区域位置与冰斗朝向分布图

表 2-2-1 冰斗形态参数及确定方法及对应含义

形态参数	确定方法及含义
冰斗后壁海拔	冰斗后壁最高点作为冰斗的后壁海拔
冰斗底部海拔	冰斗底部闭合的等高线作为其底部海拔
出口处海拔	岩坎的中点作为出口处海拔
朝向	取长轴与正北方向的夹角
冰斗高度(H)	冰斗后壁顶点与冰斗底部海拔的高差
长度(L)	从冰斗后壁至冰坎中点方向的线段距离,线段所在直线将冰斗平分成相等的两部分
宽度(W)	冰斗侧壁之间的最大距离,并与冰斗的长度垂直
幅度(h)	冰斗后壁顶点到斗坎顶之间的垂直高差
面积(A)	冰斗的平面面积
L/W 值	描述冰斗的平面形态,代表冰斗的延长率
L/H 值	描述冰斗的垂直发育
L/h 值	表示溯源侵蚀作用的程度
W/h 值	表示侧向侵蚀作用的程度
平坦指数(F)	$F=L/2H$,L代表冰斗长度,H代表冰斗高度

在形态参数确定过程中,为了更客观地表示冰斗后壁以及冰斗出口处的海拔高度,本节对这两个参数的确定方法进行了标准化处理。在测量的过程中,冰斗分为八个朝向:北(N)、东北(NE)、东(E)、东南(SE)、南(S)、西南(SW)、西(W)、西北(NW)(图2-2-1)。依据上述方法共统计冰斗965个。

数据的分析处理采用 SPSS 19.0 分析软件,首先在 GIS 环境下,根据冰斗底部海拔的分布频率柱状图,采用自然断点法(Jenks,1967;Nie 等,2014)对冰斗底部海拔进行分级;再根据研究区冰斗形态参数,按照性质上的亲疏关系在未知类别数目的情况下,用欧氏距离(Euclidean distance)聚类分析进行分类(时文立,2012;张文彤和闫洁,2004;Evans,1990),使具有相似特征的冰斗聚集在一起,获得冰斗组。用 Person 简单相关系数来度量形态变量间的相关关系与紧密程度,在确定相关关系时,采用如下标准(时文立,2012),即当 $0.5 < |r| \leqslant 0.8$ 时,为显著相关;当 $0.8 < |r| < 1$ 时,为高度相关;当 $|r| = 1$ 时,为完全线性相关,它们的显著性用泰德测试检验($p = 0.05$)。

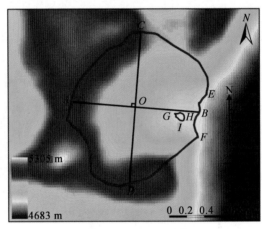

图 2-2-2　测量参数的含义

E-F—冰坎(threshold);B—冰坎中点(midpoint of threshold);A-B—冰斗长(cirque length);C—D:冰斗宽(cirque width);GHI—冰斗底部海拔(altitude of cirque bottom);α—冰斗朝向(cirque orientation)

2.2.3　冰斗的形态与分布特征

2.2.3.1　冰斗的海拔分布

为了更好地解决海拔与冰斗数量之间的对应关系,本节根据冰斗在不同海拔高度上的分布柱状图(图2-2-3),采用自然断点法将研究区冰斗底部海拔分为四级,分别为第一级(3900～4670 m)、第二级(4670～4920 m)、第三级(4920～5060 m)、第四级(5060～5360 m),冰斗的海拔空间分布情况如图2-2-3所示。分级结果表明,研究区各级海拔高度上的冰斗分布数量存在一定差异,其中,位于海拔3900～4670 m高度上的冰斗数量最少,仅有44个,占冰斗总数的4.6%;位于海拔4920～5060 m高度上的冰斗数量最多,为396个,占冰斗总数的41%;

位于海拔 4670～4920 m 高度上的冰斗数量为 308 个,占冰斗总数的 32.2% ;位于海拔 5060～5360 m 高度上的冰斗数量为 217 个,占冰斗总数的 22.5%。表明研究区在 4670～5060 m 海拔高度带内最适合冰斗发育。

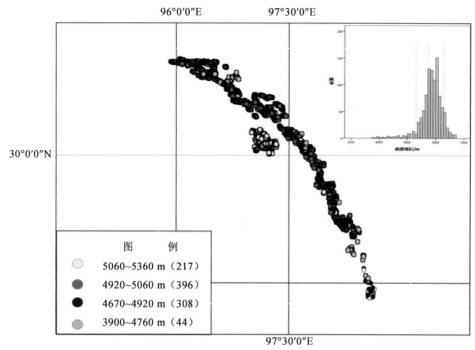

图 2-2-3 冰斗底部海拔分布图

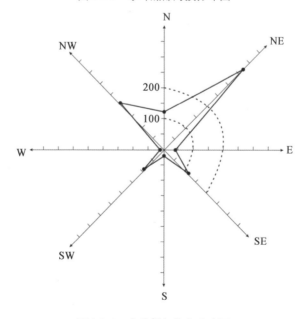

图 2-2-4 冰斗朝向分布玫瑰图

2.2.3.2 冰斗的朝向及坡向分布

他念他翁山冰斗朝向在各个方向上均有分布(图2-2-4),其中,在 NE 和 NW 方向分布最广,分别占总数的37%和21%;其次是 N、SE 和 SW 方向,而朝向 E、S、W 的冰斗数量极少。整体看来,NE、NW、N 朝向最有利于冰斗发育,其次是 SE 和 SW 朝向,而 E、W、S 朝向不利于冰斗发育。冰斗的坡向分布沿主山脊线两侧冰斗呈不对称分布,其中,在山脊线的西侧有621个,平均海拔4955 m;东坡有344个,平均海拔4864 m。西坡冰斗的最低海拔为3903 m,在东坡为4093 m,说明山势走向,即主分水岭走向及其提供的地形条件是冰斗发育的主控因素。

2.2.3.3 冰斗的形态、大小特征

采用聚类分析法对研究区的冰斗形态参数进行分析,本节依据他念他翁山冰斗形态参数的整体特征,并突出强调长宽比,将研究区的冰斗定义为三种类型,具体特征如下(表2-2-2)。

圆形冰斗,该类冰斗总计268个,占冰斗总数的27.8%。其最大特点是长和宽接近,各形态参数的平均值显示,长度、宽度、高度和幅度分别为1488 m、1458 m、318 m 和259 m,L/W的值为1.07,平均面积为2.35 km²,L/h 和 W/h 分别为5.6和4.55,L/H 为4.7,冰斗的平坦指数 F 为2.99。此类冰斗在纵向上的变化幅度要相对高于在宽度上的变化幅度,而下蚀作用的强度较弱,冰斗的发育深度浅。

表 2-2-2 他念他翁山冰斗组形态参数值

	统　　计	A(km²)	L(m)	W(m)	H(m)	h(m)	L/W	L/h	W/h	L/H	F
圆形冰斗(268)	Mean	2.35	1488	1458	318	259	1.07	5.6	4.55	4.7	2.99
	SE	0.13	40.89	40.55	6.02	5.41	0.02	0.07	0.08	0.07	0.05
长形冰斗(439)	Mean	1.94	1401	1112	434	341	1.31	4.09	2.54	3.23	2.05
	SE	0.16	41.25	33.44	11.11	8.85	0.02	0.05	0.03	0.04	0.02
宽形冰斗(258)	Mean	2.38	1284	1672	312	314	0.8	3.94	4.38	4.15	1.98
	SE	0.16	41.51	48.23	7.26	6.38	0.02	0.05	0.09	0.08	0.03

SE:平均值标准误差。

长形冰斗,该类冰斗共计439个,占冰斗总数的45.4%,是研究区最常见的冰斗,长度明显大于宽度,高度在三种类型中最高,冰斗的长、宽、高和幅度分别为1401 m、1112 m、434 m 和341 m,L/W值为1.31,L/h 为4.09、W/h 值为2.54,L/H 和 F 值分别为3.23和2.05,上述几个比值表示的形态参数介于其余两种类型之间,但平均面积最小(1.94 km²)。

宽形冰斗,该类冰斗共计258个,占冰斗总数的26.7%,冰斗的宽度明显大于冰斗的长度,冰斗横向变化幅度明显高于冰斗在纵向上的变化幅度。冰斗的长、宽、高和幅度分别为1284 m、1672 m、312 m 和314 m,L/W 为0.8,L/h 和 W/h 值分别为3.94和4.38,L/H 和 F 值分别为4.15和1.98,平均面积为2.38 km²。

综合看来,他念他翁山地区大部分冰斗为长形和宽形冰斗,而圆形冰斗所占比例较小,说明研究区大部分冰斗发育不成熟,冰川作用时间较短。

●2.2.4 影响冰斗形态、大小及分布的主要因素

一般而言,影响冰斗形态及分布的主要因素是气候、地貌与地质、时间。其中,气候因素主要是气温、降水以及辐射,可以用海拔高度、朝向与坡向来近似表征,地貌因素主要是指影响冰斗发育的地形陡缓,如是否存在夷平面、山脊的宽窄等,而地质因素主要包括构造和岩性等(张威等,2013b;赵希涛等,2002;郑本兴,2000;Evans,1990,1994;Federici 和 Spagnolo,2004)。本节主要从海拔、朝向与坡向、构造与地形几个方面进行分析。

2.2.4.1 海拔高度对冰斗形态、大小、数量的影响

表 2-2-3　他念他翁山冰斗形态、大小和海拔的相关性分析结果表

	Alt	A	H	L	W	h	L/W	L/h	W/h	F	L/H
Alt	1										
A	−0.508**	1									
h	−0.610**	0.795**	1								
L	−0.524**	0.870**	0.840**	1							
W	−0.535**	0.855**	0.689**	0.759**	1						
H	−0.591**	0.735**	0.900**	0.784**	0.607**	1					
L/W	−0.011	−0.022	0.126**	0.256**	−0.330**	0.172**	1				
L/H	−0.005	0.333**	0.126**	0.463**	0.372**	−0.106**	0.174**	1			
W/h	0.016	0.260**	−0.022	0.107**	0.561**	−0.222**	−0.623**	0.564**	1		
F	0.025	0.337**	0.032	0.553**	0.355**	0.071*	0.261**	0.703**	0.287**	1	
L/h	−0.033	0.317**	0.010	0.508**	0.297**	0.080*	0.315**	0.670**	0.213**	0.852**	1

** 在 0.1 水平(双侧)上显著相关;* 在 0.05 水平(双侧)上显著相关。

为了探讨海拔高度对冰斗大小、形态的影响,对冰斗的大小与形态参数和海拔高度进行了相关性分析(表 2-2-3),结果表明,他念他翁山冰斗的大小(A、L、W、H、h)参数与底部海拔之间表现出较明显的负相关关系,说明随着海拔的升高,冰斗有逐渐减小的趋势,而冰斗海拔分布对冰斗的形态特征(圆形、长形和宽形冰斗)并没有表现出明显的相关性。这个规律清楚地反映在四级海拔统计结果的平均值上(表 2-2-4),与海洋性气候区的阿尔卑斯山(Federici 和 Spagnolo,2004)、西班牙和法国之间的比利牛斯山(García-Ruiz 等,2000)和波兰境内的高塔特拉山地(Marek 等,2013)等地一致。在构造稳定的前提下,冰川发育的海拔高度越低,冰川的规模就越大,冰川的侵蚀力也越强,此外,从中国西部山地冰川规模演化特点来看,冰川发育的海拔高度越低,有可能说明冰川的作用时间也越长,对冰斗的发育越有利。所以,上述两个条件有可能造成冰斗的大小随之海拔高度呈现出递减的规律。

而冰斗的形态所受的影响因素很多,如气候、地形、构造、岩性、作用时间的长短都会对其有影响,其作用过程是非常复杂的。单纯拿气候条件来说,不同海拔高度上的气温与降水的

组合存在很大不同,这就导致了冰川发育在不同的地区、不同的海拔高度上会存在一定的差别,因而在冰斗的形态上没有显示出明显的规律性也是可以理解的。

运用自然断点法对冰斗底部海拔进行分级,结果表明,研究区冰斗主要发育在大于 4670 m(第二级、第三级和第四级)的海拔范围内,主要是与他念他翁山在 4700 m 以上发育夷平面有关(苏珍和蒲健辰,1996),但高海拔地带(第四级)冰斗规模小,这与山脊线较窄不利于冰斗发育,以及冰斗后壁的深凹抑制了积雪的积累,进而抑制了冰斗的发育(Evans,1990)有关。

除了与海拔高度息息相关的地形因素外,不同海拔高度带内的气温降水组合也控制着冰斗的数量分布,如第二级、第三级带内的冰斗数量占总数的 50% 以上,这与研究区的降水分布规律有直接关系。研究表明,横断山区的降水,除中山带出现的第一最大降水带外,还在冰川雪线以上的高山带出现第二最大降水带,如梅里雪山冰川雪线附近(海拔 4800～5200 m)的年降水量在 1500 mm 左右,并且年平均气温从海拔 2740 m 的 9.8 ℃ 递减到峰顶海拔 6740 m 的 −19.2℃(苏珍和蒲健辰,1996)。第二最大降水带的存在,控制了冰斗的数量,在第二级和第三级范围内共存在 27 个冰斗,第一级海拔范围内的冰斗数量为 6 个,第四级海拔冰斗数量为 11 个,冰斗面积的平均值从海拔 3903 m 处的 5.60 km² 逐渐过渡到海拔 5357 m 处的 0.86 km²。可见,合适的气温和降水为第二级和第三级冰斗的发育提供了充分的条件。而第四级冰斗处于最高海拔地区,有更低的温度条件,但是由于降水量的不足,不利于冰川积累,导致其发育了数量少且面积较小的冰斗。

最后,从冰斗的平面分布来看,冰斗底部海拔的高度整体上自北向南逐渐降低,与研究区现代雪线基本自北向南逐渐下降的规律相一致,这不仅与山体整体地势自北向南下降有关,也与西南季风自南向北逐渐减弱有关。

表 2-2-4　研究区各级冰斗分布频数与参数平均值

级数	分布频数	Alt(m)	A(km²)	L(m)	W(m)	H(m)	h(m)	L/W	L/h	W/h	L/H	F
第一级	44	4422	6.95	2615	2453	611	731	1.08	3.64	3.69	4.24	2.12
第二级	308	4835	2.13	1436	1388	314	370	1.10	3.95	3.98	4.52	2.28
第三级	396	4988	1.71	1298	1232	278	334	1.15	3.96	3.80	4.65	2.40
第四级	217	5143	1.42	1085	1161	263	306	1.07	3.72	3.83	4.15	2.20

2.2.4.2　朝向与坡向对冰斗形态大小的影响

根据冰斗沿山脊线(NW—SE)发育的数量统计(表 2-2-5),研究区冰斗分布在山脊线西侧的数量(621 个)为东坡(344 个)的近 2 倍。冰斗的坡向分布,指示降水的差异性是重要的影响因素。他念他翁山受西风环流和西南气流影响,西坡为迎风坡,地形强迫抬升能够拦截大量(550 mm)水汽,而背风坡的降水(300～400 mm)相应要少,降水量对东、西坡冰川固态冰的积累产生较大的影响,因此,西坡的冰川积累量大于东坡,从而在冰斗数量上也多于东坡。

太阳辐射控制的气温是控制冰斗朝向分布的重要因素。研究表明,在北半球的北部因子(较少的太阳辐射总量)和东部因子(太阳辐射在早晨的时候气温最低)有利于 N、NE、NW 方向的冰斗发育(Derbyshire,1976;Evans,1977,2007;Federici 和 Spagnolo,2004)。研究区北朝向的冰斗分布最多,NE 朝向的冰斗占较大优势,占 37.2%,NW 朝向分布也较多,占总数的

22.6%,而朝向为南向限的冰斗数量较少,这与李吉均(李吉均等,1996)所绘制的横断山区冰川朝向分布玫瑰图所统计的在北东和北西方向上的冰川分布最多相符合,这种极端相反的朝向分布也是北半球冰川、冰斗发育的一般规律。

表 2-2-5 朝向控制的形态参数变量平均值分布表

	N	NE	E	SE	S	SW	W	NW
分布频数	119	359	43	121	18	85	12	208
E_{max}(m asl)	5192	5329	5330	5301	5237	5316	5196	5359
E_{min}(m asl)	3978	3959	3996	4082	4181	3968	4250	3903
A(km^2)	1.82	1.95	2.16	2.4	3.00	3.00	2.14	2.19
L(m)	1290	1325	1495	1550	1562	1511	1330	1411
W(m)	1281	1280	1302	1497	1732	1693	1449	1318
H(m)	283	296	325	335	381	358	298	309
h(m)	338	361	394	391	467	400	348	362
L/W	1.11	1.13	1.23	1.11	0.93	0.95	1.03	1.14
L/h	3.80	3.75	3.86	4.17	3.52	4.06	4.17	3.95
W/h	3.78	3.65	3.48	4.19	4.23	4.69	4.44	3.73
L/H	4.53	4.43	4.68	4.29	4.17	4.21	4.52	4.56
F	2.28	2.25	2.34	2.33	2.11	2.27	2.59	2.33

2.2.4.3 构造与地形对冰斗分布的影响

除了受气候因素的控制外,地形与构造对冰斗的形态与分布也起着一定的控制作用(Evans,1990;Klimaszewski,1964;Mccabe,1939;郑本兴,2000)。总的来说,怒江深断裂和澜沧江深断裂控制的地形陡缓是冰斗形态与分布的重要因素之一。除了北段的丁青以外,他念他翁山西坡地形缓长,冰斗易于保存,而东坡地形陡短,崩塌作用强烈,不适合冰斗的发育和保存(图 2-2-5)。如中段的邦达地区附近,玉曲至怒江之间的地段,地形异常平缓,有利于冰雪积累进而发育冰斗;与此相对的是,玉曲至澜沧江之间的地段构造发育,地形切割强烈,地势也相对要低一些,因此不利于冰雪积累,故而冰斗的数量相对较少,规模也小。而南段的扎玉镇附近,整体来看,夷平面发育良好,有利于冰川发育,但是,西侧怒江的下切深度比东侧澜沧江的下切深度明显要小,下切量的差值达 800~1000 m,地形剖面图可以清楚地显示,东坡的山体垂直高差明显大于西坡,故而,山体西部的冰斗数量相对多一些,加之降水条件良好,冰斗的规模也大一些。此外,北侧的丁青附近,主要控制山体发育的是西侧的御曲和东侧的紫曲,山体内部小型的断裂构造分布较多,导致地形较为破碎,加之地势较低,冰斗分布的数量较少,规模也较小。

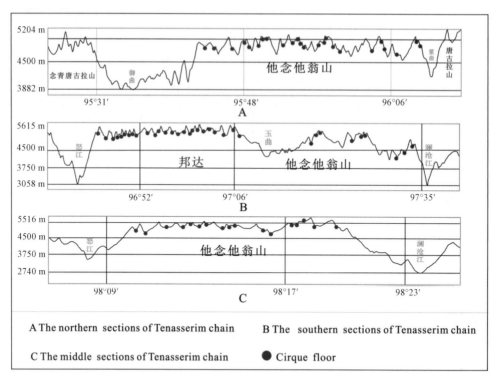

图 2-2-5　他念他翁山不同地段地形剖面图

2.3　冰川槽谷形态特征的定量化研究

本节以地处云南省境内的白马雪山为例,对冰川槽谷的横断面特征进行实地量测,并运用冰川槽谷的定量化参数及模型,探讨冰川的形态特征与冰川作用之间的相互关系。

◗ 2.3.1　冰川槽谷形态特征定量化研究的目的与意义

白马雪山地处横断山脉腹地,对于研究西南季风影响区的环境变迁以及冰川作用特点具有重要的科学意义(许刘兵等,2005;李吉均等,1991;肖海丰等,2006;李吉均和康建成,1989;崔之久等,2011;赵井东等,2012),同时,在山地环境与全球变化研究方面也具有重要的参考价值(吴艳宏和周俊,2011)。白马雪山地区保存着良好的第四纪冰川侵蚀与堆积地貌,其中保存在主峰扎拉雀尼东北侧的两条槽谷非常典型。冰川槽谷作为冰川侵蚀的典型地貌,其形态特征一直是冰川研究者关注的重点。早在19世纪80年代,外国学者McGee(1883)提出并倡导研究冰川的作用过程与形态之间的关系,对冰川学的研究与发展有重要意义。20世纪80年代,Harbor(1989)发展了此观点,并赞同把冰川槽谷形态描述成抛物线形。而对冰川槽谷形态进行的系统的定量分析研究早在20世纪50年代末就已经开始了,Svensson(1959)通过对瑞典北部Lapporton冰川槽谷的测量计算与分析,最终提出了用来描述冰川槽谷形态特征的抛物线模型($y = ax^b$)。此后,大量学者在此模型基础上对冰川槽谷形态进行更深入的研究。其中,影响较大的是Graf(1970)把河流地貌中的概念和方法引用到冰川地貌中,使得该抛物线模型得到了发展,有效揭示了冰川与冰川流动过程中形成的冰川槽谷之间相互作用的本质特征。而后,他又提出使用冰川槽谷宽深比($FR = D/W_t$)作为描述冰川槽谷形态的补充,大大丰富了冰川槽谷形态特点的定量化研究内容。我国学者对冰川槽谷的研究也非常重视,20世纪80年代,焦克勤(1981)、崔之久(1981)等对天山乌鲁木齐河源区的冰川槽谷进行了定量分析研究。刘耕年(1989)对川西螺髻山冰川槽谷也进行了深入的分析,指出槽谷形态不对称的原因为冰川差异侵蚀和冻融差异。21世纪初,李英奎和刘耕年(2000b)对天山中、西部冰川槽谷进行量算,对比国内外不同区域的研究成果,详细探讨了冰川槽谷的横剖面形态特征,并引用冰川槽谷梯级宽深比[$f = W/(y - y_0)$]来描述槽谷横剖面的总体特征及其形态的沿程变化。

从已有的研究成果来看,国内对冰川槽谷的研究主要针对天山和螺髻山地区,揭示了不同气候区两种不同类型的冰川所塑造的冰川槽谷在形态特征上有所不同,可能暗含着地域特点和冰川性质对其形态的影响。然而,影响冰川侵蚀作用形成的槽谷因素是多方面的,这就需要更加深入细致地研究,因此,本节通过对横断山脉中的白马雪山进行实地考察得到的资料进行研究,并结合计量数据的分析,研究冰川槽谷横剖面参数之间的关系,试图从定量探讨冰川槽谷横剖面的形态特征入手,深入分析白马雪山地区冰川发育的基本特点,尤其是冰川的侵蚀强度、冰川规模、冰川作用过程以及影响该区冰川槽谷形成的主要因素。

●2.3.2 研究区域简介

白马雪山位于横断山脉中部,滇西北迪庆藏族自治州德钦县和维西县境内,为金沙江与澜沧江的分水岭,地理坐标在27°24′~28°36′N,98°57′~99°25′E之间,总面积约281640 hm²。主峰扎拉雀尼海拔5429 m。研究区地处低纬度高海拔地带,为典型的寒温带山地季风气候,垂直地带性明显。最冷月为1月,平均气温–9~8℃,最热月为7月,平均气温7~24℃。白马雪山位于横断山脉中部,虽受西南季风影响强烈,但是由于横断山脉山体呈近南北走向,西南季风带来的大量水汽在该区以西的高黎贡山和碧罗雪山西部迎风坡凝结降落,最终导致该区内的降水量大幅度减少。目前,白马雪山大部分地区年降水量在1000 mm以下(云南省林业厅,2003)。

白马雪山与横断山脉中其他山体一样受青藏高原的大幅度崛起影响,形成了现在高低起伏的复杂地形(陈桂华等,2010;杨达源等,2010)。在岩性上,白马雪山北部以砂岩、页岩、片岩、板岩、千枚岩、紫砂页岩为主;中部主要为花岗岩、板岩、页岩、石灰岩等;南部主要为石灰岩、片岩、砂岩(云南省林业厅,2003)。而本节研究的冰川槽谷发育区的主要岩性为灰岩和页岩,并有少量的花岗岩、砂岩等。

区内冰川槽谷数目众多,形态典型,多数是由多条槽谷组合而成的复合槽谷,只在主峰扎拉雀尼北侧东坡发育了两条有代表性的简单冰川槽谷。2011年5月,我们对这两条槽谷进行了实地考察,其发育的主要参数特点是:两条槽谷的走向近东西(80°),其中北侧一条槽谷纵向长度将近6 km,最宽处谷肩距离将近0.8 km,最窄处约0.3 km。南侧槽谷稍短,长约4.6 km。

◾ 2.3.3 材料与方法

2.3.3.1 冰川槽谷抛物线形各参数的确定

在地貌学中,冰川槽谷经常被描述成 U 形。因此,模型 $y = ax^b$ 成为计算冰川槽谷横剖面最近似的抛物线形的一种方法(Svensson,1959)。在应用这个方法时,需要对槽谷横剖面的两侧分别计量。在模型中,x 代表槽谷横剖面的中心线上的一点到槽谷一侧的水平距离,y 则代表这一点到槽谷底部的垂直距离,而后由计量出的 x 与 y 值来求出系数 a 和指数 b 的值。a 和 b 值则可进一步确定槽谷的横剖面是否符合抛物线形及其形态特点。由于槽谷横剖面的形态特征主要取决于 a 和 b 值,为了便于计算,通常的做法是对 $y = ax^b$ 两边取对数,将指数关系转换成如下的线性函数关系:

$$\ln y = \ln a + b\ln x \tag{2-3-1}$$

令 $Y = \ln y, A = \ln a, B = b, X = \ln x$,则公式 2-3-1 可变成

$$Y = A + BX \tag{2-3-2}$$

为了确定公式 2-3-2 这个线性关系中常数 A 与 B,采用最小二乘法来计算,即:

$$A = \frac{\sum X \sum XY - \sum Y \sum X^2}{(\sum X)^2 - n \sum X^2}$$

$$B = \frac{\sum X \sum Y - n \sum XY}{(\sum X)^2 - n \sum X^2}$$

$$相关系数 R = \frac{n \sum XY - \sum X \sum Y}{\sqrt{[n \sum X^2 - (\sum X)^2][n \sum Y^2 - (\sum Y)^2]}}$$

其中,n 为冰川槽谷每个横剖面上槽谷左右两侧分别进行计算 (X, Y) 数组的数量。

2.3.3.2 冰川槽谷梯级宽深比的确定

由于 Svensson(1959)提出的 $y = ax^b$ 模型对冰川槽谷的测量需要两侧分别测量计算,人为的划分槽谷两侧的界限,对不同槽谷间的对比可能会造成一些误差。而冰川槽谷梯级宽深比定义为槽谷横剖面上相同等高线间距离与对应深度的比值。它可以更好地描述槽谷横剖面的总体特征,便于不同槽谷剖面形态的对比。梯级宽深比 f 可简单地描述为:

$$f = W/(y - y_0)$$

在该式中,W 为槽谷横剖面上相同等高线间水平距离,y 为该等高线高程,y_0 为谷底高程。统计分析表明,梯级宽深比 f 随槽谷深度 ($d = y - y_0$) 的变化符合幂函数形式 ($f = md^n$)(李英奎和刘耕年,2000b)。同样地,为了将幂函数关系转化为线性关系,我们相应地做出上述对数变换,得:

$$\ln f = \ln m + n\ln d \tag{2-3-3}$$

令 $Y_f = \ln f, A_f = \ln m, B_f = n, X_f = \ln d$,则公式 2-3-3 变为:

$$Y_f = A_f + B_f X_f \tag{2-3-4}$$

公式(2-3-4)中的 A_f 和 B_f 以及相关系数均采用最小二乘法计算。只是各个参数的物理含

义与前述略有不同。

2.3.3.3 冰川槽谷的形态比率

为了完善槽谷横剖面模型,一些学者开始尝试将河谷地貌研究中的形态参数引入到冰川槽谷中,如 Graf(1970)将河谷中的形态比率 FR 引入到冰川槽谷的形态表达上来,成功给出了一个比较完整的定量冰川槽谷几何形态描述。冰川槽谷形态比率公式为:

$$FR = D/W_t \tag{2-3-5}$$

公式(2-3-5)中,FR 为冰川槽谷形态比率,D 为槽谷的深度,W_t 为槽谷顶部宽度。经过大量的数据验证研究发现,即使两个冰川槽谷有相似的冰川槽谷抛物线模型,但它们的形态比率可能不相同,由此可以深入描述不同槽谷之间的形态差异。

■2.3.4 结果分析

根据 1:200 000 区域地质调查报告(古学幅)可得,研究区主峰扎拉雀尼附近共存在 3 次冰川作用,形成时代为更新世中期、更新世晚期和全新世,冰川堆积物的分布下限是 2800~3000 m,海拔 3800~4000 m 以上保存的冰碛物形成时代对应晚更新世(云南省地质矿产局区域地质调查队,1982)。Iwata 等(1995)通过对研究区的调查认为,末次冰期的冰川沉积物下限在东坡为 3300~3400 m。而我们通过野外调查认为,末次冰期的冰川遗迹分布在海拔3900 m 以上,在此高度之上保存着明显的三级冰斗,海拔高度分别为 4160 m、4450 m、4650 m,并且在各级冰斗下方对应发育有形态清晰的冰川槽谷。在研究区北侧的冰川槽谷中,海拔 4200~4450 m 左右的冰坎处,保存着清晰的羊背石,迎冰面和缓,背冰面陡峭,高度约 30 m。羊背石上的磨光面比较明显,显然是末次冰期冰川作用的产物,但磨光面已经受了一定程度的风化破坏,指示其形成时间不会太晚,其形成时代应为末次冰盛期(LGM),而分布在较低海拔的冰川槽谷(3900~4160 m)为末次冰期早期/中期的产物。与之相对应,南侧槽谷的形成时代也应为末次冰期早期/中期。我们在两个典型槽谷内共计量 7 个横剖面,其中,BM1~BM4 在研究区北侧槽谷中,BM5~BM7 在南侧槽谷中,计量顺序为从下游到上游(图 2-3-1)。我们还分别对冰川槽谷剖面形态参数 B、A、A_f、B_f 和 FR 值进行计量,结果见表2-3-1 和表 2-3-2。从所确定的统计参数结果来看,数据比较可靠,线性回归后的相关系数均在98%以上。冰川槽谷横剖面参数 B 和 A 的值受坡向的一定影响,阴坡和阳坡的 B 和 A 值有些差异,反映了在横剖面中从槽谷中轴线至槽谷两侧分别计量的误差,而梯级宽深比则弥补了这一不足,忽略了对坡向的要求。

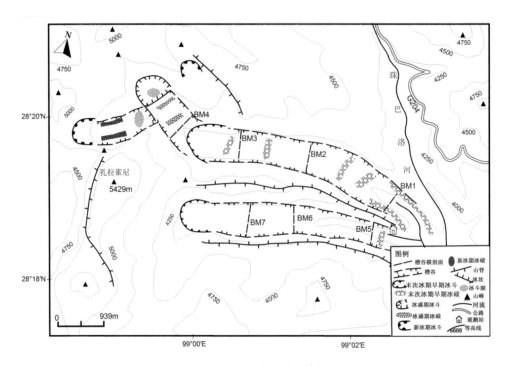

图 2-3-1　研究区冰川槽谷地貌图

表 2-3-1　白马雪山地区冰川槽谷剖面形态参数 *B* 和 *A*

剖面名称	坡向	*B*	*A*	*R*
BM1	阴坡	1.6892	−4.9876	0.9995
	阳坡	1.4843	−4.3910	0.9994
BM2	阴坡	1.5237	−4.1795	1
	阳坡	2.4166	−10.4701	0.9994
BM3	阴坡	1.7197	−5.7125	0.9999
	阳坡	2.0216	−7.3256	0.9999
BM4	阴坡	1.7184	−5.2594	0.9967
	阳坡	1.4222	−3.7990	0.9991
BM5	阴坡	1.8014	−5.6578	0.9983
	阳坡	1.4116	−3.0811	0.9998
BM6	阴坡	1.7131	−5.6711	0.9998
	阳坡	1.6202	−4.7511	0.9999
BM7	阴坡	2.6915	−12.4388	0.9997
	阳坡	1.6793	−5.0241	1

表 2-3-2　白马雪山地区冰川槽谷剖面形态参数 A_f, B_f, b 和 FR

编号	B_f	A_f	R	b	FR	谷肩(m)
BM1	−0.3724	3.6704	−0.9871	1.578	0.085	3980
BM2	−0.4825	4.3443	−0.9996	1.970	0.048	4090
BM3	−0.4726	4.2062	−0.9986	1.871	0.082	4160
BM4	−0.3651	3.5967	−0.9958	1.570	0.142	4370
BM5	−0.3657	3.3447	−0.9967	1.607	0.188	4050
BM6	−0.3939	3.7902	−0.9985	1.667	0.163	4170
BM7	−0.5524	4.7120	−0.9992	2.185	0.139	4190

▮▮▮ 白马雪山地区冰川槽谷发育特征及其影响因素

2.3.5.1　冰川槽谷抛物线形态特点与控制因素

冰川槽谷是典型的山岳冰川侵蚀地貌之一,是冰川流动过程中对地表侵蚀的作用结果,因此,冰川的规模和侵蚀能力是塑造冰川槽谷的重要因素。一般而言,冰川的规模越大,侵蚀能力越强,冰川槽谷就越宽、越深,谷壁越陡。抛物线模型中的指数 B 值反映了槽谷的两侧谷壁的陡峭程度,表 2-3-1 显示研究区的两条冰川槽谷的 B 值在 1.4～2.7 之间,且槽谷上游的 B 值比下游大,阴坡的 B 值多数比阳坡的值大,反映出槽谷上游的侵蚀能力比下游大,阴坡的侵蚀能力大于阳坡。由于 a 一般都小于1,因而它的对数值 A 是一个负值,其绝对值可以用来反映冰川槽谷谷底的宽阔程度,即 A 的绝对值越大,表示谷底越宽阔。统计数据指示上游 A 的绝对值相对下游比较大,说明上游的谷底更宽阔,冰川侵蚀能力更强,从而体现冰川流动过程中的侵蚀特点。而 BM4 剖面的位置在上游,但由于不是同一时期的冰川侵蚀作用形成的,B 值和 A 的绝对值则相对较小,这也反映了不同时期的冰川作用所塑造的地貌存在着差异性。因而,白马雪山的冰川槽谷上游较下游具有两侧谷壁较陡、谷底平坦宽阔的形态特征,总体上整个槽谷也表现出典型的 U 形形态。通过数据研究发现,其中 A 的绝对值随 B 值的增大而增大,A 与 B 之间具有明显的线性关系(图 2-3-2)。A 与 B 之间的线性关系说明冰川槽谷形态中谷壁的陡峭程度与谷底宽阔程度之间是相互依存的,这是冰川作用不同于其他外营力作用的特征之一。

冰川的侵蚀作用决定了 B 值的大小,不同地区槽谷受冰川侵蚀程度不同,因此 B 值也会有所变化。对比天山、螺髻山地区的 B 值(焦克勤,1981;刘耕年,1989;李英奎等,1999;李英奎和刘耕年,2000b)(表 2-3-3)可以看出,冰川槽谷的发育受多种因素的制约,比较主要的可能是冰川的规模、冰川作用的持续时间、冰川作用区的气候条件、冰川性质以及岩性条件。

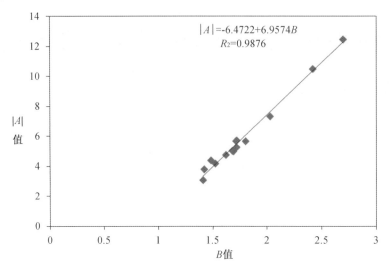

图 2-3-2　白马雪山槽谷形态|A|值与 B 值统计关系图

表 2-3-3　不同地区简单槽谷的 B 值的对比

地区	B 平均值	数据来源
天山乌鲁木齐河源区	1.825*	焦克勤,1981;刘耕年,1989;李英奎等,1999
川西螺髻山	1.835	刘耕年,1989
白马雪山	1.779	本文

* 数据为提取简单槽谷的 B 值。

　　与螺髻山相比,白马雪山的 B 值平均值为 1.779,相对较小,可能与白马雪山的冰川作用时间较短、降水量较少有关。虽然白马雪山与螺髻山的冰川性质均为海洋性冰川(黄茂桓和施雅风,1988),但其冰川发育历史和气候条件却有很大的不同。白马雪山在晚第四纪山体高度才达到雪线以上并发育冰川,即冰川作用的时间相对较短。此外,白马雪山所在地理位置为横断山脉中部,主要受西南季风控制,水汽来自印度洋孟加拉湾。由于距水汽源地较近,降水量本该较丰沛,但是,山脉、河流近南北走向,几乎与西南气流成正交,大量水汽在它以西的高黎贡山和碧罗雪山迎风坡凝结降落,到白马雪山一带降水量已显著减少。在高黎贡山南段,山顶附近年降水量达 3000 mm 以上,而碧罗雪山则减至 1000～1200 mm,到白马雪山仅600～900 mm,且西坡少于东坡(张谊光,1998)。与此相对照的是,螺髻山所处地理位置除受西南季风影响之外,主要还受东南季风带来的水汽影响。资料显示,西昌 1950—1970 年平均年降水量为 1042.6 mm,如果用将今论古的原则去审视目前的气候条件,那么螺髻山发育古冰川的气候条件是良好的。多种证据表明:在末次冰期甚至是倒数第二次冰期时,大气环流格局基本与现代相类似(施雅风等,1989)。而据崔之久等(1986)和刘耕年(1989)研究,螺髻山地区的冰川作用时间较长,保存着倒数第三次冰期的冰川遗迹。在气温上,白马雪山由于处于横断山脉的崇山峻岭之中,受寒潮的直接影响较弱,降温以高空冷平流配合地面辐射冷却为主(张谊光,1998;虞光复等,1996),加之东侧的金沙江干热河谷影响,白马雪山(云南省林业厅,2003)与螺髻山(于洋,2012)同高度相比气温较高(表 2-3-4)。螺髻山的冰川槽谷形

态参数 B 平均值 1.835 比白马雪山的 B 平均值大,符合白马雪山与螺髻山冰川发育的总体特征,同时可验证螺髻山的冰川比白马雪山的冰川更为发育,作用时间更长,其冰川作用也更加强烈。

表 2-3-4   白马雪山与螺髻山平均气温对比

白马雪山(℃)(云南省林业厅, 2003)			螺髻山(℃)(于洋, 2012)	
海拔(m)	东坡	西坡	海拔(m)	年平均气温(℃)
2800	9.9	8.8	2640	9.5
3600	4.7	4.7	3845	1.6
4400	-0.6	0.5	4359	-1.8

以上讨论了冰川性质相同的情况,这里再讨论冰川性质不同时影响冰川槽谷发育的可能因素。乌鲁木齐河源区上空处于盛行西风控制之下,冰川发育所需水汽主要依赖西风环流。但西风环流和季风不同,其输送层垂直跨度较大,在携带大西洋水分沿纬向输送时,沿途主要丢失的是下部的水体,只有上层携带的水体可抵达本区上空,为冰川发育提供水汽条件(秦大河等,1984;赵井东等,2011b;易朝路等,1998)。因此,乌鲁木齐河源区与横断山脉相比,总体上补给冰川发育的降水量不如横断山区,天山乌鲁木齐河源 1 号冰川粒雪线处(4050 m)年平均降水量仅为 645.8 mm(杨大庆,1988)。但是,冰川槽谷的 B 平均值却比白马雪山大得多,进一步说明冰川作用规模和持续时间的重要性,而冰川性质此时可能处于从属的地位,因为从冰川性质上来看,天山乌鲁木齐河源区的冰川为大陆性冰川,而在末次冰期时,冰川性质更可能介于大陆性与极大陆性之间,甚至是极大陆性的(施雅风,2006;赖祖铭和黄茂桓,1988)。

此外,乌鲁木齐河源区的基岩岩性主要为绿泥石石英片岩、片麻岩、花岗岩和闪长岩等(王靖泰和张振栓,1981),螺髻山主要为列古六砂岩、砾岩和白云质灰岩、凝灰岩等(施雅风等,1989),白马雪山的岩性条件主要为灰岩、页岩、花岗岩、砂岩等,如果单纯从抗侵蚀能力的岩性条件上看,抗侵蚀能力由强至弱依次为天山地区、螺髻山、白马雪山。就目前的研究结果看,白马雪山的冰期历史最短,而天山和螺髻山地区的冰期历史很可能至少追溯到倒数第三次冰期,而且冰川的规模也比白马雪山大,故而这两处山地的 B 平均值明显大于白马雪山。由于螺髻山的降水条件优于乌鲁木齐河源区,并且川西螺髻山冰川发育的基岩硬度比天山乌鲁木齐河源区小,更有利于冰川对地表的侵蚀塑造,因此,螺髻山冰川的侵蚀程度比天山乌鲁木齐河源区的要大,表现出螺髻山冰川槽谷的 B 平均值要比天山乌鲁木齐河源区稍大一些。而白马雪山的冰川作用时间和发育规模远小于天山乌鲁木齐河源区的冰川,表现在槽谷形态参数 B 平均值上即相对略小一些。

2.3.5.2   冰川槽谷梯级宽深比与冰川作用过程

利用冰川槽谷梯级宽深比(表 2-3-2)对白马雪山的冰川槽谷进行分析。B_f 是前文提到的公式 2-3-4 线性方程中的斜率,从表 2-3-2 中可以看出,其值的变化在 -1 到 0 之间,其绝对值大小可以反映冰川槽谷的坡降值。A_f 则是公式 2-3-4 线性方程中的截距,其值的大小描述了槽谷底部的宽阔程度。A_f随B_f值的减小而增大,表现出明显的负相关性。梯级宽深比随深度变化的模型在计量研究时不必将槽谷左右分开,反映的是冰川槽谷的整体形态,并且在f随d的变化中可以确定槽谷剖面上谷肩的位置,从而可以确定槽谷的顶部高度和其他形态参数(图2-3-3)。

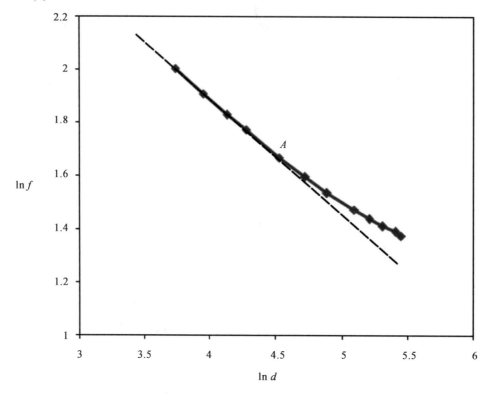

图2-3-3 梯级宽深比f对数值与槽谷深度d的对数值的相互关系

在图2-3-3中将BM5剖面的梯级宽深比的对数值$\ln f$和相对应深度的对数值$\ln d$分别标注在坐标系中,可以看到各点基本在一条直线上,而当深度超过A点时,直线发生变化,出现转折,即折点A分开了两段不同作用营力或不同作用时期所形成的谷坡,深度在A点以下的槽谷形态为冰川侵蚀作用形成,在A点以上为非冰川作用形成(李英奎和刘耕年,2000b)。从这一思路出发,可以确定A点对应的深度为谷肩位置,对应的f为槽谷顶部的宽深比。运用此方法我们确定出研究区的7个槽谷剖面上的谷肩位置(表2-3-2)。由于冰川在流动过程中对槽谷的各段的侵蚀程度是有变化的,这种变化与冰川的冰量、冰川发育的规模、冰川的运动速度等因素有关(黄茂桓,1999;张祥松等,1985;王宗太,1992;施雅风等,2011;Huang等,1982;Huang,1990)。冰川在雪线的部分,因厚度大,冰体温度较高,可塑性增强,故运动速度快于其他部分(刘南威,2000)。并且,在地形起伏比较大、纵比降较大的地方,冰川运动与变化比较快,冰蚀作用较强烈(毛海明,2009)。张祥松等(1985)对天山1号冰川的研究表明,冰川在雪线附近厚度最大,冰体厚度从雪线附近向上下两个方向逐渐减小。由此推断,冰底温度在雪线附近最高,冰川运动速度在雪线附近较大,因此冰川在雪线附近侵蚀能力最强,并

往冰川下游减弱(李英奎和刘耕年,2000b)。基于这些原理,李英奎和刘耕年(2000a)对天山乌鲁木齐河源区的简单槽谷进行了统计分析,得出 A_f 和 B_f 的值较大处对应的谷肩位置更接近于雪线位置。表2-3-2中的数据显示,研究区冰川槽谷的谷肩位置从上游向下游是逐渐降低的,并且呈现出 $|A_f|$ 随着 $|B_f|$ 增大(减小)而增大(减小)的变化规律。在研究区北侧的槽谷中(图2-3-4),从下游 BM1 到上游 BM2 的剖面中,$|A_f|$ 和 $|B_f|$ 呈增大趋势,从 BM2 一直到上游 BM3 剖面,$|A_f|$ 和 $|B_f|$ 的值呈减小趋势,即 BM2 的 $|A_f|$ 和 $|B_f|$ 达到最大值,显示出 BM2 处的冰川侵蚀程度最强,说明 BM2 的位置更接近雪线位置,即 BM2 的谷肩位置 4090 m 应为雪线高度。在另一条槽谷中(图2-3-4),BM7 位置上的 $|A_f|$ 和 $|B_f|$ 值最大,因而,BM7 的谷肩位置 4190 m 应为接近雪线的高度。运用冰斗底部高程法和冰川末端至冰斗后壁最大高度法确定的末次冰期早期/中期古雪线高度应为 4092 m(刘啸,2012),由槽谷谷肩位置确定的雪线平均值为 4140 m,二者的数值基本一致。因此,可以用冰川槽谷肩的位置确定古雪线的高度。

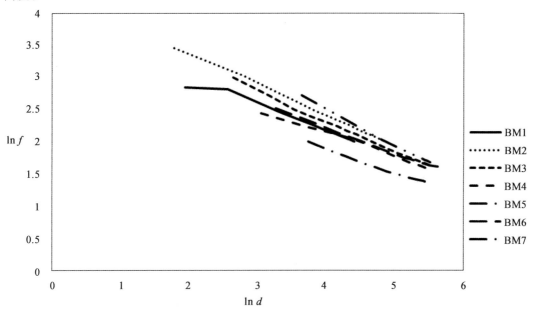

图2-3-4 研究区冰川槽谷各个横断面梯级宽深比变化对比图

2.3.5.3 *b-FR* 关系反应的冰川侵蚀方向性

Hirano(1988)和 Aniya(1989)在 Rocky Mountains 研究冰川槽谷形态特征时,运用参数 b 与宽深比 FR 的关系来探讨槽谷形态发育的特征,并最终将其关系归纳为两种:一种是山地冰川模式(落基山模式)(Rocky Mountain model),FR 随 b 值的增大而增大,冰川对槽谷的侵蚀以下蚀为主;另一种为大陆冰川模式(巴塔哥尼亚 – 南极洲模式)(Patagonia-Antarctica model),FR 随 b 值的增大而减小,冰川对槽谷的侵蚀以侧蚀为主。在后来的研究中,这一观点普遍受到了一些学者的质疑(Harbor,1990),因此还需要不同地区的冰川槽谷形态数据来验证。我国学者在对天山地区的冰川槽谷计量验证研究后,得到的结果并不符合这一模式,并提出这一结果可能由于冰川性质不同等一些条件的差异所致(李英奎和刘耕年,2000b)。本节研究区的白马雪山冰川为典型的海洋性山地冰川(李吉均等,1996),这与 Hiran(1988)和 Aniya(1989)在 Rocky Mountains 研究的冰川性质基本相符。因此,本节将用白马雪山冰川槽谷的 b-FR 关系来验证这一模式。

我们以梯级宽深比中得到的槽谷各个横剖面的谷肩位置作为槽谷顶部高度,谷肩位置的深度作为槽谷深度,得出 b-FR 关系(表 2-3-5 和图 2-3-5)。

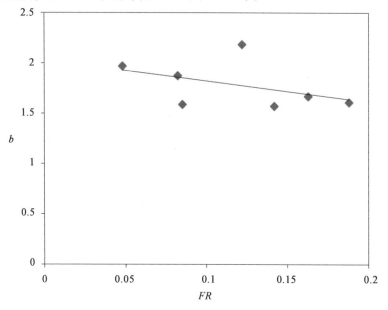

图 2-3-5　白马雪山冰川槽谷形态 b-FR 的关系

在图 2-3-5 中可以看到,研究区的冰川槽谷剖面 b-FR 关系呈现出分散分布,总体呈负相关的关系,即 FR 随 b 值的增大而减小,并没有表现出 FR 随 b 值增大而增大的山地模式,而与大陆冰川模式很相似。这种结果验证了 Harbor(1990)对这一模式的质疑,山地冰川模式不具有普遍性,即使相同的海洋性冰川,也不能相符合。这一模型的验证可能还与冰川的规模、冰川的作用时间以及气候环境等要素相关,需要以后其他地区冰川槽谷的大量数据来验证。但是,从白马雪山冰川槽谷形态 b-FR 的关系上看,其与大陆冰川模式中的 b 值与 FR 值的关系相似。在 Hirano(1988)和 Aniya(1989)提出的大陆冰川模式中,b 值随着 FR 值增大而减小的关系表明槽谷是由相对陡峭、狭窄的 V 形谷在冰川侵蚀作用下变成开阔的 U 形谷,侵蚀过程中侧蚀加宽作用显著。在山地冰川模式中,FR 随着 b 值的增大而增大,如果我们假设把深度值固定,那么随着 b 值的增大,FR 值增大,故槽谷顶部宽度减小;而在大陆冰川模式中,FR 随着 b 值的增大而减小,假设把深度值固定,那么随着 b 值的增大,FR 值减小,故槽谷顶部宽度增大。由此也可以推断出,在山地冰川模式下,FR 随着 b 值的增大而减小,在槽谷形成过程中,侧蚀加宽的作用更为强烈。而本节研究区的槽谷的形态参数 b 值随着 FR 值增大而减小,因此推断在白马雪山研究区中的槽谷形成过程中侧蚀加宽作用会显著于下蚀加深作用,槽谷底部相对平坦,两侧谷坡相对缓和,整体呈现出比较开阔的形态。

在北侧槽谷中,BM1 到 BM2 的 *FR* 值减小,BM2 到 BM3 的 *FR* 值增大,即 BM2 深度与宽度的比值最小,相对而言,BM2 处的宽度则最大。在南侧的槽谷中,从 BM5 到 BM7 的 *FR* 值一直减小,BM7 处最小。这反映出两条槽谷在 BM2、BM7 处冰川侧蚀作用最强,进而可以推断 BM2、BM7 处的冰川规模可能相对较大,应为雪线位置。这与由 $|A_f|$ 与 $|B_f|$ 最大值推出的雪线位置相一致。通过天山地区和螺髻山的简单槽谷剖面中的 *b-FR* 关系也能得到相似的结论(表 2-3-5)。天山地区的冰川槽谷剖面的 *b-FR* 关系呈负相关,冰川侵蚀主要以侧蚀为主(李英奎和刘耕年,2000b),这与白马雪山槽谷的 *b-FR* 的相关性一致。天山地区的槽谷属于天山乌鲁木齐河源区上望峰冰期的产物,上望峰冰期的雪线高度为 3630 ± 40 m(张振栓,1981)。从表 2-3-5 中 5 条简单槽谷 AU4 ~ AU5、AR3 ~ AR4、BL1 ~ BL3、10-1 ~ 10 和 13-1 ~ 13-3 的数据中可以看出,每个槽谷中 *FR* 值最小处即槽谷宽度相对最大、冰川侧蚀作用最强、冰川规模最大处所对应的谷肩位置最接近雪线的位置。如在 BL1 ~ BL3 中,BL1 的 *FR* 值 0.192 最小,其谷肩位置 3700 m 为最接近雪线位置。螺髻山地区的冰川槽谷属于螺髻山大海子冰期,雪线位置应在 3860 m(崔之久等,1986)。在表 2-3-5 的螺髻山槽谷剖面的数据中可以看出,*FR* 值与 *b* 值呈正相关,冰川侵蚀作用主要以下蚀为主。因此,在螺髻山的清水沟、侧路洛打和日德林 3 条槽谷中,*FR* 值最大处即槽谷深度相对最大、下蚀作用最强、冰川规模最大处所对应的海拔位置更接近雪线位置。如在侧路洛打槽谷中,最大的 *FR* 值为 0.333,其对应的海拔高度 3750 m 则更为接近雪线的高度。因而,在研究冰川槽谷时可以用剖面 *FR* 值来验证雪线的位置高度。

●2.3.6 主要结论

(1)白马雪山冰川槽谷形态参数 *b* 值为 1.779,明显小于冰川性质相同的螺髻山(1.835),主要是由于区域降水条件的不同所造成的差异,而与冰川性质不同,天山乌鲁木齐河源区(1.825)冰川槽谷的形态特征差异,可能与冰川规模和作用时间密切相关。影响冰川槽谷抛物线形态的因素主要与冰川的物理性质、气候条件、冰川规模、持续时间以及岩性条件有关。研究区的降水较少、冰川作用时间相对较短可能是造成 *b* 值较小的主要原因。

(2)运用梯级宽深比中的槽谷形态参数沿程变化可以反映出冰川发育时冰川流动过程中的动力变化。根据槽谷谷肩位置确定的雪线位置分别为 4090 m 和 4190 m,平均值为 4140 m,这与应用冰斗底部高程法和冰川末端至冰斗后壁最大高度法综合确定的末次冰期早期/中期雪线高度 4092 m 基本一致。因此,槽谷谷肩的海拔高度可以成为估算古雪线高度的一种方法。

(3)白马雪山的冰川槽谷形态参数 *b-FR* 的特征表明,即使是海洋性冰川作用区也不符合 Hirano(1988)和 Aniya(1989)提出的山地冰川模式,但运用 *b-FR* 特点可以很好地反映冰川的侵蚀过程。在白马雪山地区,冰川侵蚀以侧蚀为主,因而槽谷坡降值较小,槽谷底部较平坦宽阔,呈现出相对完整的 U 形形态。并且,由此还推断出用形态比率 *FR* 值也可以验证雪线的位置高度。

表 2-3-5　天山地区和螺髻山地区的 b-FR 值

	槽谷剖面名称		b	FR	谷肩或海拔(m)
天山地区(李英奎和刘耕年，2000b；黄茂桓和施雅风，1988)	AU4	阴坡	2.317	0.172	3700
		阳坡	2.968		
	AU5	阴坡	1.867	0.176	3600
		阳坡	1.897		
	AR3	阴坡	1.467	0.211	3800
		阳坡	1.674		
	AR4	阴坡	1.809	0.16	3700
		阳坡	2.679		
	BL1	阴坡	1.064	0.192	3700
		阳坡	2.267		
	BL2	阴坡	1.385	0.266	3500
		阳坡	1.255		
	BL3	阴坡	1.912	0.306	3100
		阳坡	1.899		
	10-1	阴坡	2.047	0.312	3400
		阳坡	1.688		
	10	阴坡	2.086	0.258	3720
		阳坡	2.209		
	13-1	阴坡	2.903	0.216	3620
		阳坡	2.29		
	13-2	阴坡	1.485	0.286	3300
		阳坡	1.514		
	13-3	阴坡	1.795	0.303	3160
		阳坡	2.146		
螺髻山地区(刘耕年，1989；崔之久等，1986)	清水沟		2	0.333	3150
			1.6185	0.311	2600
	侧路洛打		1.737	0.333	3750
			1.8505	0.325	3300
	日德林		2.2945	0.323	3400
			1.5075	0.313	3200

2.4　冰川槽谷演化过程及其影响因素

冰川槽谷形态特征的定量化在第 2.3 节中已经介绍,本节主要以川西螺髻山为例,阐述冰川槽谷的演化过程及其影响因素。

螺髻山保存着清晰的第四纪冰川侵蚀和堆积地貌。1958 年,著名地质学家袁复礼曾对螺髻山第四纪冰川遗迹进行过考察(袁复礼,1958);20 世纪 60 年代,著名地质学家李四光等在西南第四纪冰川考察中,对螺髻山的第四纪冰川地貌进行综合考察,认为位于螺髻山主峰东北侧的清水沟海拔 2500 m 以上地区,保存的冰川槽谷比较典型(第四纪冰川考察队,

1977);至 80 年代中期,崔之久等(1986)对螺髻山第四纪冰川遗迹做过详细的地貌考察,在前人工作基础上应用相对地貌法对该区冰期系列进行划分。随后,刘耕年(1989)对研究区的冰川侵蚀地貌进行更深入的调查,主要对螺髻山主峰周围的冰斗、槽谷、刻槽等进行细致分析,其中涉及清水沟的冰川槽谷形态特点,运用冰川抛物线模型,并与西藏枪勇等冰川槽谷的横剖面进行对比,定量地描述了冰川槽谷的特征。李英奎等(1999,2000)统计包括清水沟在内的近 50 个冰川槽谷横剖面,总结出了冰川抛物线模型的 A、B 值之间的线性回归方程。

以往对螺髻山的研究重点集中在不同地区冰川槽谷的对比,揭示影响冰川槽谷发育的因素。但是,每一条冰川槽谷的形成和发展,都有其区域性的特点,特别是冰川槽谷受后期营力破坏,导致槽谷形态的复杂化。如何恢复和认识这些冰川槽谷,就需要更加深入的研究。本节依据最新的野外地貌调查结果,对螺髻山清水沟槽谷的地貌特征进行详细分析,结合年代学数据,探讨冰川槽谷的演化历史。

● 2.4 清水沟冰川地貌特征

清水沟位于螺髻山主峰的东北坡,呈西南—东北走向,整个沟长约 8.5 km,宽约 0.5 km,在海拔 2200 m 以上地区保留了大量的晚第四纪古冰川地貌。根据冰川地貌的分布特点,采用相对地貌法,对冰川地貌的组合特征进行配套,冰川的侵蚀与堆积地貌主要位于 3800 m 的冰斗群和 3670 m 的大海子冰斗,与两套冰斗对应的高、低侧碛分别位于下、上槽谷内,高侧碛从 3670 m 延伸到了 2200 m,低侧碛从 3720 m 延伸到了 2700 m。

清水沟一共保留了两套冰川槽谷,即上槽谷和下槽谷(图 2-4-1),分布在海拔 2500 ~ 3682 m 之间,延伸约 4 km,走向北偏东 50°,平均坡度 18°。上槽谷宽度从上游至下游逐渐变小,最宽处大约在海拔 3680 m 处,宽约 700 m,两侧谷肩高出谷底约 100 m,整个谷肩向下游倾斜。从 3630 m 向下,右侧谷肩受后期侵蚀逐渐消失,左侧谷肩形态模糊,在海拔 3450 m 处向下,右侧谷肩又能清晰可见。与此相对比,左侧谷肩形态较为模糊,但轮廓依稀可见,两侧谷肩皆高出谷底约 90 m,一直延伸到海拔 2500 m。上槽谷在海拔 3650 m 向下,发育着两级岩坎,高度分别为:2900 ~ 3000 m、3300 ~ 3450 m。

下槽谷始于海拔 3660 m,下限海拔 3500 m,呈连续分布,延伸约 1 km。槽谷宽约 250 m,谷肩高谷底约 50 m,坡度为 15°,整个下槽谷规模较小,完全被限制于上槽谷之中,宽度只有上槽谷的四分之一到三分之一。下槽谷分别在 3600 ~ 3650 m 和 3500 ~ 3550 m 出现两处冰/岩坎,也呈冰/岩坎和洼地相间分布的态势。

清水沟地区下槽谷形态完好,谷肩清晰。然而,上槽谷的形态不如下槽谷保存完好,尤其是海拔 3450 ~ 3600 m 之间阴坡的谷肩发生了明显缺失,与此相对应,在清水沟东南侧海拔 3130 ~ 3776 m 山脊线也发生了较大幅度的弯曲,有明显的向西北向移动的趋势。此种现象可能是后期流水作用先侵蚀山脊线,然后破坏了部分冰川槽谷,最终使冰川槽谷形态模糊。为了验证这种假设,相关专家在上槽谷不同海拔地段选取了 5 条剖面,选用抛物线数学模型(焦克勤,1981;李英奎和刘耕年,2000;Svensson,1959;Harbor,1989)进行分析。

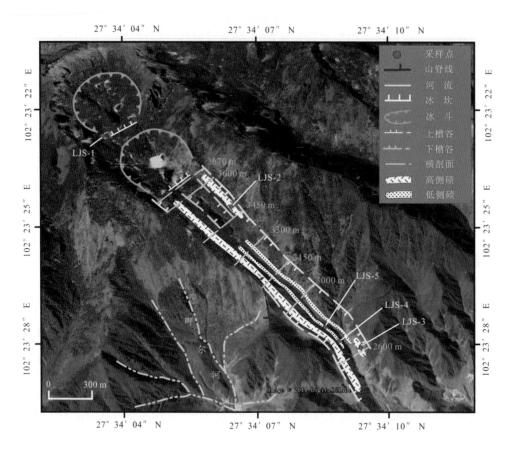

图 2-4-1　螺髻山清水沟冰川地貌和采样点分布图

●2.4.2 冰川槽谷抛物线形态计算

采用 Svensson(1959)提出的 $y = ax^b$ 模型,可以确定冰川槽谷抛物线形各参数。在清水沟海拔 3760 m、3600 m、3450 m、3300 m、3000 m 实测 5 个横剖面,计算槽谷的抛物线形态。谷肩位置的确定参考大比例尺地形图和 Google 地图,关键点在野外用 GPS 界定。计算过程中,每个横剖面取 3 个点(分别位于谷肩、谷底和谷壁),进行拟合得出结果(表 2-4-1)。

表 2-4-1　清水沟不同海拔处冰川槽谷抛物线模型 A、B 值

海拔 (m)	A		B		阴阳坡平均值		R		数据来源
	阴坡	阳坡	阴坡	阳坡	A 均值	B 均值	阴坡	阳坡	
3670	−15.2064	−13.3621	3.2965	2.9402	−14.2843	3.1184	0.9977	0.9983	本文
3600	−4.0990	−12.4761	1.3869	2.8130	−8.2876	2.0999	0.9999	0.9419	本文
3450	−1.3101	−4.1641	0.9695	1.5661	−2.7371	1.2687	0.9978	0.9960	本文
3300	−7.4653	−5.7473	2.1996	1.9226	−6.6063	2.0611	0.9941	0.9986	本文
3150	−5.8090	−5.5210	2.0000	2.0000	−5.6650	2.0000			(张威等,2012)
3000	−4.3087	−6.0839	1.5047	2.0418	−5.1963	1.8096	0.9993	0.9982	本文
2600	−2.8270	−4.2960	1.5030	1.7340	−3.5615	1.3239			(张威等,2012)

冰川槽谷抛物线形态分析。冰川槽谷是冰川流动过程中侵蚀地表而形成的,冰川的规模越大,侵蚀能力越强,对应的冰川槽谷谷底就越宽,谷壁就越陡。在冰川槽谷抛物线模型中,由于 a 值一般都小于1,因而它的对数值 A 为负值,其 A 的绝对值可以反映冰川槽谷谷底的宽阔程度,即 A 的绝对值越大,谷底越宽阔。B 值反应槽谷两侧谷壁的陡峭程度,即 B 值越大,谷壁越陡,冰川的侧蚀能力越强。

清水沟槽谷的抛物线模型中,$|A|$ 值在 1.3101 ~ 15.2064 之间变动,且随着海拔由高到低,存在着先变小后变大的规律(表 2-4-1)。即在 3760 ~ 3450 m,$|A|$ 均值明显变小;在 3450 ~ 3300 m,$|A|$ 均值突然变大;在 3300 ~ 2600 m 又逐步变小。一般而言,冰川槽谷的宽度,自上游向下游具有逐步变窄的趋势,$|A|$ 值应该随着海拔的降低不断变小。很明显,螺髻山清水沟 $|A|$ 值的变化不符合这个特点。如果忽略 3600 ~ 3450 m 之间的数据,则在海拔 3760 ~ 2600 m,$|A|$ 均值的变化就符合冰川槽谷随着海拔降低而减小的特点。问题的关键就出现在海拔 3450 ~ 3600 m。3600 m 阳坡的 $|A|$ 值为 12.4761,和 3670 m 处的 $|A|$ 值差值仅为 0.886,有着良好的变小响应关系。对于阴坡,3600 m 处 $|A|$ 值与 3670 m 处 $|A|$ 值相差达 11.1874,存在较大的差异。在同一海拔、同一岩性、同一冰川作用下的产物,阳坡的数据符合冰川槽谷的变化规律,阴坡却不符合,出现这种情况就只有用山脊线移动和冰川槽谷的侵蚀来解释。在 3450 m 也存在类似现象。

如同 $|A|$ 值一样,B 值(0.9695 ~ 3.2965)的变化也随着海拔由高到低,存在着先变小后变大的过程(表 2-4-1)。B 值的大小反应冰川的侧蚀能力,冰川侧蚀应该由高海拔向低海拔逐渐递减,因而 B 值应该不断变小。但是,在海拔 3600 ~ 3450 m 的阴坡,B 值与上述冰川槽谷的演化规律明显不符,而在阳坡,除了 3450 m 受侧碛垄的影响而导致计算的 B 值偏小之外,基本上符合 B 值随海拔高度的降低而减小的规律。3600 ~ 3450 m 处冰川槽谷纵剖面不符合总体变化趋势也反映在横断面上,如 3450 m 处的阴坡 B 值(0.9695)比阳坡(1.5661)小 0.5966,3600 m 处的阴坡 B 值(1.3869)比阳坡(2.8130)小 1.4261。

上述分析说明,无论是 $|A|$ 值还是 B 值,在海拔 3600 ~ 3450 m 处冰川槽谷的演化均不符合常态,下面讨论可能导致这种现象的原因。

2.4.3 影响清水沟山脊线和槽谷谷肩移动的因素

2.4.3.1 岩性的差异分析

螺髻山为一南北走向的背斜构造,核部和东西两翼上部由早震旦纪开建桥组凝灰质砂岩和晚震旦纪列古六组长石砂岩组成,依次向下由灯影组灰岩和观音崖组灰岩组成(图 2-4-2)。整个清水沟所流经的区域大部分为砂岩,其抗风化能力强,因而保留了完整的冰川地貌。而跨过清水沟的东南侧山脊线,岩性为灰岩,其抗风化能力弱。在同样的条件下,东南侧的灰岩更容易受外营力影响而被侵蚀,损失的石灰岩地区形成了一个类似于聚水盆的低洼地区。

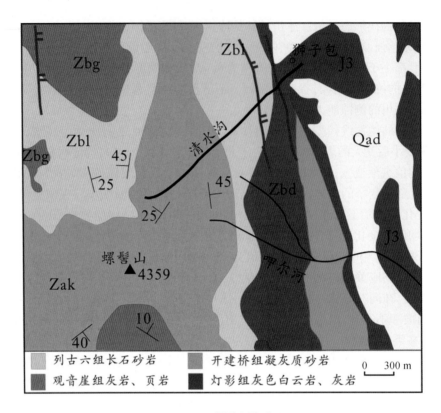

图 2-4-2　螺髻山地质图

图例：
- 列古六组长石砂岩
- 观音崖组灰岩、页岩
- 开建桥组凝灰质砂岩
- 灯影组灰色白云岩、灰岩

0　　300 m

2.4.3.2　河流的溯源侵蚀

在前期差异侵蚀的基础上，被侵蚀掉的石灰岩地区发育了数条河流（图 2-4-1），以清水沟东南侧的呷尔河为代表。呷尔河从源地到出山口长约 3575 m，但是源头和流出山谷的海拔纵比降约 1500 m，由于侵蚀基准面不一致，呷尔河的溯源侵蚀能力强于清水沟，结果是清水沟西南侧的山脊线不仅高度降低，且向东北方向移动（舒良树，2010；张宗祜，1994）。而且此处为东南季风的迎风坡，雨量充沛，河流的径流量较大，加快了溯源侵蚀的速度，斗状地形继续扩大后退，侵蚀到海拔 3690 m 的清水沟左山脊。

2.4.3.3　山脊线移动对槽谷谷肩的影响

冰川槽谷发育在山脊线之内，槽谷一旦形成后，由于山脊线的存在，对冰川槽谷有一个保护作用，虽然坡面流水、重力以及风化作用均可以对槽谷进行一定程度的破坏，但从呷尔河方向来的外力侵蚀对冰川槽谷影响相对较小。一般而言，如果山脊线发生大的移动和破坏，则失去山脊线保护的槽谷也可能会发生大的移动和破坏。但是从螺髻山山脊线的变化情况来看，在 3180m 处山脊线变化最大，冰川槽谷也最窄。为什么在山脊线变化最大处的槽谷保存完好，而在山脊线变化不是特别大的 3450～3600 m 处的槽谷反而遭到了破坏？形成原因与冰川规模有关。山地冰川的物质平衡线是指在一个平衡年内，物质的积累和消融正好相等的位置连线(鞠远江等,2004;施雅风等,2011)。冰川从雪线可以分成两部分,在雪线以上的被称为积累区,积累区的积累量大于消融量;雪线以下的被称为消融区,消融区的冰川最主要来自于积累区,随着离积累区越远,冰川一方面得到的补充就更少,另外一方面在运动过程中与槽谷进行摩擦,携带冰碛物能量被消耗,冰川的规模和体积随着海拔降低不断减小(施雅风,2006)。在3450~3600 m处山脊线变化不大,但是此处正处于冰斗附近,有充足的物质来源,冰川槽谷规模较大,槽谷宽约700 m,槽谷与山脊离得很近,所以只要山脊受到破坏,槽谷随之就受到影响。而在3300 m处的山脊线变化大,冰川规模相对来说比较小,宽度仅为514 m,离山脊线有一定的距离,即使后期山脊线受到一定程度的破坏,槽谷也不一定会受到影响。后期山脊线的变化幅度远远没有达到能够侵蚀槽谷的能力,所以槽谷谷肩反而没有受到影响。

在岩性差异和河流的溯源侵蚀等综合因素的共同作用下,清水沟的东南侧山脊线不断地向西北方向移动,破坏了部分前期冰川侵蚀形成的槽谷谷肩,使之形成现在的形态。

2.4.3.4 清水沟冰川槽谷演化

年代学是进行冰川地貌演化研究的重要手段(欧先交等,2013)。野外考察发现,清水沟保存着两套冰碛垄,分别以高侧碛、低侧碛的形式保存在沟谷两侧。采用相对地貌法,崔之久认为高低侧碛分别形成于倒数第二次冰期和末次冰期(施雅风等,1989)。本研究对高侧碛冰碛垄进行采样定年(ESR)(表2-4-2),QSG-3的年代为(199±163)ka,QSG-2的年代为(245±47)ka,QSG-4的年代结果为(135±14)ka,三组数据皆采自于侧碛垄的顶端,与地貌判断相符合,也不会出现后期二次搬运的现象,所以其ESR年代结果是确切且可信的。三组数据统一地指向了清水沟地区最早冰期发生的时间在倒数第二次冰期,对应深海氧同位素6~10阶段。对于低侧碛,分别在东西两侧两条垄上都采了样品进行对比,其中,西侧低侧碛堤的LJS-2样品的年代结果为(84±11)ka,东侧低侧碛堤QSG-1的年代结果为(75±31)ka,两条侧碛的年代能够相互印证,也说明这两道侧碛发生的时间为末次冰期早期,同时也和地貌有着良好的对应,为MIS4。

表 2-4-2　清水沟样品 ESR 测年结果

野外编号	样品物质	U	Th	ka	含水量(%)	年剂量(GY/ka)	古剂量(GY)	年龄(ka)
LJS-1	粉砂土	2.91	7.72	4.53	21	37±4	2.67	14±2
LJS-2	细砂	2.7	10.96	3.79	7	405±53	4.82	84±11
QSG-1	粉砂	3.42	24.2	1.45	0.49	4.14	312±131	75±31
QSG-2	细砂	3.35	17.2	2.28	3.9	4.23	1037±200	245±47
QSG-3	含砾砂	4.05	20.5	2.74	17.16	4.26	850±698	199±163
QSG-4	细砂	3.52	16.1	2.39	4.4	4.27	580±63	135±14

本节根据ESR测年结果和相对地貌法综合判断,认为高、低侧碛分别对应上、下槽谷和上、下两层冰斗,在地貌上具有高度协调性,很好地诠释了清水沟冰川槽谷演化的历史。

通过对螺髻山清水沟的野外实地考察,发现其槽谷形态保存不完整,然后通过冰川槽谷的抛物线数学模型,进行协调性分析,发现了在清水沟东南侧3450～3600 m的槽谷出现了部分缺失,并认为岩性差异和河流溯源侵蚀是影响上槽谷缺失的主要原因。地貌与 ESR 年代结果显示清水沟地区冰川地貌的形成背景可能在倒数第二次冰期(MIS6),随着全球的大幅度降温,在螺髻山形成了规模最大的冰斗——大海子冰斗。冰川从大海子冰斗向外溢出,沿着前期河流 V 形谷向下流动冰切割谷地,形成了上槽谷,从海拔 3670 m 一直延伸到 2500 m。上槽谷规模从上游向下游逐渐缩小。在上游,槽谷谷肩几乎平行着山脊线向下倾斜;在下游,冰川规模缩小,谷肩逐渐远离山脊线。而在末次冰期早期(MIS4),螺髻山海拔 3800 m 左右的冰斗群形成,包括仙鸭湖、仙草湖等数十个冰斗湖,同时形成了下槽谷。因为受上槽谷保护,下槽谷形态保存完好。在上槽谷形成之后,清水沟东南侧发育的呷尔河,由于其侵蚀基准面比清水沟低,产生了强烈的溯源侵蚀,流水先是侵蚀了保护冰川槽谷的山脊,继而侵蚀离山脊线很近的 3450～3600 m 的上槽谷谷肩部分,其他部分则保存完整,最终形成了现在看到的上槽谷形态。

第3章 | 冰碛物特征及对比

3.1 环境磁学特征

●3.1.1 环境磁学原理

环境磁学属于地学、环境学和磁学的交叉科学,是利用沉积物的各种磁性参数来研究古气候与环境的一门科学。磁化率是物质磁化性能的量度,在自然环境中,样品的磁化性能可以指示古土壤、岩石、尘埃和沉积物中含有的矿物类型,以含铁矿物为主。磁化率测定以其方便、快捷、省时、经济效益好,对样品可以进行清洁环保、污染性小,并且实验结束的样品可以二次使用等方面优势,在研究古气候和变化中被广泛应用。

磁化率的基本含义为:

(1)磁化率(magnetic susceptibility)是指每个物质在外加磁场的作用下,所获得的磁化强度(J)与磁场强度(H)的比值,即J/K。磁化率表征物质在磁场中被磁化的难易程度,对于磁性矿物颗粒而言,磁化率值取决于颗粒的大小、形状、结构和内部应力等方面,但对于沉积物来言,主要取决于沉积物的矿物种类,含量和磁性矿物颗粒的粒度组成(Collinson,1983)。

(2)频率磁化率(χ_{fd})当用百分比表示时又可称磁化率频率系数,是通过分别对样品进行高频(χ_{hf})和低频磁化率(χ_{lf})测量来完成的。表示为:

$$\frac{\chi_{lf} - \chi_{hf}}{\chi_{lf}} \times 100\% = \chi_{fd}\% \tag{3-1-1}$$

磁性矿物普遍存在于沉积物,环境系统的能量转换和物质迁移导致磁性矿物颗粒发生迁移、沉淀,并且发生物理和化学变化。磁性矿物会与环境变化一起产生相应的变化。

根据研究目的的不同,磁化率主要应用在以下三个方面:(1)层位划分;(2)指示环境事件;(3)环境变化分析(俞立中等,1995;杨建强等,2004a)。对于冰川作用下的沉积物的磁性特征进行研究,主要是通过对冰川作用区尚未固结的沉积物或冰碛物进行分类。冰川沉积物的物质来源以及其中所含的漂砾等因素会影响冰碛物的矿物组合,进而影响冰川沉积物的磁化率值。

◗3.1.2 材料与方法

3.1.2.1 样品采集

2009—2011 年对贺兰山、太白山、老君山、千湖山、石卡雪山、螺髻山、白马雪山、哈巴雪山、玛雅雪山、马衔山等 10 个山地的冰川沉积物进行采样。所采集样品均为形态明显的侧碛垄和终碛垄,选择避开风化层的新鲜剖面样品,各地取样距表层距离不等,一般为 0.5～1.0 m,共计样品 74 个(表 3-1-1),其中,老君山、太白山、千湖山、螺髻山、白马雪山、贺兰山的冰期序列采用前人确定的结果(马秋华和何元庆,1988;Rost,1994;施雅风,2006;崔之久等,1986;刘耕年,1989;Iwata,1995;李吉均,1992)。对于不同冰期或冰阶的冰川沉积物也进行采样。哈巴雪山、石卡雪山的冰期系列采用相对地貌法确定,重点关注冰川沉积物的地貌形态、保存的位置、风化程度并与其他典型冰川作用区进行对比。本实验选择形态清楚、保存比较完整的末次冰期冰碛垄进行采样。

3.1.2.2 实验方法

本节所测的 74 个样本均在辽宁师范大学沉积学实验室进行,仪器设备采用英国 Bartington 仪器公司生产的 MS2 型磁化率测量仪。

(1)分别取各剖面沉积物样品将其自然阴干,标记;

(2)用电子秤称重无磁性的圆柱形容积为 10 cm³ 样品空盒的质量(m_1);

(3)挑选出粒径小于 2 mm 的干样,然后装满压实样品测量盒,称取质量(m_2);

(4)用磁化率测量仪分别测样品的低频(0.46 kHz)容积磁化率和高频(4.6 kHz)容积磁化率,重复测三次,计算平均值。

由以下公式可计算出相关数据:

(1)样品质量计算 $m = m_2 - m_1$;

(2)样品的低频质量磁化率计算公式 $\chi_{lf} = \kappa_{lf}/\rho$,$\rho = m/v$(其中 κ_{lf} 代表低频容积磁化率,ρ 代表样品的密度,m 代表样品质量,v 代表样品体积);

(3)样品的高频质量磁化率计算公式 $\chi_{hf} = \kappa_{lf}/\rho$;

(4)样品的频率磁化率计算公式 $\kappa_f = (\chi_{lf} - \chi_{hf})/\chi_{lf} \times 100\%$。

●3.1.3 实验结果与分析

表 3-1-1　青藏高原东部典型山脉质量磁化率、频率磁化率值实验数据结果

采样点	经度(E)	纬度(N)	海拔(m)	样品号	χ_{lf}(10^{-8}m^{3}kg^{-1})	χ_{hf}(10^{-8}m^{3}kg^{-1})	χ_{fd}(%)	采样部位	主要岩性条件	冰期序列
贺兰山	105°57′04.3″	38°53′53.4″	2890	HL-1	46.80	46.51	0.60	终碛垄	黄土	晚冰期
	105°55′43.4″	38°49′08.2″	3041	HL-2	35.91	35.40	1.43	侧碛垄	以砂岩,砾岩,玄武岩	新冰期
	105°55′44.1″	38°49′07.7″	3040	HL-3	36.42	35.38	2.85	侧碛垄		新冰期
	105°55′44.4″	38°49′04.9″	3030	HL-4	41.66	41.66	0.00	冰碛平台		MIS3b
	105°55′28.1″	38°49′22.5″	3020	HL-5	36.45	35.93	1.42	侧碛垄		末次冰盛期
平均值					39.45	38.98	1.27			
太白山	107°46′5″	33°55′39.8″	2970	TBS-1-1	182.89	182.35	0.29	内侧碛垄	片麻岩,花岗岩	末次冰盛期
	107°46′5″	33°55′39.8″	2970	TBS-1-2	156.02	155.76	0.16	内侧碛垄		末次冰盛期
	107°46′5″	33°55′39.8″	2970	TBS-1-3	182.49	181.53	0.52	内侧碛垄		末次冰盛期
	107°46′5″	33°55′38.5″	2910	TBS-2-1	57.83	57.11	1.24	外侧碛		末次冰期早期
	107°46′5″	33°55′38.5″	2910	TBS-2-2	95.28	92.83	2.57	外侧碛		末次冰期早期
	107°46′5″	33°55′38.5″	2910	TBS-2-3	96.57	96.29	0.28	外侧碛		末次冰期早期
	107°46′9.7″	33°55′43.1″	3070	TBS-3-1	115.69	114.41	1.10	终碛垄		末次冰盛期
	107°46′9.7″	33°55′43.1″	3070	TBS-3-2	130.55	130.25	0.23	终碛垄		末次冰盛期
平均值					127.17	126.31	0.80			
螺髻山	102°23′52.6″	27°35′56″	2610	Q-1	23.70	23.23	1.98	高侧碛	震旦系列古六砂岩,砾岩,白云质灰岩,凝灰岩组成	—
	102°23′55.7″	27°35′58.6″	2570	Q-2	12.71	12.65	0.53	高侧碛		—
	102°23′39.7″	27°35′49.7″	2720	Q-3	19.07	18.45	3.23	低侧碛		—
	102°22′35.1″	27°34′58.3″	3570	DHZ-1	28.89	28.65	0.80	终碛垄		—
	102°20′01.6″	27°38′28.6″	3430	AZ-1	12.57	11.71	6.89	侧碛垄		—
	102°20′47.7″	27°37′06.1″	3850	zlD-1	23.89	22.91	4.08	侧碛垄		—
平均值					20.14	19.60	2.92			

续表

采样点	经度(E)	纬度(N)	海拔(m)	样品号	χ_{lf}(10⁻⁸ m³ m kg⁻¹)	χ_{hf}(10⁻⁸ m³ m kg⁻¹)	χ_{fd}(%)	采样部位	主要岩性条件	冰期序列
石卡雪山	99°35′51.8″	27°42′60.4″	4210	SK-1	77.29	76.69	0.77	终碛垄	大理岩、板岩、灰岩	末次冰期
	99°35′51.6″	27°47′63.1″	4210	SK-2	91.56	90.87	0.74	终碛垄		末次冰期
	99°35′51.6″	27°47′63.1″	4200	SK-3	33.02	32.82	0.58	终碛垄		末次冰期
	99°36′88.1″	27°46′62.5″	3750	SK-4	33.10	32.27	2.50	终碛垄		末次冰期
	99°36′88.1″	27°46′62.5″	3750	SK-5	42.12	41.85	0.63	终碛垄		末次冰期
	99°36′82.8″	27°46′39.5″	3790	SK-6	3.01	2.85	5.10	侧碛垄		末次冰期
	99°36′82.8″	27°46′39.5″	3790	SK-7	5.65	5.51	2.35	侧碛垄		末次冰期
	99°35′37.1″	27°48′67.4″	3860	SK-8	52.28	50.50	3.40	侧碛垄		末次冰期
	99°35′37.1″	27°48′67.4″	3860	SK-9	54.72	53.26	2.67	侧碛垄		末次冰期
	99°36′62.2″	27°48′40.4″	3830	SK-10	101.38	100.69	0.68	终碛垄		末次冰期
	99°36′62.2″	27°48′40.4″	3750	SK-11	81.90	80.25	2.01	终碛垄		末次冰期
	99°36′17.1″	27°48′47.4″	3830	SK-12	81.99	81.99	0.00	侧碛垄		末次冰期
平均值					54.84	54.13	1.79			
千湖山	99°46′13.0″	27°23′91.5″	4000	QH-1	34.90	34.34	1.58	终碛垄	灰岩、泥岩、大理岩	MIS2
	99°46′13.1″	27°23′91.6″	4000	QH-2	44.78	44.49	0.64	终碛垄		MIS3b
	99°46′16.3″	27°23′09.4″	3920	QH-3	30.00	30.30	0.00	高碛垄		MIS3b
	99°46′16.4″	27°23′09.5″	3920	QH-4	32.18	31.88	0.91	高碛垄		MIS2
	99°46′43.3″	27°23′46.2″	3830	QH-5	103.84	103.10	0.71	低碛垄		
	99°46′43.4″	27°23′46.3″	3830	QH-6	145.23	142.67	1.76	低碛垄		
	99°46′10.1″	27°23′95.4″	3600	QH-7	21.33	20.9	1.81	终碛垄		MIS4/3
	99°46′10.2″	27°23′95.4″	3600	QH-8	22.45	22.45	0.00	终碛垄		MIS4/3
平均值					54.34	53.77	0.93			
哈巴雪山	100°06′11.5″	27°22′51.4″	3190	HB-1	322.19	321.96	0.07	侧碛垄	砂岩、大理岩、玄武岩、砂质页岩、灰岩	末次冰期
	100°05′58.8″	27°22′49.3″	3250	HB-2	492.29	493.25	0.00	终碛垄		末次冰期
	100°08′14″	27°22′42″	2646	HB-3	723.88	723.88	0.00	终碛垄		末次冰期
	100°08′14″	27°22′42″	2646	HB-4	653.14	653.14	0.00	终碛垄		末次冰期
平均值					547.88	548.06	0.02			

续表

采样点	经度(E)	纬度(N)	海拔(m)	样品号	$\chi_{lf}(10^{-8}\,m^3\,kg^{-1})$	$\chi_{hf}(10^{-8}\,m^3\,kg^{-1})$	$\chi_{fd}(\%)$	采样部位	主要岩性条件	冰期序列
老君山	99°43′02.0″	26°38′21.0″	3890	LJ-1	987.59	987.59	0.00	终碛垄	灰岩,花岗岩	末次冰期
	99°43′02.3″	26°38′21.4″	3890	LJ-2	1808.80	1807.51	0.07	终碛垄		末次冰期
	99°43′03.2″	26°38′11.3″	3900	LJ-3	976.08	977.69	0.00	终碛垄		末次冰期
	99°43′03.3″	26°38′11.4″	3900	LJ-4	648.79	647.07	0.26	终碛垄		末次冰期
平均值					1105.32	1104.97	0.08			
马衔山	103°58′6.90″	35°44′44.26″	3492	MXDLG-1	31.57	30.97	1.90		震旦系眼球状花岗片麻岩	
	105°58′8.71″	35°44′47.08″	3499	MXDLG-2	30.10	31.10	−3.32			
	103°58′8.65″	35.4450.45	3496	MXDLG-3	167.33	167.00	0.20			
	103°58′38.47″	35°44′34.56″	3362	MXDLG-4	139.00	137.67	0.96			
	103°58′38.47″	35°44′34.56″	3362	MXDLG-5	15.30	15.20	0.65			
	103°58′58.55″	35°45′9.14″	3021	MXDLG-6	17.57	17.00	3.23			
	103°58′58.55″	35°45′9.14″	3021	MXDLG-7	178.67	176.00	1.49			
	103°58′5.95″	35°44′56.72″	3462	MXDLG-8	16.60	16.73	0.00			
平均值					74.84	74.10	1.49			
玛雅雪山	102°40′46.95″	37°44′0.79″	3969	MY-1	17.93	17.03	5.02			
	102°40′23.73″	37°04′41.45″	3874	MY-2	43.33	41.33	4.62			
	102°40′13.77″	37°44′4.82″	3865	MY-3	8.90	9.13	0.00			
	102°40′8.63″	37°44′5.71″	3871	MY-4	33.80	33.57	0.69			
平均值					24.11	23.56	1.38			

续表

采样点	经度(E)	纬度(N)	海拔(m)	样品号	χ_{lf} (10^{-8} m³kg⁻¹)	χ_{hf} (10^{-8} m³kg⁻¹)	χ_{fd}/%	采样部位	主要岩性条件	冰期序列
白马雪山	99°02′28.5″	28°20′21.1″	3910	BM-1	11.18	11.05	1.13	终碛垄	页岩、泥岩、砂岩、灰岩	MIS6
	99°02′12.6″	28°20′27.7″	3960	BM-2	10.30	9.91	3.73	终碛垄		MIS4
	99°01′38.0″	28°20′31.0″	4000	BM-3	7.19	6.89	4.16	侧碛垄		
	99°01′22.9″	28°20′37.1″	4050	BM-4	7.10	7.08	0.33	侧碛垄		MIS4
	99°01′08.2″	28°20′41.6″	4060	BM-5	6.47	6.43	0.56	终碛垄		MIS6
	99°01′46.1″	28°20′41.6″	4050	BM-6	11.60	11.35	2.19	终碛垄		MIS4
	99°00′29.8″	28°20′40.5″	4110	BM-7	8.41	8.35	0.76	终碛垄		MIS6
	99°00′13.4″	28°20′26.6″	4090	BM-8	8.89	8.96	0.00	终碛垄		MIS4
	98°59′55.2″	28°20′33.2″	4130	BM-9	10.16	10.14	0.20	终碛垄		MIS4
	98°58′09.9″	28°20′16.7″	4500	BM-10	6.59	6.50	1.25	侧碛垄		MIS2
	98°58′09.9″	28°20′16.9″	4320	BM-11	6.77	6.52	3.73	终碛垄		MIS3b
	98°58′42.8″	28°20′31.4″	3900	BM-12	5.56	5.66	0.00	侧碛垄		MIS6
	98°58′42.8″	28°20′07.2″	3890	BM-13	7.33	7.22	1.41	侧碛垄		MIS12
	99°02′44.4″	28°20′09.5″	3900	BM-14	9.55	9.20	3.69	侧碛垄		MIS6
	99°02′37.3″	28°20′07.8″	3910	BM-15	8.06	7.88	2.25	侧碛垄		MIS6
平均值					8.34	8.21	1.69			
总体平均值					147.84	147.39	1.37			

3.1.3.1 冰碛物磁化率呈宽幅波动

对所测的 70 个冰碛物样品的磁化率数据进行分析(见表 3-1-1),结果显示:青藏高原东缘山地冰碛物的磁化率值波动幅度大,最低值出现在石卡雪山 SK-6 号样($3.01 \times 10^{-8}\,\mathrm{m^3 kg^{-1}}$),最高值出现在老君山 LJ-2 号样($1808.80 \times 10^{-8}\,\mathrm{m^3 kg^{-1}}$),磁化率值介于$(3.01 \sim 1808.80) \times 10^{-8}\,\mathrm{m^3 kg^{-1}}$之间,平均值为 $147.84 \times 10^{-8}\,\mathrm{m^3 kg^{-1}}$。其中,老君山、哈巴雪山样品的磁化率值明显高于其他地区,大多分布在$(300 \sim 1000) \times 10^{-8}\,\mathrm{m^3 kg^{-1}}$之间,呈现出强磁性的特点,太白山的磁化率值高出其他几个磁化率较低山地的 2~10 倍,磁性也比较强,而白马雪山和螺髻山的磁化率值非常低,分别介于$(5.56 \sim 11.60) \times 10^{-8}\,\mathrm{m^3 kg^{-1}}$和$(12.57 \sim 28.89) \times 10^{-8}\,\mathrm{m^3 kg^{-1}}$,显示磁性微弱。

表 3-1-2　不同地区典型黄土与湖泊剖面沉积物的磁化率值

	典型剖面	地理位置	$\chi_i\,(\times 10^{-8}\,\mathrm{m^3 kg^{-1}})$	资料来源
湖泊	太湖	西太湖	5.0~35.0	俞立中等,1995
		东太湖	10.0~70.0	俞立中等,1995
	岱海	内蒙古高原的南缘 DH32 孔岩芯	97.1	张振克等,1998
	呼伦湖	内蒙古自治区呼伦贝尔	$n \sim 10n$	胡守云等,1998
	巢湖	盟满洲里市南郊		
	滇池	31°34′32.3″N,117°27′25.2″E	8.8~42.8	余铁桥和贾铁飞,2008
		昆明市城区的南侧	20.3~104.6	陈荣彦等,2008
黄土	洛川	陕西	30.0~250.0	刘东生,1985
	靖远	36°34′N,104°41′E	25.0~35.0	孙玉芳等,2011
	镇江下蜀黄土	大港剖面位于江苏省镇江市以东约 20 km	60.0~195.2	李徐生和杨达源,2002
	泾阳	南源寨头村	56.0~141.2	李秉成等,2009
		新庄村	51.8~152.9	李秉成等,2009
	萧县黄土剖面	安徽萧县县城西 1 km	3.4~214.0	许峰宇和钱刚,1996
	西峰剖面	35°47′N,107°36′E	40.0~80.0	Sun 等,2010
	渭南剖面	34°21′N,109°31′E	90.0~210.0	Sun 等,2010
	大连七顶山黄土	39°9′N,121°44′E	5.2~42.4	李丽等,2008
冰蚀湖	点苍山	25°34′~26°00′N,99°57′~100°12′E	39.5~801.4	杨建强等,2004a
	云南拱王山老碳房	26°08′31″N,102°56′10″E	140.0~633.3	张威等,2004

通过冰碛物与黄土、湖泊、深海沉积物的磁化率比较可以看出(表 3-1-2):黄土剖面(包括黄土高原区和东部陆架黄土状土)的磁化率变化范围较小,基本上介于$(25 \sim 250) \times 10^{-8}\,\mathrm{m^3 kg^{-1}}$范围。第四纪湖泊沉积物的磁化率变化范围较大,其中,位于青藏高原低海拔处不同成因的湖泊绝大多数在$(n \sim 10n) \times 10^{-8}\,\mathrm{m^3 kg^{-1}}$之间,只有个别剖面磁化率值高于 $100 \times 10^{-8}\,\mathrm{m^3 kg^{-1}}$,但位于高海拔处冰川湖的磁化率变化范围为$(39.40 \sim 801.35) \times 10^{-8}\,\mathrm{m^3 kg^{-1}}$,波动幅度明显偏大。其主要原因是湖相沉积物磁化率变化与其稳定的物质来源和湖相沉积环境有密切的关系,且冰蚀湖相沉积环境流域范围较小,沉积物没有长距离的搬运,即所携带的磁铁矿的颗粒较粗(杨建强等,2004)。而本节所测定的冰碛物磁化率值变化幅度介于$(3.01 \sim 1808.80) \times 10^{-8}\,\mathrm{m^3 kg^{-1}}$,

变化幅度最大(图3-1-1)。由此可见,第四纪以来的沉积物磁化率变化范围:湖泊 < 黄土 < 冰川湖 < 冰碛物。据研究,230 万年以来的深海沉积物磁化率值普遍低于黄土磁化率值,因此冰碛物的磁化率的变化范围亦大于深海沉积物。

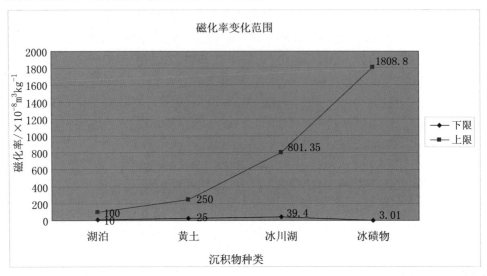

图 3-1-1　中国第四纪冰川分布图(据施雅风,2006)

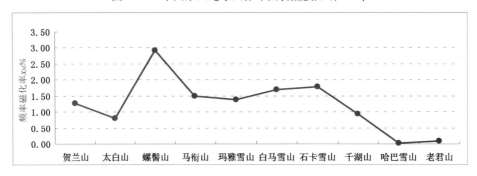

图 3-1-2　青藏高原东缘典型山地冰碛物频率磁化率值比照图

3.1.3.2　冰碛物频率磁化率

研究区频率磁化率(χ_{fd})的变化范围为 0.00% ~ 6.89% ,平均值为 1.37% 。总体上来说,与黄土(孙玉芳等,2011)、湖泊沉积物(俞立中等,1995;胡守云等,1998)相比较而言,冰碛物的频率磁化率较低。如贺兰山为 1.27% 、太白山 0.80% 、螺髻山 2.92% 、马衔山 1.49% 、玛雅雪山 1.38% 、白马雪山 1.69% 、石卡雪山 1.79% 、千湖山 0.93% 、哈巴雪山 0.02% 、老君山 0.08% 。应该说,平均值只是总体样本的一个平均趋势,如果出现 1 ~ 2 个数据远离平均值较多,势必会造成平均值出现较高或较低的情况,如螺髻山 AZ-1 样品频率磁化率值为 6.89% ,在求整体样品平均值时导致整体样品平均值偏高(图 3-1-2)。

3.1.3.3 不同时空条件下冰碛物的磁化率特点不同

末次冰期以来的冰碛基质磁化率结果显示,不同地点同一冰期的磁化率变化幅度较大,从磁化率平均值上看,太白山为 $127.17 \times 10^{-8} \, \text{m}^3 \text{kg}^{-1}$,千湖山为 $54.34 \times 10^{-8} \, \text{m}^3 \text{kg}^{-1}$,石卡雪山为 $54.84 \times 10^{-8} \, \text{m}^3 \text{kg}^{-1}$,而哈巴雪山为 $547.88 \times 10^{-8} \, \text{m}^3 \text{kg}^{-1}$,老君山为 $1105.32 \times 10^{-8} \, \text{m}^3 \text{kg}^{-1}$,马衔山为 $74.84 \times 10^{-8} \, \text{m}^3 \text{kg}^{-1}$,玛雅雪山为 $24.11 \times 10^{-8} \, \text{m}^3 \text{kg}^{-1}$。而同一地点不同冰期冰碛物的磁化率值变化则不明显,如贺兰山新冰期样品 HL-2 和 HL-3,MIS3b 的样品 HL-4 及末次冰盛期(LGM)样品 HL-5,不同阶段冰碛物的磁化率值变化范围仅在 $(35.91 \sim 41.66) \times 10^{-8} \, \text{m}^3 \, \text{kg}$ 之间。据本节 ESR(电子磁旋共振)测年结果显示,螺髻山清水沟样品 Q-1、Q-3 和纸洛达沟 ZLD-1 样品同属于末次冰盛期(LGM)MIS2,清水沟的 MIS3 阶段的 Q-2 样品和末次冰期早期(MIS4)DHZ-1 样品的磁化率值数值亦没有太大差别。白马雪山不同冰期/阶段样品的磁化率值变化范围仅在 $(5.56 \sim 11.60) \times 10^{-8} \, \text{m}^3 \text{kg}^{-1}$ 之间,未见明显波动。由此可见,冰碛物的磁化率值与冰期序列似乎没有太大的关联性。

● 3.1.4 冰川沉积物磁化率特征与环境的关系

以上分析了冰碛物磁化率的基本特点,下面对控制冰碛物磁化率高低的因素及磁化率对冰川侵蚀强度的响应方面进行探讨。

3.1.4.1 气候因素

冰川沉积物在形成以后,随着时间的推移必定会经历风化作用,而风化作用在不同的气候带上往往显示出不同的风化特点,进而在冰碛物的磁化率上能够有所反应。吕厚远等(1994),通过对全国不同地区表土样品进行磁化率测试,并研究其与年平均气温和降水之间的相互关系,发现在不同的气候带内,磁化率与环境之间的关系表现大不相同。在黄土高原及其周边分布区(南界大致对应长江流域),磁化率值基本随年均温和降水的升高而增加;在长江流域以南地区,磁化率值随年均温、年均降水量的增加有明显减少的趋势;而在新疆及其周边地区,几乎没有什么规律,并认为磁化率与年均温、年降水量之间的关系表征了土壤在成土作用过程中铁磁性矿物的演化特点,认为南方高温多雨的气候条件极有利于强磁性的磁铁矿向弱磁性的赤铁矿之间的转化,或者在水分充分饱和的土壤中磁性矿物被还原或分解,造成南方土壤磁化率随年均温、年降水量的增加而降低。

由上述分析可知,在不同的时间与空间条件下,冰碛物的磁化率特点表现不同。通过对不同气候带内山地同一冰期的冰碛物磁化率随年均温、年降水量进行对比分析,结果表明:冰碛物对年均温的响应不敏感,其原因可能是在长江流域以南,低海拔的丘陵、平原地区表土受气温和降水的影响均较明显,而冰碛物分布在山地的高海拔处,受气温垂直递减率的控制,年均气温比平原、丘陵地带低很多,冰碛物的风化主要受低温影响下的物理风化作用为主,对磁性矿物的转变不利,因此,冰碛物磁化率主要是来自母岩中物理风化留下的磁性矿物颗粒的贡献。

分析中也发现,在不同的气候带内,冰碛物磁化率与年均降水量的关系比较复杂,与前人研究的表土磁化率在空间上的变异规律对应关系有所不同:在黄土高原附近的太白山和贺兰山,磁化率的变化也是随年均降水量的增加而增加,与黄土高原及其周边地区表土磁化率随年均降水量的增加而增加的关系相一致;在横断山脉地区,所对比的 5 处山地冰碛物磁化率值随纬度的升高,降水量逐渐减小,磁化率值也明显减小;而在螺髻山地区,年均降水量很高,达 1100 mm(罗成德,1997),但与纬度最低的老君山的降水量相比,高降水条件下磁化率的值很低。由此可见,如果气候条件对冰碛物磁化率的控制作用比较明显,那么在长江流域以南,我们就有理由期待,随年均降水量的增加,冰碛物的磁化率应逐渐降低,然而实际情况并非如此。所以,对于冰碛物磁化率的控制因素,主要还是母岩的岩性条件,而气候条件对其产生的影响是较弱的。

此外,从不同时间尺度冰期序列上看,同一山地在不同时期所形成的冰碛物磁化率也没有显示出很好的规律性。理论上讲,冰川沉积物形成的时间越早,其经历的风化时间越长,越有利于成土作用的进行并产生新的磁性矿物,致使磁化率的增高。但研究区域螺髻山与白马雪山的倒数第二次冰期的样品与末次冰期的磁化率值并没有明显的差异;同样,贺兰山的新冰期样品与 MIS3b 阶段和末次冰盛期的样品,实验结果也很相近,波动不大,也说明气候因素可能不是影响冰碛物磁化率的主要因素。值得一提的是,太白山不同冰期阶段、甚至是同一时期的冰碛物磁化率差异均较大,其原因是外侧碛垄和终碛垄的采样部位距离三清池湖边缘,长期处于低温、水分饱和的还原环境下,因此磁化率值比远离水体的内侧碛值要低。

3.1.4.2 频率磁化率对气候的指示作用

已有研究表明,频率磁化率可以指示古气候变化的细节,频率磁化率变化的复杂程度高于磁化率,而造成低频磁化率与高频磁化率之差的原因,主要是沉积物中的细黏滞性磁颗粒只对低频磁化率有影响(吴瑞金,1993;Oldfield,1991)。

70 份样品的统计结果表明,几乎所有样品的高频磁化率均略低于低频磁化率值。这是样品中细颗粒磁性矿物对高频率磁场的滞后影响所致(刘秀铭等,1990)。胡守云等(1995)在研究若尔盖盆地湖泊时发现,质量磁化率越低,频率磁化率的误差越大;当质量磁化率小于 $20 \times 10^{-8} \mathrm{m}^3 \mathrm{kg}^{-1}$ 时,频率磁化率所反映的是测量误差。在本节中,白马雪山的磁化率值很低,所以频率磁化率没有指示意义。

通过实验结果显示,研究区冰碛物的频率磁化率平均值为 1.37%,大部分集中在 0% ~ 2% 之间,只有少数几个游离在 4% ~ 10% 之间,说明冰碛物中的超顺磁性颗粒较少,反映出当时沉积环境气候干冷,成壤作用微弱。

郭斌等(2001)对黄土高原剖面进行研究后,发现磁化率值升高的同时,超顺磁性颗粒也会明显增加。王晓勇等(2003)也发现青藏高原东北部的黄土 - 古土壤序列中超顺磁颗粒含量和土壤发育程度与磁化率值具有较好的正相关性。因此得出主导高原黄土 - 古土壤磁化率增强的主要因素是气候作用的结论。但本节通过相关数据分析:磁化率和频率磁化率的相关系数 $R^2 = 0.5$,说明磁化率与频率磁化率没有很好的相关性(如图 3-1-3 所示),说明成土作用新生成的超顺磁性的亚铁磁性矿物不是冰碛物磁化率增加的主要因素。所以可以推测,冰碛物的磁化率的主导因素,很可能不是气候因子。

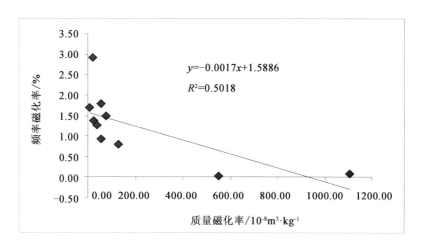

图 3-1-3 青藏高原东缘山脉质量磁化率与频率磁化率的相关性分析

3.1.4.3 母岩岩性

对于沉积物而言,磁化率值主要取决于沉积物中磁性矿物的种类、含量和磁性矿物颗粒的粒度组成(Collinson,1983)。一般而言,磁化率的高低与样品中铁磁性矿物类型有很大关系,并与铁磁性矿物的含量大致成正比(Dearing,1994)。因此,从物理意义上说,引起磁化率值变化的重要因素应该是磁性矿物的种类与含量。由于冰碛物的矿物组合主要与物质来源以及含有的漂砾有关,而且,对于形成时间较短的山地冰川沉积物来说,后期的风化作用主要以物理风化为主,一般不会形成新矿物或改变自身的化学成分。因此,母岩的磁性特征与冰碛物密切相关。

表 3-1-3 常见岩石类型的磁化率

岩石类型	玄武岩	大理岩	花岗岩	片麻岩	片岩	板岩	白云质灰岩	泥岩	页岩	砂岩	粉砂岩	数据来源
容积磁化率均值 $k(10^{-5})$	600	10	20	100	2	0	—	—	5.0	3.0	—	Dearing,1994
磁化率值 $\chi(10^{-8}\,m^3\,kg^{-1})$	855.6	—	2.6	14.4	9.0	13.6	1.9	10.8	3.0	—	4.5	

从三大岩类中的矿物组成对比可以看出,在岩浆岩中常见的暗色矿物如橄榄石、角闪石、辉石等铁镁矿物,在沉积岩中较少;而在岩浆岩中少有的矿物,黏土矿物、岩盐、碳酸盐矿物,在沉积岩中则占了主要地位;而变质岩的形成与原岩的化学与矿物成分密切相关(表3-1-3)。从已有的研究成果看,岩浆岩的磁化率值最高,其次是变质岩,磁性最弱的是沉积岩。在我们所研究的山地中,在岩性组成上均存在一定的差别,因此,反映在冰碛物上必定会存在不同的磁性矿物组合,因而导致各地磁化率数值的大小不一。如白马雪山和螺髻山的磁化率值很低,这与两处山地的基岩组成有关。白马雪山以页岩、粉砂岩、泥岩、灰岩为主(简平等,2003),螺髻山主要为震旦系的列古六砂岩、白云质灰岩、凝灰岩、砾岩(崔之久等,1986),这些岩石均为磁化率值很低的沉积岩类,导致相应沉积物的磁化率值很低。贺兰山、石卡雪山、

千湖山、太白山、哈巴雪山的磁化率明显偏高,与基岩中存在强磁性的岩石种类关系密切,如贺兰山冰川作用区主要以砂岩、砾岩为主,但区内发育着三叠纪末 – 中侏罗世时期的玄武岩(赵红格等,2007),正是由于玄武岩的磁化率本身比较高,进而导致整体磁化率要高于白马雪山和螺髻山。同样,千湖山和石卡雪山的磁化率值几乎相当($54.34 \times 10^{-8} \mathrm{m}^3 \mathrm{kg}^{-1}$ 和 $54.84 \times 10^{-8} \mathrm{m}^3 \mathrm{kg}^{-1}$),是基岩中的大理岩起主要贡献作用(明庆忠等,2011),因为大理岩也是磁化率较高的岩石类型。太白山母岩岩性主要是片麻岩和花岗岩(夏正楷,1990),片麻岩本身呈现亚铁磁性,是强磁性变质岩,虽然花岗岩中有一部分顺磁性物质,但主要呈亚铁磁性。因此,与以上几处山地相比,太白山冰碛物磁化率值明显偏高。对于哈巴雪山(张西娟等,2006),实地考察发现岩性条件比较复杂,可见玄武岩、砂岩、大理岩、砂质页岩、灰岩。从岩性上讲,区内广泛分布的大理岩和玄武岩可能是导致该区磁化率值很高的主要原因。

以上我们讨论了各个山体冰川沉积物磁化率值的高低与岩性条件的关系,同时研究也发现,老君山的磁化率平均值为研究区域最高值 $1105.32 \times 10^{-8} \mathrm{m}^3 \mathrm{kg}^{-1}$,从岩性条件上看,主要为灰岩、花岗岩(安保华,1990),按理不应该出现如此高值,究其原因,可能是由于频繁的火灾烘烤作用致使磁化率增加。对于频繁的火灾作用导致表土和古土壤沉积物的磁性增强的讨论,学术界已有较长的历史(Kletetschka 和 Banerjee,1995;Borgne,1955;Oadas,1963;Maher,1988)。如在 20 世纪 50 年代,人们已发现焚烧后的土壤表层,磁化率会大幅度增加,认为土壤表层磁化率高于母质的原因是针铁矿和赤铁矿向磁性矿物转化的结果。20 世纪 70 年代,英国学者研究了经大火焚烧过两次的英国土壤,发现焚烧产物是磁铁矿。20 世纪 80 年代,德国学者证实了针铁矿向磁赤铁矿的转化(张子玉和俞劲炎,1994)。燃烧和烘烤使土壤中形成新的磁性矿物颗粒,在国内也已经被证实,如 Dong 等(1998)为了探明红壤的灼烧磁性增强特征,测定了五种红壤在不同温度下灼烧后样品的磁化率。结果表明:红壤灼烧至 350℃ 开始磁性增强,在 650 ~ 750℃ 出现磁化率峰值。红壤灼烧磁性增强主要是非铁磁性的无定形氧化铁转化为铁磁性的氧化铁所致,在 350 ~ 650℃ 灼烧产生"软"多畴和超顺磁的磁铁矿/磁赤铁矿。此外,被火烧过的土壤可获得较强的磁性,也可能是因为烧土从高温逐渐冷却至居里点时(500 ~ 700℃),在外磁场的作用下,铁磁性矿物组分被磁化,直到冷却至常温为止,从而获得一定的热剩磁化强度而使磁性增强(夏正楷,1997;阎桂林,1996,1997)。本节所采集的样品位于海拔较高的 3700 ~ 3900 m,沉积物被高山杜鹃林等覆盖,在野外考察过程中,随处可见由于雷电作用造成的树木燃烧的痕迹,有的粗大树木的树干已经完全碳化成黑色。由于森林火的温度相对高一些(树冠火的温度可达 900℃),因此,地表沉积物可能会获得部分热剩磁而导致磁性增强。

3.1.4.4　磁化率与冰川侵蚀强度

一般来说,冰川的规模、性质控制着冰川的侵蚀作用强度,相同性质的冰川其规模大小与基岩和沉积物的侵蚀能力大小之间具有一定的相关性。在冰川性质相同的前提下,规模大的冰川侵蚀力强,表现为沉积物中的细颗粒增多。而已有研究表明,磁化率的高低与磁性矿物颗的粒度有很大关系,如 Maher(1988)将磁铁破碎成不同的粒级,研究粒度大小对磁化率高低的影响,结果发现磁化率主要在 20 ~ 100 $\mu \mathrm{m}$ 和小于 0.3 $\mu \mathrm{m}$ 的粒径段出现明显的峰值,分别为大于$60000 \times 10^{-83} \mathrm{kg}^{-1}$和大于$100000 \times 10^{-8} \mathrm{m}^3 \mathrm{kg}^{-1}$。然而从本质上讲,沉积物颗粒本身并不会影响磁化率值的高低,其可能的物理原因是磁性矿物相对集中在沉积物的某一粒级组分中。沉积物粒度和磁化率二者确实存在一定的相关关系(王建等,1996;胡守云等,1995;王苏民和吉磊,1995;崔之久等,2003;董元杰等,2008;马玉增等,2008),目前大多数研究显示,磁性矿物绝大多数集中在细粒沉积物中,一般小于0.1 mm(董元杰等,2008)。从这个意义上讲,冰碛物磁化率高低就有可能与冰川规模联系在一起。本节试图从这一前提出发,探讨同一地点不同冰期(螺髻山、白马雪山、贺兰山、太白山)以及不同地点同一冰期的磁化率与冰川规模之间的关系,结果发现现有磁化率数据与冰川规模之间的关系还不明朗。讨论的结果是基于高海拔地区的冰川沉积物主要受物理风化作用影响的事实,在外在环境变化产生的磁性矿物颗粒较少的前提下得到的。所以本节研究结果显示,目前还不能利用磁化率数据恢复冰川规模,进而讨论侵蚀强度。

3.2 冰川沉积物化学元素特征与分析

3.2.1 实验原理

X射线荧光光谱分析原理:用X射线照射试验样品时,样品中各种波长的荧光X射线可以被激发出来,把混合的X射线按波长分开,分别测量不同波长的X射线的强度,可以进行定性和定量分析,为此使用的仪器叫X射线荧光光谱仪(马光祖等,1982)。

当能量高于原子芯电子结合能的高能X射线与原子发生碰撞时,驱逐一个内层电子会出现一个空位,此时整个原子体系处于不稳定的激发态,激发态原子寿命为$10^{-12} \sim 10^{-14} \mathrm{s}$,其自发地由高能级跃迁到低能级状态的过程,称为弛豫过程。弛豫过程既可以是非辐射跃迁,也可以是辐射跃迁。当较外层的电子跃迁到空位时,所释放的能量随即在原子内部被吸收而逐出较外层的另一个次级光电子,此称为俄歇效应,所逐出的次级光电子称为俄歇电子。它的能量是固定的,与入射辐射的能量无关。当较外层的电子跃入内层空位所释放的能量不在原子内被吸收,而是以辐射形式放出,便产生X射线荧光。X射线荧光的能量或波长是特征性的,与元素有一一对应的关系。图3-2-1给出了X射线荧光和俄歇电子产生过程示意图(赵晨,2007)。

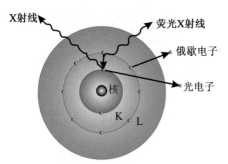

图 3-2-1　荧光 X 射线及俄歇电子产生过程示意图

根据莫斯莱定律,荧光 X 射线的波长 λ 与元素的原子序数 Z 有关,其数学关系如下:

$$\lambda = K(Z - S)^{-2} \qquad\qquad (3\text{-}2\text{-}1)$$

式中,K 和 S 是常数。

因此,只要测出荧光 X 射线的波长,就可以知道元素的种类。此外,荧光 X 射线的强度与相应元素的含量有一定的关系,据此,可以进行元素定量分析(何永峰,2010)。

● 3.2.2 实验仪器与测试方法

3.2.2.1 实验仪器

本节实验使用的地球化学元素测试仪器为日本理学(Rigaku)公司生产的型号为 ZSX Prinmus Ⅱ 的光谱仪。该仪器主要用来测定样品中元素的浓度,进行物质的成分分析。目前,本节进行元素测量的实验室测量的浓度在 0Xppm ~ 100% 之间。ZSX Prinmus Ⅱ 的光谱仪主要用于固体和液体中元素的定性和定量分析,在冶金、地质、科研、考古行业得到大力的推广与使用。样品元素受激发发射荧光 X 射线,经 X 射线探测器,将不可直接测量的 X 射线光子转变成为电信号脉冲,通过电子测量装置加以测量,并以谱的形式记录下来。其中的峰即谱线是各原子的特征,表明样品中含有相应的元素。解谱即可对样品进行元素的分析(何永峰等,2009)。

3.2.2.2 实验方法

1. 准备工作

先取实验需要的每份样品 30 g,自然风干或烘干,待土样干燥后,对粒径样品进行研磨,然后用孔径 2 mm 的筛子进行筛选,装入标准样品采集袋并标记。在 40℃ 下烘烤 48 h,样品近似干燥后,用玻璃棒轻捣样品,继续烘 24 h 至干,放入干燥器内进行冷却。

2. 试验步骤

(1)研磨,使用仪器为 SM-1 型振动研磨机,每一份样品取量大于 10 g,用实验匙装入环形结构研钵,内环、外环中各放样品 4 ~ 5 匙,加固试验装置,时间为 30 s,时间到自动停止,取出研钵,放置于洁净试验台上的托盘内。收集直径小于 80 目的沉积样品备用。

(2)制片,使用 BP-1 型粉末压样机,取研磨好的土样 5 g,用小匙放置于抗压树脂环中心位置,平铺于环内,尽量保持土样的高度面水平齐于环的高度且略紧实。然后,盖好载片的上部分,放置于 BP-1 型粉末压样机中间的槽内,保持载片的仪器位于中心位置,在 20 ~ 30 MPa 下,制成圆饼状样片。本次试验的压片均为厚片,片厚度约 2 mm。

(3)检测,采用日本理学(Rigaku)公司制造的 X 射线荧光光谱仪进行沉积物常量元素测定。常量元素分析误差低于 2%。

3.2.2.3 实验结果与分析

本节实验数据结果为 SQX 扫描所有成分峰的定量计算结果,本实验误差小于 3%,在与其他典型第四纪剖面进行比对时,由实验仪器、制样方法等造成的实验误差小于5%。

●3.2.3 常量元素组成与差异性分析

1. 常量元素的组成特点

冰川沉积物中的常量元素主要是 Si、Al、Ca、Fe、Mg、K、Na,主要以氧化物的形式存在。依据试验结果(表3-2-1),青藏高原东缘第四纪古冰川沉积物氧化物含量平均值的顺序依次为:$SiO_2 > Al_2O_3 > CaO > Fe_2O_3 > K_2O > MgO > Na_2O > TiO_2 > P_2O_5 > MnO$。其主要化学成分的含量分别是 SiO_2(17.10% ~ 68.30%,平均值为54.51%),Al_2O_3(4.80% ~ 46.1%,平均值15.38%),Fe_2O_3(1.63% ~ 14.30%,平均值为5.53%),MgO(0.33% ~ 9.53%,平均值为2.40%),CaO(0.06% ~ 44.00%,平均值6.26%),Na_2O(0.14% ~ 2.43%,平均值1.28%),K_2O(0.66% ~ 6.20%,平均值为2.84%),TiO_2(0.26% ~ 2.89%,平均值为0.79%),P_2O_5(0.05% ~ 0.71%,平均值为0.21%),MnO(0.04% ~ 0.39%,平均值为0.11%)。综上可以看出,该剖面氧化物含量以 SiO_2 为最多,其次为 Al_2O_3,再次为 Fe_2O_3。

表3-2-1 青藏高原东缘古冰川沉积物化学元素常量分析

样品/组分(mass%)	冰期	SiO_2	Al_2O_3	Fe_2O_3	MgO	CaO	Na_2O	K_2O	MnO	TiO_2	P_2O_5	CIA
BM-1	MIS6	62.30	16.60	5.11	1.63	2.54	1.28	3.37	0.09	0.64	0.19	67.84
BM-2	MIS4	59.30	17.70	5.27	1.86	2.38	1.28	3.37	0.09	0.65	0.17	69.23
BM-3	—	61.50	20.20	6.06	0.59	0.26	0.56	4.04	0.15	0.85	0.14	77.76
BM-4	MIS4	63.40	46.10	4.78	1.40	1.83	1.22	3.25	0.07	0.51	0.15	85.94
BM-5	MIS5	59.50	17.50	3.95	1.51	1.55	1.03	3.43	0.05	0.62	0.18	71.11
BM-6	MIS4	50.60	24.80	7.34	1.35	0.36	0.37	6.20	0.06	0.91	0.14	75.74
BM-7	MIS6	58.20	20.50	6.27	1.36	0.28	0.71	4.67	0.06	0.81	0.21	75.24
BM-8	MIS4	62.70	17.00	4.77	1.34	1.50	1.30	3.23	0.09	0.51	0.17	68.60
BM-9	MIS4	64.40	16.40	4.87	1.52	1.43	1.35	3.35	0.09	0.51	0.17	67.00
BM-10	MIS2	61.50	16.20	3.77	1.41	2.34	2.11	4.02	0.07	0.49	0.12	58.90
BM-11	MIS3b	62.20	17.70	4.23	1.28	1.23	1.82	4.00	0.08	0.49	0.14	64.89
BM-12	MIS6	68.00	15.00	3.14	1.06	2.00	1.66	3.13	0.06	0.35	0.13	62.87
BM-13	MIS12	67.50	14.80	4.41	1.01	1.12	1.03	2.79	0.12	0.46	0.18	69.76
BM-14	MIS6	66.50	14.90	4.92	0.97	0.81	0.79	2.64	0.06	0.47	0.15	73.17
BM-15	MIS6	65.50	15.50	5.36	0.85	0.23	0.54	2.43	0.09	0.51	0.20	79.72
平均值	—	62.21	19.39	4.95	1.28	1.32	1.14	3.59	0.08	0.58	0.16	69.94
Q-1	MIS2	61.50	14.50	3.00	2.18	4.38	2.07	3.73	0.10	0.39	0.11	57.18
Q-2	MIS3	66.30	14.50	3.58	1.07	0.40	1.10	4.25	0.12	0.48	0.15	66.97

样品/组分（mass%）	冰期	SiO$_2$	Al$_2$O$_3$	Fe$_2$O$_3$	MgO	CaO	Na$_2$O	K$_2$O	MnO	TiO$_2$	P$_2$O$_5$	CIA
Q-3	MIS2	68.30	16.00	3.04	0.59	0.22	2.00	4.35	0.06	0.39	0.06	65.54
Q-4	MIS2	54.00	14.40	3.34	0.51	0.16	1.21	2.64	0.06	0.45	0.23	73.67
DHZ-1	MIS4	67.40	15.70	3.13	0.62	0.22	2.43	3.68	0.04	0.43	0.11	65.17
ZLD-1	MIS2	52.50	16.80	7.74	1.99	0.47	0.14	4.58	0.22	0.76	0.71	75.57
AZ-1	MIS2	63.40	16.60	4.86	0.33	0.06	0.22	2.74	0.06	0.72	0.16	82.82
平均值	—	61.91	15.50	4.10	1.04	0.84	1.31	3.71	0.09	0.52	0.22	69.70
HB-1	末次冰期	42.80	11.40	13.00	9.50	10.30	0.99	1.05	0.22	2.71	0.42	72.17
HB-2	末次冰期	46.70	12.40	14.30	9.53	3.79	1.15	0.66	0.39	2.89	0.54	73.37
HB-3	末次冰期	44.30	11.90	13.40	8.83	8.85	1.23	0.84	0.26	2.70	0.43	70.59
HB-4	末次冰期	43.90	12.00	12.50	8.15	9.09	1.36	0.91	0.22	2.64	0.44	68.72
平均值	—	44.43	11.93	13.30	9.00	8.01	1.18	0.87	0.27	2.74	0.46	71.23
MYN-1	末次冰期	23.90	8.54	2.72	2.34	34.20	0.55	1.26	0.11	0.31	0.09	72.89
MYN-2	末次冰期	44.50	12.60	4.34	2.29	14.20	1.29	2.16	0.12	0.62	0.18	65.66
MYB-1	末次冰期	17.10	4.80	1.63	1.15	44.00	0.54	0.71	0.06	0.25	0.05	65.33
MYB-2	末次冰期	23.20	6.77	2.35	1.71	38.20	0.65	1.20	0.06	0.32	0.07	66.30
MYB-3	末次冰期	57.10	15.80	6.00	2.51	4.04	1.79	2.74	0.12	0.70	0.14	64.06
平均值	—	33.16	9.70	3.41	2.00	26.93	0.96	1.61	0.09	0.44	0.11	66.84
MXDLG-1	末次冰期	55.50	15.30	5.47	2.16	1.38	1.65	2.79	0.11	0.71	0.28	64.95
MXDLG-2	末次冰期	61.00	14.80	7.31	1.87	1.65	2.06	2.82	0.11	0.94	0.18	61.02
MXDLG-3	末次冰期	47.80	13.70	4.98	2.11	1.87	1.41	2.43	0.09	0.63	0.23	65.31
MXDLG-4	末次冰期	60.30	13.90	6.03	4.31	2.86	2.15	2.75	0.11	0.77	0.24	58.02
MXDLG-5	末次冰期	61.10	13.70	5.83	4.19	2.83	2.41	2.81	0.11	0.75	0.25	55.51
MXDLG-6	末次冰期	54.70	15.60	5.56	2.21	1.72	1.66	2.64	0.12	0.69	0.24	65.20
MXDLG-7	末次冰期	54.50	15.70	5.48	2.26	1.81	1.63	2.68	0.09	0.71	0.23	65.49
MXDLG-8	末次冰期	53.20	12.80	5.74	3.53	2.99	1.95	2.65	0.11	0.62	0.22	57.94
平均值	—	56.01	14.44	5.80	2.83	2.14	1.87	2.70	0.11	0.73	0.23	61.52
ZGN	末次冰期	20.20	4.14	1.50	0.76	41.00	0.59	0.69	0.04	0.25	0.05	60.61
全剖面	最小值	17.10	4.14	1.50	0.33	0.06	0.14	0.66	0.04	0.25	0.05	55.51
N=40	最大值	68.30	46.10	14.30	9.53	44.00	2.43	6.20	0.39	2.89	0.71	85.94
	平均值	54.46	15.38	5.53	2.40	6.26	1.28	2.84	0.11	0.79	0.21	67.86
陆源页岩		62.80	18.90	7.22	2.20	1.30	0.11	3.70	0.11	0.16	1.0	81.20
上陆壳（UCC）		66.00	15.2	5.00	2.20	4.20	3.90	3.40	0.06	0.50	0.5	47.92

表 3-2-2 各种第四纪沉积物典型剖面化学成分平均值含量对比

	典型剖面	SiO₂	Al₂O₃	Fe₂O₃	MgO	CaO	Na₂O	K₂O	MnO	TiO₂	P₂O₅	CIA	文献
古冰川	本文研究区域	54.51	15.38	5.53	2.40	6.26	1.28	2.84	0.11	0.79	0.21	65.35	本书
	贡嘎山海螺沟	53.50	14.63	9.75	5.23	5.08	1.62	4.40	0.14	1.03	0.21	59.15	(刘耕年等,2009)
	云南拱王山	54.10	12.5	12.77	2.82	2.3	1.21	2.6	0.32	2.84	0.91	64.76	(张威等,2007)
黄土	周家沟沟黄土	67.29	14.81	4.78	1.47	1.44	1.37	2.86	0.08	0.83	0.08	66.19	(李云艳,2009 陈骏等,2001)
	洛川黄土	66.40	14.20	4.81	2.29	1.02	1.66	3.01	0.07	0.73	0.15	63.73	(李徐生等,2007)
	镇江下属黄土	68.07	13.32	5.30	1.61	1.00	0.92	2.35	0.09	0.81	0.18	70.45	(李徐生等,2007)
湖泊	可可西里里仁错湖	58.14	8.73	—	—	—	—	—	—	0.19	0.03	36.5	(吴艳宏等,2004)
	太湖	68.83	12.44	4.83	0.78	0.80	1.34	1.80	0.11	0.88	0.12	66.19	(袁旭音等,2002)
泥石流	云南小江流域	49.87	19.10	9.89	3.78	2.24	0.09	3.60	0.21	0.94	0.95	81.98	(孙岩,2008)
	东海	56.36	36.02	6.43	2.82	3.22	1.61	3.09	0.12	0.82	0.15	65.19	(赵一阳等,1986)
海洋	琼东南海	41.15	12.13	4.59	2.17	15.66	2.38	2.35	0.24	0.57	0.14	53.88	(陈弘等,2007)
	南海海中部	43.53	13.13	4.73	1.14	9.71	3.73	2.54	1.14	0.44	0.17	46.63	(高志友,2005)
	南海	47.40	9.54	3.93	2.04	12.31	—	1.81	0.37	0.53	—	—	(高志友,2005)
	中国浅海	62.51	11.09	4.43	1.82	5.08	2.00	2.32	0.07	0.58	—	54.93	(赵一阳和鄢明才,1993)

表 3-2-2 列出古冰川沉积物剖面(四川小相岭、云南拱王山),黄土剖面(陕西洛川、周家沟、镇江),湖泊剖面(可可西里仁错湖、太湖),泥石流剖面(云南小江流域),海洋剖面(东海、南海地区、中国浅海)等典型第四纪堆积物与上部陆壳(UCC)、陆源页岩(为典型的 UCC风化产物)的平均组成含量进行系统对比。

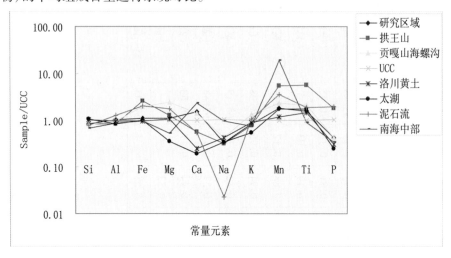

图 3-2-2　青藏高原东缘古冰川剖面常量元素的上部陆壳(UCC)标准化曲线分布图

综合对比分析可见,一方面,青藏高原东部地区古冰川的化学元素与上部陆壳(UCC)(黎彤等,1994)分布特征十分相似(图 3-2-2),反映了古冰川沉积物与上部陆壳之间的成因关系十分密切。另一方面,各种典型的第四纪沉积物化学成分存在着显著的差异,与沉积物形成的古环境、古气候以及沉积物物源地母岩中自身元素含量有一定的差别有关。

2. 冰川沉积物化学元素组成差异性分析

沉积物中化学元素的迁移与聚集由其本身的理化性质所决定,但受所处地气候因素影响也较大。对于化学性质稳定的 Al 元素,主要以 Al_2O_3 的形式被保存在地层中。在暖湿气候条件下,酸性介质中,沉积物中 Al_2O_3 易溶解的部分就会发生迁移而相对富集,相反在干旱的气候条件下 Al_2O_3 含量较低。Fe 元素在形式上主要为 Fe_2O_3 和 FeO,其在地层中的含量与风化作用关系密切。一般而言,风化过程中氧化作用越强烈,地层中 Fe_2O_3 相对含量就越高;还原作用愈强烈,FeO 的含量就越高。Si 在地层中主要以 SiO_2 的形式存在,在湿热的气候条件下富集。Mg、Ca 中等或较活泼的元素,在半干旱 – 半湿润的气候条件下大部分被溶解和迁移。Na 和 K 都属于碱金属元素,化学性质最为活泼,仅在干旱的气候条件下容易富集(王美霞,2010)。

地壳岩石中的主要元素为 Si、Al、O。因此,在第四纪沉积物中,SiO_2、Al_2O_3 的含量均很高,在对比分析时,应充分考虑这一特点。夏正楷(1997)也指出,在运用相关元素来推断环境时,应充分考虑母岩及搬运侵蚀过程的影响,可能某一种元素或者矿物在母岩的含量本身就比较高或低。只有在充分了解源区母岩岩性的前提下,才可以根据元素自身性质去探讨环境指示意义,即由于元素自身的活动性、所处的气候环境及后期风化作用等影响,导致了不同的风化与淋溶特点,最终表现为不同成因沉积物,或者同一种成因的沉积物不同部位之间元素的差异。如对于冰川沉积物而言,高海拔地区以物理风化作用为主,被搬运至冰川末端等低海拔地带的沉积物,化学风化作用就会比高海拔地区强一些。因此,即使是源区岩性条件相同,由于后期所处的环境条件不同,不同的地貌部位沉积物中的化学元素含量也不会相同。此外,沉积物中化学元素组成差异还与其形成时间有关,经历的时间越长,其经历的化学和生物风化作用就会越强,这会导致地层中原生矿物的搬运与聚集或者次生矿物含量的增加,进而影响到化学元素含量本身。以 Si 元素为例,冰川沉积物基质中的 SiO_2 主要来自易溶性的硅酸盐(如橄榄石、辉石、角闪石等),促使硅酸盐矿物和石英分解的重要因素主要有沉积体的表层水、氧气和碳酸等(Taylor 和 McLennan,1985)。大多数学者认为,在热带、亚热带湿润炎热的气候条件下,沉积物及岩石表层经风化作用形成的黏土矿物还要继续发生红土化作用,这种作用主要使黏土矿物进一步分解,使其中的 Si 和 Al 分离,Si 和 O 元素被地下水带走,而 Al 则相对富集(吴积善等,1990)。这种作用过程的必要条件是热力条件可以使黏土矿物完全分解,或者拥有能使 SiO_2 被带走或稀释的充足雨量。对冰川沉积体表层而言,可能存在这种过程,即表层被稀释带走的 SiO_2 随着地下水向下渗透,在冰川沉积物内部重新聚合为黏土沉淀。气候越湿热,硅酸盐矿物分解得越快、表层淋失得越多,冰川沉积体内部 SiO_2 沉淀的也就越多,由于白马雪山和螺髻山地区均位于长江流域以南,年均气候温和,降水量均高于位于黄土高原周边地区的玛雅雪山、马衔山和扎尕那山,因此 SiO_2 的含量也显示出一定的趋势,即白马雪山、螺髻山的 SiO_2 含量高于玛雅雪山、马衔山和扎尕那山。

⬤3.2.4 常量元素氧化物相关性分析

表 3-2-3 青藏高原东缘古冰川沉积物常量元素相关性分析

	SiO_2	Al_2O_3	Fe_2O_3	MgO	CaO	Na_2O	K_2O	MnO	TiO_2	P_2O_5
SiO_2	1									
Al_2O_3	0.96[**]	1								
Fe_2O_3	0.26	0.262	1							
MgO	0.01	0.00	0.97[**]	1						
CaO	−0.97[**]	−0.93[**]	−0.47	−0.23	1					
Na_2O	0.73	0.63	0.33	0.19	−0.80	1				
K_2O	0.89[*]	0.86[*]	−0.21	−0.46	−0.75	0.54	1			
MnO	0.13	0.12	0.98[**]	0.98[**]	−0.35	0.22	−0.32	1		
TiO_2	0.08	0.07	0.98[**]	0.99[**]	−0.29	0.16	−0.38	0.99[**]	1	
P_2O_5	0.31	0.25	0.97[**]	0.93[**]	−0.51	0.39	−0.15	0.96[**]	0.95[**]	1

[**] 在 0.01 水平(双侧)上显著相关。

[*] 在 0.05 水平(双侧)上显著相关。

应用SPSS13.0 软件包对研究区冰川沉积物常量元素氧化物进行相关性分析(表 3-2-3),

结果表明:SiO_2含量与Al_2O_3、Fe_2O_3、MgO等绝大多数元素呈正相关,仅与CaO之间有较强的负相关性。虽然SiO_2是沉积物中占主导的化学组分,但SiO_2含量的变化直接影响到其他元素的含量,即SiO_2的"稀释"作用(秦蕴珊等,1987;杜德文等,2003;王国庆等,2007)。在寒冷气候条件下形成的冰碛物中,由于SiO_2的运移很少,其相应含量应该表现高值,但是如经历的时间较长,特别是间冰期期间气候转暖,化学风化作用会逐渐增强,在去硅作用下,SiO_2会大量移出,出现SiO_2值偏低的情况。Al_2O_3、Fe_2O_3、MgO、Na_2O、K_2O、P_2O_5、TiO_2之间存在不同程度的正相关关系,Al_2O_3是细粒级黏土矿物的特征组,所以Al_2O_3应与黏土矿物存在密切相关性。Ti属于惰性元素,比较稳定,风化后难以形成可溶解性的化合物,因此Ti可以指示陆源碎屑物的组分。其中,其与Fe_2O_3、MgO、P_2O_5元素相关系数均达0.93以上,与TiO_2相关性非常显著,而Na_2O,MnO等与TiO_2无显著的相关性,表明了来源背景的复杂性(高志友,2005;杨兢红等,2006)。CaO和研究范围内所有的常量元素之间都表现出负相关性,负相关系数均在-0.75以上。CaO主要受生物碎屑沉积控制,与钙质生物有很大的关系。总体上看,呈现出这些相关性的原因主要可归结为两个方面:其一,在冰川作用区内沉积物所含的碎屑物质中,许多元素在母岩中往往共生或伴生,经风化、搬运、再共生作用而一起沉积,许多元素在基岩中的相关性势也会体现在沉积物中;其二,以离子形式运移的元素形成胶体沉淀时,通常也会吸附与其具有相似地球化学行为其他元素,并以离子态共同沉淀,导致冰碛物中某些元素的相关性较强(秦蕴珊等,1987;王国庆等,2007)。

3.2.5 第四纪冰川沉积物化学环境参数的指示意义

大量的研究表明,元素的绝对含量变化往往不能真实地反映出沉积物在风化成壤过程中的元素地球化学行径,为了更好地反映出研究区域沉积物在沉积时的风化程度以及本身固有的化学性质,应尽量减小物源区带来的影响。地层中化学元素氧化物的含量变化及其元素分子比可以反映沉积环境的演化过程,被广泛应用于古气候环境的研究中(叶玮等,2003;文启忠等,1981;余素华等,1994;赵景波,1999)。

在推断古环境变化时,第四纪冰川工作者也广泛采用了土壤学中黏土矿物硅铝率(sa)、硅铝铁率(saf)等氧化物环境化学指标。由于冰川沉积物中原生与次生矿物很难区分,因此,本节在化学元素全量分析的基础上,计算了不同类型和同一时期不同时段沉积物的化学元素迁移特征值(赵锦慧等,2006;王建等,1996;李云艳,2009)。

本文在计算迁移特征值时主要选取的风化系数有:

①硅铝系数(SiO_2/Al_2O_3,简写为sa);

②硅铝铁系数$[SiO_2/(Al_2O_3+Fe_2O_3)$,简写为saf];

③化学蚀变指数$[Al_2O_3/(Al_2O_3+Na_2O+K_2O+CaO)\times100$,简写为CIA];

④残积系数$[(Al_2O_3+Fe_2O_3)/(CaO+MgO+Na_2O)$,简写为cj];

⑤风化淋溶系数$[(Na_2O+CaO+K_2O)/Al_2O_3$简写为Ba]。

表 3-2-4　青藏高原东缘古冰川沉积物化学元素迁移特征值

剖面	sa	saf	Ba	cj	CIA
白马雪山	5.95	5.1	0.46	3.51	69.94
螺髻山	6.82	5.93	0.51	4.77	69.70
哈巴雪山	6.33	3.79	1.48	0.51	71.23
玛雅雪山	5.76	4.77	7.70	0.39	66.84
马衔山	6.62	5.33	0.69	1.36	61.52
扎尕那山	8.29	6.81	18.45	0.06	60.61
平均值	6.63	5.29	4.88	1.77	66.64

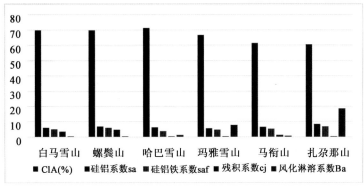

图 3-2-3　青藏高原东缘古冰川沉积物各地球化学元素特征值

由表 3-2-4 和图 3-2-3 可以看出,在剖面研究中,sa 和 saf 的变化具有同步性,各个剖面之间的差异不大,sa 变化范围在 5.95～8.29 之间,极小值出现在白马雪山,极大值出现在扎尕那雪山,变异系数为 0.15。saf 值变化在 3.70～6.74 之间,极小值出现在哈巴雪山,极大值出现在扎尕那雪山,平均值 5.76,变异系数为 0.20。Ba 值,即风化淋溶系数,变化幅度在 0.42(白马雪山)～18.45(扎尕那)之间,平均值为 4.49,变异系数为 1.58。cj 值,即残积系数,变化幅度在 0.07(扎尕那)～4.82(螺髻山)之间,变异系数为 0.99。sa 和 saf 的比值波动性最小,且值较大,残积系数较低,风化淋溶系数较小,都相互印证了冰碛物脱硅富铝化作用不明显的特点,说明风化作用相对较弱。值得注意的是,刘耕年等人在对贡嘎山海螺沟冰川沉积物化学元素分析时,发现海螺沟冰川、西藏枪勇冰川和乌鲁木齐河源冰川的 SiO_2/Al_2O_3 受基岩影响较大。

冰川沉积物的 CIA 值介于 60～69 之间,变化幅度很大(表 3-2-4),其中与其他第四纪沉积物对比,白马雪山和螺髻山的风化蚀变指数相对较高,风化水平相对较高,而哈巴雪山、玛雅雪山、马衔山和扎尕那山的 CIA 值均较低,其风化程度亦处于较低水平,其主要原因是前者的冰期系列历时较长,且气候条件相对较好。

一般认为,CIA 值不仅可以判断沉积物原岩类型(陈旸等,2001),而且对于气候环境也具有良好的指示作用。炎热潮湿的热带气候条件下,沉积物的 CIA 介于 80～100;温暖湿润气候条件下则介于 70～80 附近;而寒冷干燥气候条件下形成的冰碛岩和冰碛物介于 60～70。青藏高原东缘晚更新世典型剖面的冰碛物 CIA 值范围与西苏格兰地区 Darlradian 群冰碛物的 CIA 值相似,表明研究区经历了中等程度以下的化学风化过程,属于寒冷干燥气候条件下形成的冰期产物。

Na/K 比(分子摩尔比)可以作为衡量沉积物中斜长石风化程度的指标,表征样品的化学风化程度。斜长石富含 Na,而钾长石、伊利石和白云母中富含 K,由于钾长石的风化速率远小于斜长石,因此风化剖面中的 Na/K 比值与剖面的风化程度呈反比(冯连君等,2003)。将 CIA 值以及 Na/K 比值投点到坐标系中(图 3-2-4),研究出区域样品的 Na/K 比与 CIA 指数的变化特征大体上呈负相关关系,指示随着 Na/K 比值依次降低,化学风化强度依次增强,这与 CIA 值揭示的情况也比较吻合。

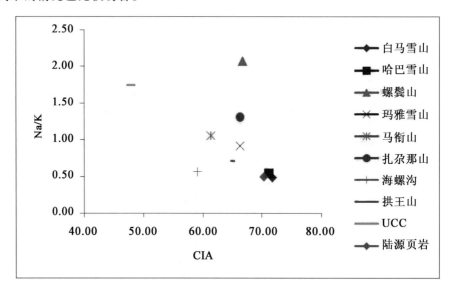

图 3-2-4　研究剖面风化参数 CIA 与 Na/K 关系散点图

● 3.2.6　A-CN-K 三角模型

Nesbitt(Taylor 和 McLennan,1985;冯连君等,2003;Nesbitt 和 Young,1982)等根据对风化过程中矿物热力学稳定性、动力学实验数据、质量平衡以及溶液和剖面数据的研究分析,提出关于大陆风化的 $Al_2O_3 - (CaO + Na_2O) - K_2O$ 三角模型,简写为 A-CN-K。其基本原理为:典型的大陆上部陆壳(UCC)的初级风化产物是陆源页岩(PAAS);典型的大陆初期风化的趋势即为 UCC 指向 PAAS 的方向一致。最初的风化趋势平行于 A-CN 连线,这主要是因为斜长石中 Na、Ca 元素迁移的速度通常要远大于 K 从微斜长石中迁移的速度,因此导致 Na、Ca 元素大量的淋失,此时黏土矿物(高岭石、伊利石和蒙脱石)是该阶段的主要产物。风化趋势抵达 A-K 连线意味着斜长石已经完全风化消失,此时石英、高岭石、伊利石和钾长石为主要的风化产物。随着风化程度的加剧,K 从含钾矿物中释放出来,剖面中的钾长石和伊利石进一步风化而向含铝矿物(如高岭石或三水铝石)转变,风化趋势线平行于 A-K 连线。最终,风化趋势向 A 顶点靠拢并抵达 A 点,石英、高岭石、三水铝石和少量的铁钛氢氧化合物为该阶段的风化产物。此模型可以用来预测风化剖面未来的化学趋势和推演解释古风化剖面的风化趋势。

将研究区域冰川沉积物剖面与其他典型第四纪沉积物剖面(洛川黄土、海洋沉积剖面、湖泊沉积剖面、泥石流沉积剖面)的分析结果全部投在 A-CN-K 三角模型中(图 3-2-5),同时加入了陆源页岩(PAAS)和 UCC 进行全面的比对分析(UCC 指向陆源页岩的方向代表了典型的大陆风化趋势)。可以看出以下特征:研究区域冰川沉积物这些组成点分布比较离散,说明沉积物沉积后,风化作用有一定的影响,但较大部分集中分布在 UCC 风化趋势线上,即与 A-CN 连线趋势平行,说明冰川沉积物处在脱钙、钠的化学风化初级阶段,基本处于同一阶段的还有洛川黄土、拱王山冰碛物和太湖沉积物,研究区域还有少部分的组成点风化趋势接近抵达 A-K 连线,表明风化剖面中的斜长石几乎全部消失,风化作用进入以钾长石和伊利石为主的中级阶段(冯连君等,2003;McLennan,1993)。

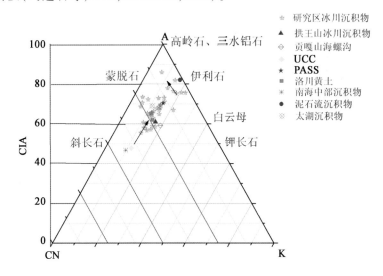

图 3-2-5 青藏高原东缘古冰川沉积物的 A-CN-K 化学风化趋势图(箭头指示化学风化趋势)

$$A = Al_2O_3; CN = CaO* + Na_2O; K = K_2O$$

此外,研究区域冰碛物样品的 CIA 值与加拿大安大略地区古元古代冰碛岩或冰碛物 CIA 值的范围(48~69)相当(Young 等,1999);苏格兰西部地区新元古代 Dalradian 群冰碛岩或冰碛物 CIA 值的范围(62~80)(Panahi 和 Young,1997)和库鲁克塔格地区汉格尔乔克组冰碛岩或冰碛物 CIA 值的范围(55~81)也有一定差异(李秋根等,2004)。

●3.2.7 地球化学元素 R 型因子分析

前面通过选取多种地球化学参数指标,对研究区冰川沉积物沉积时的气候环境进行了分析。然而,沉积物地球化学组成受多种因素的综合影响,况且各种元素地球化学行为具有差异性,所以采用单一的化学元素指标反推的古气候信息也会有所不同,即每个元素含量的变化在地质成因上往往具有多解性(刘伟,2008;张宏亮等,2009)。因此,直接采用单个元素含量进行加减或比值等计算并不能真正反映研究区的气候变化。

不同的元素组合可能反映不同的成因。为了能更全面、更准确地反映环境变化特征,就不宜仅从单个指标去评价,而应引入更多的与其有关的多个变量组合进行综合分析。因此,本节采用因子分析方法,从因子中提取出元素组合作为古环境变化的指标,确定出影响沉积物化学元素含量变化的主要因素(Panahi 和 Young,1997)。

以下运用 SPSS 软件,对研究区 6 个剖面、40 个样品的常量元素氧化物含量进行 R 型因子分析,并结合主成分分析法,确定研究区冰川沉积物化学元素的组合关系。

分析前对数据进行了预处理,去除异常值。数据标准化后,选取极大方差旋转法作为因子分析主成分分析的旋转法。Kaiser-Meyer-Olkin 度量为 75.5%,方差特征值大于 1 的主因子有 3 个,其方差贡献累加值为 87.060%(即代表了原始数据全部信息的 87.060%,见表 3-2-5),因此这 3 个因子完全可以提供原始数据的足够信息。

表 3-2-5 青藏高原东缘古冰川沉积物常量元素氧化物因子分析图及特征值

公因子	成分		
	F1	F2	F3
SiO_2	−0.070	0.868	0.371
Al_2O_3	−0.037	0.791	−0.171
Fe_2O_3	0.974	0.071	−0.012
MgO	0.911	−0.282	0.179
CaO	−0.208	−0.899	−0.288
Na_2O	−0.040	0.135	0.961
K_2O	−0.350	0.824	−0.041
MnO	0.929	−0.100	−0.040
TiO_2	0.955	−0.114	0.020
P_2O_5	0.862	0.093	−0.158
方差贡献率(%)	44.711	30.011	12.339
累计方差贡献率(%)	44.711	74.722	87.060

注:因子提取为主成分分析法。

由表 3-2-5 可知常量元素氧化之间的组合关系,将常量元素氧化物按其方差贡献率由大到小排列,依次为 F1(44.711%),F2(30.011%),F3(12.339%)三个因子。F1 因子为研究区域冰碛物化学元素成分的控制因子;碎石图显示为成分数得分最高(图 3-2-6),代表了细颗粒的陆源碎屑沉积,元素组合包括 Fe_2O_3、MgO、TiO_2、P_2O_5 和 MnO 等。这些元素组合的特点为:化学性质不活泼,不易发生迁移、淋溶,比较稳定存在于细粒级的原岩碎屑和黏土矿物之中。而 SiO_2 大多存在于粗粒级的硅酸盐和石英碎屑中,冲淡了 Fe_2O_3、MgO、TiO_2、P_2O_5 和 MnO 等元素的含量,与 F1 组合中的主要氧化物成负相关性增长,因此在 F1 因子中 SiO_2 显示为负载荷。次一级影响因子为 F2,仅次于 F1 因子的决定性作用,主要为 SiO_2、Al_2O_3、K_2O 和 CaO 四种氧化物的组合,其中 CaO 为负载荷,同一形态碳酸钙可能存在于本节研究区域的不同剖面中。生物沉积碳酸盐的重要组分 CaO 与 TiO_2 的相关性不显著(表 3-2-3),反映了本研究区生物碎屑碳酸盐沉积对陆源沉积的稀释,因此 CaO 可能代表了粗颗粒生物碎屑组分。控制作用最小的为贡献方差仅12.339%的 F3 因子,碎石图显示成分数得分骤降后趋于平稳的最小值(图 3-2-6)。在冰川沉积物中,Na 元素表现为不稳定性较高,比较容易迁移,Na 元素主要通过阳离子交换和吸附等形式富集在细颗粒的沉积物中,同时 Na_2O 与 TiO_2 等相关性很弱,因此 F3 可能代表了研究区内的冰川作用下的化学沉积。

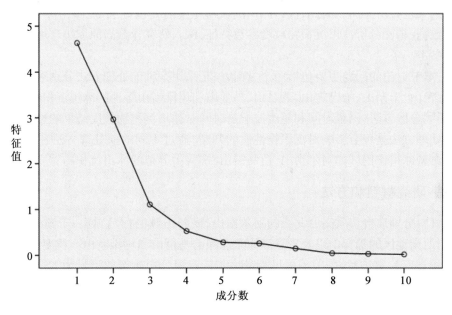

图 3-2-6　因子成分碎石图

综上研究,通过地球化学常量元素氧化物的 R 型因子分析结果得知,青藏高原东缘第四纪古冰川沉积作用主要有 3 种类型,分别为陆源碎屑沉积、生物沉积和可能的冰川作用化学沉积,其中陆源碎屑沉积占主导地位。

3.3　冰川沉积物的粒度特征

冰川沉积物的沉积学特征,尤其是粒度特征,是判断冰川作用还是其他营力的重要指标(刘耕年,1985;徐馨等,1992)。冰川沉积物的粒度组成不仅仅体现在野外观测的大小混杂上,而且还体现在实验室的粒度分析上。研究表明,冰川沉积物相对细小的颗粒物是以砂为主,而不是以泥为主(谢又予,2000),因此,在本书所涉猎的山地中,沉积物的粒度特点成为判断是否为冰川成因的一个重要佐证。由于沉积物粒度分析的实验结果在一定程度上取决于不同的前处理方法和测试条件,因此,有必要对冰川沉积物的测试方法和测试条件进行深入探讨。目前,国内外众多学者对沉积物粒度实验的前处理方法开展研究,并取得一定成果(王君波和朱立平,2005;鹿比煜和安芷生,1997;鹿化煜等,2002;孙有斌等,2001;王德杰等,2003;蒲晓强和钟少军,2009;张瑞虎等,2011;张红艳等,2008;李华勇等,2011;谢昕等,2007;庞奖励等,2003,2013;刘海丽等,2012;Nelsen,1983;Prins 等,2000;Stuut 等,2002;Rea 和

Janecek,1981;Clemens 和 Prell,1990;Wang 等,1999;冯志刚等,2006）。然而,关于冰川沉积物粒度实验的研究仍然停留在粒度参数的表征阶段（张振栓,1983;武安斌,1983a,1983b;谢又予等,1981;武安斌,1988;崔之久和谢又予,1984;陈亚宁等,1986）,对于前处理方法的探讨相对缺乏。冰川沉积物是冰川作用的直接产物,蕴含了大量宝贵的环境信息。但是,由于沉积物在沉积过程中受环境变化影响,矿物组成和胶结类型存在差异,导致不同的前处理方法测得实验结果也有所不同。因此,探讨冰川沉积物粒度前处理方法,能够为准确获取冰川沉积物粒度数据,精确分析冰川沉积物粒度参数特征,深入研究青藏高原周边环境变化,提供可靠的技术参考。

因此,本节讨论的问题主要包括两个方面,一是采用 5 种前处理方法分别对阿尔泰山、白马雪山、螺髻山、千湖山、哈巴雪山、老君山、马衔山和玛雅雪山等地的冰川沉积物进行粒度实验,分析不同分散方法、测量时间和超声波振荡时间对冰川沉积物粒度结果的影响;二是分析不同的前处理方法是否会影响对沉积物性质的判断,通过不同的前处理方法和测试条件,进一步分析典型冰川作用区如阿尔泰山、白马雪山、螺髻山等地的冰川沉积物粒度组成特征。

●3.3.1 研究材料和方法

研究材料分别取自青藏高原北缘的阿尔泰山,横断山脉的白马雪山、千湖山、哈巴雪山、老君山,川西南地区的螺髻山以及青藏高原东北缘的马衔山和玛雅雪山。粒度测验在辽宁师范大学沉积学实验室进行,采用美国贝克曼库尔特有限公司生产的型号为 LS 13320 激光衍射粒度分析仪,测量范围 0.04 ~ 2000 μm,精度不大于 1 %。选取的测定参数为,光源波长 750 nm 的 5 mW 二极管激光器,测量"快照"时间 60 s,泵速 54 r/min,遮光度 8% ~ 12 %。具体操作如下:

实验一:对阿尔泰山、白马雪山和螺髻山 39 个样品分别进行 A ~ E 五种不同前处理。

A:加蒸馏水浸泡 24 小时后测量。

B:加蒸馏水浸泡 24 小时,加 5 ml 浓度为 0.05 mol/L 的 $(NaPO_3)_6$ 分散剂后测量。

C:加蒸馏水浸泡 24 小时,加 5 ml 浓度为 0.05 mol/L 的 $(NaPO_3)_6$ 分散剂,并用超声波震荡 60 s 后测量。

D:加入 10 ml 浓度为 30 % 的 H_2O_2,至完全反应（若仍有气泡,则继续添加 5 ml 浓度为 30 % 的 H_2O_2,直至完全反应）加热煮沸。溶液冷却至室温,加 50 ml 蒸馏水浸泡 24 小时,根据虹吸现象原理用胶管抽去悬浮液,加 5 ml 浓度为 0.05 mol/L 的 $(NaPO_3)_6$ 分散剂,并用超声波震荡 60 s 后测量。

E:加入 10 ml 浓度为 30 % 的 H_2O_2,直至完全反应（若仍有气泡,则继续添加 5 ml 浓度为 30%的 H_2O_2,直至完全反应）加热煮沸。溶液冷却至室温,加 10 ml 浓度为 10% 的 HCl,直至完全反应（若仍有气泡,则继续添加 10 ml 浓度为 10%的 HCL,直至完全反应）加热煮沸。溶液冷却至室温,加 50 ml 蒸馏水浸泡 24 小时,根据虹吸现象原理用胶管抽去悬浮液,加 5 ml 浓度为 0.05 mol/L 的 $(NaPO_3)_6$ 分散剂,再加 50 ml 蒸馏水,加热至有水蒸气,溶液冷却至室温,并用超声波震荡 60 s 后测量。

实验二:采用 D 方法和 E 方法分别对阿尔泰山、白马雪山、螺髻山、千湖山、哈巴雪山、老君山、马衔山和玛雅雪山92个样品进行四次测量(每次时间为60 s)。此外,更换超声波震荡时间,分别以无超声波震荡,1分钟、2分钟3分钟和4分钟超声波震荡进行测试,对比粒度参数的变化。

● 3.3.2 结果与讨论

3.3.2.1 不同前处理方法对实验结果的影响

采用不同前处理方法后,样品的粒度参数发生了不同程度的变化。随着前处理过程的逐渐复杂化(A~E),粒级含量中,砂的体积含量减少,粉砂和黏土含量增多,而平均粒径和标准差呈不规则变化(表3-3-1)。

1. 体积分数

沉积物的粒级类型可划分为砾石、砂、粉砂和黏土。砾石的粒径范围是大于2mm,砂的粒径范围是2~0.063 mm,粉砂的粒径范围是0.063~0.016 mm,黏土的粒径范围是小于0.004 mm。在实验室中,通常分析粒径小于2 mm的颗粒。不同粒级的体积分数平均值显示(图3-3-1,图3-3-2,图3-3-3),在大部分样品含量中,砂的平均体积含量明显减少,黏土和粉砂的平均体积含量明显增加。其中,对于A方法来说,经B方法处理后,白马雪山砂的平均体积分数减少了8.02%,螺髻山砂的平均体积分数减少了37.65%;经C方法处理后,阿尔泰山砂的平均体积分数减少了11.88%,白马雪山砂的平均体积分数减少了22.73%,螺髻山砂的平均体积分数减少了27.00%;经D方法处理后,阿尔泰山砂的平均体积分数减少了8.71%,白马雪山砂的平均体积分数减少了3.40%,螺髻山砂的平均体积分数减少了12.88%;经E方法处理后,阿尔泰山砂的平均体积分数减少了8.07%,白马雪山砂的平均体积分数减少了10.38%,螺髻山砂的平均体积分数减少了12.01%。阿尔泰山、白马雪山和螺髻山粉砂平均体积分数最多,分别增加8.34%、17.42%和21.77%;而阿尔泰山、白马雪山和螺髻山黏土平均体积分数最多,分别增加3.36%、5.31%和15.88%。由此可见,不同的前处理方法改变了粒级含量。但是,原来沉积物中优势粒级却不发生变化,且不影响对沉积物性质的判断。沉积物仍然以粉砂和砂为主,符合冰川沉积物的粒径组成特征。

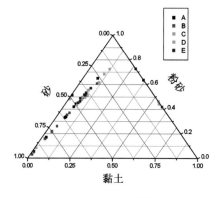

图3-3-1 阿尔泰山不同方法粒度组成三角图

表 3-3-1　不同前处理方法下阿尔泰山、白马雪山和螺髻山粒径测试结果

样品	2~0.063 mm(砂)					0.063~0.004 mm(粉砂)					<0.004 mm(黏土)					平均粒径/Φ值					标准差/Φ值				
	A	B	C	D	E	A	B	C	D	E	A	B	C	D	E	A	B	C	D	E	A	B	C	D	E
阿尔泰山																									
KLB-1	0.00	0.00	0.00	0.81	0.00	63.64	41.95	46.45	44.09	72.73	36.36	58.05	53.55	55.10	27.27	6.82	7.80	7.29	7.14	6.76	6.99	8.16	6.99	6.54	7.14
KLB-2	80.55	74.86	15.64	43.00	40.67	16.98	21.76	72.45	49.64	51.88	2.47	3.38	11.92	7.35	7.44	1.93	2.56	4.93	3.10	3.34	2.39	2.87	5.05	2.56	2.91
KLB-3	61.33	81.89	44.23	49.58	45.86	33.29	15.74	47.81	43.10	46.46	5.38	2.37	7.97	7.32	7.69	2.80	2.01	3.03	3.00	3.02	2.77	2.49	2.52	2.59	2.56
KLB-4	49.50	81.93	48.10	44.37	44.51	44.23	15.74	45.16	48.80	48.95	6.27	2.32	6.74	6.82	6.55	3.21	2.24	3.00	3.24	3.17	3.18	2.76	2.72	2.75	2.74
KLB-5	51.82	69.69	36.56	20.96	39.01	42.03	26.04	55.32	68.25	53.14	6.15	4.26	8.13	10.79	7.85	2.88	2.32	3.25	4.68	3.29	2.61	2.61	2.69	4.73	2.82
KLB-6	44.20	28.75	27.27	41.71	40.31	48.09	60.66	61.59	50.12	51.33	7.70	10.59	11.14	8.17	8.36	3.16	4.46	4.31	3.28	3.34	2.71	4.57	4.16	2.76	2.83
KLB-7	41.33	58.84	39.17	41.52	34.30	47.52	35.17	51.25	49.37	56.92	7.15	5.60	9.59	9.11	8.77	3.15	2.72	3.92	3.11	3.38	2.62	2.37	3.91	2.75	2.78
KLB-8	95.82	95.90	94.34	90.81	93.34	3.19	3.07	4.38	8.26	5.48	0.99	1.03	1.28	0.93	1.17	1.53	1.59	1.60	1.68	1.73	2.52	2.56	2.53	2.40	2.63
KLB-9	26.28	75.10	47.85	46.93	44.82	65.00	21.45	44.93	45.60	47.96	8.73	3.45	0.60	7.46	0.60	4.60	2.24	3.08	2.99	3.16	4.95	2.60	2.69	2.60	2.73
KLB-10	60.36	56.87	39.25	44.39	47.72	33.94	36.92	52.00	48.15	45.09	5.70	6.20	8.75	7.47	7.19	2.92	2.95	3.63	3.30	3.13	2.89	2.83	3.44	2.92	2.70
平均值	51.12	62.38	39.24	42.41	43.05	39.79	27.85	48.13	45.54	47.99	8.69	9.73	11.97	12.05	8.29	3.30	3.09	3.80	3.55	3.43	3.36	3.38	3.67	3.26	3.18
白马雪山																									
BML-1	78.37	0.87	75.41	91.00	68.39	16.70	73.45	17.67	7.91	25.90	4.93	25.69	6.92	1.09	5.72	1.76	5.97	1.64	0.51	2.05	1.85	6.01	2.15	0.74	1.71
BML-2	71.13	14.98	58.87	75.50	62.41	23.48	66.00	30.66	19.98	29.55	5.38	19.01	10.47	4.52	8.03	2.25	5.16	1.87	1.85	2.14	2.10	5.14	1.61	1.78	1.73
BML-3	86.74	66.72	0.42	77.44	68.43	10.67	25.70	74.93	16.44	22.79	2.58	7.57	24.64	6.11	8.78	1.46	1.09	6.01	1.00	1.36	1.60	1.25	6.05	0.97	1.34
BML-4	76.58	75.47	0.31	80.50	58.18	19.54	19.71	76.83	15.44	29.07	3.88	4.81	22.86	4.06	5.76	1.85	1.48	5.93	1.94	2.29	1.82	1.37	6.05	1.87	2.04
BML-5	72.78	74.35	51.53	71.23	70.88	23.41	22.56	41.58	23.67	24.48	3.81	3.09	6.89	5.10	4.63	2.26	2.33	2.38	2.44	2.31	2.38	2.43	2.13	2.51	2.22
BML-6	31.94	19.72	12.05	16.97	17.59	62.20	73.13	79.14	71.00	72.80	5.87	7.14	8.80	12.02	9.60	3.70	3.91	5.06	4.00	4.04	3.07	2.97	5.15	2.90	2.96
BML-7	84.75	83.10	75.79	82.52	78.78	13.46	14.87	21.29	15.39	19.12	1.78	2.02	2.92	2.10	2.10	0.50	0.42	1.72	0.65	0.50	0.86	0.81	1.73	0.87	0.76
BML-8	83.14	87.54	85.34	84.46	79.88	14.69	10.67	12.41	12.68	17.38	2.17	1.79	2.25	2.86	2.74	0.71	0.57	0.65	0.67	0.49	0.82	0.78	0.90	0.84	0.77
BML-9	85.42	94.15	82.29	86.36	84.86	11.86	4.71	14.16	10.52	12.27	2.72	1.13	3.55	3.12	2.87	1.49	1.50	0.76	0.56	0.42	1.66	1.67	0.87	0.88	0.74
BML-10	83.61	86.61	84.88	82.34	79.17	12.21	8.88	9.93	12.69	16.30	4.18	4.52	5.18	4.97	4.53	0.97	1.24	1.62	1.42	1.67	1.00	1.19	2.12	1.44	1.86
BML-11	75.42	91.95	71.59	73.47	67.66	18.83	6.18	20.31	19.70	24.88	5.74	1.87	8.10	6.82	7.46	2.54	1.70	1.69	1.69	1.84	2.70	1.75	1.81	1.77	1.74
BML-12	91.59	87.29	78.52	87.08	79.04	6.92	10.48	18.04	11.03	17.50	1.49	2.24	3.44	1.89	3.45	0.08	1.65	1.00	0.78	1.04	0.79	1.74	0.92	0.91	0.95
BML-13	81.39	93.91	74.16	74.60	68.08	15.03	5.00	21.36	21.40	24.28	3.57	1.09	4.48	5.99	7.64	2.32	1.64	1.97	1.27	1.70	2.36	1.24	1.97	1.07	1.58
BML-14	88.25	89.32	77.34	73.11	75.55	9.71	8.80	18.42	19.93	17.59	2.04	1.89	4.24	6.96	6.85	1.59	1.38	1.19	1.31	1.41	1.95	1.24	1.38	1.46	1.56

续表

样品	2～0.063 mm(砂)					0.063～0.004 mm(粉砂)					<0.004 mm(黏土)					平均粒径Φ值					标准差Φ值				
BML-15	81.53	86.46	3.18	65.17	58.13	15.00	11.29	78.38	27.43	31.62	3.47	2.24	18.45	7.40	10.26	0.71	1.63	5.49	1.79	1.79	0.83	1.60	5.70	1.62	1.47
平均值	78.18	70.16	55.45	74.78	67.80	18.25	24.10	35.67	20.35	25.70	3.57	5.74	8.88	5.00	6.03	1.61	2.11	2.60	1.46	1.67	1.72	2.15	2.70	1.44	1.56
螺髻山	A	B	C	D	E	A	B	C	D	E	A	B	C	D	E	A	B	C	D	E	A	B	C	D	E
ZYC-1	0.05	0.04	0.00	54.83	52.15	73.77	57.45	55.19	26.64	31.96	26.17	42.52	44.81	18.56	15.90	5.90	6.62	6.88	2.18	2.55	6.07	6.40	6.77	1.99	2.38
ZYC-2	67.98	1.64	43.42	60.58	65.66	26.88	81.09	46.68	27.48	22.01	5.15	17.26	9.91	11.93	12.33	1.97	5.58	3.82	1.88	1.66	1.70	5.85	3.97	1.79	1.55
ZYC-3	83.77	0.00	8.49	54.15	55.46	12.65	54.94	65.87	30.92	24.86	3.59	45.06	25.63	14.92	19.66	2.22	7.22	5.59	1.94	2.27	2.70	7.43	5.35	1.61	2.07
QSG-1	81.15	88.17	84.51	82.54	90.24	16.23	10.37	13.15	14.92	7.50	2.62	1.46	2.34	2.53	2.26	1.52	1.59	0.97	0.89	0.33	1.50	1.58	0.94	0.91	0.79
JGB-4	79.22	0.00	44.36	40.98	47.15	16.07	61.51	35.75	36.41	33.27	4.71	38.50	19.89	22.61	19.59	2.20	6.57	3.73	2.88	2.61	2.60	6.49	3.67	2.39	2.28
2011q-1	53.51	22.66	56.29	47.25	45.82	34.19	53.71	30.77	33.98	31.75	12.17	23.62	12.94	18.78	22.44	3.59	4.89	2.40	2.47	2.13	3.87	4.79	2.10	2.09	1.82
2011Q-2	68.62	0.86	57.36	39.35	46.43	26.48	86.04	36.48	43.12	31.91	4.92	13.10	6.16	17.52	21.67	2.45	5.47	2.32	2.45	1.87	2.17	5.90	1.87	1.95	1.53
2011Q-3	3.62	0.00	0.00	57.09	42.44	52.61	41.38	42.24	20.16	28.09	43.76	58.62	52.76	22.74	29.46	6.25	7.91	7.29	1.55	2.23	5.79	8.49	7.14	1.41	1.86
2011Q-4	71.30	24.12	60.38	34.28	35.96	26.18	67.85	35.74	54.72	37.39	2.53	8.03	3.88	10.99	26.64	2.43	4.60	2.07	2.51	2.49	2.23	5.10	1.71	1.76	1.88
2011QO-3	80.39	0.00	34.17	63.32	64.16	12.04	43.65	32.83	19.04	17.36	7.57	56.36	33.00	17.64	18.49	1.34	7.69	4.15	1.31	1.18	1.28	7.98	3.80	1.30	1.23
2011QO-4	70.55	0.00	60.82	51.81	55.94	22.08	62.99	26.14	34.80	24.63	7.38	37.01	13.02	13.39	19.43	3.31	6.57	2.16	2.15	1.66	4.01	6.51	1.83	1.84	1.50
2011AZO-1	90.77	93.25	14.22	43.30	45.03	7.40	5.28	60.25	42.62	31.65	1.83	1.47	25.53	14.08	23.36	1.76	1.03	5.02	2.84	2.66	2.42	1.45	4.54	2.34	2.22
2011ZLD-1	75.05	75.55	0.43	35.56	33.25	21.70	21.40	81.23	48.23	46.22	3.24	3.05	18.33	16.21	20.53	2.19	1.85	5.63	3.00	2.99	2.42	1.57	5.94	2.26	2.27
DHZ-1	87.61	80.25	71.24	68.31	65.87	9.22	14.69	20.94	22.93	20.03	3.17	5.06	7.80	8.76	14.10	1.38	1.86	2.09	2.01	1.35	1.82	1.65	2.09	1.88	1.35
平均值	65.26	27.61	38.26	52.38	53.25	25.54	47.31	41.66	32.57	27.76	9.20	25.08	19.71	15.05	18.99	2.75	4.96	3.87	2.15	2.00	2.90	5.08	3.69	1.82	1.77

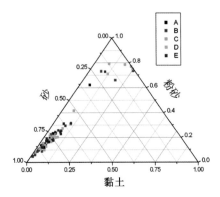

图 3-3-2　白马雪山不同方法粒度组成三角图

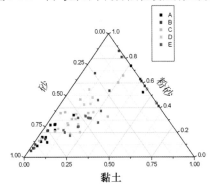

图 3-3-3　螺髻山不同方法粒度组成三角图

2. 平均粒径

本节粒度参数使用激光粒度分析仪自动输出的原始数据,按照伍登－温德华方案对粒径进行分级。其中,Φ 值由克伦宾公式转化而来,定义为:$\Phi = -\log_2 d$,即数值越大,粒径越小。表 3-3-1 显示,冰川沉积物平均粒径的平均值具有一定的相似性。其中,阿尔泰山 10 个样品经过 A～E 方法处理后,平均值分别为 3.30、3.09、3.80、3.55、3.43,最大值和最小值相差 1.23 倍。白马雪山 15 个样品经过 A～E 方法处理后,平均值分别为 1.61、2.11、2.60、1.46、1.67,最大值是最小值的 1.78 倍。螺髻山 14 个样品经过 A～E 方法处理后,平均值分别为 2.75、4.96、3.87、2.15、2.00,最大值是最小值的 2.48 倍。实验结果较为接近样品的真实分布情况。但是,就单个样品而言,每个样品经过 5 种不同方法处理后,得到的平均粒径数值都产生了不同程度的差异。以没有经过任何前处理的 A 方法作为基础,阿尔泰山、白马雪山、螺髻山 39 个样品中,有 64.1%(25 个)的样品经过加入分散剂后(B 方法),得到较好的分散效果,平均粒径减少 1.81;有 64.1%(25 个)的样品经过分散剂和超声波震荡分散后(C 方法),平均粒径减少 1.74;有 51.3%(20 个)的样品经过 H_2O_2、分散剂和超声波震荡分散后(D 方法),平均粒径减少 0.52;有 48.7%(19 个)的样品经过 H_2O_2、HCL、分散剂和超声波震荡分散后(E 方法),平均粒径减少 0.47。由此说明,样品在原始胶结状态下都得到了不同程度的分散,表现为平均粒径数值变小。但是,B、C 方法优于 D、E 方法,沉积物分散效果更为显著,说明大部分样品有机质和碳酸盐含量相对较少,凭借分散剂和超声波震荡,就可以达到很好的分散效果。这个结论与黄土和湖泊沉积粒度研究所得的结论一致,反映了部分冰川沉积物与黄土、湖波沉积物在某些性状上的相似性。但是,还有少部分样品单纯通过分散剂和超声波震荡难以充分分散。例如,阿尔泰山 8 号样品(KLB-8),随着前处理强度的加深,平均粒径逐渐变小,粒径由最初 1.53 变为 1.73。另外,需要指出的是,部分样品出现了经过前处理后,平均粒径反而增大的情况。例如,白马雪山 11 号样品在未经化学处理前(A 方法)平均粒径为 2.54,经过 B ~ E 处理后,平均粒径反而分别减小了 0.84、0.85、0.85 和 0.7。有文献记载,强氧化剂和盐酸的加入可能对细小颗粒有溶蚀或分解作用;同时,细小的颗粒可能吸附在较大的颗粒上,最终造成细颗粒含量的减少和粗颗粒含量的增加。也有学者认为,过量的盐酸使待测样品呈较强的酸性从而增加了颗粒凝聚机会。本节认为,出现颗粒变粗现象的原因,除了与上述两种原因有关外,也可能归结于选取样品量对遮光度的影响。在测量过程中,激光粒度仪测量过程中需要保证遮光度即样品质量浓度满足 8% ~ 12%,如果遮光度大于12%,容易造成颗粒间相互重叠,发生多元散射,严重时甚至会影响透光度;而遮光度小于8%,中位径随着遮光度的减少而变小,将影响机器检查信号的强度。因此,为保证遮光度满足 8% ~ 12%,对于冰川沉积物而言,粗砂含量较多的沉积物一般取样量是 0.5 ~ 2 g,粉砂含量较多的样品取样量是 0.25 ~ 0.4 g,黏土含量较多的样品取样量是 0.08 ~ 0.1 g。实验摄取量较少,很容易导致样品代表性相对较低。因此,建议实验可以采用多次等分试样和反复测量,以确保实验结果的准确性。

3. 标准差

标准差表示沉积物颗粒的离散程度,标准差越大说明沉积物分选性越差。对同一物源区,随着搬运距离的增加会使沉积物粒度的分选性越好。本节按照福克和沃德分选法对沉积物的分选程度进行划分。结果表明,阿尔泰山 10 个样品经过 A ~ E 方法处理后,标准差平均值分别为 3.36、3.38、3.67、3.26、3.18;白马雪山 15 个样品经过 A ~ E 方法处理后,标准差平均值分别为 1.72、2.15、2.70、1.44、1.56;螺髻山 14 个样品经过 A ~ E 方法处理后,标准差平均值分别为 2.90、5.08、3.69、1.82、1.77。阿尔泰山样品的分选性等级没有发生很大改变,而白马雪山和螺髻山发生较大改变,这可能与作用地区母岩粒度特征、岩石的硬度、节理构造规律等物理性质有一定关系。因此,不同地区沉积物在经过前处理后分选程度存在差异。但是,这种改变不影响对冰川沉积物的判定,沉积物的分选性多划分在较差、很差程度,属于冰川沉积物。冰川沉积物分选特征与其搬运介质流体的活动性质以及沉积物形成过程中不同的沉积环境影响有较大关系。风成沉积物主要依靠风力作用将碎屑物搬运并且沉积。在搬运过程中,由于细颗粒质量较轻,粗颗粒质量相对较重,因此,细颗粒的搬运距离更为长远,而粗颗粒部分被滞留在物源区或是离物源区较近的位置。同时,碎屑物在搬运中相互产生碰撞和摩擦,使颗粒逐渐磨圆且变小,由于伴随风力作用的依次减弱,按照大颗粒先沉落、小颗粒后降落的顺序先后沉积下来,表现为水平方向和竖直方向较好的分选性质。而水成沉积物在搬运过程中受流水速度的影响,体现为沉积物由大到小的沉积顺序。因此,两种沉积物的偏度值均小于1,表现为中等、好或极好。但是,对于冰川沉积物而言,特殊的沉积介质使冰川碎屑物在沉积过程中,碎屑颗粒与碎屑颗粒相互之间、冰川冰与碎屑颗粒之间相互碰撞和摩擦的机会较少。同时,碎屑位置的搬运沉积既不受介质流速的影响,又与碎屑本身物理性质无关,从而形成的沉积物的粒度分异微弱,分选极差。由此可见,标准差是区分冰川与风、海、湖、河流沉积物的重要指标。

3.3.2.2 测量时间和超声波振荡时间对实验结果的影响

同一前处理方法,不同测量时间和超声波震荡时间也影响实验结果。冰川沉积物最佳测量时间为2分钟,超声波震荡时间应至少2分钟。

1. 测量时间

表3-3-2显示,无论是D或E方法,经过四次测量沉积物平均粒径的平均值变化都是1分钟测量数值最大,2分钟明显减少,3分钟略有增加,4分钟再次减少。其中,D方法测得平均粒径的平均值分别是282.83 μm、225.04 μm、228.98 μm 和226.90 μm。E方法测得平均粒径的平均值分别是244.94 μm、156.85 μm、158.23 μm、156.85 μm。由此看出,D方法测得平均粒径的平均值除了1分钟与2分钟平均值相差57.79 μm外,后3次测量绝对值相差最大值仅为3.94 μm,而E方法测得平均粒径的平均值除了1分钟与2分钟平均值相差88.09 μm外,后3次测量绝对值相差最大值仅为1.38 μm,基本属于允许误差范围之内。由图3-3-4和图3-3-5发现,样品在1分钟测量时,平均粒度的曲线值最高,而2分钟、3分钟和4分钟测量结果较为接近。这可能是因为在1分钟测量时,机器经过了较长时间的背景偏移,部分经过前处理后已经分散的颗粒在等待机器校准的过程中再次发生了絮凝,导致测出的数值最大。后来,样品在水泵作用下逐渐达到均匀的混合状态,测出数值也基本稳定。因此,冰川沉积粒度实验的最佳测量时间为2分钟。

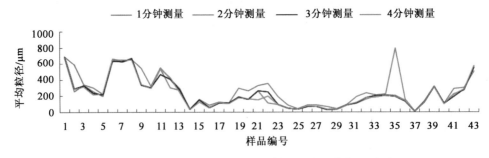

图 3-3-4 不同测试时间沉积物平均粒径的变化曲线(D方法)

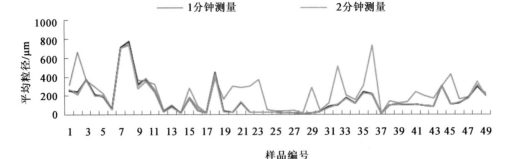

图 3-3-5 不同测试时间沉积物平均粒径的变化曲线(E方法)

表 3-3-2　不同测量次数（D 和 E 方法）沉积物平均粒径变化表（单位：μm）

序号	野外编号	1 分钟测量	2 分钟测量	3 分钟测量	4 分钟测量	序号	野外编号	1 分钟测量	2 分钟测量	3 分钟测量	4 分钟测量
1D	BML-1	687.40	678.60	686.10	691.20	1E	BML-1	317.50	265.40	253.90	269.40
2D	BML-2	592.40	258.00	286.60	292.10	2E	BML-2	663.60	214.90	245.60	234.50
3D	BML-3	344.80	336.80	325.80	313.50	3E	BML-3	367.50	382.80	372.60	371.60
4D	BML-4	305.10	258.40	235.00	217.60	4E	BML-4	294.60	212.30	209.20	198.30
5D	BML-5	223.30	196.00	214.00	227.50	5E	BML-5	223.20	208.40	193.20	200.20
6D	BML-7	661.70	646.00	636.50	649.90	6E	BML-7	61.39	62.14	62.00	54.19
7D	BML-8	643.80	623.30	632.90	651.80	7E	BML-8	713.20	709.40	711.60	704.10
8D	BML-9	657.10	661.90	666.00	646.30	8E	BML-9	746.00	732.90	777.50	750.00
9D	BML-10	542.80	339.60	336.20	342.30	9E	BML-10	365.90	275.50	325.60	304.70
10D	BML-11	318.70	302.10	303.30	298.60	10E	BML-11	356.10	353.20	376.50	389.10
11D	BML-12	550.00	537.60	463.00	541.10	11E	BML-12	322.10	243.30	261.60	258.80
12D	BML-13	414.60	299.40	405.30	424.60	12E	BML-13	43.13	31.95	30.47	30.59
13D	BML-15	292.20	267.10	274.50	241.90	13E	BML-15	100.30	99.84	84.66	83.73
14D	MXDLG-1	32.09	31.02	30.90	30.96	14E	MXDLG-1	20.65	15.58	15.49	15.41
15D	MXDLG-2	158.20	151.10	150.60	125.90	15E	MXDLG-2	279.70	185.10	169.90	167.50
16D	MXDLG-3	88.17	57.63	55.71	55.49	16E	MXDLG-3	95.18	71.87	46.90	45.53
17D	MXDLG-6	122.30	109.30	111.00	116.70	17E	MXDLG-6	19.40	17.15	16.97	16.75
18D	MXDLG-7	114.90	105.10	111.80	105.10	18E	MXDLG-7	383.20	416.10	448.10	433.80
19D	MXDLG-8	297.90	187.90	182.90	176.10	19E	MXDLG-8	165.20	37.58	35.80	33.58
20D	MYB-1	262.60	160.70	160.70	165.90	20E	MYB-1	301.10	26.66	26.27	25.89
21D	MYB-3	331.60	266.10	264.10	152.00	21E	MYB-3	286.10	128.40	132.50	136.10
22D	MYN-1	354.30	113.30	248.40	195.50	22E	MYN-1	304.70	22.43	21.88	21.83
23D	QH-2	193.00	92.20	93.81	94.20	23E	QH-2	373.70	25.66	24.43	23.96
24D	QH-3	88.70	44.13	43.90	44.61	24E	QH-3	53.38	23.04	22.93	22.21
25D	QH-4	37.17	31.82	31.02	32.15	25E	QH-4	35.25	25.35	25.03	24.47
26D	QH-5	85.09	69.06	66.82	70.38	26E	QH-5	39.52	17.47	17.25	16.97
27D	QH-6	83.68	64.76	66.45	68.16	27E	QH-6	47.35	18.58	18.37	18.04
28D	QH-7	65.36	30.59	29.81	33.26	28E	QH-7	15.78	13.73	13.75	13.58
29D	QH-8	40.64	37.08	36.57	36.78	29E	QH-8	286.70	15.44	15.26	15.01

序号	野外编号	1分钟测量	2分钟测量	3分钟测量	4分钟测量	序号	野外编号	1分钟测量	2分钟测量	3分钟测量	4分钟测量
30D	HBL-2	90.60	85.91	84.93	85.62	30E	HBL-2	47.27	32.95	31.51	31.83
31D	HBL-3	189.80	108.20	114.20	116.80	31E	HBL-3	120.30	88.06	84.64	75.61
32D	HBL-4	238.30	155.40	180.20	179.00	32E	HBL-4	515.30	105.80	103.40	111.40
33D	LJ-1	211.50	197.30	205.00	185.30	33E	LJ-1	204.40	171.40	177.70	170.20
34D	LJ-2	223.30	213.00	205.60	206.60	34E	LJ-2	159.10	116.70	123.90	123.70
35D	LJ-3	796.10	203.20	191.70	189.20	35E	LJ-3	311.30	240.60	241.30	227.50
36D	LJ-4	159.60	142.90	134.60	136.20	36E	LJ-4	731.30	209.00	218.50	221.10
37D	KLB-1	7.44	7.20	7.22	7.16	37E	KLB-1	9.37	8.96	8.49	8.14
38D	KLB-3	135.40	121.20	126.40	126.20	38E	KLB-3	141.50	96.66	102.20	102.60
39D	KLB-8	316.20	316.00	316.70	318.00	39E	KLB-8	124.00	112.10	107.10	110.20
40D	KLB-10	107.70	105.00	106.40	98.50	40E	KLB-10	133.50	101.40	102.90	106.30
41D	ZYC-1	289.10	222.60	189.20	214.10	41E	ZYC-1	240.70	105.40	109.40	105.70
42D	ZYC-2	301.80	272.50	281.60	279.90	42E	ZYC-2	199.10	97.07	95.76	94.29
43D	QSG-1	505.40	569.90	552.60	572.70	43E	QSG-1	172.10	82.78	86.38	86.01
44D						44E	2011Q-1	302.70	302.50	303.90	303.40
45D						45E	2011Q-3	430.10	109.70	107.50	110.60
46D						46E	2011Q-4	165.90	121.30	120.20	128.40
47D						47E	2011QO-3	185.70	178.80	176.40	172.90
48D						48E	2011QO-4	297.60	353.80	292.70	319.40
49D						49E	2011AZO-1	229.20	198.00	204.30	196.30
平均值		282.83	225.04	228.98	226.90	平均值		244.94	156.85	158.23	156.85

2. 超声波振荡时间

有的学者提出沉积物经过 1 分钟超声波震荡就可以达到最佳分散效果(冯志刚等, 2006),有的学者认为 7 分钟才能够使颗粒得到完全分散(汪海斌等,2002;徐树建等,2005, 2006),还有学者主张 20 分钟或者更长时间(朱丽东等,2006a,2006b)。表 4-3-3 显示,经过 1 分钟超声波震荡后,D 方法 43 个样品中 88.4%的样品平均粒径都有所减小,个别颗粒较粗的样品出现平均粒径增大的现象;2 分钟超声波震荡后,34 个样品的平均粒径进一步减小,减小速率由 58.64 μm 变为 24.28 μm;3 分钟超声波震荡后,29 个样品的平均粒径进一步减小,减小速率为 11.06 μm。4 分钟超声波震荡后,19 个样品的平均粒径进一步减小,减小速率为 15.89 μm。经过 1 分钟超声波震荡后,E 方法 49 个样品中 89.8%的样品平均粒径都有所减小,个别颗粒较粗的样品出现平均粒径增大的现象;2 分钟超声波震荡后,33 个样品的平均粒径进一步减小,减小速率由 95.97 μm 变为 10.57 μm;3 分钟超声波震荡后,32 个样品的平均粒径进一步减小,减小速率为 8.14 μm;4 分钟超声波震荡后,35 个样品的平均粒径进一步减小,减小速率为 7.72 μm。由此说明,随着超声波震荡时间延长,样品的平均粒径有所减小,但是在 1 分钟超声波震荡后,粒径的减小速率最大,D 和 E 方法 1 分钟后减小速率分别占总减小量的 53.4% 和 78.4%;大部分样品的平均粒径在 2 分钟后基本保持稳定。针对部分大颗粒样品出现平均粒径在超声波震荡后反而变大的现象,可能与样品成壤化较强有很大关系。图 3-3-6 和 3-3-7 显示,无超声波震荡时沉积物平均粒径曲线最高,经过 1 分钟超声波震荡后,曲线明显下降,2 分钟、3 分钟和 4 分钟超声波震荡后曲线起伏接近。沉积物经过超声波震荡 2 分钟后,分散效果比较理想。

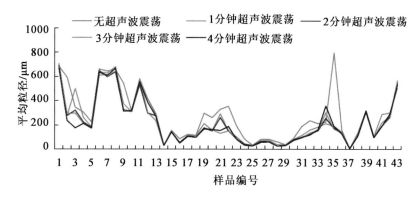

图 3-3-6 不同超声波震荡时间沉积物平均粒径的变化曲线(D 方法)

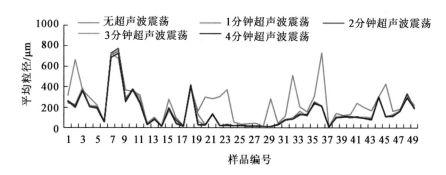

图 3-3-7 不同超声波震荡时间沉积物平均粒径的变化曲线(E 方法)

3.3.3 小节

采用 5 种前处理方法分别对阿尔泰山、白马雪山和螺髻山地区 39 个冰川沉积物进行粒度实验,分析了不同分散方法对冰川沉积物粒度参数的影响,得出前处理方法、测量时间和超声波振荡时间影响沉积物粒度的实验结果。其中,有机质和碳酸盐含量较多的沉积物,选择过氧化氢和盐酸处理后上机测量的方法较为理想。而对于大部分冰川沉积物而言,有机质和碳酸盐含量较少经过分散剂和超声波振荡就可以达到充分分散的效果。另外,对青藏高原周边阿尔泰山、白马雪山、螺髻山、千湖山、哈巴雪山、老君山、马衔山和玛雅雪山地区 92 个样品使用不同测量时间和不同超声波震荡时间进行粒度实验,发现测量时间和超声波震荡时间也是影响粒度测量结果的因素之一,冰川沉积物最佳测量时间为 2 分钟,最佳超声波振荡时间为至少 2 分钟。另外,需要注意的是,冰川沉积物分选性较差,在称量样品中,一般粗砂含量较多的沉积物取样量是 0.5 ~ 2 g,粉砂含量较多的样品取样量是 0.25 ~ 0.4 g,黏土含量较多的样品取样量是 0.08 ~ 0.1 g。建议采用多次等分试样和多次反复测量的方法,以确保实验数据的准确性。

第4章 第四纪冰川作用测年方法

4.1 碳十四(^{14}C)测年方法

● 4.1.1 ^{14}C测年方法基本原理

放射性碳(^{14}C)测年方法是利比(W. L. Libby)在20世纪40年代末期创立的。利比在证实地球大气中不断地有宇宙射线成因的^{14}C生成后,提出可将自然^{14}C作为一种特殊的"时钟",用来记录有机物死亡后所经历的时间,并在取得样品中测得其^{14}C浓度是随着年代增加而有规律地降低。多年来,^{14}C测年方法在地质学和考古学等方面得到了大量的年代数据,^{14}C法的理论和实验技术也在随着科学技术的发展不断地完善与提高。我国第一批^{14}C测年实验室是在刘东生和夏鼐的主持下,在20世纪60年代初开始筹划建立的。随着实验室的不断增加和技术的不断成熟,^{14}C测年方法提供的年代数据在许多研究领域内被广泛应用(陈文寄和彭贵,1991)。

在自然界中,碳主要有三种同位素:^{12}C(98.89%),^{13}C(1.108%),^{14}C(1.2×10^{-10}%)。^{12}C和^{13}C是稳定同位素,^{14}C是长寿命放射性同位素,是天然同位素在大气层上部,宇宙射线产生的中子(n)与大气中的氮气(^{14}N)发生核反应的产物,其反应式为:

$$^{14}N + n \rightarrow ^{14}C + ^{1}H$$

新产生的^{14}C在大气中很快被氧化变成$^{14}CO_2$,并与大气中原有的CO_2充分混合后扩散到整个大气层中。大气层中CO_2通过与溶解于海水中的CO_2交换,以及通过植物的光合作用和动物对食物的吸收等,使水圈及生物圈中都存在着宇宙辐射生成的^{14}C。氮是大气中比较丰富的元素,因此^{14}C的产生速率主要取决于由宇宙射线产生的中子数量,即宇宙辐射的强度。如果在^{14}C测年方法的可测时间段内,宇宙辐射的强度保持不变,那么天然^{14}C的产生速率将是固定的。一方面,分布于大气圈、水圈及生物圈中的^{14}C通过自然界中碳的交换及循环作用不断地得到补充,另一方面,由于^{14}C的衰变而有一部分^{14}C蜕变为^{14}N。这两个相反的作用是同时存在的,这使得^{14}C在整个碳储存库中的浓度达到动态平衡。当^{14}C不再与外界发生物质交换时,外界就会对其停止新碳的补给,系统内的^{14}C浓度将由于^{14}C的衰变而随时间不断减少,并产生β射线。物质中^{14}C浓度通常采用放射性比度,即用每克碳中每分钟^{14}C衰变次数来表示,因此可以根据其残留的^{14}C浓度推算其衰变所经历的时间。某一脱离^{14}C交换储存库的物质(样品),其^{14}C浓度N将随着时间的推移而呈指数衰减,其衰减规律遵循以下公式：

$$N = N_0 \cdot e^{-\lambda t} \tag{4-1-1}$$

其中，N 是所采集样品现在的 ^{14}C 原子个数（浓度），N_0 是样品中初始的 ^{14}C 原子个数（浓度），λ 是衰变常数，t 是样品与外界脱离碳交换（生物死亡、矿物结晶等）到现在的时间，即样品的"年龄"。由此，可以得到 ^{14}C 年龄的计算公式：

$$t = -\tau \cdot \ln(N/N_0) \tag{4-1-2}$$

其中，$\tau = 1/\lambda$。

因此，只要测定了样品的初始放射性比度 N_0 和现在的放射性比度 N，就可以得出该样品脱离交换储存库所经历的时间 t。现在的 ^{14}C 放射性比度 N 易于确定，然而样品的初始放射性比度 N_0 浓度是无法直接测量的，所以用现代与大气 CO_2 处于交换平衡状态物质的 ^{14}C 放射性比度来代替（假设地球上各交换储存库的 ^{14}C 浓度均匀且恒定，再根据公式（4-1-2）即可求出被测样品的年龄）（王浩，2011）。

因此，放射性 ^{14}C 测年的前提是要基于三点假设：

（1）近数万年以内宇宙射线强度不变，^{14}C 的生成和衰变达到动态平衡；

（2）各交换储存库中 ^{14}C 浓度不变，^{14}C 在各储存库中分布均匀，它们之间的交换循环也达到动态平衡，^{14}C 初始放射性比度不随时间、地点和物质而变化，含碳样品脱离交换储存库；

（3）在含碳样品脱离交换储存库后，在这个封闭系统中 ^{14}C 的浓度（放射性比度）随时间而自然衰变，没有人为干预。

4.1.2 ^{14}C 测年方法在第四纪冰川年代学中的应用

Libby 在许多研究成果的基础上完成了 ^{14}C 测年方法的建立，其于 1949 年使用已知年代的样品进行了测定，并获得了令人满意的结果，从此宣告该方法成立。^{14}C 测年法为专家学者测定发生在晚更新世和全新世的事件的发生时间提供了一个绝对年代学方法。但随着测量精度的不断提高，一些样品的"已知年代"和 ^{14}C 推算的年代存在差异，研究者先后采用了树木年轮和冰川纹泥计数时间标尺矫正 ^{14}C 年代数据。在 20 世纪 70 年代末，随着加速器质谱仪（AMS）方法的出现，^{14}C 测年方法产生了根本性的飞跃，最佳测量精度可达 2‰，最大测量年限达 5 万年（仇士华和蔡莲珍，1997；陈铁梅，1990；尹金辉，2006），应用的领域更加广阔，研究的问题也更加深入，在地质学、地理学等学科中取得了很多成果。许多学者应用 ^{14}C 测年方法已经获取了大量的晚更新世和全新世的年代数据（Yi 等，2004；郑本兴和马秋华，1994；张家富等，2007；易朝路等，1998；周卫建，1995），为第四纪的研究增添了年代学的理论依据。但是 ^{14}C 测年方法也存在一些限制因素，如 ^{14}C 测年方法只能测定末次冰期以来的冰川变化，在寒冷干旱环境区很难在冰碛物中发现有机碳作为测年样品等。

4.2 电子自旋共振(ESR)测年方法

4.2.1 ESR测年方法基本原理

4.2.1.1 概述

电子自旋共振(Electron Spin Resonance,简称ESR)是一种微波吸收技术。它又叫电子顺磁共振(Electron Paramagnetie Resonance,简称EPR),是直接检测和研究含有未成对电子的顺磁性物质的现代分析测年方法(史正涛等,2000;许刘兵,2005;业渝光,1992)。石英是第四纪沉积物ESR测年的主要测年矿物。沉积物中的石英颗粒在沉积环境中普遍存在的U、Th、K等放射性元素衰变会产生α、β、γ辐射,并在宇宙射线的辐照下产生不同类型的顺磁中心,随着埋藏时间的逐渐积累,顺磁中心的数量也会不断地增加。在外加直流磁场的作用下,石英颗粒中的顺磁中心会产生能级分裂,处在上下两能级的电子在满足共振条件时会发生受激越迁,一部分低能级的电子由于吸收电磁波能量会越迁到高能级中,从而产生电子顺磁共振现象(实验室测量的ESR信号)。实验模拟、理论推测以及实际测量结果表明,采用适当的石英ESR信号中心和测量参数,ESR法可以测定含石英沉积物的最后一次埋藏事件以来的时间-埋藏年龄。剂量率[Dose rate(D),单位:Gy/ka]和等效剂量[Equivalent Dose(ED),单位:Gy]是ESR测量所涉及的两个重要部分。准确测量样品自某一地质事件以来所接受的等效剂量及其接受周围环境电离辐射产生的剂量率是根据年龄公式获得样品埋藏年龄的关键所在。其计算公式为:A年龄(ka) = P古剂量(Gy)/D年剂量(Gy/ka)。

通过研究和实验可知,可用于石英ESR测年的信号需要具备以下几个特征:(1)测年起始时间信号可被清零,或者有稳定残留;(2)信号在没有摩擦、光照等可以衰退信号的环境中保留;(3)石英晶格中的陷阱数量不随时间的变化而变化,保持常量,即没有再结晶、相变、再生晶体等;(4)信号的热稳定性至少要比年龄高一个数量级(Grün,1989)。

4.2.1.2 环境剂量的确定

剂量率(D)即环境剂量,是指被测矿物在单位时间内所接受的来自周围环境放射性元素衰变所产生的辐射剂量。沉积物所含U、Th和K等放射性核素衰变产生的α、β和γ辐射是沉积物中石英矿物颗粒所接受的环境辐射的主要来源。此外,宇宙射线也提供少量贡献,它的强度取决于取样地点的海拔高度及埋藏深度,除高原及高山地区外,地表的宇宙射线强度平均值大约为0.3 mGy/a,而在地表面下1~2 m的深度其强度大约下降50%(陈文寄和彭贵,1991)。其测量方式有"就地"测量和实验室分析测量两种。为了克服不确定性因素,例如野外采样点岩性、结构不均匀、放射性链中氡可能的逃逸等,最好采用"就地"测量剂量率,同时配合室内分析法。目前可通过便携式Gamma谱仪和埋藏剂量片两种途径实现"就地"剂量率测量。Gamma谱仪在使用前需要进行剂量标定,埋藏剂量片常常会因各种原因丢失,而且要几个月后重新回到原采样点取回剂量片。因此,目前在国内主要采用实验室分析法,该测量方法与释光测年技术对于 D 的测定基本相同,即用厚源 α-计数仪测量 U、Th 含量,用火焰光度计测量 K_2O 含量,通过称量样品烘干前后重量值计算含水量。

4.2.1.3 等效剂量的确定

等效剂量(ED)即古剂量(P),是指自某一地质事件以来待测矿物中所累积的来自周围环境放射性元素衰变所产生的总的辐射剂量。ESR 法年代学研究中,等效剂量在第四纪沉积物处表示了在所测事件以来石英颗粒中所累积的顺磁中心数量,也就是在实验室中测量所获得的 ESR 信号强度。等效剂量(ED)的测量是能否准确获得可靠 ESR 年龄的关键问题之一,也是现阶段 ESR 测年技术研究的重点和难点。其测量方法主要有附加法和再生法。附加法是将处理好的样品分成多个等份,给予不同的附加剂量照射,建立剂量响应曲线,利用外推法,获得原自然样品的等效剂量;再生法是将样品充分光晒退,分成多个等份并接受不同剂量辐照,建立剂量响应曲线,再利用内插法,获得原自然样品的等效剂量。由于再生法需要先将样品充分光晒退,操作较烦琐,测试周期长,因此附加法应用较广泛。

4.2.2 ESR 测年方法在第四纪冰川年代学中的应用

ESR 测年方法是由德国科学家泽勒于 1967 年提出的一种根据样品所吸收的自然辐照计量来推导样品形成年代的测年方法。后来 Schwarcz(1994)提出了冰碛物在 ESR 测年中是具有测年前景的可测沉积物。在我国,ESR 测年方法从 20 世纪 70 年代末开始应用,自 20 世纪 80 年代以来得到迅速的发展。这种测年技术的特点是测年范围广,比释光法有更宽的测年范围,可覆盖距今 2.5 Ma 以来的整个第四纪时期(Rink 等,2007),可测试样品的种类比较广泛,包括盐类、断层物质、含石英的沉积物等,而且测试时不破坏样品的结构,可以反复使用,同时样品前处理和测量的速度快、周期短。所以 ESR 测年方法在第四纪、新构造等方面的研究中得到了广泛的应用并被大部分国内学者所接受,成为测量年代较老的沉积物的有效方法之一。

近些年,一些研究人员已经运用 ESR 测年方法对第四纪冰川进行了年代学的研究,并取得可靠的年代数据。况明生等(1997)对云南东北部拱王山的第四纪冰川遗迹进行了 ESR 测年研究。伍永秋等(1993)用 ESR 测年方法对昆仑山垭口的最老冰碛物进行了年代的测定。史正涛等(2000)利用 ESR 测年方法对祁连山地区第四纪冰碛物进行了年代测定。易朝路等(2001)采用 ESR 方法对天山乌鲁木齐河源末次冰期的冰碛石英砂进行了测年。赵井东等(2009a)应用 ESR 测年技术对天山地区的第四纪冰川沉积物进行了测年研究。王杰等(2012)应用 ESR 测年手段对贡嘎山中更新世晚期的冰川作用进行了研究。张威等(2015)运用 ESR 测年方法确定了白马雪山晚第四纪的冰川作用。鉴于许多学者利用 ESR 测年方法在不同地区成功进行了测年研究并取得较大成果,说明这种方法日益成熟,并在第四纪沉积物的年代测定上比较适用。

4.2.3 ESR 测年方法存在的问题及展望

获得准确可信的 ESR 年代的关键是能够准确获取被测样品的环境剂量率和等效剂量,

而能够得到准确可靠的等效剂量的重要前提就是要确定待测样品在最后一次埋藏之前其ESR信号残留值的大小,即其ESR信号是否被完全"归零"或者衰退到某一稳定的残留值。如果沉积物在埋藏时,被测样品的ESR信号已经完全衰退"归零",那么实验室中观测到的等效剂量(P)则是沉积物自最后一次埋藏事件以来所积累的真实的等效剂量,即$P_{观测}=P_{真实}$;如果沉积物最后一次埋藏事件发生时,沉积物的ESR信号没有完全"归零",且有一定的残留值R,那么实验室中观测到的等效剂量$P_{观测}=P_{真实}+R$(如图4-2-1)。如果被测样品中含有残留值,则需要准确地测量出残留值R,并在观测的等效剂量中扣除。因此,研究石英ESR信号"归零",以及不同控制因素造成的"归零"或者达到稳定残留值的效率等是ESR测年成功地应用于第四纪年代学的重要基础(刘春茹等,2011,2013)。

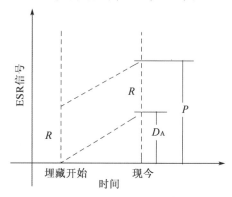

图4-2-1 ESR信号强度与时间关系(刘春茹,2013)

ESR的测年方法一开始主要用于活动构造(地震断层泥)中,石英ESR信号在高温、高压下能够完全"归零"是其得以应用的主要前提条件。石英颗粒中可用来测定ESR信号中心的有E'心、OHC、Ge心、Al心、Ti心。其中,E'心、OHC、Ge心可以在常温条件下观测到。Al心、Ti心则需要在低温(液氮,约-196℃)条件下观测。石英各个信号中心的稳定性不同,E'心、Al心、Ge心、OHC信号的稳定性由弱到强(Fukuchi等,1986;Fukuchi,1988)。研究认为,E'心是空穴心,因捕获的电子很容易被释放而变得不稳定,在断层作用下信号比较容易"归零"。Al心、Ge心和Ti心都是杂质心,在破碎作用下比空穴心相对稳定(Fukuchi,1992)。而通过快速(15 min)热退火实验可知,在热作用下石英各ESR信号都会衰退,在350℃以上,Al心和E'心可完全"归零";在400℃以上,OHC和Ge心可完全"归零"(Fukuchi等,1986)。通过许多的研究成果可以认为,ESR信号在高温、高压条件下能够充分"归零",且"归零"所需的时间与作用强度、作用持续时间有关,在岩浆烘烤、地震断层活动等条件下,相应的地质体如岩浆下覆沉积物、地震断层泥等中的石英信号可以被"归零"(Grün,1989;Miallier等,1994;Ikeya等,1995)。但是Fukuchi通过实验模拟对断层泥ESR信号研究得出,由于断层泥在形成过程中有地下水的参与抑制了断层泥周边的温度升高,使浅层断层泥中石英ESR信号无法完全"归零"(Fukuchi和Imai,1998)。刘春茹的研究也表明,在浅层断层泥中,水的参与降低了断层泥形成过程中的环境温度,石英ESR信号无法完全"归零"(刘春茹等,2013)。

然而,对于水系沉积物来说,其所处的搬运、沉积、埋藏条件不具备能够使ESR信号完全"归零"的高温、高压条件。沉积物在搬运—沉积—埋藏过程中,会受到一定的自然光照射,因此,沉积物中不同石英 ESR 信号的光晒退特征成为国内外研究者的关注焦点。许多研究人员在实验室对不同石英 ESR 信号的光晒退特征进行了研究,得到不同信号中心的特征变化。E'心信号稳定性最差,在阳光下晒退不仅不会减少,反而会在晒退 72 小时内增加(赵兴田等,1991;金嗣焰等,1991;Toyoda 和 Ikeya,1991;Nie,1992;Toyoda 等,2000)。Ge 心在阳光照射下数小时后信号完全消失,是光晒退"归零"最好的信号心(Buhay,1988;业渝光等,1993)。Al 心则是在开始光晒退的 2 小时内信号下降 20%,经数十至上百小时后达到一个稳定的残留值(Yokoyama 等,1985;Voinchet 等,2003)。Ti 心在阳光下经几至几十小时晒退后,信号可完全晒退"归零"(Yoshida,1996;Tanaka 等,1997;Rink 等,2007;Gao 等,2009)。在实际自然界中,尤其是水系沉积物中,由于水体反射一部分太阳光,水体中的石英颗粒所需的光晒退时间会增加,因此无论哪种信号中心都需要相当长的时间来实现信号衰退"归零"或达到稳定的残留值。

Voinchet 等(2007)对现代河流沉积物样品测试后得到的结果显示:如果在沉积、搬运、埋藏过程中,石英颗粒的光照晒退时间不充分,机械作用也能使石英 ESR 信号显著衰退。Liu 等(2011)通过避光滚筒模拟实验与光晒退实验的对比也表明颗粒碰撞过程中造成的表面磨蚀、颗粒破碎等都可导致其信号衰退。因此,与光晒退作用一样,机械作用也能使石英 ESR 信号显著衰退。但不同粒径石英颗粒在水体机械搬运过程中的信号"归零"特征的差异性以及不同搬运方式对信号"归零"的影响都还处在研究当中。

冰川沉积物与水系沉积物有着不同之处,在冰川的搬运、沉积、埋藏过程中,光晒退不能使 ESR 信号完全"归零"。在冰体的巨大压力下,冰体对冰碛物的研磨作用成为促使其石英 ESR 信号衰退的重要原因。因此,机械作用使石英 ESR 信号显著衰退这一研究结果为深入研究石英 ESR 信号衰退机理,以及促进 ESR 测年方法在第四纪冰川沉积物中的测年应用提供了重要的理论基础。冰川在进退过程中由于冰体对冰碛物可产生巨大的压力,并产生研磨作用,使冰碛物中的石英 ESR 信号具有"归零"可能性。有研究人员通过实验证明,研磨作用可以使石英 ESR 信号"归零"或达到稳定的残留值(Yi 等,2002)。但冰川的研磨对冰碛物中石英 ESR 信号"归零"程度,即对冰碛物在研磨作用下信号"归零"没有定量的研究,在测量计算中无法确定是否 ESR 信号完全"归零"或者准确地扣除 ESR 信号的残留值。这也使许多学者对 ESR 测年在冰川年代学中应用的可靠性产生怀疑。因此,在实验室的条件下模拟冰下研磨机制,对第四纪冰碛物中石英 ESR 信号在冰川的研磨作用下的衰退程度进行深入研究,能够准确评估出冰川作用下的研磨作用对冰碛物中石英 ESR 信号的衰退影响。这对探讨 ESR 测年方法在不同地区冰川研磨作用下石英矿物中 ESR 信号是否"归零"或者确定其残留值的大小,矫正不同地区冰碛物 ESR 测年的准确性,并最终促使 ESR 测年方法成为第四纪年代学可靠的测年方法之一都有重要意义。

4.3 宇宙成因核素测年方法

● 4.3.1 宇宙成因核素测年方法基本原理

宇宙成因核素是指宇宙射线粒子与地球内外的物质发生核反应而生成的核素。对于地球系统来说,宇宙射线在穿越大气层的过程中,不断地与大气中的 O、N 等原子发生核反应,所生成的核素称为大气生成宇宙成因核素(atmospherically cosmogenic radionuclide)。同时,此过程又产生大量新的次级粒子,如中子、μ 介子、π 介子、电子、质子、光子等。当地表及地表一定深度处的岩石或土壤受到宇宙射线轰击时,岩石或土壤中的某些元素(如 Si、Fe、Mg、Ca 等)以一定的方式(如裂变反应、热中子捕获和负介子捕获等)与宇宙射线粒子(如中子和介子等)发生核反应,生成新的核素,称为陆地原地生成宇宙成因核素(terrestrial in situ cosmogenic radionuclide,简称 TCN)。其中,放射线核素有 ^{10}Be、^{26}Al、^{36}Cl 和 ^{14}C 等,稳定同位素有 ^{3}He 和 ^{21}Ne 等。目前,应用最广的宇宙成因核素是 ^{10}Be 和 ^{26}Al(许刘兵和周尚哲,2009)。虽然有关宇宙成因核素积累的物理原理非常复杂,但其概念模型很简单。深埋地面以下的岩石,由于宇宙辐射受到屏蔽,宇宙成因同位素积累量几乎为零,一旦它们暴露于地表或接近地表,将受到宇宙射线粒子的轰击,这就会引起核反应并形成新的宇宙成因核素。这些聚集在地表物质中的新核素的数量取决于这些物质暴露在宇宙射线中的时间长短。因而,可以根据测量得到的这些核素的积累量及其生成速率来确定地表的暴露时间(许刘兵和周尚哲,2006)。

放射性核素 ^{10}Be 和 ^{26}Al 在自然矿物中被发现后(Yiou 等,1984),Nishiizumi 等于 1986 年第一次从暴露在岩石表面的石英中提取了 ^{10}Be 和 ^{26}Al(Nishiizumi 等,1986),发现了核素产生速率对地学研究的重要性。1989 年,他对内华达山脉有冰川磨光面的花岗岩中的石英进行了提取和纯化,通过加速器质谱(AMS,accelerator mass spectrometry)对石英中含有的 ^{10}Be 和 ^{26}Al 进行了分析,进一步确定了不同海拔和纬度下的 ^{10}Be 和 ^{26}Al 的产生速率(Nishiizumi 等,1989),使核素的绝对产率可以准确估计出来,为后来核素产生速率模型的建立奠定了基础。1991 年,Lal 成功地建立了多种核素产生速率的模型,进一步确定了放射性核素 ^{10}Be 浓度与暴露时间、侵蚀速率的关系(Lal,1991)。

Lal 通过对已知暴露年龄和无风化 – 侵蚀的地表岩石中石英的 ^{10}Be 浓度进行测量获得 ^{10}Be 的生成速率,进而建立了地表岩石中石英的 ^{10}Be 生成速率估计模型(Lal,1991)。

$$p_0(L,y) = a(L) + b(L)y + c(L)y^2 + d(L)y^3 \qquad (4-3-1)$$

式中 p_0 为暴露于不同地磁纬度 L 和海拔高度 y(km)地表(深度 0 cm)石英中 ^{10}Be 的生成速率[atoms / (g·a)];a、b、c、d 为随地磁纬度变化的常数(表 4-3-1)。

表 4-3-1　宇宙成因核素生成速率多项式方程中的系数

地磁纬度(°)	a	b	c	d
0	3.511	2.547	0.9513	0.18608
10	3.360	2.522	1.0668	0.18830
20	4.061	2.734	1.2673	0.22529
30	4.994	3.904	0.9739	0.42671
40	5.594	4.946	1.3817	0.53176
50	6.064	5.715	1.6473	0.68684
60～90	5.994	6.018	1.7045	0.71184

在已知纬度 L 的情况下,确定系数后结合海拔高度 y 即可求出 p_0。地表一定深度石英中 ^{10}Be 的生成速率随地表深度呈指数递减,表达式为

$$p = p_0 e^{-\rho X / \Lambda} \tag{4-3-2}$$

式中,p 为不同地表深度 $X(\text{cm})$ 岩石中 ^{10}Be 的生成速率[atoms／(g·a)],ρ 为岩石密度,Λ 为宇宙射线平均吸收自由程。在普通岩石中,宇宙射线平均吸收自由程为 150～170 g/cm^2(相当于 50～60 cm 的岩石深度)。

在稳定的风化–侵蚀作用下,即风化–侵蚀速率变化幅度不大,地面长期持续地接受宇宙射线辐射,岩石中宇生同位素浓度(N)与地面侵蚀速率(ε)之间存在如下关系:

$$N = N_0 e^{-\lambda t} + \frac{p}{\lambda + \mu\varepsilon} \left[1 - e^{-(\lambda + \mu\varepsilon)t} \right] \tag{4-3-3}$$

式中,N 为宇宙成因核素在岩石中的浓度(原子/g);N_0 为地面暴露前岩石的石英中所携带的 ^{10}Be 浓度(原子/g);λ 为放射性核素衰变常数;^{10}Be 衰变系数为 $4.62 \times 10^{-7} \text{a}^{-1}$;$\mu$ 为 ρ/Λ 值(cm^{-1});ε 为侵蚀速率(cm/a);t 为暴露时间(a)。

当 $N_0 = 0$,$t \geq 1/(\lambda + \mu\varepsilon)$ 时,$e^{-(\lambda+\mu\varepsilon)t}$ 近似为 0,即可得到:

$$N = p/(\lambda + \mu\varepsilon) \tag{4-3-4}$$

此时,宇宙成因核素浓度仅决定于 ^{10}Be 的生成速率和有效衰变常数($\lambda + \mu\varepsilon$)。若岩石长期暴露于地表,且剥蚀速率为常数或岩石处于稳定剥蚀状态,那么宇宙成因核素在岩石表面的浓度可达到平衡状态,即核素生成的量与由放射性核素衰变和剥蚀而失去的量相当。这时岩石表面核素的浓度与核素的生成速率之比代表了核素浓度达到平衡状态所需的最小暴露时间,即有效暴露时间 T_{eff},其式表达为:

$$T_{eff} = \frac{N_0}{p} = \frac{1}{\lambda + \mu\varepsilon} \tag{4-3-5}$$

值得注意的是,式(4-3-5)中的有效暴露时间是基于岩石处于一种理想的暴露状态,由它所得到的暴露年代被看作是暴露年代的下限,即最小暴露时间。

在运用宇宙成因核素方法计算暴露年代时,由于宇宙成因核素宇宙射线粒子主要是次生快中子、热中子和负慢介子,而这些宇宙射线粒子在空间分布上不同,因此地球上不同纬度、海拔高度和深度处的宇宙成因核素生成速率也表现出较大的差异。地表物质中宇宙成因核

素浓度除了受到核素生成速率和地表物质的暴露时间制约外,还与地表侵蚀速率密切相关。此外,地磁场强度、遮蔽、化学风化及样品的几何位置等也会对核素浓度产生一定影响,因此在求算样品的地表暴露年代时,应对这些因素进行相应的校正。

4.3.2 宇宙成因核素测年方法在第四纪冰川学中的应用

宇宙成因核素测年方法是传统测年方法,无法直接测量地貌面或基岩面的形成年代。随着加速器质谱(AMS)测量技术大幅度提高,TCN 技术可以直接计算地貌体的暴露年代和埋藏时代(Dielforder 等,2014;孔屏,2002),在第四纪冰川作用(李英奎等,2005)、第四纪期间火山喷发的时间(许刘兵和周尚哲,2006)、断层形成年代(Yiou 等,1985)等方面应用广泛。其中,冰川年代学和冰川地貌学是目前宇宙核素地学应用最为深入、广泛的领域。

据不完全统计,围绕青藏高原及周边山地的 CRN 测年数据近 2000 个,这些年代学数据为青藏高原及边缘山地第四纪冰川年代学框架的建立及气候变化的区域对比做出了重要贡献,众多学者还提出了一些较为新颖的观点,如:以将冰期划分到 MIS13、MIS9、MIS7、MIS5 等氧同位素奇数阶段为主(Dortch 等,2013;Murari 等,2014);暴露年代最集中的 MIS3 阶段,可能仅代表剥蚀速率加大的时段,并非冰碛垄形成的时间(Schaefer 等,2008)。但 CRN 测年的一些问题也同样不能回避,如:沉积前暴露可以导致年代高估,漂砾的稳定性、后继出露、地貌剥蚀、风化、积雪或沉积物遮蔽则可以导致年代低估;宇宙核素产率对暴露年代结果影响较大;不同模型的计算能够导致年代差别高达 30% ~ 40%(Owen 等,2008,2014)。此外,测年数据中约有 93% 的年代数据小于 130 ka,测年数据相对年轻(张志刚等,2014),对于老冰期的 CRN 测年,年代又较为分散,难以精确界定老冰期的时限(Heyman,2014)。

4.4 释光测年方法

4.4.1 释光测年方法基本原理

4.4.1.1 概述

沉积物中的矿物颗粒(主要是石英或长石)被掩埋之后不再见光,同时不断接受来自周围环境中 U、Th、K 等放射性物质的衰变所产生的 α、β、γ 宇宙射线等的辐射,导致晶体的电子发生电离而脱离晶体形成自由电子,之后被晶格中掺杂的杂质原子或者其他因素所导致的晶格缺陷所形成的"电子"陷阱所俘,变成"俘获电子"而储存,长期的埋藏辐射过程使得矿物晶格中的"俘获电子"越来越多,即矿物颗粒随时间的增长不断累积辐射能。这些矿物颗粒在天然环境受热或者光照及实验室用加热或光束照射时,可以使累积的辐射能以光的形式激发出来,这就是释光信号。通过加热激发的释光信号叫热释光(Thermoluminescence,简称 TL),通过光束激发的释光信号叫光释光(Optical Stimulated Luminescence,简称 OSL)(李虎侯,1984;张克旗等,2015)。

利用释光技术对沉积物进行年代测定首先要了解沉积物的属性、组成及其形成过程等特点,针对不同的研究对象,详细地测定它的释光特征和它对辐射的释光响应。

释光测年应具备以下基本条件:(1)被测矿物应具有良好的释光特性,如石英、长石等;(2)结晶固体贮存的能量,均在所测年龄的时域内由恒定的辐射场所提供,即所测年龄代表应该代表被测对象从起始到终止接受辐射能的时间间隔;(3)在被测对象所处的环境中,以及所测年代的时域内,放射性物质的含量除了自身的衰变外是恒定的,从而它们产生的核辐射每年提供给结晶固体的辐射剂量是一个常数(陈文寄和彭贵,1991)。以下仅对光释光测年方法进行介绍。

光释光测年是以光为激发动力,仅激发矿物晶格中对光敏感的电子,其所获得的辐射剂量也会以光的形式释放出来,再对释放出来的光线加以测量,便可了解地质样品的年龄情况。对于沉积物光释光测年而言,若沉积物在沉积过程中石英、长石等矿物的光释光信号被晒退归零,同时矿物在沉积后基本处于恒定的电离辐射场中(即环境辐射剂量率恒定),那么,石英、长石等矿物的光释光信号强度与矿物所吸收的电离辐射剂量的时间成正相关的函数关系,沉积地层的年龄就可通过测定石英、长石等矿物天然光释光信号强度所对应的电离辐射剂量,即等效剂量和环境剂量率来获得,其年龄计算公式为:

$$A = \frac{D_e}{D_y} \tag{4-4-1}$$

式中,A 为年龄(ka);D_e 为等效剂量,又被称为古剂量,即被测样品产生天然积存释光所需要的辐射剂量(单位 Gy),可通过矿物释光强度及其对核辐射剂量响应程度的实验测量来确定;D_y 为环境剂量率(Gy/ka),是被测矿物单位时间内吸收周围环境中 U、Th 和 K 等放射性元素衰变产生的辐射和宇宙射线的辐射(陈慧娴,2013)。

4.4.1.2 环境辐射剂量率(D_y)的测定

U、Th 和 K 的含量可用电感耦合等离子体质谱法(Inductively-Coupled Plasma Mass Spectrometry ICP-MS)、中子活化法(neutron activation analysis, NAA)、γ谱仪法等方法测量。相对于其他方法,质谱法的优势比较突出,比如所用样品量少、测试精度非常高等,但前期处理难度较高。

年剂量计算时所用的公式和参数一般以 Aitken(1985)提供的公式和参数为标准。

(1)Prescott 和 Hutton(1982)给出了用以计算不同地理位置的宇宙辐射剂量步骤:

①计算出 D_ω 值:

$$D_\omega = 0.21\exp(-0.07x + 0.0005x^2) \tag{4-4-2}$$

该公式表示宇宙射线在海平面,地磁纬度为北纬55°,标准岩石表面向下 x 深度处的宇宙辐射剂量强度。D_ω 单位 Gy/ka,x 单位 hg/cm^2(100g/cm)。

②将地理经纬度转变为地磁经纬度:

$$\sin\lambda = 0.203\cos\theta\cos(\Phi - 291) + 0.979\sin\theta \tag{4-4-3}$$

其中 λ 表示地磁纬度,θ 表示地理纬度,Φ 表示为地理经度。经纬度取值时,北纬和东经均取正值,南纬和西经均取负值。

③采样点的宇宙射线的辐射剂量率计算公式为:

$$D_c = D_\omega \left[F + J \exp\left(\frac{h}{H}\right) \right] \tag{4-4-4}$$

其中,F、J、H 是根据其与地磁纬度关系确定的参数(如图 4-4-1 所示);h 为采样点海拔高度,单位为 km;D_c 单位为 Gy/ka。

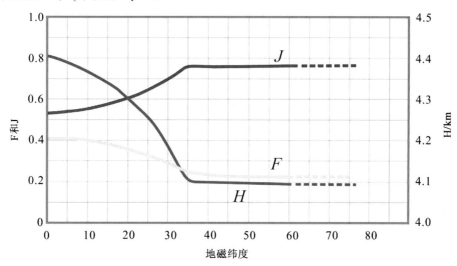

图 4-4-1 地磁纬度与 H、F、J 的关系(陈慧娴,2013)

(2)Aitken 在 1988 年提出了环境中 U、Th、K 的含量与石英、长石等矿物接受的剂量率之间的转换关系,按照下面的计算公式得出样品中各辐射分量的剂量率 D_α、D_β、D_γ 值:

$$D_\alpha = 2.316G_U + 0.644G_{Th} \tag{4-4-5}$$

$$D_\beta = 0.145G_U + 0.273G_{Th} + 0.782G_K \tag{4-4-6}$$

$$D_\gamma = 0.1136G_U + 0.0478G_{Th} + 0.243G_K \tag{4-4-7}$$

$$D_y \text{细颗粒} = \eta D_\alpha + D_\beta + D_\gamma + D_c \tag{4-4-8}$$

$$D_y \text{粗颗粒} = 0.95D_\alpha + D_\gamma + D_c \tag{4-4-9}$$

其中 D_α、D_β、D_γ 分别表示 α、β、γ 各辐射剂量;D_c 为宇宙射线提供的环境辐射剂量;G_U、G_{Th}、G_K 分别表示样品中 U(ppm)、Th(ppm)、K(%)的含量;D_y 为总辐射剂量率,其计算公式因选用样品的粒径不同而不同(公式 4-4-8 或公式 4-4-9)。对于细颗粒而言,η 为 α 辐射提供的释光效率,即为 α 系数。Rees Jones 通过实验认为细颗粒长石的 IRSL 的 α 系数为 0.08,细颗粒纯净石英 OSL 的 α 系数为 0.04,由于 Rb 在样品中的含量很少且贡献很小,所以环境辐射可以不考虑 Rb 的贡献。

(3)含水量对各辐射分量的剂量率的校正公式为:

$$D'_\alpha = D_\alpha/(1 + 1.50R') \tag{4-4-10}$$

$$D'_\beta = D_\beta/(1 + 1.25R') \tag{4-4-11}$$

$$D'_\gamma = D_\gamma/(1 + 1.14R') \tag{4-4-12}$$

其中 R' 表示样品含水量,D_α、D_β、D_γ 表示校正前的辐射剂量,D'_α、D'_β、D'_γ 表示校正后的辐射剂量。

4.4.1.3 等效剂量(D_e)的测定

样品等效剂量测量在释光测量仪上完成。目前,国内实验室一般使用丹麦 Risϕ 公司生产的光释光测量仪,也有一些实验室使用美国生产的 Daybreak 2200 型释光测量仪。20 世纪 90 年代以前,光释光测年技术的研究主要是采用多片技术(米小建和朱亚利,2012)。目前主要流行的等效剂量测定方法是单片再生法(Murray 和 Wintle,2000)、标准生长曲线法(Lai,2006;Lai 等,2007a;Roberts 和 Duller,2004)、SAR-SGC 法(赖忠平和欧先交,2013)和简单多片再生法(王旭龙等,2005;lu 等,2000)。

●4.4.2 光释光测年方法在第四纪冰川中的应用

光释光测年是对沉积物上一次曝光事件年代的测定,最初多应用于考古学,随后被广泛用于测试黄土、风沙等第四纪沉积物。随着光释光测年技术的不断改进,OSL 测年法成为第四纪冰川沉积物测年的重要手段之一。单片再生法(Murray 和 Wintle,2000,2003)、单颗粒(Duller 和 Murray,2000)和简单多片再生法(王旭龙等,2005)等技术的应用,有效地提高了 OSL 测年结果的精度,为第四纪冰期系列的确定以及环境演化做出了贡献(Murray 和 Wintle,2000,2003)。

该方法的主要优势是:测年范围较宽,可以测量小到百年,大到十几万年,甚至几十万年的样品(Liu 等,2011;Lai 等,2014;Huntley 等,2001);测年物质丰富,如长石、石英等矿物均是较理想的测年对象;可以对沉积物进行直接定年。然而,由于沉积过程复杂、样品晒褪不完全、石英颗粒信号暗淡、分散性等因素,如何更好地运用 OSL 方法对冰川沉积物进行测年仍然是一个难点,其中,样品晒褪不完全导致的年代高估是其中最为突出的问题(赵井东等,2013)。另外,光释光测年虽然测年潜力很大,不过也存在一些问题,例如选用的样品沉积物类型和沉积环境因地因时而异,致使测试存在一定经验性,以及试验误差较大(一般为 5% ~ 10%),因此需要进一步提高其精确度。

第5章 青藏高原东缘典型山地冰川

5.1 长白山

长白山是中国东部有第四纪冰川作用但缺乏基础研究的地区。早在20世纪30年代,长白山地区就有关于第四纪冰川作用的报道(鹿野忠雄,1937)。20世纪50年代以后,部分学者对该地第四纪冰川遗迹和冰期进行研究和划分,但是其划分结果因为火山的频繁活动、冰川遗迹能否保存而受到质疑。1986年,施雅风等人(施雅风等,1989)通过该地的气候条件以及实际考察,肯定了该地曾经发生过第四纪冰川作用,之后,肖荣寰、裴善文、李邦良等人(肖荣寰,1988;裴善文,1990;孙建中,1982;李邦良,1992)在20世纪90年代初也对长白山的冰川地貌进行了初步讨论,但再也未见更进一步的研究,如冰进次数、绝对年代、冰川性质与发育环境等,均处于空白状态。为此,笔者于2006—2007年先后两次赴长白山进行野外考察,对冰川地貌及其沉积物、火山地层进行深入研究,并进行光释光(OSL)、^{14}C年代测定,结合公开发表的高精度铀系(TIMS)、K-Ar、电子自旋共振(ESR)等火山地层的年代结果,对长白山地区晚更新世以来的冰川作用的地貌与沉积物特点、冰进的时序等问题进行讨论,并与东亚沿海临近山地日本、中国台湾等地进行对比。这对于认识我国东北和整个东亚西太平洋季风的性质、范围、环境演化等都有重要意义。

● 5.1.1 区域地质地理背景

长白山位于西太平洋欧亚板块东缘,127°54′~128°08′E,41°58′~42°06′N,地处中国东北地区吉林省东南部的中朝交界处(图5-1-1),为松花江、鸭绿江和图们江三大河流的主要发源地,东西宽约200 km,南北长约310 km,属于一座由多期喷发物构成的新生代层状火山(丁国瑜,1988;刘若新等,1992)。它最早形成于渐新世,后经过中新世、上新世、更新世直至全新世的多次火山作用形成当今的面貌。顶部为火山喷发形成的火山口湖——天池,环绕天池屹立着16座山峰,其中位于朝鲜境内的将军峰为最高峰(2749 m),我国境内的白云峰海拔2691 m,是东北地区的最高峰。在大地构造单元上,长白山属于中朝地台安东复背斜,火山锥体的基底岩性为拉斑玄武岩、粗面玄武岩、玄武安山岩和玄武粗安岩;中部岩性主要为粗面岩;上部岩性为粗面岩、碱性岩、浮岩与火山碎屑岩,形成时代为1000 a至4.5 Ma之间(魏海泉等,2005;刘家麒,1987)。研究区主要受北太平洋季风和西伯利亚反气旋影响,天文峰顶附近的天池气象站(2600 m)近50 a的气象记录显示,年平均气温为−7.3℃,年降水量大约为 1340 mm,最冷月气温为 −17.6 ℃,最暖月气温为 17.5 ℃(张纯哲等,2007)。目前,长白山地区没有现代冰川发育,但是雪斑全年都能保存在火山锥体顶部。长白山是我国东北两大现代冰缘作用区之一,冰缘地貌十分发育,尤其是在树线(2000 m)以上更为突出(裘善文等,1981)。受地形、气候、土壤等综合自然因素和地质历史条件的影响,植被的区系和分布具有明显的垂直地带性,以山体的北坡最为明显,自下而上分为 4 个自然景观带,依次是山地针阔叶混交林带(1100 m 以下)、山地针叶林带(1100 ~ 1700 m)、岳桦林带(1700 ~ 2000 m)和高山苔原带(2000 m 以上)(黄锡畴等,1959)。

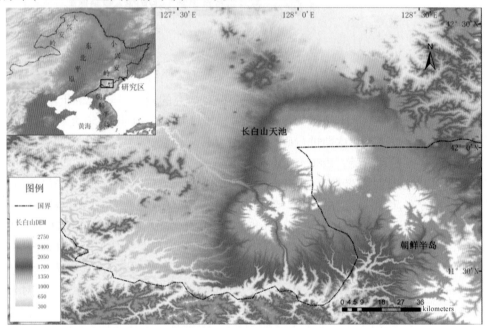

图 5-1-1　研究区地理位置

5.1.2　材料与方法

采用地貌地层法确定冰川沉积物的相对年代,重点关注冰碛物的风化程度、土壤发育状况、终碛垄和侧碛垄的保存位置及特点,并与具有年代测定结果的火山地层进行层位对比,采样位置见图 5-1-2。所测样品的细颗粒石英组分(4 ~ 11 μm)采用简单多片再生法(王旭龙等,2005;Lu 等,2007;Wang 等,2006)进行了红外后蓝光释光测定年龄值,并通过 K-Ar、TIMS、ESR 等方法测定的冰碛物下覆岩层的年龄来控制冰川作用的下限,样品信息见表 5-1-1、表 5-1-2。

表 5-1-1　火山沉积物与土壤的加速器质谱(AMS)[14]C 年代测定结果

LAB 编号	样品	采样位置	碳十四年代(BP)	误差(BP)
BA06557	土壤	黑风口终碛土壤	590	35
BA06558	土壤	黑风口终碛土壤	725	35
BA06559	黑色火山	白云峰冰斗剖面	1045	35
BA06560	灰黏质土壤	白云峰冰斗剖面	820	40

注:年代测定在北京大学加速器质谱实验室第四纪年代测定实验室完成,所用碳十四半衰期为 5568 年,BP 为距 1950 年的年代。

表 5-1-2　简单多片再生法测定细粒石英(4~11 μm)的 OSL 年代结果

送样号	实验号	位置	埋深(m)	海拔(m)	测量对象	α 计数率(Counts/ks)	K₂O(%)	W(%)	宇宙射线(Gy/ka)	等效剂量(Gy)	年龄(ka)
5HJBD-1	LEDL06-658	41°59.93′N 128°01.65′E	50	2250	砂/粉砂	12.7 ±0.2	3.5	44	0.19	49.0 ±1.3	11.3 ±1.2
XPTCC-1	LEDL06-659	42°01.30′N 128°02.31′E	0.53	2860	冰碛粉砂	10.6 ±0.4	2.21	5	4.8 ±0.2	57.5 ±4.8	12.0 ±1.1

注：α 系数采用 0.04 ±0.02，α 计数率的误差为 3%，K 含量误差 5%，含水率误差为 4%，宇宙射线的误差为 5%，等效计量的误差 6% ~7%，环境计量的误差 12%，环境计量根据 α 计数率、K、含水率以及宇宙射线的贡献确定。（Aitken,1998）

5.1.3 长白山冰川地貌发育特点与时代

长白山火山锥体海拔 2000 m 以上冰川侵蚀与堆积地貌形态明显(图 5-1-2 和图 5-1-3)，冰川作用区面积大约 52.5 km²。

5.1.3.1 冰川侵蚀地貌

1. 冰斗

典型的冰斗形态表明本区曾发生过显著的冰川作用。天池水面以上 5 个冰斗,其中最为明显的是将军峰、青石峰和白云峰下 3 个冰斗。这些冰斗呈围椅状,底部平坦,后壁陡峭。其中,白云峰下的冰斗朝向东南,冰斗形态完整,斗底后部平坦,前缘则以 6°~9°的倾角向湖面倾斜,长 2200 m,宽 1500 m,面积 3.5 km²。冰斗后壁寒冻风化作用强烈,倒石堆沿冰斗侧、后壁分布,靠近后壁 30 m 左右的冰斗底部发育 4 个顶部浑圆的冻胀丘,呈北东—南西向排列。斗底暴露的 2~3 m 高剖面显示沉积物为火山碎屑物堆积,剖面层次结构清楚,表面散布棱角 – 次棱角状(有的部分圆化)寒冻风化碎屑物,其下是黑色火山碎屑岩,最底部为黑灰色火山灰。对此剖面底层进行 ¹⁴C 测年为(1045 ±35)a BP(BA06559),证明沉积物为千年大喷发以来的产物(表 5-1-1),上部土壤的年代为(820 ±40)a BP(BA06560)。青石峰和白云峰冰斗顶部岩石 K-Ar 年龄分别为(99.4 ±6.4)ka 和(90 ±10)ka(樊琪诚等,2006;刘嘉麒和王松山,1982)。在火山锥体的外围发育有一些小冰斗,海拔 2400~2600 m,然而其形态特征不如火山口内侧冰斗典型。朝向东北的青石峰冰斗三壁陡峭、形态清晰,长 1800 m,宽 1400 m,面积 2.5 km²。冰斗后壁堆积寒冻风化碎屑物,其左右侧均有明显的垄状堆积物,与山坡呈反向相接,应是冰川作用的产物。斗底面向天池,左侧保存着内、外两条侧碛垄(图 5-1-4),由山坡向湖面延伸,坡度 3°~5°,内侧的冰碛垄相对矮小,外侧的冰碛垄相对高大,其上遍布砾石,大小不一。暴露的天然剖面显示为松散的混杂堆积物,无明显的层理结构。值得注意的是,冰斗的内部中央保存着 2 个椭圆形的洼地,其直径为 30~40 m,应为沉积物底部残留死冰融化后的产物。

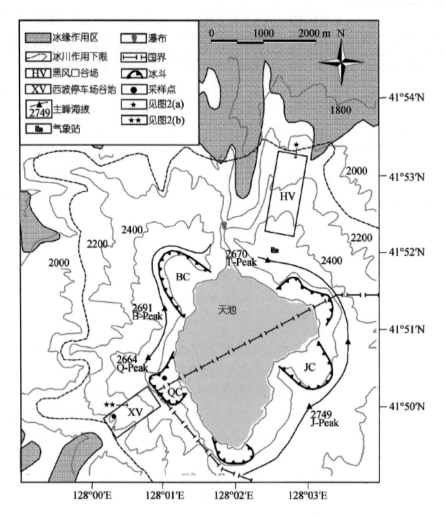

图 5-1-2　长白山冰川地貌图

BC—白云峰冰斗；QC—青石峰冰斗；JC—将军峰冰斗

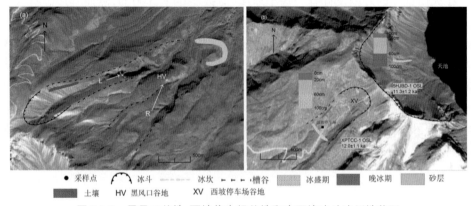

图 5-1-3　黑风口谷地、西坡停车场谷地和青石峰冰斗冰川地貌图

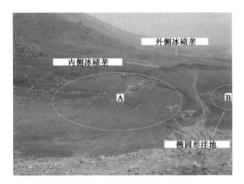

图 5-1-4 青石峰冰斗内冰碛垄

图 5-1-5 黑风口谷地终碛、槽谷和冰坎

2. 冰川槽谷

典型的冰川槽谷长 2000～2500 m,宽 500～800 m,坡度 3°～5°,发育在海拔 2000～2600 m 处。其中,黑风口谷地和西坡停车场谷地最为典型,黑风口谷地长 2500 m,宽 300～800 m,呈南北走向,纵剖面出现一连串的岩坎,呈串珠形,指示为冰川作用所留下的证据。上源在天池气象站北侧,由两支 V 形谷构成,呈阶梯式下降,至黑风口冰坎(2400 m)以下变宽,其横剖面呈较典型的抛物线形(图 5-1-5)。谷地西坡平缓,为公路所经,东坡陡峭,应是上源两支谷的古冰川汇合后对地表差异侵蚀的结果。气象站北 400 m 暴露的剖面显示冰川沉积物与火山地层之间的关系是交错分布的(图 5-1-6),虽然冰川沉积物没有绝对年代控制,但是对直接覆盖在冰碛物上部的火山灰进行 ^{14}C 测年,得到的结果为(7822 ± 210)a、(7854 ± 180)a 和 (4105 ± 80)a(金伯录和张希友,1994;刘若新等,1998)。通过 K-Ar、TIMS 和 ESR 法测得从气象站到黑风口冰坎岩石的年龄为 17500～24000 a,冰川作用发生在两次火山喷发之间,其年代范围应该在 5000～20000 a。西坡停车场槽谷位于长白山火山锥体的西侧,长 1000 m、宽 250 m,冰川发育规模比北坡小。青石峰西侧由 5 号界碑下山通向停车场,在中途位置的登山台阶左侧海拔 2320 m 处,保留有高 8 m、长 20 m 的冰坎,已被 NW 向的现代河流所切割,附近保存着磨光面和不太明显的擦痕,指示冰川流曾经此地并向下游的低谷推进。此外,在白云峰冰斗的东北和西北侧也有两个小的 U 形谷,谷中并未发现冰碛物,只发育了薄层的寒冻风化碎屑物。

5.1.3.2 冰川堆积地貌

西坡停车场谷地保存部未被破坏的冰碛地形,在冰坎附近分布着 60～70 m 长的侧碛垄(2300 m),开挖的冰碛剖面显示沉积物由内部的冰碛物和外侧薄层火山碎屑物构成,表明部分冰川堆积物已被火山作用所破坏。冰碛物顶部低矮的苔藓植物表明覆盖冰碛物的表层已经具备一定的成土化作用。终碛垄分布在谷地下游的出口处停车场附近(2100 m)(图 5-1-7),高出现代河床 30 m,指示着冰川作用下限。该终碛垄迎冰坡和背冰坡的坡度分别为 16° 和 24°,沉积物为分选性很差、无层理的混杂堆积。此处 OSL 测年结果为(20.0 ± 2.19)ka (实验室编号:LEDL06-659),显示本次冰川作用发生的时段在冰盛期。

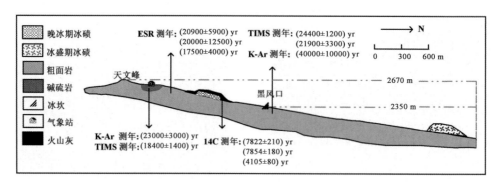

图 5-1-6 黑风口谷地剖面:冰川沉积物和火山岩之间的层位关系(Wang 等,2006;Clarke 等, 1999;Richards 等,2000;Aitken,1998;樊琪诚等,2006;刘嘉麒和王松山,1982;金伯录和张希友,1994)

施雅风等人(施雅风等,1989)于 20 世纪 80 年代在北坡发现数条终碛垄。顺谷地延伸 400 m 左右,在贴近东坡海拔 2000 m 处出现一横切谷地的第一道终碛,东西走向,被现代河流切割后仍保留 70 m 长。冰碛垄脊清晰,高于上源谷底 15 m 左右,迎冰坡与背冰坡分别为 14°和 25°,具终碛垄特征。被现代河流切割的剖面显示,冰碛物的组成大小混杂,砾石的平均粒径在 10 ~ 20 cm,大的砾石直径可达 1 m。岩性主要是粗面岩(30%)和碱流岩(60%)。带有磨光面和擦痕的大砾石分布在此终碛垄上面,长 1.5 m,宽 1.3 m,高 1.6 m。在冰碛剖面和现代沟谷中保存着一些指示冰川成因的熨斗石和多边形石块。对终碛垄的北侧边缘土壤进行的 AMS[14]C 测年表明,共发生时代为 600 ~ 700 a。

图 5-1-7 西坡停车场终碛垄

在气象站以东 150 m 的谷地中保存着多条侧碛垄,分布的海拔为 2400 ~ 2600 m。冰碛垄的表层被薄层的火山碎屑所覆盖,下伏冰川沉积物,上源为天文峰与气象站,冰川的侵蚀地形已经被强烈的火山作用所破坏。冰川谷地的地形与黑风口谷地相似,上游呈 V 字形,下游谷地展宽为 U 形,再向下至海拔 2200 ~ 2300 m 处又为深切的 V 形谷,给人的印象似乎是黑风口谷地的翻版。从冰碛物分布的高度上看,其应该是另外一期冰川作用的产物。

在黑风口谷地上源的左右两个支谷中(2400～2600 m),发育着厚层火山作用的堆积物。从邻近谷地的实际情况看,火山作用的堆积物之下应该是冰川作用的沉积物,在谷地下部的开挖剖面也表现出混杂堆积的冰碛物的特点。

在青石峰冰斗底部保存着几条侧碛垄(2300～2400 m),长 50～70 m、高 10～15 m,其上遍布砾石。根据冰碛物保存的形态、风化程度以及相对位置,内侧和外侧冰碛垄形成于不同时期。外侧碛垄暴露的沉积物剖面显示其由混杂堆积物构成,主要成分为砾石、粗砂与粉砂,砾石的平均直径是 5～15cm,比较大的砾石直径超过 1m。在冰碛垄的表面,发育有 4～10 cm 厚的暗黄色土壤层,冰碛砾石也有一定程度的风化,基质中细颗粒含量高于内侧冰碛垄,这些均表明此冰碛垄的形成时间较长。内侧碛垄仅发生边缘风化表明其形成的时间相对短。对内侧碛垄的冰碛基质做光释光年代测定,结果为(11.3±1.2)ka(Lab, No.LEDL06-658),表明冰川作用阶段为晚冰期。外侧碛垄冰碛虽没有绝对测年控制,但从冰碛物的形态和风化程度上看,此冰碛应比内侧碛垄冰碛形成时间长。

●5.1.4 结果分析

长白山冰川地貌如冰斗、槽谷、磨光面和保存完好的冰碛物等地貌与沉积特点显示这一地区曾经受到冰川作用。典型的冰川地貌和沉积物分布在火山口的内侧与外侧,说明其冰川作用的发生由独特的火山地质与地貌背景决定。本区的冰川作用可以分为两个阶段,即末次冰盛期(LGM)和晚冰期,在火山口的内侧与外侧对应分布。其中,气象站冰进的冰进年代为 11 ka 前后,对应晚冰期,与全球性降温的新仙女木事件相当,分布的海拔高度在 2400～2600 m;黑风口冰进大约发生在 20 ka,时期上属于末次冰盛期。

5.2 太白山

秦岭是我国东部平原丘陵区和西部高山区的过渡地带、亚热带季风气候和温带季风气候的分界线以及长江和黄河两大流域的分水岭,属于我国南北的枢纽,地理位置极其重要和特殊。主峰太白山(3767 m)是我国东部公认发育过第四纪冰川的山地,地处距陕西省西安市西 150 km 的眉县、周至县和太白县交界,南接汉中盆地,北邻渭河盆地。地理坐标为 107°19′～107°58′E,33°40′～34°10′N,山体北仰南俯,东西长约 61 km,南北宽约 39 km,总体呈东—西向展布(图 5-2-1)。研究区是以花岗岩基为主体,前奥陶纪、古生代变质岩组成的断块山地(齐矗华等,1985),岩性主要为花岗岩和花岗片麻岩。太白山山体落差达 2700 m,巨大的落差形成了独特的气候特点。太白山北麓西端的太白县,年平均气温 7.5℃,年平均降水量752.6 mm。眉县年平均温度 12.9℃,年平均降水量 606 mm,降水主要集中在 7—9 月份(田泽生,1981)。植物垂直地带性分布明显,在研究区的南坡,780～2300 m 为落叶阔叶林带,2300～2730 m 为针阔混交林,2730～3400 m 为寒温针叶林带(包括冷杉和太白红杉),3400～3767 m 为亚高山草甸和苔藓带(童国榜等,1996;刘鸿雁等,2003)。树线在北坡 3350 m 左右,南坡 3400 m 左右(齐矗华等,1985)。

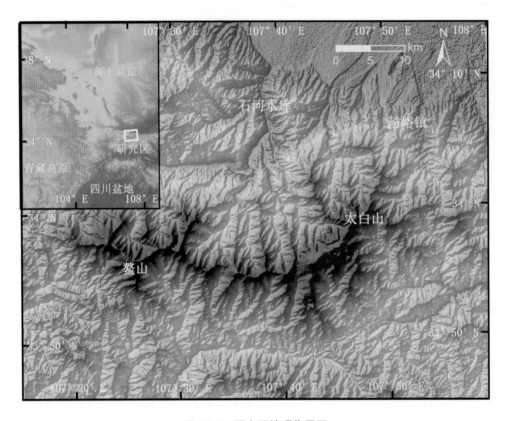

图 5-2-1　研究区地理位置图

对太白山的冰川研究最早可以追溯到 20 世纪二三十年代,德国人 Linpricht 和李四光明确了太白山存在第四纪冰川遗迹。20 世纪 70—90 年代,众多学者都对研究区进行了考察并运用相对地貌法划分了冰期,前人比较一致地认为以太白山主峰拔仙台为中心,其冰川作用下限为 3000 m 的第四纪冰川遗迹为末次冰期的产物,但对低海拔地区是否存在更老的冰期意见却不一致。齐矗华等(1985)、王桂增(1984)认为太白山存在 2~4 次冰期。而马秋华和何元庆(1988)、田泽生(1981,1987)、田泽生和黄春长(1990)、Rost(1994)则认为以太白山为中心的秦岭在第四纪期间只发育了末次冰期的冰川作用。特别是 Rost,运用热释光(TL)对太白山南坡三清池(3050 m)附近的黑河上游谷地(即二爷海槽谷)内侧碛进行定年,结果显示为(19±2.1)ka,对应末次冰盛期 LGM。

● 5.2.1　冰川侵蚀地貌与 ^{10}Be 测年

太白山顶 3000 m 以上存在典型的冰川侵蚀和堆积地貌,见图 5-2-2 和图 5-2-3。太白山顶拔仙台(3767.2 m)由五条冰川槽谷源头的冰斗或集水漏斗侵蚀而成,由于地处跑马梁上,属于古最高一级夷平面,而冰期时周围的冰斗刨蚀后退还不充分,没有集中地汇聚到一处,加之冰后期冰缘气候的作用,山顶平坦宽大、岩石破碎堆积,形成了近 80000 m² 的三角形平台,所以其所谓的角峰地貌并不典型。

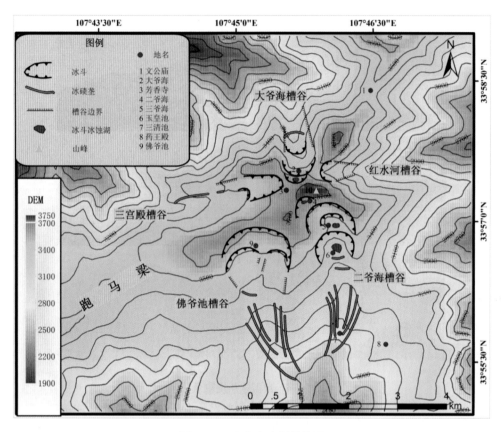

图 5-2-2　太白山冰川地貌图

围绕拔仙台分布的五条槽谷分别为北侧的大爷海槽谷、东侧的红水河槽谷、南侧的二爷海－三清池槽谷、西南的佛爷池槽谷和西侧的三宫殿槽谷,其槽谷特征如表 5-2-1。槽谷间可见发育的刃脊,其中以二爷海－三清池槽谷东侧的大体成东南延伸的刃脊最为典型。五条槽谷中大爷海槽谷和二爷海－三清池槽谷不在跑马梁为轴线的东西构造带上,所以槽谷形态保存较为完整,横剖面成典型的 U 形。如表 5-2-1 所示,二爷海－三清池槽谷长度是大爷海槽谷的两倍多,而两槽谷的冰川作用下限又基本处于同一海拔,大致在 3000 m。这种大爷海槽谷陡峭短直,而二爷海－三清池槽谷平缓悠长的原因是山体南北隆升速率差异,即山体南面隆升快于北面。

表 5-2-1　太白山五条冰川槽谷特征

槽谷名称	横断面	长度(m)	宽度(m)	槽谷高程区间(m)	槽谷方向(°)	断裂方向(°)
大爷海槽谷	U 形	1200	150～200	3040～3590	355	350～355
二爷海－三清池槽谷	U 形	2800	150～300	3040～3650	北段 350,南段 10	北段 350,南段 10
佛爷池槽谷	U 形	2200	150～210	3000～3480	10	10
三宫殿槽谷	宽谷型	1400	200～530	3300～3560	260	260
红水河槽谷	宽谷型	600	240～400	3300～3580	78	80

图 5-2-3　典型冰川地貌照片

A. 太白山峰顶拔仙台；B. 二爷海槽谷东侧的刃脊；C. 二爷海冰斗湖；D. 三清
池；E. 三清池附近的花岗岩冰川漂砾；F. 三爷海冰斗湖

　　南北差异性的隆升还决定了南北坡冰斗的分布位置及数量多少。南坡陡峭的地形不利于冰雪的积存，所以只保存了大爷海冰斗湖（3590 m）；而北坡串珠型的冰斗冰蚀湖分布则说明几次冰川活动的阶段性明显，且在相对平缓的槽谷中都留下了进退的有力证据。二爷海槽谷中的玉皇池（3350 m）形成原因复杂，岩坎与湖盆以及三面合围的后壁显示玉皇池似乎是冰斗冰川的源头，冰斗朝南敞开，后壁 120 m 接三爷海冰斗湖，前缘由基岩岩坎和退碛堤组成的弧形垄岗可以解释为它先经历了冰斗阶段的侵蚀，初具冰斗形态，后来经冰川作用又退缩至玉皇池前缘形成退碛堤，不断积水成为冰斗冰蚀湖盆。其上分布的三爷海（3485 m）和二爷海（3650 m）均为冰斗湖，且前缘的基岩冰坎之上冰川擦痕清晰可见。

　　本节首次对研究区的冰川侵蚀地貌进行 ^{10}Be 宇宙核素的暴露年代测年，采样点位于二爷海和三爷海前缘的冰坎基岩面上，位置见图 5-2-4，采样照片见图 5-2-5。年代计算采用 Lal（1991）和 Stone（2000）的时间变化模型，其中三爷海冰坎处的 ^{10}Be 年代数据为（18.6±1.1）ka 和（16.9±1.0）ka，二爷海冰坎基岩的 ^{10}Be 年代为（16.9±1.1）ka 和（15.1±1.0）ka。这些数据显示的都是冰川消退时基岩的暴露年代，所以当时冰川作用的最盛期要早于本节所实测的年代数据，即大于（18.6±1.1）ka，最有可能对应深海氧同位素 MIS2 阶段的末次冰期最盛期 LGM（Last Glacial Maximum），很好地约束了前人定义的太白冰期或太白 II 冰期。

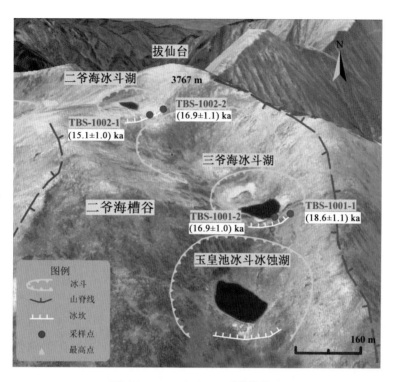

图 5-2-4 Google Earth 采样位置图

图 5-2-5 二爷海槽谷中两级冰坎基岩 ^{10}Be 采样照片

5.2.2 冰川堆积地貌及 TL 测年

二爷海 – 三清池槽谷内保存着完好的冰碛地貌,包括三清池终碛垄、玉皇池前缘的退碛堤、玉皇池下至三清池段的侧碛垄。二爷海 – 三清池槽谷末端 3000 m 左右可见三道垄状堆积的终碛垄,即三清池。现在三清池湖水已呈干涸状态,弧形垄岗整体向南凸出,高出谷底 60 m,迎冰坡缓,与底碛、侧碛和后期的冰缘相接,前坡较陡,为 30°~50°,终碛垄的右侧被黑河切割形成 V 形谷地。终碛垄长约 300 m,主要成分为大小混杂的太白花岗岩的棱角和粗棱角状块石及砂和亚砂土堆积。终碛垄共三道垄岗,但从物质组成、风化程度来看,似乎只有两个时期的停顿堆积。三清池附近分布了零星的冰川漂砾,也显示这里是古冰川到达的最末端,现在终碛垄上面已生长了茂密的冷杉和落叶松林。

区别于三清池终碛垄的较大规模,玉皇池冰坎前缘的退碛堤则要小得多,这是冰川退缩过程中停顿期间形成的。此处冰坎与冰碛物共存,表明了冰蚀作用在前、冰川堆积作用随后的交替过程,也是玉皇池复杂成因的证据。退碛堤左侧堆叠于基岩岩坎之上,右侧低缓。此区主要由冰碛砾石、碎石、粗砂、亚砂土和亚黏土组成,偶尔夹杂漂砾、块砾,具有下粗上细的特点。玉皇池以上的地段没有发现终碛和侧碛的遗迹,表明冰川当时呈快速退缩状态。

在玉皇池下至三清池段分布有两组形态明显的侧碛垄,外侧碛高而宽,内侧碛低而窄。内侧碛垄高出河床 20~30 m,槽谷两侧的内侧碛相聚 70~80 m,垄顶面宽 5~10 m,一直延伸至三清池南约 100 m 处,内外侧碛之间有深 5 m、宽 10 m 的沟槽,故垄状形态清晰可辨。内外侧碛并行且相距较近,外侧碛垄高出河床 40~45 m,底部宽 50~200 m。外侧碛垄大致也在三清池南约 100 m 处终止。在两道侧冰碛之外,马秋华和何元庆(1988)、Rost(1994)认为还存在一道老侧碛,疑似是由最老冰川作用形成的。马秋华和何元庆(1988)对内、外、老三道侧碛垄挖取了人工刨面,综合剖面中内、外、老侧碛垄在土壤发育、冰碛物构造等方面存在着较为明显的差别,证明它们是不同时期的冰碛物。但笔者经过实地考察,认为黑河谷地是被深刻切割的,已经能够看见其上暴露的基岩,这些堆积物有可能是滑坡或崩塌导致的,前人也承认其已经成为坡地的一部分,形态特征已经难以确认,故将其定为更老侧碛值得商榷。关于侧碛垄堆积的年龄,Rost 在三清池(3050 m)附近的最内侧碛取了一个 TL 测年样品,样品测年为距今(19±2.1)ka,说明内侧碛的堆积发生在末次冰盛期。此次冰川作用的规模达到最大,内侧碛之外的侧碛垄都是在这时间之前堆积的产物,随后冰川开始退缩消亡,在(18.6±1.1)~(16.9±1.0)ka 左右经过三爷海冰坎之后,在(16.9±1.1)~(15.1±1.0)ka 经过二爷海冰坎,几组年代数据很好地还原了太白山末次冰盛期冰川从发育到消亡的演化过程。

5.2.3 末次冰盛期冰川退缩速率及最早启动时间

根据两级冰坎的暴露年龄,笔者简单地计算了冰川的退缩速率。首先鉴于两级冰坎基岩磨光面的侵蚀地貌证据,可以认为没有继承的信号,从而选择每组最大的暴露年龄去计算。如果假设每个年龄的中心值是正确的年龄,那么就可以利用两个暴露年龄差异来估计一个撤退的速度。从三爷海到二爷海的直线距离是 0.7 km,而高度差 0.16 km,因此可以估计出从三爷海到二爷海的水平和垂直退缩速率分别为 0.4 m/a 和 0.09 m/a。如果做进一步假设,在末次冰消期冰川的退缩速率保持恒定,那么就可以计算出冰川退缩从大约 24 ka 开始,到冰川彻底消融脱离山顶约为 15 ka。

近年来,随着测年技术的发展,青藏高原及周边山地涌现出大量年代数据可供对比,对应深海氧同位素 MIS3b 阶段的冰进,在海拔 3500 m 以上的台湾高山、贺兰山、达里加山、玛雅雪山、日本山地都确切存在。这次冰川的规模要大于传统意义的末次冰盛期,通过与上述山地的绝对年代对比可以发现,本节推测海拔同样超过 3500 m 的且位于上述山地者之间的太白山应该也会留有这次冰进的证据。经过实地考察,二爷海槽谷中确切存在 3 道侧碛垄。因此,外侧两道冰碛垄的时代应为 MIS3/4,太白山冰期启动的年代学问题有待进一步研究与测定。

5.3 贺兰山

贺兰山地处宁夏、内蒙古交界,是我国季风区与非季风区、温带草原与荒漠草原的分界,是一条重要的自然地理界线,为中国东部存在确切第四纪冰川遗迹的山地之一(单鹏飞等,1991;Hofumann,1992;李吉均,1992)。本区气候变化明显,构造运动活跃,是研究中国东、西部冰川发育历史的桥梁和纽带,对于回答冰川发育与气候和构造之间的耦合关系具有十分重要的科学意义。

在过去的研究中,不同的学者对贺兰山第四纪冰川遗迹的发生时限与地貌分布认识存在较大差异,存在四次冰期、两次冰期和只有末次冰期的不同看法。如王学印等(王学印,1983;王学印,1988)根据贺兰山西麓冰斗底部高度,将 2200 m、2300 m、2400 ~ 2500 m、3100 m 处的冰川侵蚀地貌划分为哈拉乌、镇木关、高山和贺兰山冰期,并与中国东部的龙川、都阳、大姑和庐山冰期相对应,认为自早更新世即存在一定规模的冰川作用。宁夏地矿局周特先等人对贺兰山东坡进行考察(周特先等,1984),认为晚更新世冰碛物主要分布于海拔 2200 ~ 2500 m 的冰斗、槽谷或冰坎上,对东坡冰川作用也予以肯定。宁夏贺兰山地区第四纪古冰川的研究课题组对贺兰山东、西坡个别地区进行考察,并与西部的祁连山和天山冰期系列进行对比,认为海拔 3100 m 的马蹄坡附近和东坡高沟沟头分水岭处海拔 2200 m 的二台子附近,存在较为典型的冰斗遗迹,分别为晚更新世玉木冰期和中更新世晚期里斯冰期作用的产物(刘齐光等,1993),否定了该区存在四次冰期的结论。20 世纪 80 年代末期,李吉均、崔之久等人对贺兰山的西坡哈拉乌沟进行考察,认为海拔 3200 m 以上有典型的冰斗地形,认为贺兰山存在末次冰期古冰川遗迹(李吉均,1992)。1992 年,德国学者 Hofumann 对这一地区的冰川与冰缘地貌进行考察,认为这里只存在海拔 3000 m 以上的末次冰期冰川遗迹(Hofumann,1992)。

本节即在前人工作的基础上,通过野外实地地貌考察对相关冰川沉积物进行绝对年代测定,明确贺兰山地区冰川发育的地貌特征以及冰期系列。

5.3.1 区域地质地理背景

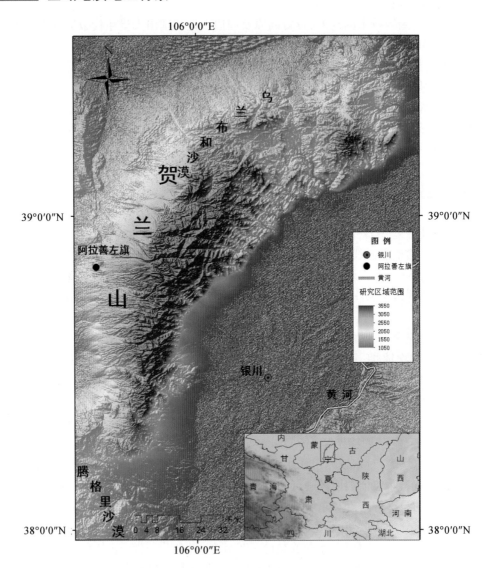

图 5-3-1　研究区地理位置图

　　贺兰山东为宁夏平原,西为腾格里沙漠,南接黄土高原,北邻乌兰布和沙漠(图 5-3-1),经纬度位置是 105°11′~106°45′E、38°~39°30′N,总体呈近北北东向展布,大致呈弧形,主峰敖包疙瘩,海拔 3556 m。根据贺兰山的地貌特征,通常以西坡的古拉本–东坡汝其沟以北、古拉本–汝其沟与西坡黄渠沟–东坡甘沟之间、黄渠沟–甘沟以南为界,将山体划分为北、中、南三段。北段地域宽阔,东西宽达 60 km,地势均在 2000 m 以下,由起伏和缓的山间盆地和剥蚀低山构成;中段山体南北延伸 120 km,山峰多在 3000 m 以上,地势反差较大,构成贺兰山的主体,分水岭偏于山地东侧,两坡明显不对称,西坡和缓,东坡陡峻;南段地势和缓,为剥蚀低山,山体海拔以 1500~1600 m 为主。据贺兰山高山气象站(2901 m)的资料,年均降水量

430 mm,主要集中在6—9月份,大约占全年的62%,降水西坡多于东坡;年平均气温 –0.8 ℃,受地势影响,贺兰山东西坡气温递减率分别为0.52℃/100 m 和 0.55℃/100 m(耿侃和杨志荣,1990),西坡略大于东坡。研究区广泛出露古生代到中生代地层(赵红格等,2007),中段大面积分布三叠 – 侏罗纪沉积地层;在贺兰山主峰一带,主要岩性为砂岩和砾岩。贺兰山主体东、西坡的植被垂直带谱受地形、坡向、地貌、土壤等因素的影响存在明显的分异,所考察的西坡4个垂直景观带依次为:山地草原和荒漠草原带(1400 ~ 1600 m)、山地疏林草原带(1600 ~ 1900 m)、山地针叶林带(1900 ~ 3100 m)、亚高山灌丛草甸带(3100 ~ 3556 m)。

● 5.3.2 材料与方法

采用地貌地层法确定冰川沉积物的相对年代,采样位置见图5-3-2。冰川作用的绝对年代用光释光(OSL)法和加速器质谱(AMS ^{14}C)确定, ^{14}C 年代在北京大学加速器质谱实验室测定,样品信息见表5-3-1。OSL 样品的前处理及测定在中国地震局地质研究所地震动力学国家重点实验室释光年代学实验室完成,对细颗粒石英组分(4 ~ 11 μm)采用简单多片再生法(王旭龙等,2005;Lu 等,2007)进行红外后蓝光释光测定,样品信息见表5-3-2。

表 5-3-1　贺兰山 ^{14}C 年代测定结果

LAB 编号	样品	编号	碳十四年代(BP)
BA091529	土壤	200910C-1	3900 ± 35
BA091530	土壤	200910C-2	640 ± 30
BA091531	土壤	200910C-3	1100 ± 35

注:所用碳十四半衰期为5568 年,BP 为距1950 年的年代。

表 5-3-2 简单多片再生法测定细粒石英（4-11μm）的 OSL 年代结果

送样号	实验号	位置	埋深（m）	海拔（m）	测量对象	α计数率（Counts/ks）	K（%）	含水量（%）	环境剂量率（Gy/ka）	等效剂量（Gy）	年龄（ka）
0910OSLG-1	LEDL10-250	38°53′53.4″N, 105°57′04.3″E	0.85	2890	黄土	12.2±0.3	2.08	4	5.0±0.2	32.5±2.9	6.5±0.6
0910OSLG-3	LEDL10-252	38°53′46.8″N, 105°57′07.8″E	0.53	2860	冰碛粉砂	10.6±0.4	2.21	5	4.8±0.2	57.5±4.8	12.0±1.1
0910OSLG-4	LEDL10-253	38°53′38.9″N, 105°57′03.3″E	0.5	2820	冰碛粉砂	10.4±0.3	2.21	19	4.6±0.2	4.0±0.2	0.9±0.1
0910OSLG-5	LEDL10-254	38°53′38.9″N, 105°57′03.3″E	0.5	2820	冰碛粉砂	10.0±0.3	2.12	23	4.3±0.2	3.7±0.2	0.9±0.1
0910OSLG-6	LEDL10-255	38°49′08.2″N, 105°55′43.4″E	1.0	3041	冰碛粉砂	11.3±0.3	2.33	3	5.1±0.2	17.3±1.3	3.4±0.3
0910OSLG-7	LEDL10-256	38°49′07.7″N, 105°55′44.1″E	0.7	3040	冰碛粉砂	7.7±0.2	2.27	5	4.2±0.2	7.0±0.3	1.7±0.1
0910OSLG-8	LEDL10-257	38°49′04.9″N, 105°55′44.4″E	0.6	3030	冰碛粉砂	5.2±0.2	2.31	6	3.7±0.2	159.8±14.4	43.2±4.0
0910OSLG-9	LEDL10-258	38°49′04.9″N, 105°55′44.4″E	0.6	3030	冰碛粉砂	10.1±0.2	2.27	1	4.8±0.2	36.1±4.1	7.5±0.9
0910OSLG-10	LEDL10-259	38°49′10.2″N, 105°55′33.7″E	0.6	2990	冰碛粉砂	6.9±0.1	2.06	35	3.2±0.2	8.3±0.8	2.6±0.3
0910OSLG-12	LEDL10-261	38°49′22.5″N, 105°55′28.1″E	0.5	3020	黄土	10.0±0.2	2.07	5	4.5±0.2	42.2±6.0	9.3±1.4
0910OSLL-1	LEDL10-262	38°53′54.2″N, 105°57′07.6″E	0.7	2890	黄土	12.1±0.3	2.2	6	5.1±0.2	15.2±1.2	3.0±0.3
0910OSLL-2	LEDL10-263	38°53′51.9″N, 105°57′05.7″E	0.63	2880	黄土	13.1±0.4	1.8	14	4.7±0.2	20.1±3.1	4.3±0.7

注：α系数采用 0.04±0.02，α计数率的误差为 3%，K 含量的误差为 5%，K 含量误差为 4%，宇宙射线的误差为 5%，含水率误差为 6～7%，等效计量误差为 12%，环境计量根据 α计数率以及宇宙射线的贡献确定。

●5.3.3 贺兰山冰川地貌发育特点与时代

贺兰山中段山脊海拔 2800 m 以上，尤其是近东西向哈拉乌苏北沟南北两侧的岔沟和照北山沟附近保存着确切的第四纪冰川遗迹（张威等，2012），冰川作用区的总面积大约 68.75 km^2（图 5-3-2）。

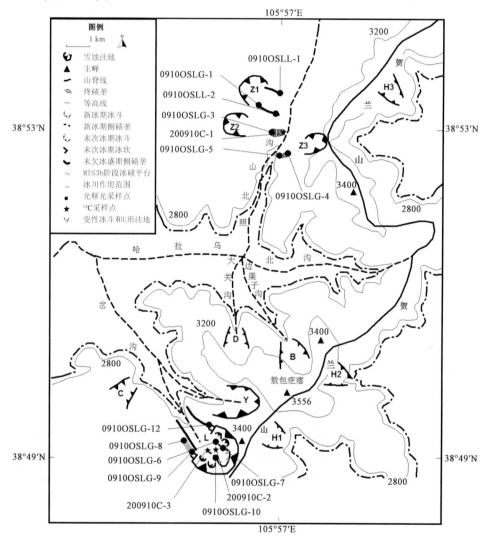

图 5-3-2 贺兰山主峰附近冰川地貌分布图

L—鹿家台冰斗；Y—杨家塘冰斗；D—大关沟冰斗；B—边渠子冰斗；Z_1，Z_2，Z_3—照北山沟冰斗

5.3.3.1 冰川侵蚀地貌

研究区冰川的侵蚀地貌如角峰、刃脊、冰斗、冰坎等形态特征明显。

1. 冰斗和冰坎

确切的冰斗地貌沿贺兰山主山脊线的东西两侧分布,根据冰斗形态以及分布的海拔高度,可以分为两级。第一级冰斗分布的海拔高度在3000 m以上,主要保存在贺兰山主峰敖包疙瘩(3556 m)、西敖包峰(3554 m)北侧的照北山沟源头。其特点是有明显的冰斗后壁,在平面上呈典型的围椅状(如麓家台冰斗、杨家塘冰斗、$Z_1 \sim Z_3$)。冰斗的长度为300~1300 m,宽度为250~900 m,自冰斗后壁至冰斗底部的高度为200~450 m,冰斗后壁和侧壁的坡度一般介于20°~35°之间。在这些冰斗当中,最明显的是岔沟源头的麓家台冰斗。该冰斗(图5-3-2中L)分布在哈拉乌苏沟南侧的一条支流岔沟的上游,为一典型圈椅状洼地,冰斗为NW朝向,冰斗底部高程为3040 m,目前冰斗底部已经轻微沼泽化,冰斗后壁由于后期的寒冻风化作用被蚀余降低,坡度35°左右。冰斗长1300 m、宽700 m左右,与其东侧的杨家塘冰斗分布的海拔高度相近(图5-3-4),均在3000~3100 m,指示当时的平衡线高度。鹿家台冰斗出口处保存清晰的近东西向冰坎(图5-3-3a),高度15 m左右,中间由于后期的侵蚀作用被切开,仅与两侧山坡相接,延伸长度东西两侧大致相等,在40 m左右。根据冰斗平坦指数($F = a/2c$)计算,其数值为1.81,符合冰川作用的特征。此外,在此冰斗后壁上,发育一个寄生冰斗,下缘已接近麓家台冰斗底部。在其东西两侧环形发育5个宽浅不一的洼地(图5-3-3b),其平坦指数的数值与典型的冰斗偏离较大,故而判断,该洼地有可能是晚期悬冰川所塑造的或者是雪蚀洼地。

第二级冰斗和U形洼地分布的海拔高度为2800~3300 m,其中,以大关沟冰斗和边渠子沟冰斗为代表,特点是没有明显冰斗后壁、呈不规则的喇叭形和三角形的冰斗。

图5-3-3 贺兰山麓家台冰川侵蚀与堆积地貌

a. 麓家台冰斗内部发育的冰坎与新冰期侧碛垄以及冰斗后壁发育的寄生冰斗;

b. 麓家台冰斗内的LGM和MIS3b阶段的侧碛垄与冰碛平台

冰斗下部深陷,上缘与山坡相接,其侵蚀特点是两侧边缘凹陷并呈直线型,有些冰斗在纵剖面和横断面上显示出上凸的现象,冰斗的下部被混杂块体所覆盖,与第一级冰斗相比,冰斗斜坡的坡度较缓和,一般在20°~25°之间。一般的冰斗后壁由于寒冻风化作用,发育有规模不等的顺冰斗壁向下延伸的条带状石河,构成石河的砾石成分单一(砂岩和砾岩),棱角分明,对冰斗后壁起着破坏作用。该级顺坡面发育的冰斗属于较典型的变性冰斗,是更新世冰川作用的又一种重要形式和证据,在与贺兰山相邻的祁连山等地也有发育,其形成机理是占据冰斗凹陷部分的冰川低于压力融点,整体被冻结在冰床上,在塑性和剪切变形作用下整体向下运动,因而此类冰斗冰川侵蚀出的冰碛物含量很低。此外,在岔沟西北侧(C)、贺兰山主脊东侧(H1,H2,H3),发育有U形洼地。

图 5-3-4　青石峰冰斗内冰碛垄

图 5-3-5　贺兰山主峰附近北东向发育的刃脊

2. 角峰和刃脊

贺兰山主峰敖包疙瘩(3556 m)为一明显的角峰,是在其周围发育的冰斗冰川从不同方向溯源侵蚀的结果,主峰处的基岩岩性为砂岩,在长期的冻融作用下,岩体比较破碎。在边渠子沟和岔沟之间海拔3400~3500 m山脊,为形态显著的刃脊地貌(图5-3-5)。此外,在边渠子冰斗和大关沟冰斗之间、麓家台冰斗与杨家塘冰斗之间,也保存着形态相对完整的刃脊地貌,由于后期的寒冻风化作用,部分区段刃脊地貌已经残破,在敖包疙瘩主峰东西两侧,可见到明显的冰缘岩柱。

5.3.3.2　冰川堆积地貌

冰川的堆积地貌主要以侧碛垄、终碛垄和冰碛平台的形式保存在岔沟和照北山沟。堆积地貌分布的下限在海拔2800 m左右。这些冰川堆积地貌显示了冰川进退的阶段性。本节首次对研究区的冰川沉积物进行OSL和^{14}C年龄测定(图5-3-6),结果显示贺兰山地区的冰川发育历史较晚,只存在末次冰期以来的冰川遗迹,分别为末次冰期中期(MIS3b)、末次冰盛期、晚冰期和新冰期的冰进系列。

1. 新冰期冰进

在岔沟2800~3100 m,清晰地保存着三次冰川作用的堆积物(图5-3-3)。在麓家台冰斗内部,发育有两道高6 m、长500 m左右、宽2~3 m的侧碛垄,其前缘延伸至冰坎附近,后缘与麓家台冰斗后壁上的寄生冰斗相接,应为寄生冰斗冰川流入早期冰斗底部所留下的沉积物。冰碛垄由比较新鲜、棱角分明、大小混杂、无层理的砾石组成,砾石直径一般为0.2~1 m,成分主要为砂岩和砾岩,砾石上可见明显的冰川擦痕。冰碛物中缺乏细小颗粒,基质成分较低,含量不足10%,从冰碛物的组成结构特点看,该侧碛堤的形成距今不会太远。采自冰斗东部侧碛垄冰碛基质的OSL年代数据为(3.4±0.3)ka和(1.7±0.1)ka。西侧冰碛垄细粒沉积物的OSL年代为(2.6±0.3)ka,而发育在该冰碛垄之上的土壤^{14}C年代为(1100±35)BP,两条侧碛垄之间的冰斗湖相沉积物中有机质的^{14}C年代是(640±30)BP,均证明为新冰期留下的产物。同期的冰川沉积物也保存在照北山沟海拔 3100～3300 m 的冰斗内部（Z_1、Z_2），然而，该期冰期冰川沉积物已经遭受破坏，形态已经不明显。

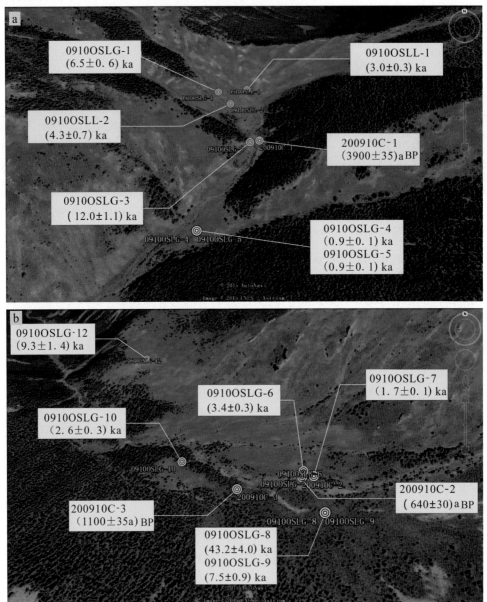

图 5-3-6　贺兰山主峰周围冰川发育时代定位图

2. 晚冰期冰进

在照北山沟沟头黄土梁子附近发育有两条近东西向的终碛垄（2800～2900 m）（图 5-3-3），已经被现代流水切开，是其东西两侧山体上的小型冰斗冰川冰舌进入支谷所产生的（Z_1、Z_2 和 Z_3）。其中，位于海拔 2860 m 处的冰碛垄（图 5-3-7），范围较小，仅 30 m 左右，保存在现代河床的西侧，高出河床 5 m，其上覆盖着一层约 0.6 m 厚的黄土层，其上生长着草甸植被，其下为混杂堆积,剖面呈悬浮支撑结构,砾径 5~30 cm,基质主要为细砂和粉砂。沉积物中细颗粒含量较低,风化作用不深,主要由砂岩、砾岩、页岩等砾径为 0.5~2 m 的砾石构成,含量占总体沉积物的 90%~95%。该期冰川沉积物 OSL 年代为(12.0±1.1)ka,其上土壤的 [14]C 年代为(3900±35)BP。在下游现代河床东侧海拔 2820 m 处保存着规模较大的冰川堆积物,是东侧冰斗冰川舌流进支谷的末端产物。从地貌与冰碛物的组成特点看,该终碛垄的形成时期应与保存在 2860 m 的终碛垄相同,但测量的两个 OSL 样品结果为(0.9±0.1)ka,可能是采样过程中不慎曝光的原因。此外,上述年代数据说明该期冰川作用可能发生在末次冰期晚期。在岔沟地区,我们并没有发现晚冰期的冰川沉积物,可能是被东台面积较大的黄土状沉积物所掩盖,而在野外考察时无法发现所致。

图 5-3-7 发育在照北山沟的晚冰期终碛垄

3. 末次冰盛期冰进(LGM)

麓家台冰斗前缘冰坎出口海拔 3020 m 至海拔 2800 m 处,顺岔沟现代河床两侧不对称地保留着两条侧碛垄,顺河床向下延伸约 1 km。该期侧碛垄上生长着青海云杉、冷杉等高大树木,但垄状形态明显。东侧的冰碛垄比较高大,高出现代河床大约 25 m,侧碛堤高 2~4 m,内侧坡度较大,为 30°~40°;外侧坡度相对和缓,坡度 5°~10°。从河床切开的暴露剖面看,该道侧碛垄顶部覆盖着黄土状堆积物,上缘黄土沉积物的厚度大,随海拔高度的降低,黄土沉积物的厚度逐渐变薄甚至消失,在侧碛垄海拔 3000 m 左右的高度上,覆盖着宽 350 m、长 100 m、厚 0.5~1 m 的黄土状堆积物(当地人称为东台);剖面下部为混杂堆积,砾石比较粗大、无分选,基质数量较少,砾石成分以砂岩和砾岩为主,大约占 90% 以上,无明显的风化现象,其中发育熨斗石、五角形等多边形石块,显示该堆积的冰川成因。西侧的冰碛垄高出现代河床 10 m 左右,与岔沟山体坡麓相接,其上散乱分布着山体崩塌、滑坡等造成的大块砾石,冰碛物组成与东面侧碛垄相当,受不对称河流的切割,该道冰碛垄的宽度和高度均较小。虽然采自该套侧碛垄的 OSL 年代样品测试失败,但是其上覆盖黄土沉积物的年代数据为

(9.3±1.4)ka,结合冰川地貌特点与冰碛物的风化程度,推断该期冰川沉积物的形成时代可能发生在末次冰盛期(LGM)。在照北山沟沟头,Z_1冰斗东侧顺坡发育的沟谷两侧,保存着比较明显的垄状地形,形成两条侧碛堤,略呈东西走向,长度较短,仅400 m左右,高2~3 m,一直延伸到海拔2850 m左右。其暴露剖面显示底部为紫红色砂页岩,上覆大小混杂的冰碛物。冰碛砾石的风化程度不深,可与岔沟同期的冰碛垄相对比,冰碛物之上40~60 cm的黄土堆积物的OSL年代为(6.5±0.6)ka、(3.0±0.3)ka、(4.3±0.7)ka,推断其形成时期也应为末次冰盛期。

4. 末次冰期中期冰进(MIS3b)

在麓家台冰斗西侧被切开的冰坎下方,末次冰盛期侧碛垄的外围,保存着一级冰碛平台(3030 m),高出现代河床约30 m,延伸150 m,与西侧山体坡麓相接。其上生长着鬼箭锦鸡儿等高山草甸植被和青海云杉,冰碛物大小混杂,基质成分明显增多,含量为35%~40%,已经存在一定程度的风化。从该冰碛平台分布的地貌部位和冰碛物的组成上来看,应是另外一次冰川作用所留下的遗迹。冰碛平台基质的OSL数据为(43.2±4.0)ka和(7.5±0.9)ka,显然(7.5±0.9)ka的年代结果可能是后期冰川沉积物的混合效应所致,从冰碛物的组成、风化程度来推断,本节认为应该是末次冰期中期的产物。在照北山沟,没有发现该期冰川作用的沉积物。

● 5.3.4 结果分析

贺兰山主峰周围海拔2800 m以上保存完好的角峰、刃脊、冰斗、冰碛垄等遗迹显示,这里在第四纪期间发生过冰川作用。本研究通过地貌调查与年代测定,确定了贺兰山地区的冰期系列。冰川发育规模随着时间的推进而不断减小,最大的冰川规模发生在MIS3b阶段,这与以往研究中国东部(105°E)具有冰川发育的山地中,只存在末次冰期的冰川遗迹(李吉均,1992)的结论相吻合。野外的地貌调查发现,MIS3b阶段的冰川地貌(冰碛平台)保存在LGM的侧碛垄外围,冰碛基质有一定程度的风化现象,顺岔沟沟谷向下断续分布,受两侧山体陡峻地势造成的块体运动改造,形态明显不如末次冰盛期地貌保存得那样完好,但其轮廓依稀可见。

如果以105°E为分界线,可以将中国分为西部存在现代冰川作用区和东部无现代冰川作用区,而贺兰山恰好位于此分界线附近,是海拔高于3500 m而地理位置最北的山地。对比中纬地区西部与东部第四纪冰川的发育情况,贺兰山以西祁连山冷龙岭(4843 m)、天山博格达峰(5545 m)附近,更新世发育三次冰期,即对应MIS12阶段的中梁赣冰期、倒数第二次冰期、末次冰期。在祁连山摆浪河谷,最老的中梁赣冰期绝对年代为405~520 ka(周尚哲等,2001;Zhou等,2002)。目前,西天山托木尔峰南坡的托木尔河流域和阿特奥依纳克河流域也找到了同期冰川活动的证据(Zhao等,2006;Zhao等,2009;赵井东等,2009),其ESR年代分别为425.3 ka和453.0 ka。贺兰山以东的长白山(2691 m)、以南的太白山(3767 m),只存在末次冰期的冰川遗迹(张威等,2008a;张威等,2008c;田泽生和黄春长,1990;刘耕年等,2005)。天山、祁连山均无早更新世冰川作用,而与其位置相近的太白山、东部沿海的长白山只有末次冰期的冰川遗迹,位于其间的贺兰山自早更新世开始发育冰川的看法值得商榷。

5.4 玛雅雪山

玛雅雪山(37°3′~37°12′N,102°40′~102°45′E)位于兰州西北约180 km处,在武威市天祝县炭山岭镇境内,因形似马牙并且终年积雪,被当地人称为"马牙雪山",主峰白疙瘩海拔高度4447 m。任炳辉(1981)对此处的冰川地貌进行考察,并对冰期系列进行了初步划分。我们在前人工作的基础上,对玛雅雪山的晚第四纪冰川地貌做进一步考察,并进行OSL采样测年,初步建立了本区冰川作用的年代学框架。

图5-4-1 玛雅雪山地理位置及其附近的区域水系分布图

5.4.1 区域地质地理背景

1. 区域水系

玛雅雪山距离西北的冷龙岭75 km,NW—SE向的山脉南北两侧支沟较多,地形发育不对称,北坡支沟短而平直,水系主要注入庄浪河,南侧沟谷长而弯曲,水系注入大通河(马瑞俊,1984;刘小凤等,2003)。黄河的一级支流包括北侧的庄浪河、湟水,南侧的洮河和大夏河,其中庄浪河在岗镇村注入黄河,湟水在河嘴村注入黄河,洮河在永靖县注入黄河。黄河一级支流庄浪河从北面流经玛雅雪山;湟水的支流大通河(即黄河的二级支流)从南面流经玛雅雪山(图5-4-1),再从炭山岭镇去往玛雅雪山南坡马牙天池的途中经过石门河。

2. 区域气候

本区主要受季风环流的影响,属于大陆性寒温带半湿润半干旱气候。乌鞘岭气象站

(37.20°N,102.87°E,海拔3054 m)1952—2007年气象资料显示(张华伟等,2011),年平均降水量408.75 mm,夏季降水占59.3%,年平均气温0℃,最冷月气温-12.2℃,最热月气温11.5℃。取气温垂直梯度0.6℃/100 m,则本区高山带年平均气温可降低至-6~7℃。年降雨量和年平均气温随着统计时段的不同而有所不同,如表(5-4-1)显示,1961—1970年平均降水量355.4 mm,年平均气温-1℃(任炳辉,1981),1951—1975年更长时间段年平均降水为406.5 mm(屈鹏和郭东林,2009),1960—2005年夏季平均气温10.3℃(王海军等,2009)。

表5-4-1 乌鞘岭多年平均气温与降水量(任炳辉,1981)

月	1	2	3	4	5	6	7	8	9	10	11	12	全年
气温(℃)	-12.2	-10.6	-5.0	0.2	5.2	9.2	11.5	10.3	5.8	0.5	-6.1	-10	-0.1
降水(mm)	0.8	2.9	8.6	16.6	36.9	45.5	77.7	91.5	53.5	17.5	3.3	0.6	355.4

3.区域构造与岩性

研究区地处祁连山褶皱山系的东延部分,西北为阿尔金山断裂带(AF),以东接秦岭褶皱山系,西北为门源盆地,北侧为祁连山山前断裂和海源断裂,东侧为庄浪河断裂(张会平等,2012)(图5-4-2)。

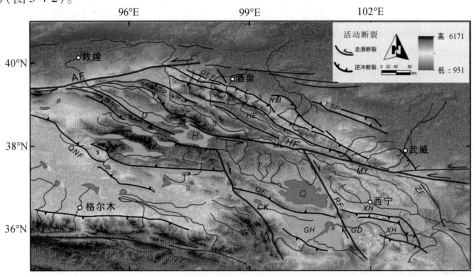

图5-4-2 玛雅雪山附近构造分布图

KF—昆仑断裂带;AF—阿尔金断裂带;HF—海原断裂带;EF—鄂拉山断裂;RF—日月山断裂;ZF—庄浪河断裂;QNF—柴北缘断裂;DNF—党河南山断裂;DF—大雪山断裂;QEF—祁连山山前断裂;LSF—龙首山断裂;QF—青海南山断裂;LF—拉脊山断裂;Y—野马河断裂;D—党河盆地;HE—黑河盆地;S—疏勒河盆地;H—哈拉湖盆地;ML—木里盆地;Q—青海湖盆地;CK—茶卡盆地;MY—门源盆地;XN—西宁盆地;GD—贵德盆地;GH—共和盆地;XH—循化盆地

研究区出露的地层主要是元古界、古生界、中生界和新生界。其中,元古界主要出露中统花石山组结晶灰岩、粉砂质板岩和片岩。古生界出露寒武系中统砂质板岩、板岩,奥陶系中下统灰岩、含砾灰岩、凝灰质砂岩夹板岩,中统中堡群鞍山玢岩、鞍山玄武岩等,志留系下统马营沟组灰色英安变质凝灰岩、灰绿色安山玢岩、变质砂岩夹千枚岩,底部为砾岩,板岩与砂岩互层;中生界三叠系中下统和上统砂岩、沙砾岩和页岩,侏罗系砂岩、页岩,以及新生界第四系的堆积砾石层组成(图5-4-3)。

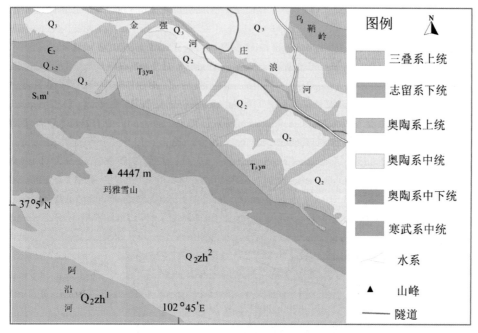

图5-4-3 玛雅雪山区域地质图

5.4.2 冰川地貌特点

发育较好的冰斗分布在玛雅雪山主脊两侧,北坡海拔3700~4000 m,南坡则分布在海拔3800~4000 m。冰川堆积地貌(图5-4-4)主要分布在北坡的主谷马营沟和支谷见木加支沟中,马营沟长4.5 km、宽2.5 km,见木加沟长4 km、宽1.7 km,冰川谷内砾石岩性以灰岩、板岩、千枚岩为主,存在少量花岗岩,谷内分布典型冰碛石,如熨斗石等。

依据地貌部位和物质组成及风化程度(图5-4-4),该区大致可以分为3组。第Ⅰ组冰碛物分布在大锅底冰斗和小锅底冰碛湖之间的冰碛垄(海拔3800 m),为一道高30~50 m、长近100 m的松散沉积物,高出下游河床60 m左右,其上散乱分布着冰川漂砾,且直径大者约2 m,颗粒组成相对较粗而且新鲜,多以棱角状为主。第Ⅱ组冰碛物沿见木加沟断续分布,上缘位于小锅底附近,由相对低矮的1~2道内侧碛组成,延伸较短,在海拔3300 m左右的基岩岩坎之下,仍可见该期冰川作用形成的冰碛垄;虽然已经经历了后期的泥石流等改造,但依稀可见垄状地形轮廓,顺山坡而下的泥石流覆盖在该组冰碛垄之上,一直向下游断续分布:见木加支沟沟口两岸,海拔大约3140 m,可见形态清晰的冰碛垄,其上覆盖薄层土壤,与山坡相接,相对短小。此外,该期冰碛物延伸到主谷马营沟上游段海拔高度大约3100 m处。第Ⅲ组是分布在小锅底(3600 m)附近,保存在第Ⅱ组冰碛垄外侧,由相对高大的2~3条侧碛垄组成,最外一道延伸长度400~500 m,相对高度15~20 m,大小混杂,由砂砾石组成、无层理,砾石有一定程度的磨圆,冰碛物风化相对较深。冰碛物中细颗粒以细砂和粉砂为主,粒度相对较小,但与砾石相比,含量较低,为30%~40%。该组冰碛垄延伸最远,冰川溢出见木加沟,汇入马营沟,末端海拔约3000 m。

图 5-4-4　玛雅雪山冰川地貌

a. 玛雅雪山冰川地貌 Google Earth 影像图；b. 图（a）中指示的冰川地貌及采样剖面

●5.4.3 冰川地貌时代

OSL 实验结果基本上支持了相对地貌法的划分结果,大锅底冰斗和小锅底冰碛湖之间保存的第 I 组冰碛垄为新冰期。以小锅底附近的内侧碛、泥石流覆盖的下部冰碛物,见木加沟沟口土壤层之下冰碛物,以及马营沟上游的冰碛垄为代表的第 II 组冰碛物指示另一次冰川作用。其中,马营沟上游 MYB-6-OSL 的年代为(23.2±1.0)ka,与其相对应的海拔 3300 m 左右岩坎之下冰碛物没有绝对年代,但其上的泥石流堆积年代分别为(2.9±0.3)ka(MYB-1-OSL)、(2.3±0.1)ka(MYB-2-OSL)。对见木加沟沟口冰碛物之上的土壤年龄进行佐证,采自土壤层的 MYB-5-OSL 样品年代结果为(3.6±0.2)ka,说明其下覆的冰碛物年代相对较老。综合推断,该期冰川作用发生在末次冰盛期(LGM),对应 MIS2。第 III 组冰碛垄,即保存在小锅底附近的最外侧碛垄,OSL 年代效果良好,MYB-3-OSL、MYB-4-OSL 的年代分别为(42.6±1.9)ka、(45.7±3.0)ka,清晰地指示本次冰川作用发生在末次冰期中冰阶,对应 MIS 3 中期。本次冰川作用的规模最大,一直延伸到马营沟海拔 3000 m 处。综上,根据冰川地貌的分布部位、物质组成与结构特点及风化特征,并和邻近山地有绝对测年数据的山地进行比较,玛雅雪山地区的冰期系列初步确定为末次冰期中期(MIS3)、末次冰盛期(MIS2)和新冰期。

5.5 千湖山

千湖山是横断山脉中段确切保存第四纪冰川遗迹的山地,受西南季风影响强烈,对于研究青藏高原边缘山地冰川发育与气候和构造之间的耦合关系具有十分重要的科学意义。近年来,随着新测年数据的不断涌现,对横断山区的第四纪冰川发育的期次有了比较清晰的认识,确认横断山脉保存着自第四纪以来至少四次冰期的冰川作用。但是,在不同地区冰期系列也存在显著差异,在金沙江与雅砻江之间北西南东向的沙鲁里山北段雀儿山(6168 m)(欧先交等,2011;Xu 和 Ou,2010)、中段稻城海子山(6204 m)(王建等,2006),以及南部金沙江附近的玉龙雪山(5556 m)(郑本兴,2006;赵希涛等,1999,2007a)保存着自 MIS16 阶段以来的至少四次冰期的冰川作用。与这些存在多次冰川作用的山地相对应,另外一些山地如点苍山(4122 m)(杨建强等,2007;Yang 等,2006,2010;陈钦峦和赵维城,1997;况明生和赵维城,1997;万晔等,2003)、老君山(4206 m)(Iwata 等,1995)等地,只发育了末次冰期的冰川遗迹。

千湖山(4249 m)位于横断山脉腹地的云南省香格里拉(原中甸)附近,崔之久、赵希涛(施雅风,2006;赵希涛等,2007b)等已经注意到,这里保存着确切的第四纪冰川遗迹,并进行了实地考察。他们采用相对地貌地层法,认为千湖山地区的冰川作用发生在末次冰期,但对冰川作用的阶段性没有细分,而且缺少绝对测年资料的支持。本节即在前人工作的基础上,通过野外地貌考察并对相关冰川沉积物进行绝对年代测定,进一步明确该区冰川发育的年代、规模、特点及冰期系列。

● 5.5.1 区域地质地理背景

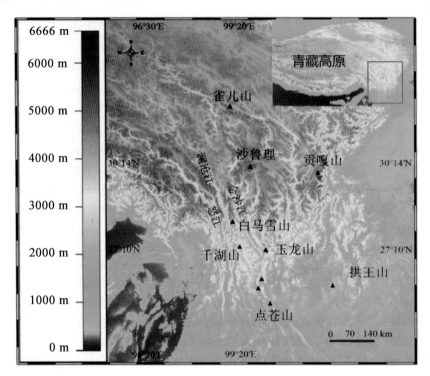

图 5-5-1　研究区位置图

千湖山位于云南迪庆自治州香格里拉县西 20 km,地理坐标位置 27.5°N、99.5°E,主峰海拔 4249 m(图 5-5-1)。其西侧为北西南东向的金沙江,东侧为近南北向展布的长条形断陷盆地,小中甸河穿过断陷盆地并切入基岩之中,而后在虎跳峡镇东南注入金沙江(赵希涛等,2007b)。本区处于我国亚热带气候区,因地形复杂,局地气候变化多端。受印度洋西南季风和太平洋东南季风以及西风带南支急流多种气候环流系统的影响,西风环流携带的水汽较少(张宜光,1989),每年 11 月至次年 3 月,因比较微弱的南支西风环流控制,降水较少,6 月初西南季风开始影响本区,9 月底至 10 月上半旬,西南季风退出本区。本区年平均温度 5.6℃,最高气温 26.5℃,最低气温 −19.4℃。年平均降水量 849.8 mm(明庆忠等,2011),5—10 月的降水占全年降水的 60% ~90%。根据日积温、最冷月均温、最热月均温及年降雨量的变化,中甸属于高原温带半湿润区,年干燥度 1.5 ~5.0(张宜光,1989)。在海拔 3200 ~3900 m,为亚高山寒温针叶林带,偶夹少量柏科植物,海拔 3900 ~4000 m 为高山杜鹃灌丛(明庆忠等,2011)。区内主要出露的地层岩性为二叠、三叠纪灰岩与泥岩(施雅风,2006)。

● 5.5.2 材料与方法

野外调查采用地貌形态与沉积物分析相结合的方法,利用 1∶50000 地形图、航空影像等对千湖山主峰东坡的冰川地貌进行考察。地貌与沉积物分析主要根据冰川地貌的几何形态、沉积物的组成特点等因素(Cui 等,2002;Zhang 等,2005;易朝路等,1998;周尚哲等,2007;

Cui 等,2000)。经纬度和海拔高度由手持全球定位系统(GPS)确定。本节采用地貌地层法确定冰川沉积物的相对年代,重点关注冰碛物的风化程度、土壤发育状况、终碛垄和侧碛垄的保存位置及特点。样品的前处理及测年结果均在北京大学释光年代学实验室完成。实验对样品细粒(粒径 4 ~ 11 μm)石英组分采用单片再生法(SAR)(Murray 等,2000, 2003)进行释光测定(表 5-5-1),该方法有效解决了感量变化问题,另外一个主要因素是热力转移问题(Lu 等,2000;王旭龙等,2005)。图 5-5-2 给出了 OSL 信号的衰减曲线和生长曲线。在本次测定的样品中,比率值均小于 2%,因此认为该样品中石英颗粒中的热力转移信号并不显著,对结果影响很小。

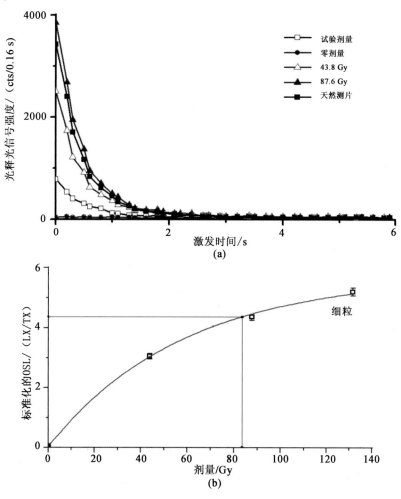

图 5-5-2　OSL 信号的衰减曲线和生长曲线

(a)QH-3 的光释光衰减曲线:天然剂量(N)、试验剂量(8.76 Gy)、0 剂量、43.8 Gy 和 87.6 Gy;(b)QH-3 的生长曲线

表 5-5-1　千湖山光释光(OSL)细粒(4～11/μm)测年结果表

野外编号	高度 (m)	U (ppm)	Th (ppm)	K (%)	含水率 (%)	粒径 (μm)	环境剂量 (Gy/ka)	年代 (ka)
2010QH-1	3980	1.24±0.88	5.86±0.21	0.77±0.04	13.5	4～11	1.8±0.1	22.2±1.9
2010QH-2	3980	1.04±0.77	5.24±0.21	0.74±0.04	18.7	4～11	1.5±0.1	22.2±1.9
2010QH-3	3920	1.38±0.08	5.97±0.21	0.79±0.04	11.4	4～11	1.9±0.2	45.6±4.3
2010QH-4	3920	1.48±0.08	7.86±0.27	0.76±0.04	16.1	4～11	1.8±0.2	37.3±3.7
2010QH-5	3930	1.62±0.09	7.86±0.27	1.09±0.05	30.4	4～11	2.0±0.2	6.6±0.5
2010QH-6	3930	1.58±0.09	6.22±0.23	0.92±0.04	25.8	4～11	1.8±0.1	21.7±2.0
2010QH-7	3600	2.24±0.10	9.38±0.3	1.12±0.04	37.3	4～11	2.2±0.2	11.4±1.0
2010QH-8	3600	2.17±0.09	9.50±0.3	1.10±0.04	34.5	4～11	2.2±0.2	12.2±1.1

●5.5.3 千湖山第四纪冰川地貌与相对年代的确定

围绕千湖山主峰(4249 m)海拔3500 m以上保存着良好的第四纪冰川侵蚀与堆积地貌,冰川发育依托海拔4000～4200 m的夷平面(刘淑珍和柴宗新,1986)及其支谷地形。第四纪冰川遗迹显示,这里曾经发育小型的冰帽以及由冰帽边缘溢流进入山谷的山谷冰川。其具体地貌特点见图5-5-3。

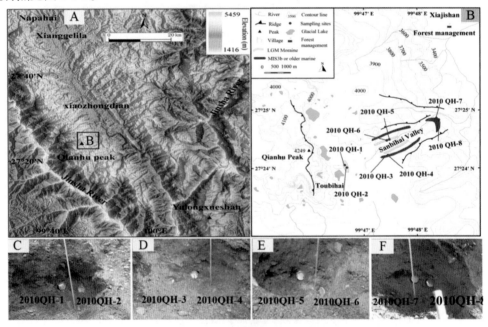

图 5-5-3　千湖山冰川地貌图

A. 研究区地理位置图;B. 千湖山主峰周围冰川地貌图;C/D/E/F. 采样点剖面图

5.5.3.1 冰川侵蚀地貌

千湖山的基岩以灰岩和泥岩为主,在山顶部保留有若干个柱状山峰,它们可能是经冰帽覆盖幸存下来的,也可能是冰原岛山。在海拔3900~4000 m之间保存着众多的冰蚀湖,均非冰斗湖,如在千湖山主峰东坡,保存着三个典型的冰蚀湖,由于湖水清澈碧绿,因此有三碧海之称。由于冰帽溢流进入山谷,在冰川的侵蚀作用下,塑造出冰川槽谷地形,即为横剖面呈箱状的U形谷。冰川槽谷为宽浅型,受两侧山脊的限制,槽谷宽大约1 km,延伸2.5~3 km。在冰川槽谷之中,自上游至下游,分布有典型的串珠状湖泊,湖泊与湖泊之间可见明显的岩坎,有的湖泊已经干涸而生长着高山草甸,目前已经成为藏民牧场,这在滇西山地冰川发育的地区几乎成为共性特点(图5-5-4)。

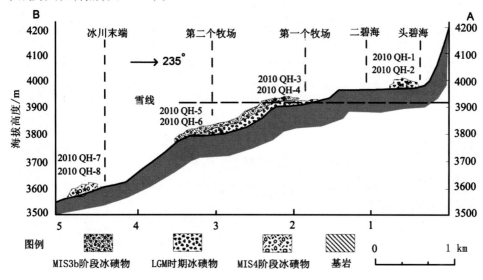

图 5-5-4　千湖山三碧海谷地冰川发育剖面图

5.5.3.2 冰川堆积地貌

在千湖山东侧山坡和山麓带保存着完好的冰川堆积地貌,表现为冰碛丘陵、侧碛垄和终碛垄形态。在海拔3900 m以上的冰川堆积物,地貌上主要表现为冰碛丘陵和终碛垄,是冰帽在融化后退过程中遗留的产物。其中,头碧海东北方向保存着一道终碛垄(3980 m),相对高度为5 m左右,内缘和缓、外侧较陡,坡度大约40°,而在此列终碛垄以下,散乱分布着冰碛丘陵,相对高度3~4 m。冰碛丘陵发育在广阔的夷平面上,由大小混杂的堆积物组成,其上生长着高山草甸和周围的云杉林,目前为千湖山东麓最高一级牧场之所在,也是云杉林生长的上限。海拔3900 m以下的冰川谷地中,保存着形态清晰的侧碛垄,从地貌的结构上看,可以明显地分出两个层次,即保存位置较高的侧碛垄(高侧碛)和位置较低的侧碛垄(低侧碛)。这两列侧碛垄在进入山谷之初,形态完好,高侧碛比低侧碛高出大约5 m,向下延伸距离较远,下限达3750 m左右,其上生长着云杉林,从暴露的冰碛剖面上看,冰碛基质含量相对较高,经历了比较明显的风化作用;低侧碛延伸距离较近,下限位置在3800 m左右,与高侧碛相比,冰碛基质含量明显降低,主要以砾石为主,风化作用不强。从地貌与沉积物组成特点来看,高侧碛与低侧碛应该属于不同时期冰川作用的产物,高侧碛与低侧碛的上缘与冰碛丘陵相接,其中保存在内侧的低侧碛可以和保存在海拔 3980 m 处的终碛垄相配套,高侧碛上缘也延伸至夷平面上与较高大的冰碛丘陵(3920~3950 m)相接。保存位置最低的终碛垄海拔位置大约在 3500 m,形态非常醒目,恰好位于两条沟谷的交界处,与其对应的侧碛垄已经受到破坏,谷地中的垄状地形不明显,在谷地半山坡上散乱分布的砾石仍可指示当时冰川作用的位置,终碛垄冰碛剖面上所见冰碛石均呈典型的冰碛石状,如多边形、熨斗形,冰川擦痕发育(图 5-5-5)。

图 5-5-5　千湖山冰川堆积地貌及侵蚀地貌

A. 海拔 3920 m 处末次冰期中期(MIS3b)侧碛;B. 海拔 3980 m 处末次冰盛期终碛;C. 海拔 4400 m 冰川侵蚀作用下的柱状山峰;D. 海拔 3650 m 典型熨斗石

应该说,研究区主要发育灰岩和泥岩,在灰岩之中的冰川擦痕不易保留,但是如此丰富的冰碛擦痕石,是海洋性冰川发育的有利证据,同时,这也说明冰川作用的时间不会太久远。但在该终碛垄的上缘冰碛物中,冰碛石可以见到明显的风化晕,风化晕的宽度 0.5~1 cm,表明已经历了一定时间的风化过程,其风化程度明显高于高侧碛与低侧碛,证明它们应该是不同时期冰川作用的产物。

5.5.3.3　相对年代的确定

根据冰川发育的地貌组合特征以及沉积物的风化特点,即根据地貌地层法判断,研究区可以初步划分为三次冰川作用。其中,以保存在海拔 3980 m 的终碛垄和冰川谷中的低侧碛为代表,年代上是最年轻的;以保存在夷平面上的冰碛丘陵和谷地中的高侧碛为代表,年代上比较老;而发育在海拔 3500~3600 m 处的终碛垄,显示是经历了最老的冰川作用。

千湖山第四纪冰期系列的初步划分

通过典型地貌部位冰川沉积物的 OSL 测年(表 5-5-1),基本上验证了相对年代确定的冰期系列,即将千湖山地区第四纪冰期系列划分为末次冰盛期(LGM)、末次冰期中期(MIS3b)、末次冰期早期(MIS4)三个阶段。

保存在海拔 3980 m 的终碛垄和冰川谷中的低侧碛的细粒 OSL 年代结果分别为(22.2 ± 1.9)ka、(22.2 ±1.9)ka、(21.7 ±2.0)ka 和(6.6 ±0.5)ka,说明此次冰川作用发生在末次冰盛期。其中,低侧碛的两个年代有较大的差别,根据其地貌部位和沉积物的组成特点,我们认为采自低侧碛上的(6.6 ±0.5) ka 号样品可能经历了后期的扰动作用,或者是在采样过程中不慎曝光所致,其年代不能代表本次冰川作用,推断本期冰川发生的时间大约在 22 ka 前后;冰碛丘陵和谷地中的高侧碛两个样品的 OSL 年代为(45.6 ±4.3)ka、(37.3 ±3.7)ka,时代上显示本次冰川作用发生在末次冰期中期,很可能是相当于深海氧同位素的第三阶段(MIS3b),规模大于末次冰盛期(LGM)。当时,冰川自冰帽外缘溢流进入山谷,延伸大约 1.5 km,冰川向下游海拔降低至 3750 m。然而,采自海拔 3500 ~ 3600m 处终碛垄上的两个样品(11.4 ±1.0) ka 和(12.2 ±1.1) ka 的细粒 OSL 年代不支持相对地貌确定的冰期结果,可能的原因是采样过程中出现了偏差,该道终碛垄的外侧坡度较陡,可达 40°,其前缘为构造因素以及现代流水切割产生的较深的沟谷,由于后期的外营力作用(坡积、洪积、崩塌作用)的堆积物覆盖在冰碛物之上,而采样时没有分辨出来,导致了非常年轻的年代,因此,这两个年代结果不能代表本次冰川作用的发生时间。根据该道终碛垄的保存地貌部位海拔(3500 ~ 3600) m,以及在堆积物的冰碛石中出现明显的风化晕等因素,说明本次冰川作用要早于前两次冰川作用的时代,结合邻近山地的已有冰期系列判断,此次冰川作用很可能发生在末次冰期早期(MIS4)。

结果分析

通过与青藏高原东缘山地的对比,横断山脉最老的冰期为昆仑冰期,发生时限为 571 ~ 766 ka BP(王建等,2006;周尚哲等,2004;许刘兵等,2005),相当于玉龙雪山的玉龙冰期、稻城海子山附近库照日谷地以及雀儿山竹庆盆地的稻城冰期;依次发生的是中梁赣冰期(MIS12),本次冰期相当于玉龙雪山的干海子冰期;之后是倒数第二次冰期(MIS6)和末次冰期(MIS2 ~4),分别对应于早期命名的"绒坝岔冰期"(丽江冰期)和"竹庆冰期"(大理冰期)(李吉均等,1996)。在千湖山地区,冰川作用的时代只限于末次冰期。其冰进年代与点苍山、贺兰山、太白山等青藏高原东部邻近山地的冰期系列相当。

大量证据表明,在早更新世时,横断山脉不具备冰川的发育高度条件与气候条件,主要是当时的山体高度不够,还没有进入冰冻圈所致。而发生于 0.6 ~ 0.8 Ma 的"昆仑 - 黄河运动",导致青藏高原及其周边山地的强烈抬升,同时全球温度显著下降,冰盖扩张,造成山地抬升并进入到当时的雪线高度以上。施雅风等(施雅风等,1995)综合埋藏古植物、古土壤与现代同类植物、土壤分布高程差作为间接推算第四纪青藏高原上升量的依据,并考虑当时的气候波动参数与高原加热效应参数变化推断,当时青藏高原低于现代 1000 m 左右,即当时的高原面在 3500 m。在此高度上冰川开始发育,青藏高原由此进入了全面的冰川作用期,发育规模最大的为昆仑冰期(MIS16～18)的冰川作用。与此相对应,横断山脉的稻城河谷、沙鲁里山、雀儿山和玉龙雪山、贡嘎山等处,均出现了与青藏高原昆仑冰期相对应的冰川遗迹。千湖山地区目前的山体高度较低,平均海拔高度仅 4000 m,凭借晚更新世以来的持续抬升才具备了冰川发育条件,山体隆升速率在 40～18 ka(1.0mm/a),比 96～68 ka(0.22mm/a)明显加快,于是开始了大规模的冰川发育,这与本节所得末次冰期中期(MIS3b)大面积发育冰川的结论相吻合。因此,千湖山应是依赖山体后期抬升才开始发育冰川的。千湖山冰期系列结果说明,本区与横断山脉其他存在多期次的冰期历史的山地有所不同,进一步表明本区的冰川发育强烈依赖山体构造抬升与气候因素的共同控制,很可能受"共和运动"的影响更深刻。

千湖山属于海洋性冰川作用区,保存末次冰期不同阶段的冰川遗迹,是对南亚季风波动的直接反映。本节通过光释光测年,确定千湖山地区存在末次冰期早/中期(MIS3/4)、末次冰盛期(MIS2)的冰期系列,其中,MIS3/4 遗迹的冰川规模大于传统意义上的末次冰盛期,这与近年来研究南亚夏季风作用区的冰川发育特点一致。千湖山地区冰川发育的决定性因素是受制于西南季风的夏季降水和温度,在 MIS3b 期间西南季风较强盛,它携带印度洋、孟加拉湾的水汽在横断山区形成丰富的降水(Shi 等,2011),而且此时温度较低,达到冰期程度(Shi 等,2002,2011)。显然,这种冷湿的水热组合状况有利于冰川前进,而末次盛冰期时,西南季风微弱,夏季风所致的强降水带退缩到青藏高原东南部边缘,并且降水强度较夏季风强盛时大大减弱。因此,千湖山地区冰川在不同时间段的发育规模正是发生在上述气候背景之下。

在千湖山海拔 3500 m 以上保存着确切的第四纪冰川侵蚀与堆积地貌,冰川发育依托海拔 4000～4200 m 的夷平面及其支谷地形。冰川形态类型为小型的冰帽以及由冰帽边缘溢流进入山谷的山谷冰川。千湖山地区冰川的发育年代仅限于末次冰期,运用相对地貌法和 OSL 测年,确定千湖山地区的冰期系列为末次冰盛期(LGM,MIS2),年代为(22.2±1.9)ka 左右;末次冰期中期(MIS3b),年代是(37.3±3.7)～(45.6±4.3)ka;末次冰期早期(MIS4),冰川发育特点类似于点苍山和老君山。

5.6　点苍山

点苍山位于青藏高原的东南边缘,独特的地理位置决定了其在研究我国内陆环境变化方面具有不可替代的地位。首先,点苍山是巨大的青藏高原向中国东部和南亚低地势区过渡的转折点,海拔 4000 m 以上的青藏高原从西到东绵延千余千米在此结束,低于 2200 m 的云贵高原及东部低地从其脚下的大理地区开始。其次,在气候带上,点苍山是南亚热带和中亚热带交汇处,同时也受垂直地带变化的控制,是水平地带性和垂直地带性双重影响同时作用于同一空间带的独特地区。第三,具体到第四纪冰川来讲,点苍山是亚洲大陆末次冰期冰川作用最南的山地之一(25°34′N),或是有末次冰期冰川作用而无现代冰川的最南端山地。第四,点苍山是西南季风影响横断山地第四纪冰川作用的首当其冲地区。

点苍山第四纪冰川遗迹是大理冰期的典型证据,1930 年中山大学德籍教授 Wilhelm

Credner 率领中山大学地理系登上云南大理点苍山之洗马潭(3890 m),首先提出洗马潭是冰川作用所致(Credner,1931),并估算冰川发育时雪线比现在要低 1500 m。奥地利学者 H. V. Wissmann 于 1937 年提出大理冰期概念(Wissmann,1937)。直到中华人民共和国成立后,云南省地矿局地质工作者在该区开展区域地质和水文地质普查工作,对点苍山及其邻近地区的第四纪冰川作用和环境变化进行了探讨,提出该区存在四次冰期(松毛坡冰期、洱海冰期、下关冰期和大理冰期)和三次间冰期,并把大理冰期划分为两个副期(云南地质矿业局,1990)。之后,大理冰期的概念在李四光的文章中得到引用(李四光,1947),逐渐为国内广大的冰川学者所接受,而点苍山则一直是各学者们的研究重点。李吉均还曾经于 1992 年对点苍山进行考察(李吉均,1992),但因大雪阻路停在 3200 m 处,只是在山下遥望有较完整的古冰斗。根据航片目视判读点苍山的古冰川地貌(陈钦峦和赵维城,1997),其冰蚀地貌主要沿北北西向主山脊线两侧分布,发现大小冰斗、冰盆和雪蚀洼地共约 70 处;冰斗冰湖、角峰和刃脊是其主要的冰蚀形态;根据冰斗分布高度、形态规模和后期的侵蚀破坏程度,将点苍山的古冰川作用划分为大小海子冰期、大理冰期Ⅰ期和大理冰期Ⅱ期(况明生和赵维城,1997),它们的雪线高度分别为 3250 ~ 3550 m、3700 ~ 3800 m、3800 ~ 3900 m。至此,对于点苍山第四纪冰川的研究成果与前期相比有所进展。但具体深入分析研究是基于 2001 年崔之久、杨建强等人对点苍山的冰川地貌进行的实地考察(杨建强和崔之久,2003;杨建强等,2004),以及制图并采样分析。从点苍山冰川地貌的特点出发,杨建强等认为点苍山发育特殊类型的断尾冰川,作为中国大陆最南端发育第四纪冰川,其冰川活跃,发育阶段多,但大都为时短暂,故而冰川规模较小,大部分冰川侵蚀地貌尚处于初级阶段。然而,其冰川地貌发育的多阶段的特征表明其对气候的变化极为敏感,是研究末次冰期以来东亚地区气候变化的理想对象(杨建强等,2007,2010)。

●5.6.1 区域地质地理背景

点苍山(俗称苍山)位于横断山脉东南端(图 5-6-1),地理坐标为 99°57′ ~ 100°12′E,25°34′ ~ 26°00′N。点苍山南北长 50 km、东西宽 19 km,为耸立于洱海之西的断块山地。它西至漾濞江与碧罗雪山相望,南面由西洱河分离与哀牢山呼应,北面在凤羽镇交界处与横断山脉相连。点苍山地势陡峭,南高北低,山体主要由元古界苍山群变质岩系组成。南北 18 座山峰大多在 3500 m 以上,最高点马龙峰 4122 m,东坡低地海拔 1980 m 左右,西坡河谷海拔1700 m 左右。点苍山气候基本属亚热带,全年气候干湿季交替。6—10 月为来自孟加拉湾方向的暖湿气流所控制,带来大量降水而成湿季;此后的 11 月—次年 5 月,在来自伊朗、巴基斯坦和印度的南支西风急流的影响下,降水偏少,其中 2—4 月,青藏高原南侧的南支西风不断加强,冷空气顺怒江而下侵入大理,带来一定的降水;4—6 月,西风北移,南支西风减弱,降水相应减少;进入 6 月,西南季风北上,雨季开始。点苍山湖泊流域内基岩主要为浅变质的片麻岩,夹少量灰岩。点苍山脚下的大理地区海拔1990.5 m,年平均温度 15℃,降水 1040.7 mm,随海拔每升高 100 m,年平均气温降低 0.7℃左右,降水增多 70 mm 左右。

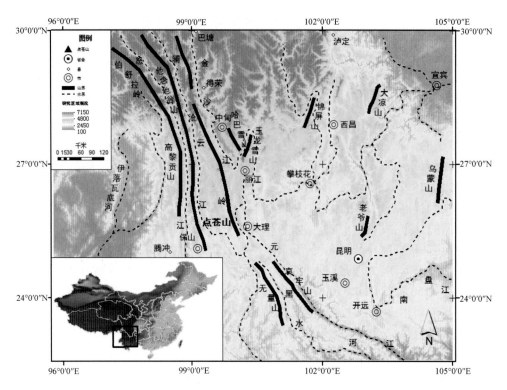

图5-6-1　研究区地理位置图

●5.6.2　材料与方法

对冰川沉积物基于其采样位置、形态和保存情况进行相对年代的研究,如杨建强等人对采集样品的相对年代采用 TL(热释光)、OSL(光释光)和放射性碳进行研究。TL 和 OSL 数据是由中国地震局、地质学会测定,放射性碳是在北京大学 AMS 实验室完成的,样品信息见表 5-6-1,AMS[14]C 测年结果见表 5-6-2,光释光(OSL)测年结果见表 5-6-3,热释光(TL)测年结果见表 5-6-4。

表 5-6-1　点苍山年龄测试样品采样位置

样品标号	采样位置	经纬度(N,E)	海拔(m)	测试方法
YJN3974	玉局峰北坡舌状冰碛垄	25°39.53′, 100°06.05′	3974	热释光
YJN3930	洗马潭外侧冰碛	25°39.63′, 100°05.99′	3930	热释光
YJN3873	洗马潭外侧冰碛	25°39.78′, 100°06.01′	3873	热释光
XMT3800	玉局峰北坡冰坎	25°40.04′, 100°06.17′	3800	光释光
YYT3650	玉局峰北坡冰坎外侧冰碛	25°40.21′, 100°06.32′	3650	光释光
LQW4041	龙泉峰西坡一级冰蚀洼地	25°40.09′, 100°05.69′	4041	AMS[14]C
LQW4021	龙泉峰西坡二级冰蚀洼地	25°40.11′, 100°05.62′	4021	AMS[14]C
LQW4012	龙泉峰西坡三级冰蚀洼地	25°40.11′, 100°05.56′	4012	AMS[14]C

续表

样品标号	采样位置	经纬度(N,E)	海拔(m)	测试方法
LQW3950	龙泉峰西坡一级冰斗	25°40.04′, 100°05.43′	3950	热释光
LQE3950	龙泉峰东坡冰碛湖外侧	25°40.041′, 100°06.04′	3950	热释光
HLT3985	三阳峰东坡舌状冰碛垄	25°43.40′, 100°04.28′	3985	AMS^{14}C
HLT3941	三阳峰东坡冰蚀平台	25°43.40′, 100°04.31′	3941	AMS^{14}C
HLT3898	黄龙潭冰坎	25°43.42′, 100°04.38′	3898	热释光
HLT3730	双龙潭下冰碛平台	25°43.76′, 100°04.70′	3730	光释光
BA02044	冰碛湖 25 cm 深有机沉积物	100°05.99′, 25°06.08′	3820	AMS^{14}C
BA02047	冰碛湖 47 cm 深有机沉积物	100°05.99′, 25°06.08′	3820	AMS^{14}C
BA02041	冰碛湖 87 cm 深有机沉积物	100°05.99′, 25°06.08′	3820	AMS^{14}C
BA01035	冰碛湖 112 cm 深有机沉积物	100°05.99′, 25°06.08′	3820	AMS^{14}C
BA022195	马龙高冰碛垄的底部沉积物质	100°09.76′, 25°39.65′	2280	AMS^{14}C
BA022196	马龙低冰碛垄的底部沉积物质	100°09.76′, 25°39.65′	2241	AMS^{14}C

注:AMS^{14}C 年龄由北京大学加速器质谱实验室提供;OSL 年龄由中国科学院地质与地球物理研究所释光年代实验室提供;热释光年龄测试由国家地震局地质研究所释光年代实验室提供。

表 5-6-2 AMS^{14}C 测年结果

样品编号	年龄(a)	δ^{13}C	校正年龄	平均年龄(cal a BP)
LQW4041	1600 ± 110	− 23.34	340 ~ 575 AD	1493
LQW4021	3240 ± 60	− 24.6	1644 ~ 1409 BC	3477
LQW4012	3960 ± 60	− 24.41	2625 ~ 2284 BC	4405
HLT3985	1310 ± 60	− 23.90	636 ~ 876 AD	1194
HLT3941	4830 ± 60	− 24.71	3713 ~ 3502 BC	5558
BA02044	810 ± 60	− 23.78	1180 ~ 1270 AD	727
BA02047	3400 ± 80	− 24.38	1900 ~ 1510 BC	3650
BA02041	7270 ± 70	− 25.00	6260 ~ 6000 BC	8080
BA01035	9130 ± 110	− 26.88	8640 ~ 8170 BC	10350
BA022195	2890 ± 80	− 24.15	1340 ~ 900 BC	3070
BA022196	3440 ± 90	− 24.58	1970 ~ 1520 BC	3700

表 5-6-3 光释光测年结果

样品编号	α 计数	K(%)	含水率(%)	宇宙射线 (Gy·ka^{-1})	De(Gy)	剂量率 (Gy·ka^{-1})	OSL 年龄(ka)
XMT3800	1.42	1.56	100.00	0.15	51.41	1.41	36.4 ± 8.24
YYT3650	21.35	2.0	62.72	0.15	127	3.78	33.6 ± 4.23
HLT3900	11.05	1.69	25.34	0.15	22.83	2.49	9.18 ± 2.45
HLT3730	15.14	1.91	24.54	0.15	90	3.1	29.06 ± 4.71

表 5-6-4 热释光测年结果

样品编号	U(%)	Th(%)	K(%)	含水量(%)	宇宙射线 (Gy·ka^{-1})	等效剂量 (Gy)	剂量率 (Gy·ka^{-1})	年龄(ka)
HLT3898	3.34	1.77	1.65	10.80	0.42	50.18	3.23	15.7 ± 1.20
LQE3950	4.41	12.73	1.80	10.56	0.42	44.75	4.90	9.2 ± 0.73
YJN3974	3.43	6.07	2.35	11.40	0.41	46.79	4.34	10.9 ± 0.80
YJN3930	3.38	12.80	1.80	8.80	0.40	80.01	4.60	17.6 ± 1.29
YJN3873	4.88	4.41	2.00	8.40	0.41	81.37	4.54	18.1 ± 1.36
LQW3950	4.74	6.97	1.80	12.00	0.41	74.58	4.45	16.9 ± 1.36

5.6.3 点苍山冰川地貌发育特点与时代

点苍山海拔 3600 m 以上分布有类型多样的冰川地貌,包括角峰、刃脊、冰斗、磨光面、冰碛垄等。综合冰川侵蚀地貌和冰川堆积地貌,可以发现第四纪以来,点苍山发育了多次冰进。点苍山山势陡峻,冰斗外侧即为陡崖,冰川多为冰斗冰川和悬冰川,没有发现典型的冰川槽谷。同样原因,冰碛垄没有得到很好的保存,尤其是早期的冰碛垄,仅在少数地方有所发现。点苍山东坡和西坡均有冰川地貌发育,发育程度大体相当,东坡规模略大于西坡。通过冰川地貌的调查和统计,冰川规模最大时,点苍山有冰斗冰川 24 条,其中东坡 15 条、西坡 9 条,加上各山谷冰川之间的悬冰川,冰川总面积约为 26 km^2。

5.6.3.1 冰川侵蚀地貌

研究区冰斗冰湖、角峰和刃脊是其主要的冰蚀地貌类型,其次是小型的雪蚀洼地和小冰盆。冰斗等冰蚀地貌主要分布在北部五台峰(3581 m)至南部圣应峰(3666 m)之间的主山脊线两侧。在主山脊线与近东西向的次级山脊线的交接处,冰斗更为发育。如图 5-6-2 所示,已初步查明大小冰斗 65 个,其中冰斗湖 3 个、小冰盆 2 个、雪蚀洼地 6 个。

1. 冰斗和冰坎

在点苍山冰斗、角峰和刃脊三位一体的冰蚀形态中,冰斗是最有特征性意义的冰蚀地貌。在主山脊线与近东西向的次级山脊线的交界处,冰斗更易发育。兰峰和三阳峰正处于近南北走向山脊带的中点,其南段山峰都在 4000 m 以上,而其北段山峰都在 4000 m 以下,这使兰峰以南的冰斗数量稍大于它以北的地段。其中,最为密集的是应乐峰(4011 m)至龙马峰一带,同时主山脊东坡冰斗要比西坡更多、更集中,表明山脊两侧的降雪有一定的差异,即东坡降雪量大于西坡。

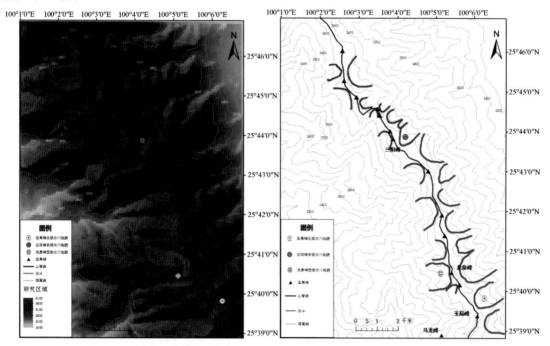

图 5-6-2 点苍山冰川地貌概略图

大理冰期Ⅰ期冰斗分布高度一般在 3700 ~ 3800 m,而在马龙峰东南降至 3600 m。冰斗规模相对较小,长宽一般为 300 ~ 500 m,冰斗形态比较完整,但斗壁已微受冲沟切割冲蚀、冰斗底部大都保存较好,有的部分受切割。冰斗内的堆积物较少、较薄,或无堆积物保存。冰斗口的冰坎有的被蚀去,有的一侧有部分保留。少数还保留有冰斗湖或湖的遗迹。

大理冰期Ⅱ期冰斗底部高程一般为 3800 ~ 3900 m,主要分布在主山脊的最上部、角峰附近的缓坡上以及大理冰期Ⅰ期冰斗后壁上部的缓坡处。其规模最小,一般宽 250 ~ 500 m、长 250 ~ 400 m。因其规模小、冰量少、冰川作用时间短,冰斗形态多呈浅凹的围谷状,其中有的冰斗几乎与雪蚀洼地难以区分。因其生成年代新,冰斗形态保留得较完整,基本上没有受到后期流水切割破坏。该期总共有 7 个小冰斗,全部分布在主山脊的东侧。在沿主山脊的高处还有雪蚀洼地 6 处。有 3 个冰斗内保存有冰斗湖,即玉局峰下的洗马池(3840 m)和兰峰与三阳峰之间的黄龙潭(3880 m)、黑龙潭(3900 m)。此外,在山坡上还可以见到石海、石河、石冰川、冰缘岩柱(即麻粒石林)、岩屑堆等古冰缘现象。

洗马潭冰斗所寄生的玉局峰大冰斗是玉局峰北坡最低一级的冰斗(图 5-6-3),也是规模最大的冰斗。整个玉局峰冰斗横向 1000 m、纵向 750 m,朝向为北东向。冰斗底部海拔 3780 m,明显反倾的冰坎海拔 3790 m,洗马潭所在冰斗宽约 200 m、长约 400 m,朝向正北。洗马潭冰斗东侧是另一个海拔低、朝向一致、面积略小的冰斗。两冰斗共同寄生于朝向北东的玉局北大冰斗内部。可见,随着气候的转暖,环境条件越来越不适应于冰川的发展,冰斗在退缩的同时转向寄生于玉局峰北坡的背阴处。

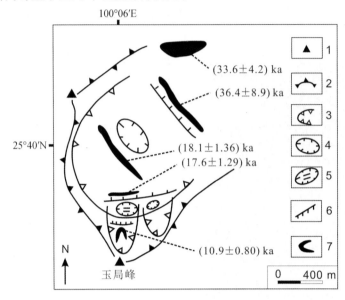

图 5-6-3　玉局峰北坡冰川地貌

1—角峰；2—刃脊；3—冰斗；4—冰蚀洼地；5—冰川湖；6—冰坎；7—冰碛垄

龙泉峰西坡海拔 3830 m 处发育有最低一级的冰斗（图 5-6-4），冰斗后壁陡峭，上缘即上一级冰斗的 W 形冰坎。冰斗规模很大，形态与上一级冰斗类似，南北宽而东西窄，面积大概为 500 m×230 m。龙泉峰海拔 4012 m 的冰坎同时是下一级冰斗的后壁上缘。冰斗朝向北西西，南北宽而东西窄，面积大概为 500 m×170 m。冰斗底部海拔 3940 m，外侧冰坎高大陡峻，高 20～30 m。冰坎呈 W 形，中部有两个并排的大缺口，缺口边缘舒缓。这一冰坎形态表明当时冰川塑性很强，冰温较高，冰川与基岩之间存在水膜，而这使得冰川对冰坎的侵蚀是磨蚀而不是拔蚀，所以当时冰川具有典型的海洋性特征。这是海拔最高的冰坎，冰坎规模不大，高出内侧冰斗 5～6 m。冰斗面积 500 m×250 m，这一级冰坎上方 4030 m 和 4041 m 分别还有两个洼地，认为是冰川后退过程中出露的早期冰蚀洼地。

三阳峰东坡冰蚀平台下方海拔 3900 m 处是早期的冰斗（图 5-6-5），为黄龙潭冰斗。冰斗前缘凸起成冰坎，相对高度 5～10 m，冰斗朝向北东，面积 30 m×40 m。黄龙潭向下是双龙潭冰斗，海拔 3800。冰斗纵向短而横向较长，面积 100 m×200 m。中间岩坎略高，分隔成两个积水洼地，故称双龙潭。冰坎高 15～20 m，上面长满了茂密的冷杉林。三阳峰东坡的冰斗后壁最上方是一悬冰川遗迹，有保留很好的侵蚀地貌。

2. 角峰和刃脊

角峰有：马龙峰、玉局峰、中和峰、小岑峰、应乐峰、雪人峰、兰峰、三阳峰、鹤云峰、白云峰、莲花峰等山峰（杨建强和崔之久，2003）。玉局峰（100°06.046′E，25°39.531′N）海拔 4097 m，是点苍山第二高峰，呈典型的金字塔状，南北两侧有尖削的刃脊与龙泉峰和马龙峰相连。龙泉峰（25°40.092′N，100°05.686′E）海拔 4092 m，尖削的刃脊向南延伸与玉局峰相望。三阳峰（25°43.395′N，100°04.278′E）海拔 4019 m，是苍山北段最高的山峰，也是苍山北段冰川发育最具有代表性的地方。围绕这三大角峰所发育的冰川地貌是我们研究的重点区域。沿着约20 km长的主山脊线,断续延伸着呈堤线状弯曲的刃脊,形成十分独特的山地分水岭景观。通常,山地分水线两侧都具有一定宽度的较平缓的片状流水侵蚀带,然后转折为坡度较陡的线状流水侵蚀带。由于分水岭两侧发育了密集的冰斗等冰川侵蚀地貌,使分水岭地貌变得既窄陡又弯曲,酷似一道"长城"蜿蜒在苍山山脊上。唯有密集的冰蚀作用,才能形成这种长距离弯曲伸展的刃脊地貌。

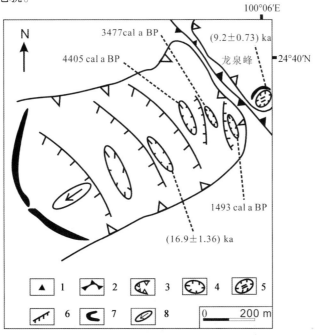

图5-6-4 龙泉峰西坡冰川地貌

1—角峰;2—刃脊;3—冰斗;4—冰蚀洼地;5—冰川湖;6—冰坎;7—冰碛垄;8—磨光面

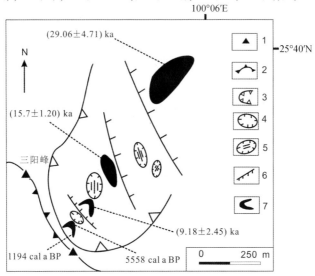

图5-6-5 三阳峰东坡冰川地貌

1—角峰;2—刃脊;3—冰斗;4—冰蚀洼地;5—冰川湖;6—冰坎;7—冰碛垄

5.6.3.2 冰川堆积地貌与年代

早期冰川流出冰斗坠入谷底的冰川堆积,也已被后期的流水等外力作用破坏,有迹可循的冰川堆积也局限在海拔 3600 m 以上的山体侧脊上,这些冰川堆积地貌对推断点苍山冰进时段及规模起到很重要的作用。据现场考察、采样、测年,通过对冰川地貌相对年龄的判断,结合 AMS^{14}C、热释光(TL)和光释光(OSL)的测年结果(表 5-6-1 ~ 表 5-6-4),可以非常明确地认识到大理点苍山的冰川作用包含了末次冰期早期(40 ~ 29 ka BP)、末次冰期晚期(21 ~ 15 ka BP)、晚冰期(10 ~ 9 ka BP)、新冰期(5.6 ~ 3.5 ka BP)(杨建强等,2007)。

1. 新冰期冰进

在龙泉峰西坡洼地底部测冰碛物 AMS^{14}C 年龄结果为 4405 cal a BP,为新冰期的遗迹。冰斗内没有明显的冰坎的反倾结构,也没有明显的冰碛垄,4021 m 洼地底部冰碛物 AMS^{14}C 结果为 3477 cal a BP,4041m 洼地处底部的冰碛物 AMS^{14}C 测年结果为 1493 cal a BP。这一系列的冰川地貌复合年代数据表明,龙泉峰地区在全新世中期还有新冰期的冰川作用,之后随着气候的日益升温,冰川逐渐退缩,约 1493 年前冰川消失。三阳峰东坡悬冰川遗迹保留有小规模的舌状冰碛垄。悬冰川冰碛垄内侧 AMS^{14}C 年龄为 1194 cal a BP,表明冰川在此地最后的残留时间是 1194 年前左右,这个时间与龙泉峰西坡的冰川最后退缩时间基本相当。冰碛垄外侧延伸至冰蚀平台部分,AMS^{14}C 年龄为 5558 cal a BP,说明这次冰川活动发生于新冰期。

2. 晚冰期冰进

玉局峰北坡 3960 m 处为一舌状冰碛垄,长约 150 m,宽约 100 m,朝向正北。冰碛垄上长满杜鹃灌丛,前端一小型冰蚀平台,没有明显反倾的冰坎,是一个明显的悬冰川遗迹。冰碛物 TL 测年结果为(10.78 ± 0.78)ka,表示其为晚冰期的冰川堆积。同样,在玉局峰北侧相邻的龙泉峰东坡,也有一个小规模北向的冰碛垄(图 5-6-3),TL 年龄为(9.13 ± 0.73)ka,表明在晚冰期,本地区发生了明显的冰进。三阳峰东坡冰蚀平台外侧舌状冰碛垄的 OSL 年龄为(9.18 ± 2.45)ka,与龙泉峰东坡晚冰期的冰进属于同一时期。

3. 末次冰盛期冰进(MIS2)

玉局峰冰蚀平台向下 3930 m 处是一个冰碛湖,即最早被确认为冰川遗迹的洗马潭。洗马潭面积 300 ~ 500 m²,前缘因覆盖有冰碛物的冰坎封闭而积水。洗马潭冰坎处冰碛物的 TL 年龄为(17.39 ± 1.29)ka,与之相连的冰碛垄外侧 TL 年龄为(17.92 ± 1.36)ka。由此推断洗马潭所在的寄生冰斗发育于末次冰期晚阶段,即 MIS2 阶段的冰进结果。龙泉峰冰斗内部冰碛物 TL 年龄为(16.76 ± 1.36)ka,与玉局峰北坡的洗马潭冰斗同属于末次冰期晚阶段。三阳峰东坡冰蚀平台下方的冰坎上覆厚约 1 m 的冰碛物。冰斗内部积水,水深不超过 0.5 m,当地称作黄龙潭。冰坎上覆冰碛物 TL 年龄为(15.54 ± 1.20)ka,与洗马潭冰斗的年代基本相当,属于末次冰期晚期的冰川作用。

4. 末次冰期中期冰进(MIS3)

玉局峰北坡的洗马潭冰斗中反倾的冰坎之上覆盖有厚达数米的冰碛层。冰坎外侧即为坡度很大的陡崖,估计当时流出冰坎的冰川直接坠入陡崖下方的谷底,所以没有形成垄状冰碛,也没有成型的冰川槽谷。冰斗内部紧贴冰坎内侧的为五道弧形冰碛垄,高差 5 ~ 10 m,水平间隔 20 ~ 50 m。在冰坎外侧冰碛垄避光采集的样品,OSL 年龄为(36.4 ± 8.24)ka,冰坎外侧靠近山脊处有松散冰碛保存,其 OSL 年龄为(33.6 ± 4.23)ka,表明点苍山地区最早年代的冰川发生于 MIS3b 阶段。龙泉峰冰斗内高低不平,由后壁到冰坎,布满了大块的冰碛石,只有局部小的地方较平坦,积水成洼地。冰坎处基岩曾经受强烈的切割。从冰坎向下到海拔3730 m,是一条很陡的冰川磨光面,坡度大于 45°。磨光面两侧的山体坡度较大,整体浑圆,岩壁表面光滑,也曾经经受冰川的磨蚀。海拔 3730 m 处磨光面末端是海拔龙泉峰西坡海拔最低的冰碛垄,高约 20 m,宽约 40 m,上面长有冷杉林。从冰川地貌的位置、特征等相对地貌年龄判断,龙泉峰西坡最低一级冰斗与玉局峰北坡最低一级冰斗属于同一期冰川作用形成,故应该属于 MIS3 的冰川作用。双龙潭冰坎外侧为陡崖,没有发现冰碛物,但是在陡崖北侧的山梁上,覆盖有小规模的呈浑圆状的冰碛平台,末端直至海拔 3740 m 处,上面长满毛竹。冰碛物的 OSL 年龄结果表明,冰川作用发生于(29.06 ± 4.71)ka,代表了 MIS3 的冰进。

●5.6.4 结果分析

点苍山冰川有迹可查的冰川地貌仅见于点苍山主体海拔 3600 m 以上,此外包括其北部罗坪山在内的较低山地并没有第四纪冰川发育。第四纪以来,点苍山仅仅发育了末次冰期以来的冰川。有据可查的最早的冰进发生于 MIS3,之后末次冰期晚阶段、晚冰期以及全新世新冰期都有冰川发育,规模逐步减小,直至 1300 年前左右冰川彻底消失。

冰川湖泊沉积物表明了全新世以来点苍山的环境变化:11.5 ~ 10.8 ka BP,是一个冰期过后气候转暖的过程;10.8 ka BP 以后,气候变得湿润;9.5 ka BP 以后,湿润程度日趋降低,直到 7.5 ka BP 气候逐渐变得暖干;6.0 ~ 5.3 ka BP 阶段,气候以冷干为特征;5.3 ka BP 时左右湿度增加,导致了一次冰进事件;4.0 ka BP 以后,点苍山进入一个暖干的阶段,直到0.6 ka BP 结束。

5.7 拱王山

拱王山是中国东部晚更新世冰川作用的山脉之一,是中国东部第四纪地质及冰川地质研究最广泛的地区,并且经过了学界很长时间的争论。1978 年,云南省地质矿产局提出在东川小江两岸,有明显的第四纪冰川遗迹分布(云南省地质矿产局区域地质调查队,1980),基于相对地貌法对该区的冰期系列进行划分。易朝路等(1991)根据海拔 3100 m 以上冰川侵蚀和沉积地貌的特点(易朝路和明庆忠,1991),将该区的冰期系列进一步划分为晚更新世早期、末次冰期和新冰期。Kuang 等(1997)运用电子自旋共振(ESR)测年法对该区的冰川作用时段进行探讨,基本上同意易朝路和明庆忠(1991)的划分方案。然而,根据 ESR 测年数据,认为该区的冰川作用时间要早于晚更新世早期,即存在倒数第二次冰期、末次冰盛期(LGM)和晚冰期三次冰进。张威等(张威等,2003;Zhang 等,2006;Yang 等,2006)在前人工作的基础上对该区进行进一步考察,应用热释光(TL)方法对该区的冰碛物进行测定,重新划分了该区的第四纪冰期系列。

■5.7.1 区域地质地理背景

图 5-7-1　研究区地理位置

拱王山位于云南高原东北部,地处昆明市东川区与禄劝县之间,25°47′~26°33′N,102°45′~103°19′E,总面积45000 km²,大致呈南北走向,为四川大凉山的余脉,整个地势南高北低。主峰雪岭海拔4344 m,马鬃梁子和轿子山的海拔分别为4227 m和4221 m。整个山地由12座山峰组成。构造上,拱王山及其相邻地区地处云贵高原,是扬子准地台、华南褶皱系和唐古拉-思茅褶皱系三个一级大地构造单元的交汇地区(云南矿局,1990;宋方敏等,1998;)(图5-7-1),地质上属于"康滇地轴"中部(李宏,1997),地质构造复杂,地势反差巨大。区域地层主要沿小江两侧分布,出露地层主要为元古界的昆阳群板岩、千枚岩,震旦系的砂岩、页岩、白云岩,寒武系的白云岩夹细砂岩、砂质页岩、粉砂岩和泥岩,二叠系的灰岩、砂质页岩和玄武岩,第四纪的松散堆积(杜榕桓等,1987)。气候上此处属于北亚热带季风气候区。整个山区山高谷深,自然景观呈现明显的垂直分异,是云南省境内纬度最高的山体之一。

■5.7.2 材料与方法

本研究采取野外地质地貌调查、室内沉积物实验分析以及反映冰期历史的绝对年代测定等研究方法,针对拱王山进行野外工作,主要调查古冰川分布、范围、类型、冰期系列,并在典型地貌区采集年代学样品(表5-7-1),在样品采集和包装过程中用黑色塑料袋,尽量不让选取的样品受到光线的照射。室内测年的方法采用热释光(TL)对冰碛垄上的沉积物进行绝对年代测定,样品的测定在国家地震局地质研究所的新构造年代学实验室进行。

表 5-7-1　从沉积物中提取石英(2~8μm)测得的热释光年代结果

送样号	实验号	位置	埋深 (cm)	海拔 (m)	U^a (μg/g)	Th^a (μg/g)	K₂O (%)	W (%)	ED (Gy/a)	Dose-rate (Gy/a)	年龄 (ka)
GWS-1	LR118	26°09.53′N 102°57.53′E	75	3691	11.16	2.38	2.05	13.8	45.84	0.00388	11.8 ± 0.9
GWS-2	LR119	26°09.87′N 102°57.93′E	100	3429	4.99	3.44	1.70	9.9	405.63	0.0039	104.0 ± 8.3
GWS-3	LR120	26°10.23′N 102°58.26′E	250	3185	10.22	4.73	1.50	9.2	238.93	0.00428	55.8 ± 4.7
GWS-4	LR304	26°10.47′N 102°58.52′E	300	3055	3.42	11.12	1.80	8.0	180.46	0.00441	40.92 ± 3.40
GWS-5	LR305	26°09.73′N 102°57.76′E	85	3558	1.95	1.47	1.30	11.0	240.61	0.00238	101.1 ± 7.78
GWS-6	LR306	26°09.74′N 102°57.72′E	110	3572	3.41	4.60	1.32	9.2	57.42	0.00315	18.23 ± 1.42
GWS-7	LR307	26°09.73′N 102°57.78′E	80	3570	2.89	4.15	0.92	8.72	72.46	0.00285	25.42 ± 2.11
LCF-3	LR302	26°08.71′N 102°56.10′E	180	3579	5.78	6.80	0.85	6.72	47.58	0.00437	10.89 ± 0.85
LCF-4	LR303	26°06.99′N 102°55.51′E	90	3010	3.05	2.75	1.0	15.0	13.67	0.00247	5.53 ± 0.44

注:沉积物样品的 TL 年代由中国国家地震局地质研究所热释光实验室测定,仪器设备是美国 DAYBREAK 公司生产的 TL 测定系统,实验数据的处理采用该公司开发的微机自动处理程序,整个测定误差为 ±10%。

a. 放射性元素 U、Th 含量采用 α-Counting 计数法测定;

b. 氧化钾的百分含量采用火焰光度计测定;

c. 样品含水率的测定根据计凤桔(1991)的方法测定;

d. 宇宙射线所提供的环境剂量是根据海拔高度及其样品的埋藏深度确定的估计值;

e. 等效剂量(ED)的确定是采用 β 源强的板源辐照(强度 185 × 10⁵ Bq);

f. 年剂量率(Dose-rate)的确定经过了含水率和氡逸散的校正。

●5.7.3 拱王山冰川地貌发育特点

　　拱王山第四纪冰川遗迹以冰斗、冰蚀岩盆和侧碛堤为主,集中分布在两个区:一是位于滥泥坪 - 牛桐坪附近的妖精塘和法者乡老碳房一带;二是轿子山峰附近地区。下面主要介绍狐狸房峰北坡滥泥坪 - 牛桐坪地区,以及南坡的老碳房地区的冰川地貌特征(图5-7-2)。

1. 冰蚀地貌

　　牛桐坪 - 妖精塘地区根据高度不同可以分为两级。第一级分布在海拔 3700 ~ 3800 m。

此级冰蚀地貌主要有妖精塘冰斗－槽谷、贝母房冰斗－槽谷和双龙塘冰斗－槽谷,其中最典型的是妖精塘冰斗－槽谷地形。第二级分布于3900～4000 m的基岩台阶上,冰斗规模一般不大,属于寄生冰斗,紧风口冰斗开口朝向 NEE,发育在双龙塘冰斗的背壁,从冰斗的方向来看,显然经历了冰斗转向。

与近东西向山脊北坡的滥泥坪－妖精塘相比,南坡老碳房地区的冰川地貌特征也非常明显,坡度也较和缓。自老碳房河下游至上游,其地貌特征给人的感觉就是南坡的冰川地貌几乎就是北坡的"翻版"。根据高度的不同,其可以分为两级:第一级冰斗位于海拔3900 m左右的高度上,冰蚀地貌明显,绿荫塘冰斗湖面海拔高程3900 m,冰坎下部的槽谷相对南坡较长,大约1100 m,在槽谷内的纵剖面上可以明显地见到岩坎与洼地交互出现。第二级冰斗位于海拔3700 m左右高度,典型代表为倒观音冰斗,位于绿荫塘冰斗的西侧,冰斗底部海拔为3700 m左右,二者之间被一个高120 m的刃脊隔开,从绿荫塘冰斗出口处的冰坎向上,翻越刃脊即到了倒观音冰斗位置。站在刃脊上向下望,可以清晰地看到倒观音和绿荫塘冰斗、后壁、冰坎以及槽谷的轮廓,倒观音冰斗的规模大于绿荫塘。在倒观音冰坎之下的冰川槽谷的源头,呈现明显的槽谷肩,横剖面上呈典型的抛物线形。

2. 冰碛地貌

牛桐坪－妖精塘地区的冰碛共有三级,分别分布在3个高度带上:第一级为形态上表现为 NE 向舌形的侧碛堤,高出河床10 m,分布于黄水箐沟上游牛桐坪村附近,海拔在3000～3300 m之间。冰碛堤末端海拔3055 m,舌形地南侧地沟谷中揭露的岩石成分比较复杂,但是绝大多数为灰岩。第二级侧碛堤分布在海拔3300～3700 m地带,从妖精塘冰斗、贝母房冰斗、双龙塘冰斗伸出多列冰舌,侧碛堤呈辐射状堆积在山坡上。根据侧碛堤的组合关系,可以将其进一步区分为内、外侧碛堤,外侧碛堤的高度相对高于内侧碛堤,而且延伸较长,典型的是从妖精塘冰斗下部堆积的高大侧碛堤,该侧碛堤下伸最远,末端延伸至海拔3300 m处。第三级侧碛堤分布在海拔3700～3800 m上的妖精塘和双塘子冰斗内。侧碛堤细长低矮,长度约100 m,高仅25 m左右。在妖精塘冰斗后壁的东南方有一大型的石冰川,覆盖在侧碛堤之上。

老碳房地区冰川堆积地貌分布高程为2950～3550 m。在高于3550 m的高度上,没有发现冰川堆积地貌,与北坡滥泥坪－妖精塘相比,堆积地貌的高度明显下降。在此高度范围内,又可以根据高度的不同,划分为两级:第一级冰碛物分布在老碳房村后面海拔2950～3250 m的范围内,形态上表现为 SW 向的舌形地;第二级分布在海拔3250～3550 m的范围内,发育着内、外对称的两对侧碛堤,外侧的侧碛堤相对矮小,内侧碛堤高大,至沟底的高度大约70 m,比外侧的侧碛堤高20 m。

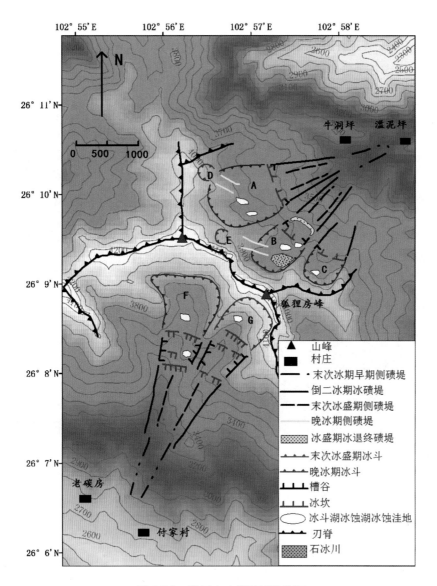

图 5-7-2　拱王山冰期系列地貌图

●5.7.4 拱王山冰期序列

图 5-7-2 标出了拱王山东麓滥泥坪–妖精塘地区各阶段冰川地貌特征,图 5-7-3 显示了相应的年代。从地貌特征及其年代可以看出,最低处的冰碛堤 YJT-Ⅰ 的热释光年代为(40.89±3.40)ka,高大外侧碛堤 YJT-Ⅱ 的两个 TL 年代分别为(100.1±7.78)ka 和(100.40±8.30)ka,取自内侧碛堤 YJT-Ⅲ 的两个 TL 年代为(25.42±2.11)ka 和(18.23±1.42)ka。从年代结果上看,最低处的 YJT-Ⅰ 冰碛堤代表末次冰期中期的冰川堆积;YJT-Ⅱ 侧碛堤代表末次冰期早期或者"倒二"冰期;YJT-Ⅲ 侧碛堤代表末次冰盛期冰川作用的产物;对于晚冰期 YJT-Ⅵ 没有直接的年代,根据覆盖在该侧碛堤之上的石冰川堆积物的细颗粒 AMS[14]C 测年结

果,年代为(3280±50) a BP,为新冰期的产物,间接说明该侧碛堤形成于新冰期之前,可能为晚冰期的产物,从而在年代结果上也验证了野外的冰期划分。在进行冰期划分时,另外一个重要的因素是考虑各个阶段的雪线高度,雪线是指冰川作用的平衡线,在雪线处的冰川积累量与消融量达到平衡。

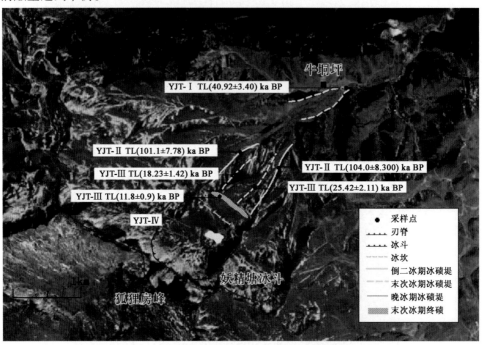

图 5-7-3　拱王山滥泥坪地区妖精塘冰川地貌及年代

本区现代理论雪线的高度 4700 m(Kuang 等,1997),其他各次冰阶的雪线高度依据冰斗法和 THAR 法(Meierding,1982)确定。THAR(Toe-to-Headwall Ratio)法主要是针对在地形图上冰川作用上边界和边界线比较模糊的冰川。对于较大的冰川 THAR 值取 0.40,中等高度小冰川取 0.50(中间高度),在确定云南省西北的点苍山和老君山等末次冰期的雪线高度时,Iwata 等(1995)应用了该方法,取得了较好的效果。本节研究时采用 0.40THAR 值(图 5-7-4)。冰期的划分综合南北坡的冰川地貌特点,本区末次冰期的冰期系列比较完整,年代上以早、中、盛、晚为特色。由于本次工作的年代样品几乎全部集中于北坡,冰期划分的讨论中主要以滥泥坪 – 妖精塘的年代为主,南坡则主要考虑雪线高度变化情况,对本区的冰期系列可做如下的划分。

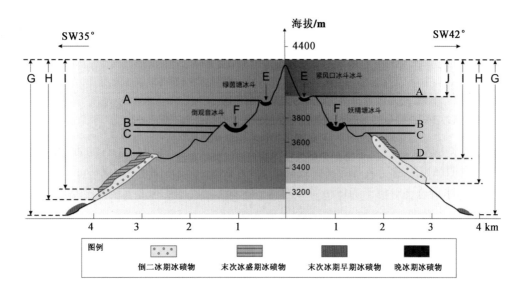

图 5-7-4 拱王山东北侧第四纪冰川分布剖面图

A—晚冰期冰川平衡线高度;B—冰盛期冰川平衡线高度;C—末次冰期中期冰川平衡线高度;
D—末次冰期早期("倒二"冰期)冰川平衡线高度;E—晚冰期冰斗;F—冰盛期冰斗;G—末次
冰期中期冰川分布高程;H—末次冰期早期("倒二"冰期)冰川分布高程;I—末次冰盛期冰川
分布高程;J—晚冰期冰川分布高程

5.7.4.1 晚冰期

白崖子冰斗与紧风口冰斗以及南坡的绿荫塘冰斗,其海拔高度为 3900～4000 m,冰川物质平衡线海拔 3950 m,低于现代冰川平衡线 750 m。相应冰川堆积物以侧碛堤的形式位于第一级冰斗内,在侧碛堤中,冰碛物颜色新鲜,无明显的风化现象,显示此级侧碛堤形成时代并不久远。就冰期中冰川平衡线下降的幅度而言,在海洋性气候区,新冰期的冰川平衡线下降 200～300 m,晚冰期为 400～500 m,冰盛期为 900 m 左右,倒数第二次冰期的雪线降低值大于 1000 m。因此,可以确定该级冰川地貌形成时代为晚冰期。从野外证据可以看出,晚冰期时南北坡的古雪线高度基本相同。

5.7.4.2 冰盛期

较低位置上的第一级冰斗分布在海拔 3700～3800 m 处,冰川地貌以北坡妖精塘冰斗、双龙塘冰斗和贝母房冰斗以及南坡的倒观音冰斗为代表,该级冰斗较大而且完整。妖精塘冰斗出口以下的槽谷宽短,与此相关的侧碛堤十分发育,冰川将侧碛堤从海拔 3500 m 的地带开始向上堆积,直至冰斗出口前的不远处,表明了这次冰川作用的强烈程度。冰碛层中的冰碛物具有一定程度的风化,颜色呈暗棕色,反映该冰川地貌形成之后已经经历了相当长的历史。根据冰斗法,确定南北坡该期相应的冰川平衡线海拔高度分别为 3750 m 和 3700 m,冰川末端高度分别为 3500 m 和 3350 m。古雪线高度较现代冰川平衡线低 950～1000 m,与玉龙雪山在末次冰期中的冰川平衡线下降值(1150±50)m 相当(施雅风等,1989)。因此,这组冰川地貌是上一级冰川地貌形成之前的产物,其年代应该属于末次冰期盛期。南坡比北坡低雪线高大约 50 m,表明尽管南坡处在不利于冰川发育的条件下,但是由于当时南坡来自印度洋和太平洋丰富的降水条件,以及和缓的地形影响,反而使北坡的冰川发育不如南坡。年代及古雪线高度资料显示,冰川作用时间介于 25 ~ 18 ka 之间,与公认的末次冰盛期的时代相吻合。

5.7.4.3　末次冰期早期

该期的冰川遗迹保存在研究区狐狸房峰的南北坡、海拔 3000 m 左右的舌形地处,应用 Meidering 的 THAR 法确定该期的古雪线高度为 3720 m,雪线下降值约 1000 m。冰川末端年代资料指示,冰川遗迹对应于 MIS3b 冷期(54 ~ 44 ka)。南北坡的古雪线高度基本一致。

5.7.4.4　"倒二"冰期

"倒二"冰期的冰川遗迹只以侧碛堤的形式保存,与之相配套的冰川侵蚀地貌(冰斗)已经由于后期冰川的溯源侵蚀而无法区分。冰川末端的海拔高度为 3250 ~ 3300 m,北坡雪线高度根据侧碛堤所指示的上界高度和 THAR 法均处于 3700 m 左右,故末次冰期早期的古雪线高度确定为 3700 m。而南坡用这两种方法确定出的结果有一定的差别,侧碛堤开始出现的上界高度为海拔 3550 m,而用 THAR 法计算出的结果则为海拔 3650 m,因为前一种方法更直接,所以,确定末次冰期的古雪线高度为 3550 m,比北坡相应地要低 150 m 左右。从雪线下降值上看,北坡下降 1000 m,南坡下降 1150 m,应该对应倒数第二次冰期。

5.7.5　讨论

以往的研究表明,该区存在末次冰期的冰川遗迹,但是由于缺乏绝对的测年资料,故而对冰期的划分对比存在不足。如将妖精塘冰斗冰川下部"倒二"冰期的冰川堆积认为是末次冰盛期的产物,没有细分出舌形地属于末次冰期中/早期冰川作用的堆积物,从而忽略了本区冰期演化特征,缺少连续性。随着对末次冰期研究程度的加深,对于冰期中的各个阶段的研究也越来越深入,已经突破了以前早、晚两个阶段的模式。结合与拱王山同处于相似的纬度、高度和气候条件的台湾山脉的情况看,也发现了末次冰期中期的冰川堆积(Cui 等,2002),说明二者之间在时间和空间上存在耦合。这就为通过古冰川来研究东亚地区的季风演化提供了物质基础。对于末次冰期的划分,学术界主要有两种不同的看法:一种意见认为末次冰期开始于大约 11 万年前,另一种观点认为开始时间应该是 7 万年前左右(秦蕴珊,2000)。这两种看法各有根据,目前以 7 万年前居多,结合年代资料以及古雪线证据,云南拱王山、轿子山地区 10 ~ 11 万年前的冰川遗迹应该归入"倒二"冰期。所以,研究区末次冰期以来的冰期演化序列为:倒数第二次冰期,TL 年代为 10 ~ 11 万年前;末次冰期中/早期,4 ~ 5 万年前;末次冰盛期,1.8 ~ 2.5 万年前;晚冰期,时代为 1 万年以前。末次冰期冰川演化具有连续性的特征,是研究中国东部古冰川发育的良好场所。

5.8 螺髻山

螺髻山地处横断山脉东侧中段,海拔介于4000~4500 m,该区不仅确切保存了多次可以配套的冰川遗迹,且冰川地貌类型之齐全,保存之完整,在国内实属罕见(崔之久等,1986)。1965年,西南第四纪冰川考察队首次对螺髻山冰期进行了划分,其中山麓大箐梁子一带不同时期的混杂堆积为三次老冰川遗迹,而何元庆(1986)通过对这些混杂堆积物的剖面特征、粒度特征和矿物组成的分析表明,这些只是流水堆积和山洪堆积的产物,真正的冰川沉积只存在于2500 m以上的山峰部分。崔之久等(1986)认为,本区经历的四次冰川作用分别与新冰期、玉木、里斯、民德冰期相当,刘耕年(1989)对冰斗、槽谷、刻槽等冰川侵蚀地貌进行初步探讨,张威等(2014a)则进一步对清水沟槽谷的演化及影响因素做了深入研究。近年来,随着各种冰川测年技术的发展与应用,青藏高原及周边山地获得了大量可供对比的年代学数据,但令人遗憾的是,螺髻山的冰川年代学研究却一直处于空白,成为本区亟待解决的关键问题。本节即通过两次翔实的野外地貌考察,对研究区的清水沟、纸洛达沟、日德林沟三条槽谷的冰川沉积物进行电子自旋共振(electron spin resonance,ESR)测年,确定研究区多次冰川作用的发生时限。

●5.8.1 研究区概况

螺髻山(主峰海拔4359m,27°06′~27°46′N,102°12′~102°29′E)位于四川省西昌市南30 km的普格县与德昌县交界处(图5-8-1),为横断山脉川滇隆起带中段轴部的独立山体,山体走向为近南北向,南北长80 km,东西宽35 km,西邻安宁河断陷谷地(海拔1200 m),相对高差3150 m,东临则木河断裂—邛海普格断裂谷地(海拔1500 m),相对高差2850 m。组成螺髻山的岩石主要为震旦系列古六砂岩、白云质灰岩和凝灰岩等(崔之久等,1986)。本区属于亚热带高原季风湿润气候区,冬半年主要受高空西风环流的控制,降水较少;夏半年主要受印度洋暖湿气流的影响,降雨丰沛,占全年93%的降雨量。年平均气温为17.2℃,变化幅度仅为13.1℃,是我国全年温差最小的地区之一(张威等,2014a)。本地区植被分布具有一定的垂直地带性,1500 m以下为亚热带稀树草丛;1500~2500 m大面积为次生云南松林,局部为常绿阔叶林或混交林;2500~3000 m为高山栋;3000~4000 m主要为冷杉夹杂灌木状植物;4000 m以上为高山灌丛草甸(李旭和刘金陵,1988)。

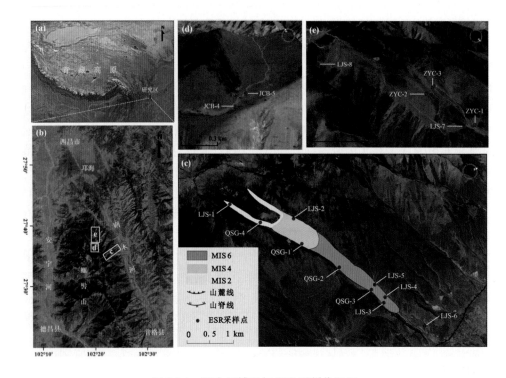

图 5-8-1　研究区域图与 ESR 采样位置图

（a）研究区示意图；（b）野外考察区域图；（c）清水沟采样位置图；（d）日德林沟金厂坝采样
位置图；（e）纸洛达沟采样位置图

●5.8.2　材料与方法

本次野外工作分两次进行,分别在 2013 年和 2014 年对螺髻山进行考察并采样。年代样品共计 17 个,分别采自螺髻山清水沟、纸洛达沟和日德林沟,其中 10 个位于清水沟,5 个位于纸洛达沟,2 个位于日德林沟。野外调查采用地貌与沉积物分析相结合的方法,利用 1:100000 和 1:50000 地形图、航空影像以及 Google 地图等对研究区冰川地貌进行判读。地貌与沉积物分析主要根据地貌的几何形态、沉积物的组成特点等因素确定冰川沉积物的相对年代(陈艺鑫等,2011;张威等,2005;周尚哲等,2007,2012;崔之久等,2000;李吉均,1989;易朝路等,2005)。在采样过程中,先挖开剖面表层土壤,达到 30 cm 深度再进行样品采集。在采集过程中,避免了含水量大的土层,最大限度地降低含水量对 ESR 年剂量的影响,并避免太阳光直射,采完的样品装在黑色塑料袋中密封保存。在运输过程中,为避免剧烈碰撞摩擦和受热,防止 ESR 信号损失,样品不过安检,避免了 X 光机的二次辐射使样品的 ESR 信号增加,最大限度地保存 ESR 信号的完整性和准确性。样品的预处理在中国地震局地质研究所地震动力学国家重点实验室完成,具体方法与步骤见文献(刘春茹等,2013;赵井东等,2009a,2009b)。

第一次野外工作共采集了 8 个点(图 5-8-1 和图 5-8-2),样品采自螺髻山清水沟两套冰碛垄和纸洛达沟。LJS-1 样品采自海拔 3820 m 的仙鸭湖旁冰碛剖面,剖面呈黄褐色,较疏松,颗粒以棱角状或次棱角状砾石和粉砂为主。LJS-2 采自海拔 3570 m 的大海子冰坎下的侧碛垄内侧,剖面呈黄褐色,由多层分选较好的细砂及粉砂组成。LJS-3 采自海拔 2570 m 东北侧高侧碛中的灰褐色冰碛剖面,颗粒以棱角状或次棱角状细砂为主。LJS-4 采自海拔 2610 m 东南侧低侧碛的冰碛剖面,剖面呈褐色,无明显层理,以细砂和粉砂为主,非常致密。LJS-5 采自海拔 2720 m 东南侧低侧碛的冰碛剖面,剖面呈灰褐色,较疏松,颗粒以棱角状或次棱角状砾石和细砂为主。LJS-6 采自清水沟的出口处海拔 2200 m 的冰水扇,以棕色砂质黏土为主。LJS-7 采自北坡纸洛达沟海拔 3840 m 的冰碛剖面,剖面呈黄褐色,以粉砂为主。LJS-8 采自纸洛达沟冰斗内海拔 3850 m 的冰碛剖面,剖面呈灰褐色,以细砂为主。

图 5-8-2　采样点剖面图

第二次野外工作的年代样品采自螺髻山清水沟、纸洛达沟和日德林沟,共 9 个点(图 5-8-1,5-8-3)。其中 QSG-1 采自清水沟 3433 m 左侧(从下游向上游看)的冰碛剖面,垄状地形清楚,剖面呈现出棕色,由大小混杂的小型砾石组成,缺少细粒物质,风化程度较浅,以砂岩为主。QSG-2 采自清水沟海拔 3074 m 的一处天然形成的剖面,剖面皆为大小混杂的堆积物,上层为冰碛层,下层为崩塌的堆积物。冰碛层砾石已滚至坡底,剩下皆为碎屑物质,呈现紫红色,风化程度较深,水分也较大。QSG-3 采自海拔 2852 m 高侧碛的一个河流冲开剖面,剖面有大型冰川漂砾,直径达 1.5 m,全部由砂岩组成,细腻物质呈红棕色,较为紧密,风化程度很深,含水量也较大。QSG-4 采自海拔 3686 m 大海子左侧的冰水夹层,厚约 20 cm,上层和下层皆为大小混杂的冰碛层,此采样点全部由细沙组成,属于长石砂岩风化后经过流水的搬运作用形成的,呈紫红色,结构疏松,冰川夹层虽然不能直接说明冰川作用的时间,但是作为良好的采样点,能够很准确地反映出两次冰川作用的时间,有着良好的参考价值。ZYC-1 采自纸洛达沟的高侧碛靠河流的一个剖面,此处的冰碛物上覆盖草坪,冰碛物由砂岩和页岩组成呈大小混杂状,棱角状分明,细腻物质风化很深,胶结很好,质地很紧密,在采样过程中十分费力。ZYC-2 采自 3445 m 的东侧侧碛中部,此条侧碛由灰岩和页岩组成,大小混杂,风化程度较纸洛达沟的老侧碛较浅。ZYC-2 采自 3447 m 的西侧侧碛中部,此处和东侧侧碛不同的是砾石较为破碎,风化程度也较西侧的深,其年代对应也更久。JCB-4 采自日德林槽谷的高侧碛上,高侧碛高谷底约 100 m,冰碛物典型特点,大小混杂,棱角状为主;整个砾石多数已破碎,较清水沟冰碛砾石小,直径分布 30～50 cm;细粒部分风化程度很深,呈深棕红色,多已成粉末状,结构紧实;在侧碛的表层,有一层厚约 20 cm 的黑土层,富含腐殖质。JCB-5 采自金厂坝的终碛上,此处被河流切开,形成有天然剖面的冰水夹层,上层为冰碛物,大小混杂,缺乏砾石,富含有机质,剖面呈现黑色。

图 5-8-3　采样点剖面图

●5.8.3　结果分析

测年结果虽然和前面所采用的相对地貌法判断的结果略有差异,但基本支持了判断的大致方向,即研究区至少存在 4 次冰川作用,分别对应昆仑/中梁赣冰期、"倒二"冰期、末次冰期早期和末次冰期晚期。

1. 末次冰期晚期

在清水沟地区和纸洛达沟地区,仙鸭湖旁冰碛样品的年代为(14±2)ka(LJS-1),大海子西侧冰碛物的年代为(24±2.4)ka(QSG-4),纸洛达沟源头的年代为(33±4)ka(LJS-8),显示在末次冰期晚期发生过冰川作用,对应 MIS2。

表 5-8-1 螺髻山采样点基本信息及样品 ESR 测年结果

外编号	经纬度	高度 (m)	深度 (cm)	采样点位置	样品物质	U	Th	ka	含水量 (%)	古剂量 (GY)	年剂量 (GY/ka)	年龄 (ka)
LJS-1	27°34′17.90″N 102°21′59.30″E	3831	50	仙鸭湖旁的冰碛物上	粉砂土	2.91	7.72	4.53	21	37±4	2.67	14±2
LJS-2	27°34′58.30″N 102°22′35.10″E	3606	50	清水沟西侧低侧碛上	细砂	2.70	10.96	3.79	7	405±53	4.82	84±11
LJS-3	27°35′58.60″N 102°23′55.70″E	2934	50	清水沟西侧高侧碛底部	细砂	3.13	7.87	3.05	3	247±30	4.28	58±7
LJS-4	27°35′56.00″N 102°23′52.60″E	2757	50	清水沟东侧高侧碛底部	砂质粘土	2.55	11.4	4.39	11	85±12	5.08	17±2
LJS-5	27°35′49.70″N 102°23′39.70″E	2757	50	清水沟西侧高侧碛底部	细砂	2.55	9.93	4.14	5	69±10	5.15	13±2
LJS-6	27°36′17.60″N 102°24′28.60″E	2518	50	清水沟的沟口水平水平原	砂质粘土	2.58	10.88	2.08	20	66±9	2.81	24±3
LJS-7	27°38′28.60″N 102°20′6.10″E	3480	50	纸洛达沟种羊场	粉砂土	2.84	9.19	3.76	11	118±17	4.48	26±4
LJS-8	27°37′6.10″N 102°20′47.70″E	3849	50	纸洛达沟的沟源	细砂	2.51	10.15	3.51	5	151±17	4.60	33±4
QSG-1	27°35′07.40″N 102°22′52.51″E	3429	50	清水沟东侧低侧碛上	粉砂	3.42	24.2	1.45	0.49	312±131	4.14	75±31
QSG-2	27°35′29.83″N 102°23′17.82″E	3075	50	清水沟高侧碛	细砂	3.35	17.2	2.28	3.90	1037±200	4.23	245±47
QSG-3	27°35′45.54″N 102°23′47.17″E	2852	50	清水沟高侧碛末端	含砾砂	4.05	20.5	2.74	17.16	850±698	4.26	199±163
QSG-4	27°34′34.39″N 102°22′16.24″E	3686	50	大海子冰斗的左侧的冰水夹层	细砂	3.52	16.1	2.39	4.40	580±63	4.27	24±2.4
ZYC-1	27°38′31.82″N 102°19′58.52″E	3455	50	纸洛达沟西侧老侧碛	含砾砂	4.18	20.3	3.16	0.42	3327±1122	5.66	588±198
ZYC-2	27°38′2.95″N 102°20′5.21″E	3629	50	纸洛达沟东侧较老侧碛	细砂	4.00	16.8	2.22	9.00	1130±164	4.05	279±40
ZYC-3	27°38′1.98″N 102°19′57.15″E	3645	50	纸洛达沟西侧较老侧碛	细砂	3.50	17.5	2.96	5.50	1525±154	4.81	317±32
JCB-4	27°36′11.93″N 102°19′57.40″E	3803	50	日德林沟老侧碛	细砂	4.59	22.9	3.32	3.90	3539±2126	5.85	604±363
JCB-5	27°36′14.55″N 102°204.55″E	3837	50	金厂坝终碛	细砂	4.62	21.2	3.98	0.70	3677±213	6.58	558±32

2. 末次冰期早期

清水沟的大海子冰斗向下的侧碛拢上,西侧的年代结果为(84±11)ka(LJS-8),东侧的年代结果为(75±31)ka(QSG-1),两个年代结果相互印证,也说明这两道侧碛发生的时间为末次冰期早期,对应 MIS4。

3. 倒数第二次冰期

QSG-3 的年代为(199±163)ka,QSG-2 的年代为(245±47)ka,两个样品皆采自于侧碛垄的顶端,不会出现后期二次搬运的现象,所以其 ESR 年代结果是可信的,指示清水沟地区最早冰进出现在倒数第二次冰期。两组测年结果与清水沟地区较为相近,显示在螺髻山地区普遍发育于“倒二”冰期,对应 MIS6。从清水沟地区 ESR 测年的结果来看,3 个采样点(LJS-4、LJS-5、LJS-6)的测年结果和相对地貌法的判断差异较大,年代结果仅~10 ka,应该是采样点位置过低,侧碛形成后经历了扰动,所以这几个年代结果只能作为参考。

4. 昆仑/中梁赣冰期

该期冰碛物在种羊场和金厂坝地区保存较好,地貌上出现数个锅穴,冰碛剖面风化较深,除 LIS-7 样品的年代结果与地貌偏差较大之外,其余 5 个年代学样品的测年结果分别为(588±198)ka(ZYC-1)、(604±363)ka(JCB-4)、(558±32)ka(JCB-5)、(317±32)ka(ZYC-3)、(279±40)ka(ZYC-2),均早于倒数第二次冰期(MIS6),从冰碛物保存的地貌部位以及较深的风化程度来看,该期冰川作用时间可能属于昆仑冰期或者中梁赣冰期,对应 MIS12~MIS16。

综合上述,在第四纪期间,螺髻山拥有比较完整的冰川作用遗迹,根据冰碛物的 ESR 测年结果,冰川发生的大致年龄分别为 558~604 ka、199~245 ka、75~84 ka、14~33 ka,结合地貌地层学和已有的研究,判定在螺髻山地区一共发生了 4 次冰川作用,分别为中更新世中期的昆仑冰期/中梁赣冰期、“倒二”冰期、末次冰期早期和末次冰期晚期。

5.9 白马雪山

因其独特的地理地貌单元,横断山脉第四纪冰川作用引起了国内外学者的广泛关注。已有研究成果显示,自横断山脉北段的雀儿山(Xu 等,2010;Zhou 等,2005),向西南延伸至贡嘎山(Wang 等,2012)、螺髻山(崔之久等,1986;刘耕年,1985),至南段玉龙雪山(郑本兴,2000)、点苍山(杨建强等,2004;Yang 等,2006,2007)等,冰期系列存在较大差异,在海拔超过4500 m 的一些山地中,存在至少 3 次冰川作用,最老的冰川发生时代可追溯到中梁赣冰期甚至是昆仑冰期(郑本兴,2000;赵希涛等,1999,2007),而在海拔 4000~4500 m 的山地中,仅保存末次冰期的冰川遗迹。对于这些同处西南季风影响下的山地冰期系列的差异,研究者推断是构造抬升导致的山体高度不同,进而造成冰川发育的区域分异,即由于构造作用引起的青藏高原脉动式抬升,并配合冰期的气候条件,才出现不同时期的冰川作用(李吉均,2005)。然而,这一假设需要一些清楚的冰川地貌,并辅以不同测年方法确定的冰期系列来验证。白马雪山是横断山脉中部有确切第四纪冰川发育的关键地点,李吉均等(1996)在《横断山冰川》一书中对白马雪山的第四纪冰川地貌进行过简单的描述。云南省地质局第一区域地质调查大队(云南省地质矿产局第一区域地质调查队,1982)认为该区存在 4 次冰川作用,最早的发生年代相当于中更新世,沉积物下限可达 2800～3000 m。Iwata 等(Iwata 等,1995)通过对研究区的地貌形态进行调查后认为,白马雪山只有末次冰期的冰川发育,其冰川沉积物范围在东坡可达到 3300～3400 m,在西坡可达 3500 m。以上研究者对白马雪山地区冰川发生期次的不同判断,主要依据地貌地层法,没有绝对年代的控制。因此,笔者根据 2010—2011年先后 3 次对白马雪山主峰附近的冰川地貌进行实地考察的数据,并运用 ESR 方法对该地区的冰川地貌进行测年,建立研究区的冰期系列,探讨该区冰川发育的基本特点。

▇▇ 区域地质地理背景

白马雪山位于滇西北迪庆藏族自治州德钦县和维西县境内(图5-9-1a),西北与藏区内著名的梅里雪山隔江(澜沧江)相望,主峰扎拉雀尼(5429 m),整体区域平均海拔 4000 m 以上,最低海拔 2040 m,相对高差 3389 m(张桥英等,2008)。全区拥有海拔 5000 m 以上的山峰20 座,大部分地区曾有古冰川发育,冰川槽谷可达数十条。研究区在气候上属于寒温带山地季风气候,受西南季风影响强烈,研究区年平均降水量 600～900 mm,且东坡高于西坡(迎风坡)。年平均气温变化在 −1～17℃之间,东西坡气温存在一定差异,相同海拔上东坡高于西坡,大约在 1.5℃,总体呈现河谷温暖而山地严寒。海拔 4500 m 以上地区被冰雪覆盖,现代雪线高度在 4800 m 左右。研究区地质构造主要受东侧近南北向白马雪山断裂、西侧澜沧江断裂以及北侧北西向发育的德钦－尼西断裂 3 条主要断裂控制。地层主要以二叠系、三叠系、泥盆系的灰岩、泥页岩、砂岩以及花岗岩和超基性岩为主(云南省地质矿产局第一区域地质调查队,1982;刘啸等,2012)。

▇▇▇▇ 材料与方法

野外调查采用地貌与沉积物分析相结合的方法,利用 1∶100000 和 1∶50000 地形图、航空影像以及 Google 地图等对白马雪山东坡冰川地貌进行判读。地貌与沉积物分析主要根据地貌的几何形态、沉积物的组成特点等因素确定冰川沉积物的相对年代(陈艺鑫等,2011;Cui等,2000,2002;Zhang 等,2005;Zhou 等,2007;施雅风等,1989;易朝路等,2005;周尚哲等,2012)。在地貌特征明显的冰碛垄上共采集 14 个样品进行 ESR 年代测定。样品的预处理在中国地震局地质研究所地震动力学国家重点实验室完成,具体方法与步骤见文献(Liu 等,2013;Zhao 等,2009)。

BM-1 采自第一套冰川沉积物中的侧碛垄;BM-2 采自第二套冰碛垄,位于冰斗前缘冰坎下方距离冰斗最近的一道终碛垄上,这一时期的地层沉积比较新;BM-3、BM-4、BM-6、BM-8和 BM-9 采自第三套冰碛垄,新鲜剖面显示,沉积物成分主要以砾石和砂为主,砾石含量较大,砾石成分在 50% 以上,岩性主要为花岗岩和灰岩;BM-5、BM-7、BM-10、BM-11、BM-12 和BM-13 均采自第四套冰川沉积物中(部分采样剖面见图5-9-2),岩性为混杂堆积,基质成分相对增加;BM-14 采自第五套冰川沉积物中的冰碛垄上游一端。样品信息见表5-9-1。

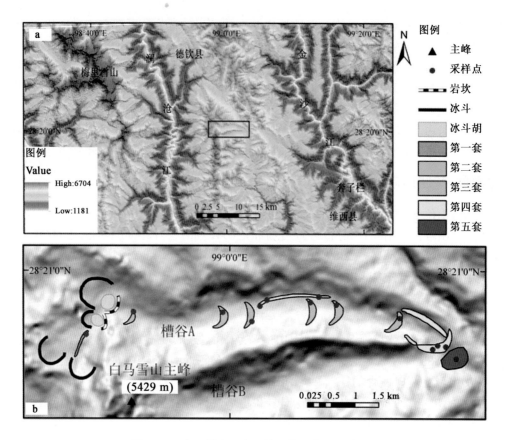

图例
▲ 主峰
● 采样点
岩坎
冰斗
冰斗胡
第一套
第二套
第三套
第四套
第五套

图5-9-1 白马雪山研究区地理位置与冰川地貌
a.白马雪山研究区地理位置;b.白马雪山研究区冰川地貌

处理好的样品在北京大学用^{60}Co进行人工辐照,辐照剂量率为28.51 Gy/min,辐照后的样品由中国地震局地质所地震动力学国家重点实验室进行测定,测试仪为德国Bruker公司生产的EMX1/6 ESR谱仪,选用石英颗粒中的Ge芯作为测年信号,测试条件及参数包括:室温、X波段、微波功率2.021 mW、中心磁场3525 G、扫描宽度50 G、仪器频率9.852 GHz、调制频率100 kHz、调制振幅1G、时间常数40.96 ms、扫描时间10.486 s。根据人工辐照剂量与其对应的ESR信号强度,用最小二乘法对所测得的数据进行曲线拟合,并用外推法将拟合的曲线外推到信号强度为零的横坐标得出古剂量。样品所在环境中,U和Th元素的浓度与K_2O的百分比委托华中师范大学进行测定。年剂量率由测定样品的U、Th浓度,K_2O的含量、样品的含水量以及宇宙射线的贡献率(Prescott和Hutton,1994)来换算。研究表明,石英颗粒中的Ge对光照与研磨比较敏感,这两种机制都可使它的信号"归零"(Tanaka和Sawada,1986;Buhay等,1988;Ye等,1998;Mahaney等,1988;Yi,1997;Rink,1997)。本次测试的样品均采自海拔较高的地区,太阳光中紫外光的强度远比低海拔的地方大。因此,冰川沉积中石英颗粒的Ge芯理论上满足ESR测年中信号"归零"的这一先决条件,以往的研究也表明ESR技术对冰川沉积直接定年是可行和可靠的(Zhao等,2006;Xu和Zhou,2009;王杰等,2011)。

图 5-9-2　研究区采样点及部分样剖面

● 5.9.3 白马雪山冰川地貌的基本特点

白马雪山主峰扎拉雀尼附近海拔 3800 m 以上保存着典型的冰川遗迹。东坡侵蚀地貌以两条并列分布的长约 6 km 的冰川槽谷 A 和 B 最为典型(图 5-9-1b),槽谷源头、冰斗和冰坎发育。堆积地貌主要分布在槽谷内以及槽谷出口的山麓地带,槽谷 A 中发育有明显的 5 套冰碛物(图 5-9-1b)。

第一套冰碛物在海拔 4450 m 以上,一道清晰的侧碛垄保存在海拔 4620~4400 m 处,前缘延伸到一小型冰蚀湖,在冰碛垄和冰蚀湖之间发育有一段短小宽浅的冰川槽谷。暴露的冰碛物剖面以砾石为主,棱角明显,基本上无磨圆,砾石上可见擦痕,细颗粒砂土较少,风化程度较低,主要成分为灰岩和砂岩等。

第二套冰碛物主要分布在海拔 4230~4400 m 处,延伸约 1 km,由三道冰碛垄组成。这三道终碛垄表明了这一时期冰川发育过程中至少有 3 次明显的退缩阶段。从冰碛垄暴露剖面的沉积物上看,沉积物粒径较大,以砾石为主,呈棱角状,风化程度较低。在槽谷谷坡的缓和处还生长有高山杜鹃等灌木。

第三套冰碛分布海拔为 3920~4100 m,由多道冰碛垄组成。这一时期的冰川地貌受到后期严重破坏,尤其是槽谷 A 底部发育有现代溪流,溪水冲开终碛垄,在河谷两侧留下数条切开的弧形终碛垄。在槽谷 A 南北两侧还断续保存着侧碛。这一时期冰川作用沉积物多为森林覆盖,暴露剖面显示符合冰碛物的基本特点,混杂堆积结构,基质含量相对增多,但砾石大多数还是呈棱角状,少数呈次棱角状。

表 5-9-1　白马雪山 ESR 测年结果

实验室号	野外号	位置	海拔（m）	样品物质	U（ug·g⁻¹）	Th（ug·g⁻¹）	K₂O（%）	含水量（%）	古剂量（Gy）	年剂量（Gy·ka⁻¹）	年龄（ka）
11588	BM-1	28°20′16.7″N, 98°58′09.9″E	4500	灰褐色细砂	2.94	7.57	2.19	2	111±16	3.48	32±4.5
11587	BM-2	28°20′16.9″N, 98°58′09.9″E	4320	灰褐色粗砂	2.87	6.54	2.27	2	64±8.3	3.45	19±2.5
11586	BM-3	28°20′33.2″N, 98°59′55.2″E	4130	黄褐色粗砂	3.09	7.79	2.58	3	218±26	3.83	57±6.8
11585	BM-4	28°20′26.6″N, 99°00′13.4″E	4090	红褐色砂质粘土	3.10	8.53	2.08	13	204±27	3.04	67±8.7
11584	BM-5	28°20′40.5″N, 99°00′29.8″E	4110	灰褐色细砂	2.75	8.31	2.96	3	686±89	4.14	166±22
11583	BM-6	28°20′41.6″N, 99°01′46.1″E	4060	黄褐色细砂	2.41	7.57	2.81	5	302±42	3.72	81±11
11582	BM-7	28°20′41.6″N, 99°01′08.2″E	4060	黄褐色粗砂	2.29	8.16	3.33	4	609±73	4.30	142±17
11581	BM-8	28°20′37.1″N, 99°01′22.9″E	4050	灰绿色细砂	2.48	12.28	3.22	17	297±42	3.85	77±11
11580	BM-9	28°20′27.7″N, 99°02′12.6″E	3960	深棕色土样	1.94	13.31	6.74	14	434±52	6.74	64±7.7
11579	BM-10	28°20′21.1″N, 99°02′28.5″E	3910	灰褐色细砂	2.33	10.22	5.62	4	1574±173	7.52	209±23
11578	BM-11	28°20′07.8″N, 99°02′37.3″E	3910	红褐色粗砂	3.07	8.01	2.56	3	458±60	3.83	120±16
11577	BM-12	28°20′09.5″N, 99°02′41.3″E	3900	深褐色粗砂	2.83	8.31	3.46	3	829±91	4.61	180±20
11576	BM-13	28°20′31.4″N, 98°58′42.8″E	3900	黄褐色粗砂	2.61	9.63	3.18	4	664±66	4.34	153±15
11575	BM-14	28°20′07.2″N, 99°02′44.4″E	3890	灰褐色粗砂	2.74	8.31	3.17	3	2053±267	4.32	475±62

第四套冰川沉积物主要分布在海拔4090 m以下,末端海拔在3900 m左右。侧碛垄起点位于白马雪山自然保护站东北方向,延伸约4 km,走向基本与槽谷平行,最前端出谷口处有近500 m走向变为140°,横向拦住谷口。整条侧碛垄相对高约100 m,由于后期流水侵蚀,分割严重,且被茂密的植被遮盖,形态不易辨识,但仍可清楚地辨别整条侧碛垄的轮廓,而且侧碛垄上的树木有明显起伏。侧碛垄表层发育土壤,表层以下是冰碛物,沉积物组成特征为混杂堆积,成分主要为小块砾石和沙砾,颗粒粒径较小,风化程度较高,在槽谷口还分布一条终碛垄。

第五套冰川沉积物主要分布在槽谷A出口的外侧,沉积物分布的下限在3800 m。沉积物剖面基质组成以砂为主,带有少量(10%~20%)砾石,且砾石的后期磨圆度较好,冰碛物的风化作用较深。这一时期大部分冰川地貌形态已被侵蚀破坏,只有部分冰川沉积物组成的垄状地形,其上游一端接近第四套沉积物中的冰川终碛垄末端,而下游则可到达山麓底部的珠巴洛河沿岸。这一时期保留的侧碛垄上布满高山植被灌丛,地表土壤层发育较厚。

●5.9.4 结果分析

ESR年代仅BM-1年龄与地貌出现较大偏差,结果与地貌明显不符,其余结果则基本符合地貌地层学推断的新老关系。

绝对年代结果指示,白马雪山地区晚第四纪以来至少发育5次冰川作用,分别对应中梁赣冰期、倒数第二次冰期、末次冰期早期、末次冰盛期和新冰期/小冰期,地貌分布位置如图5-9-1。

第一套侧碛垄ESR测年结果为(32±4.5)ka,与相对地貌法确定的冰期有一定出入,很可能是埋藏之前的信号没有"归零",导致测得的年代数据较老。根据相对地貌位置以及冰碛物的结构特点与风化程度,认为该套冰碛垄形成于新冰期/小冰期。第二套冰碛垄ESR测年为(19±2.5)ka,这一时期的冰川沉积物形成于末次冰盛期(LGM),相当于深海氧同位素MIS2。第三套冰碛垄由多道终碛垄组成,其中5条终碛垄样品ESR测年分别为(57±6.8)ka、(67±8.7)ka、(81±11)ka、(77±11)ka和(64±7.7)ka。冰碛物年代多集中在50~80 ka,应为末次冰期早期冰川作用的产物,相当于MIS4。第四套冰川沉积物ESR测年结果为(166±22)ka、(142±17)ka、(209±23)ka、(153±15)ka、(120±16)ka和(180±20)ka,这一时期的冰川沉积物属于倒数第二次冰期,相当于MIS6。第五套冰川沉积物的ESR测年为(475±62)ka,相当于MIS12,地貌和沉积物的风化程度指示这一时期的冰碛物对应中梁赣冰期。

●5.9.5 讨论与结论

白马雪山位于横断山脉腹地,其冰期历史对于恢复特定时段的气候环境具有重要的指示意义。研究表明,白马雪山与位于横断山脉南端的玉龙雪山、中段的沙鲁里山有不同的冰期系列。玉龙雪山的主峰为5596 m,而白马雪山的主峰为5429 m。玉龙雪山的冰期系列最早MIS16~20阶段的玉龙冰期年代为(697.1±139.2)ka BP,中梁赣冰期冰川发育的年代为448~524 ka(郑本兴,2000;赵希涛等,1999,2007)。横断山脉中段沙鲁里山(稻城、雀儿山等)海拔超过5000 m的山体中,冰川作用的启动时间相对较早,可以追溯到昆仑冰期(0.6~

1.1 Ma),稻城库照日河谷附近的稻城冰期 ESR 测定的年代是 571 ka,相当于 MIS16(许刘兵等,2005;周尚哲等,2004)。而白马雪山最早冰期开始则相对较晚,从 MIS12 开始山体高度进入冰冻圈并有冰川发育,中梁赣时期冰川发育的时间为(475 ± 62)ka。至中梁赣冰期,横断山脉发育了另外一次大规模的冰川作用,玉龙雪山、稻城、白马雪山等地保存着该期的冰川遗迹。此后,该地区依次发生倒数第二次,末次冰期早、晚两个阶段以及全新世的冰进。

通过对青藏高原地区及其周围山地的冰川研究,许多学者发现 MIS3b 冷阶段(54 ~ 44 ka)导致多处山地发生冰川前进,如横断山脉的其他一些邻近山地——点苍山(Yang 等,2007)、千湖山(张威等,2012)、雀儿山(欧先交等,2013)、贡嘎山(王杰等,2012)、沙鲁里山(Fu 等,2013)等,以及青藏高原上的一些地区也有相关的研究数据(刘耕年等,2011;易朝路等,1998;赵志中等,2007;陈艺鑫等,2011;王杰,2010),这些都符合古里雅冰芯记录揭示 MIS3b 的冷湿气候特征(姚檀栋等,1997;施雅风和姚檀栋,2002)。但在本节研究区中,没有发现末次冰期中期(MIS3b)的年代数据,有待深入研究。

白马雪山冰期系列的另外一个特点是,最早的冰川作用开始于中梁赣冰期,没发现更老的冰川作用遗迹,似乎暗示该区冰川发育受到构造隆升的控制,即该区是在 450 ka 左右才进入冰冻圈的,而海拔高于白马雪山的玉龙雪山、沙鲁里山等地则具有更早的冰川作用遗迹(许刘兵等,2005;郑本兴,2000;赵希涛,1999),这可能与山体的抬升历史早,山体先进入雪线,从而更早地发育了冰川作用有关。青藏高原在第四纪期间的上升是脉动式的,这种脉动式的上升与北半球冰期的发生存在着某种共轭的关系(李吉均,2005)。许多学者经过研究可知,青藏高原的脉动式抬升是黄河周期性下切并溯源侵蚀的主要原因。兰州黄河的阶地 T1(15000 a)、T2(50000 a)、T3(0.15 Ma)和 T4(0.6 Ma)的形成时期分别相当于深海氧同位素的 2、4、6 和 16 阶段(李吉均,2005)。青藏高原的脉动式抬升对北半球环流形式产生了重大影响,并对冰期气候和冰川发育起着强化作用。

结合青藏高原边缘一批海拔 4000 ~ 4500 m 的山地只发育末次冰期的冰川遗迹(张威和刘蓓蓓,2014),进一步表明,横断山脉第四纪冰川发育与青藏高原的脉动式抬升具有一定的对应关系。

第6章 | 青藏高原边缘山地晚第四纪冰川发育的控制性因素

近年来,以青藏高原及其边缘山地为依托,地貌与第四纪工作者对中国第四纪冰川的发生、发展、分布及其相应的机制形成了比较系统的认识(李吉均等,2004;易朝路等,2005;Liu等,2006;赵井东等,2011a;张威等,2012b;朱大运和王建力,2013),从新的理论视角提出中低纬度的第四纪冰川有可能是气候与构造耦合作用的结果(施雅风等,1995,1999;李吉均,1999;崔之久等,2011;张威等,2013b)。

在中国西部第四纪冰川研究逐步深入的同时(郑本兴,2000;周尚哲等,2001;王杰等,2005;许刘兵等,2005;Yang等,2006;赵井东等,2007),中国东部及其东亚沿海一带的第四纪冰川发育规律研究也取得了长足的进展。

一方面,研究揭示出与中国西部乃至其他地区不同的特点(李吉均,1992;崔之久等,2003),如东亚沿海区的山地和岛屿第四纪冰川作用的冰期启动晚;末次冰期中早期(MIS3/4)大于盛晚期(LGM/MIS2);冰川依赖于季风冬雨(雪)型降水等(崔之久等,2000;Cui等,2002;Shi,2002;Ono等,2004;张威等,2009)。另一方面,研究对于中国东部低海拔山地第四纪冰川作用也提出了相应的看法和新证据(韩同林和郭克毅,1999;徐兴永等,2005;吕洪波等,2006;景才瑞等,2010;朱银奎,2014),如提出了不同于中国西部自然梯度型的低海拔山地第四纪冰川发育模式——寒潮入侵型(赵松龄,2010);第四纪冰川的发生时间也可能大大提前,冰川的发生不仅仅局限于末次冰期(Chen等,2014)。上述研究进展促使地貌与第四纪工作者认真审视这些新成果,在地貌与气候上开展了一系列的相关研究,主要集中在中国东部低海拔山地是否存在第四纪冰川地貌证据(施雅风,2010;王为等,2011),是否存在适合冰川发育的气候环境(施雅风,2011;赵井东等,2013)冰川平衡线高度是否超过当时的山体等方面(刘耕年等,2011;苏珍等,2014;张威和刘蓓蓓,2014b)。

这些研究推动了中国第四纪冰川研究向前发展。无论是低纬度地区还是中纬度地区,气候与构造对中国第四纪冰川发育的影响均有所显现。然而,具体到每个研究区域,还缺乏系统性研究。下面就对不同的区域进行对比,分析并讨论影响晚第四纪冰川发育的基本控制性因素,对冰川的发育机制进行探讨。

6.1 气候和地貌对晚第四纪冰川发育差异性的影响

本节选取西风带影响区的天山,西风与季风共同控制的祁连山,东亚季风影响下的贺兰山、太白山以及台湾山脉为研究对象,以具有年代数据的冰川遗迹为依托,就中国西部西风带与东部季风气候区影响下的冰期系列、冰川作用性质以及冰川发育规模进行探讨,分析影响冰川作用的主要因素。该分析结果对于深入研究我国东、西部地区第四纪冰川分布规律、探索冰期成因等具有重要意义。

6.1.1 区域地理背景

根据现代和推断的末次冰期降水资料,施雅风(Shi,2002)将中国从沿海至内陆地区粗略划分为季风区与非季风区,并将季风降水区分为强季风降水区(东亚沿海地区)和弱季风降水区(内陆地区)。本节考察的几个主要山地即位于西风带和强季风降水与弱季风降水共同作用区(图6-1-1),从西向东依次为天山、祁连山、贺兰山、太白山和台湾山脉。其中,天山位于研究区的最西部,习惯上划分为西、中、东三部分,中天山平均海拔高度4000~6000 m,而西天山和东天山平均海拔高度4000 m以上。西天山年平均降水量300~1000 mm,东、中天山年平均降水量200~450 mm,天山年平均气温2.1~7.1℃(魏文寿和胡汝骥,1990;李江风,2006)。祁连山平均海拔5000 m左右,最高峰团结峰海拔5826.8 m,祁连山年平均降水量300~700 mm,年平均气温-12~9℃(施雅风等,2011;尹泽生和徐叔鹰,1992)。贺兰山位于我国季风区与非季风区分界线,平均海拔高度1600~3200 m,主峰敖包疙瘩海拔3556 m,贺兰山年平均降水量430 mm,年平均气温-0.8℃(Zhang等,2012a)。太白山平均海拔3400~3700 m,最高峰八仙台海拔3767 m。太白山北麓眉县年平均降水量606 mm,年平均温度12.9 ℃。北麓西端太白县,年平均降水量752.6 mm,年平均气温7.5℃(田泽生,1981)。台湾山脉平均海拔3500 m,最高峰玉山海拔3950 m。台湾山脉年平均降水量2500 mm(郭恩华和陈海平,1997),3—11月平均气温24~30℃,2—12月平均气温16℃(Christina,2006)。

6.1.2 研究区冰期系列与冰川规模

6.1.2.1 冰期系列

研究资料表明,西部地区在晚第四纪时期的冰川特点是冰期历史长、冰川规模大和冰期序列较为完整(表6-1-1)。以我国东天山为代表的乌鲁木齐河流域为例,第四纪冰川遗迹主要集中在470 ka以内,分别对应小冰期、新冰期、近冰阶、末次冰盛期、末次冰期中冰阶(MIS3b)、末次冰期早冰阶、倒数第二次冰期、中梁赣冰期(Chen,1989;王宗太,1991;Yi等,1998b;施雅风,1995;王靖泰,1981;易朝路等,2001;Kong等,2009;Zhao等,2006;李世杰,1995)。中天山是天山最大冰川作用中心,冰川发育与东天山基本一致。其中,主峰托木尔峰南麓的阿特奥依纳克河流域冰川沉积系列包括中早全新世冰进、新仙女木(YD)冰进、近冰阶、末次冰盛期、末次冰期中冰阶(MIS3b)、末次冰期早冰阶、倒数第二次冰期、中梁赣冰期

（Zhao 等，2009；赵井东等，2006）。而主峰西南坡的托木尔河流域，通过 ESR 测得冰碛阶地年代为（18.7±1.3）ka、（20.1±1.5）ka、（20.8±1.7）ka，是末次冰盛期产物，同时存在中梁赣冰期产物（赵井东等，2009c）。在托木尔峰以南的木扎尔特谷口附近发现了阿合布隆冰期，推断其形成年代为距今 0.8～0.4 Ma（施雅风，2006），但由于冰碛与冰水沉积现已胶结成岩，而且受到强烈构造变动影响，无法测出具体年代。此外，该研究区还存在末次冰盛期、末次冰期中冰阶、末次冰期早冰阶和倒数第二次冰期的冰川遗迹（Zhao 等，2010；赵井东等，2009b）。与此形成鲜明对比的是，西天山冰期历史较中、东天山短，存在小冰期、新冰期、末次冰盛期、末次冰期中冰阶（MIS3b）、末次冰期早冰阶、末次间冰期（MIS 5）、倒数第二次冰期（Xu 等，2010；Michele 等，2008；Narama 等，2007，2009）。祁连山的冰期历史与天山大致相同。祁连山晚第四纪时冰川遗迹主要集中在 460 ka 内，有新冰期、近冰阶、末次冰盛期、末次冰期晚期、末次冰期中冰阶（MIS3b）、末次冰期早冰阶、倒数第二次冰期和中梁赣冰期（周尚哲等，2001a；伍光和，1984b；赵井东等，2001a，2001b；史正涛等，2000；郭宏伟等，1995；Zhang 等，2006）。相对于天山和祁连山，贺兰山、太白山和台湾山地晚第四纪冰期最突出的特点是冰期历史较短，但是冰川作用的阶段性明显。根据我们对贺兰山的考察与 OSL 年代数据，将贺兰山的冰期系列划分为新冰期、相当于晚冰期的 YD 冰进、末次冰盛期和末次冰期中冰阶产物，分别对应深海氧同位素的 MIS1，MIS2，MIS3（Zhang 等，2012a）。早期运用相对地貌法确定太白山存在末次冰期早、晚两个阶段的冰进，即太白一期和太白二期。外国学者采用 TL 年代测定方法，对黑河谷地上游最内侧的冰碛垄内的基质进行测定，得出（19±2.1）ka 的年代数据（Rost，1994），认为该期冰进对应末次冰盛期（LGM）。我们在 2009 年对分布在主峰八仙台南侧的两级冰坎进行宇宙暴露核素（^{10}Be）测年，也得到了 13～15 ka 发生冰退的初步结果。台湾山地的第四纪冰川作用主要发生在雪山、南湖大山和玉山。其中，崔之久基于 TL 测得雪山有末次冰期早/中期、末次冰盛期、末次冰期晚期的冰川遗迹，其最老的冰进历史与 Hebenstreit 基于 OSL 测得的年代数据一致。包括 OSL 和 CRN 两种方法的新测年数据均指示南湖大山保存着新冰期、全新世早中期和 YD 冰进产物（崔之久等，1999；Hebenstreit 等，2006，2011；Hebenstreit，2006；Siame 等，2007）。

表 6-1-1 中国典型第四纪冰川年代数据

山体(m)	MIS	冰期序列	形成时代	依据	测年地点	资料来源
天山乌鲁木齐河流域(4476)	1	小冰期	(1538±20)A.D.	地衣	1号冰川终碛垄	(Chen,1989;王宗太,1991)
			(1777±20)A.D.			
			(1871±20)A.D.			
			(390±211)a BP	AMS^{14}C	—	(Yi 等,1998)
			(420±150)a BP			
		新冰期	2.8 ka BP	地衣	气象站和北道班附近终碛垄	(施雅风,1995)
			(1680±110)a BP	AMS^{14}C	第二套冰碛	(Yi 等,1998)
	2	近冰阶	(14 920±750)a BP	AMS^{14}C	上望峰冰碛	(王靖泰,1981)
		末次冰盛期	27.6 ka BP	ESR	上望峰冰碛	(易朝路等,2001)
			9～21ka BP	^{10}Be	冰碛物	(Kong 等,2009)
	3b	末次冰期中冰阶	(35±3.5)ka BP	ESR	上望峰冰碛	(Zhao 等,2006)
			37.4 ka BP	ESR	上望峰冰碛	(易朝路等,2001)
			(37.7±2.6)ka BP	TL	下望峰冰碛层底部河流沉积沙	(李世杰,1995)
			(41.8±5.4)ka BP			
	4	末次冰期早冰阶	(54.6～72.6)ka BP	ESR	下望峰冰碛平台上部	(易朝路等,2001)
	6	倒数第二次冰期	(171.1±17)ka BP	ESR	下望峰冰碛平台下部	(Zhao 等,2006)
			(176±18)ka BP	ESR		
			(184.7±18)ka BP	ESR		
	12	中梁赣冰期	477.1 ka BP	ESR	高望峰冰碛	(周尚哲等,2001a)
			(459.7±46)ka BP	ESR		(周尚哲等,2001a;Zhao 等,2006)

续表

山体（m）	MIS	冰期序列	形成时代	依据	测年地点	资料来源
天山阿特奥依纳克河流域（6342）	1	中早全新世	（7.3±0.8）ka BP	OSL	科契卡尔巴西冰川末端冰碛中冰水沙	（Zhao 等，2009；赵井东等，2006）
	2	YD	（12.3±1.2）ka BP	OSL	第二套冰碛	
		近冰阶	（15.0±1.5）ka BP			
		末次冰盛期	（18.3±1.8）ka BP	ESR	依什塔拉冰川U形谷口冰碛	
			（21.5±2.2）ka BP	ESR	达乌孜科勒苏河东岸冰碛	
			（27.2±2.7）ka BP	ESR	距科契卡尔巴西冰川末端约3 km处冰碛	
	3b	末次冰期中冰阶	（51.3±5.1）ka BP	ESR	第三套冰碛	
			（54.4±5.4）ka BP		科契卡尔巴西冰川融水与依什塔拉冰川融水汇合处冰碛	
			（46.5±4.7）ka BP		—	
	4	末次冰期早冰阶	（62.3±5.8）ka BP	ESR	第四套冰碛	
			（56.1±5.6）ka BP		红山附近对应于第四套冰碛的冰水沉积	
	6	倒数第二次冰期	（155.8±15.6）ka BP	ESR	第五套冰碛	
			（234.8±23.5）ka BP			
	12	中梁赣冰期	（453.0±45.3）ka BP	ESR	冰碛平台（青山头）冰碛	
天山托木尔河流域（7435.3）	2	末次冰盛期	（18.7±1.3）ka BP	ESR	第一、第二级冰碛阶地	（赵井东等，2009c）
			（20.1±1.5）ka BP			
			（20.8±1.7）ka BP			
	12	中梁赣冰期	（418.9±40.2）ka BP		第五套冰碛	
天山木扎尔特河流域（7435.3）	2	末次冰盛期	（13.6－25.3）ka BP	ESR	破城子多列终碛垄	（Zhao 等，2010；赵井东等，2009b）
	3b	末次冰期中冰阶	（39.5~40.4）ka BP			
	4	末次冰期早冰阶	（64.2~71.1）ka BP			
	6	倒数第二次冰期	208.1 ka BP		河流相砾石层	

山体(m)	MIS	冰期序列	形成时代	依据	测年地点	资料来源
祁连山 (5254.5)	1	新冰期	(6920±78)a BP	AMS[14]C	长沟寺一级阶 地上古土壤	(周尚哲等,2001a)
			(3110±120)a BP	AMS[14]C	岗什卡沟阻塞硫磺 沟U形谷的冰碛垄	(伍光和,1984b)
			(2530±120)a BP	ESR		
	2	近冰阶	13.4 ka BP	ESR	第三套冰碛	(赵井东等,2001a)
		末次冰盛期	18.7 ka BP		冈龙沟冰碛丘陵前缘	(史正涛等,2000)
		末次冰期晚期	(25.615±0.37)ka BP	AMS[14]C	白水河冰碛垄 后泥质样品	(郭宏伟等,1995)
	3b	末次冰期中冰阶	49.3 ka BP	ESR	仙米沟U形谷 谷肩冰碛	(史正涛等,2000)
			36.7 ka BP	ESR	白水河左侧冰碛丘陵	(史正涛等,2000)
			(31.150±0.76)ka BP	AMS[14]C	—	(史正涛等,2000)
			(55.8±5.0)ka BP	ESR	白水河右侧冰碛丘陵	(周尚哲等,2001a)
			(35.7±3.6)ka BP	ESR	老龙湾侧碛上部	
			(39.9±4.0)ka BP	ESR	老龙湾侧碛上部	
	4	末次冰期早冰阶	73.0 ka BP	ESR	岗什卡右侧冰 碛丘陵上部	(赵井东等,2001a)
			>37.378 ka B	AMS[14]C	冷龙岭白水 河出口冰碛	(史正涛等,2000)
	6	倒数第二次冰期	135.3 ka BP	ESR	长沟寺冰碛	(史正涛等,2000)
			(141.7±11.4)ka BP	TL	长沟寺冰碛冰水 阶地上覆黄土	(周尚哲等,2001a)
	12	中梁赣冰期	462.9 ka BP	ESR	第六套冰碛	(赵井东等,2001b)
			(405.3±40)ka BP		冰水堆积物	(周尚哲等,2001a)
贺兰山 (3505)	1	新冰期	(3.4±0.3)ka BP	OSL	麓家台冰斗东部 侧碛垄冰碛	(Zhang 等,2012a)
		YD冰进	(12.0±1.1)ka BP		麓家台冰坎出口 侧碛垄	
	2	末次冰盛期	(9.3±1.4)ka BP	OSL	麓家台冰坎出口 侧碛垄上覆黄土	
	3b	末次冰期中冰阶	(43.2±4.0)ka BP		麓家台冰坎下方 冰碛平台沉积物	

山体(m)	MIS	冰期序列	形成时代	依据	测年地点	资料来源
太白山 (3767.3)	2	近冰阶	13~15 ka BP	10Be	八仙台南侧的 两级冰坎	(张威等,2013b)
		末次冰期晚期	(19±2.1)ka BP	TL	黑河谷口谷地上 游侧碛垄冰碛物	(Rost,1994)
	4	末次冰期早期	—	—	—	
台湾雪山 (3884)	2	YD冰进	(10.68±0.84)ka BP	TL	黑森林冰碛物	(崔之久等,1999; Hebenstreit,2006)
		近冰阶	(14.28±1.13)ka BP			
		末次冰盛期	(18.62±1.52)ka BP			
	3b	末次冰期中冰阶	(44.25±3.72)ka BP	OSL	"三六九"山庄附 近的冰碛垄	
			(51±10)ka BP			
			(56±4)ka BP			
台湾南湖 大山(3740)	1	新冰期	(3.3±0.9)ka BP	OSL	冰碛物	(Hebenstreit等,2006; Hebenstreit等,2011; Siame等,2007)
		中早全新世	9.5 ka BP	10Be		
			(7±1)ka BP	10Be		
			(10±3)ka BP	10Be		
	2	YD冰进	(11.1±2.5)ka BP	OSL		
			12~15 ka BP	10Be		

6.1.2.2 冰川规模

相对于极地和高纬地区,考察的几处山地冰期系列规模演化特点也很明显(图6-1-1)。西部山地冰川规模普遍呈逐步减小趋势(刘泽纯等,1962)。其中,乌鲁木齐在中梁赣冰期,即MIS12冰舌末端高度达到3000 m左右,谷首位置在山北道班岩盆后的大冰坎处,海拔高度为3600 m,槽谷的平均宽度为1500 m,深约100 m,比降0.41%(施雅风,2006)。王靖泰推测当时冰川可能为平顶冰川或冰帽冰川,但有冰舌外流,冰川宽缓而薄,分布面积较以后各次冰期都大(王靖泰,1981)等特点。此外,通过对比冰川长度我们发现,阿特奥依纳克河流域冰川在MIS6、4、3、2、1冰舌长度分别为37 km、35 km、31 km、31 km、27 km(Zhao等,2009;赵井东等,2006);托尔河流域冰川在MIS6、2、1阶段冰舌长度分别为70 km、60 km、47 km(Zhao等,2009);木扎尔特河流域冰川在MIS6、4、3、2阶段冰舌长度分别为120 km、99 km、95 km、94 km(Zhao等,2010;赵井东等,2009c)。由此,我们可以得出天山的冰川规模具有逐步减小的发育特点。与天山相比,祁连山的冰川规模演化与天山整体相似,在团结峰南坡冰川发育规模由老至新分别为25 km、13 km、10 km、8.5 km(刘泽纯等,1962);而冷龙岭白水河出口形成长达3 km的多道终碛系列,^{14}C测年证明被推挤变形的老冰碛形成早于37.38 ka,而后部终碛则仅为11 ka(史正涛等,2000)。这个结论与肖清华等在对祁连山冰川规模的讨论中,通过统计祁连山地区5次冰期雪线下降值,以及相应的温度、降水变化的数据,反映出中更新世以来祁连山地区雪线不断上升、冰川规模越来越小的结论相一致(肖清华等,2008)。西部冰川规模之所以逐渐变小,原因可能是我国西部高山高原地处中亚内陆,气候干燥,在新构造上升运动不断加强、山体高度不断增大的条件下,特别是其周围山地的大幅度抬升,进一步阻碍了太平洋和印度洋湿润季风的进入,西风带来的降水至此也为数不多,因而使气候变得更加干燥,不利于冰川的发展,以致规模逐渐变小。此外,各个山系在末次冰期时的最大冰川扩展时间也不尽相同。西天山局部冰川规模最大时期发生在 MIS3,并存在 MIS5 冰进。而我国中、东天山局部冰川规模最大时期发生在 MIS4(Xu 等,2010)。在考察的东部几处山地中,现有绝对年代数据显示,冰川的最大规模可能发生在末次冰期中冰阶。如贺兰山近期确认的 MIS3b 冰进,台湾雪山地区发育的山庄冰阶等,丰富了东亚季风区末次冰期冰川规模早期大于晚期的结论。

●6.1.3 冰川发育差异性影响因素分析

对于中低纬度而言,应该明确的是所谓冰川发育的构造与气候之间的耦合,其含义是指只有在构造抬升的背景下,配合当时的冰期气候,才有可能发育冰川,反之不一定成立,即只有冰期气候,而没有构造抬升导致的高度效应,冰川是不会出现的。下面讨论问题的基础就有赖于此。虽然二者之间的关系非常紧密,但要想确定出二者之间的定量关系,又是极其困难的,本节将从气候与构造因素两个方面进行简单的定性讨论。

6.1.3.1 气候因素

研究表明,受春、秋季和冬季降水影响的地区有利于冰川发育,而介于青藏高原西北部和东亚沿海岛屿与山地之间的地区,受夏季降水影响不利于冰川发育(崔之久和张威,2003)。天山位于我国西部,受春、秋季降水影响,有利于冰川发育。但如果单纯考虑西风影响带来的丰沛降水,那么当西风到达中亚地区时,水汽应从西天山向东天山依次减少。通过横向和纵向对比冰期系列与规模可以发现,西天山的冰期历史短,而中、东天山的历史长,从西风控制的水汽来源上讲,西天山的丰沛降水是有利于冰川发育的,但是其冰期历史却短暂,所以就气候本身不好分析。此外,单纯从气候上看,西天山在末次冰期时的最大冰进规模发生在 MIS3,但是为什么中、东天山的最大冰进规模却发生在 MIS4 呢? 而且地貌证据显示,在 MIS2 和全新世时,东天山和中天山的冰川规模要比西天山大一些,给人的印象就是西天山和中、东天山的冰川规模演化在同一时间呈现此消彼长的特点。对于 MIS2 和全新世阶段中、东天山冰川规模扩展优越于西天山的现象,有学者解释是中纬度西风带和东亚季风在不同时间上存在相互进退关系。对此,我们认为这与其他环境指标显示的气候演化并不一致,或者说缺少证据支持。与现代相比 MIS2 季风降水西界是向东南方向移动的,因为在末次冰盛期时,世界洋面下降最低,两极冰盖推进最远,气候严寒而干燥,我国东部黄海与渤海大陆架全部出露成陆地,海岸线向东退缩 500 ~ 600 km,所以东亚季风向西北的深入不会太深。由此我们可以推断,单一地分析季风与西风进退关系已经不能解释冰川规模在局部地区所产生的差异。本节认为,西天山在地理位置更为偏西,受西风系统影响是可以解释的。也就是说,西天山在倒数第二次冰期(MIS6)时山体才达到雪线高度开始发育冰川。而此时,中、东天山由于先期隆起或者隆升的幅度比西天山大,从而先进入雪线发生过一次冰进,这样就合理地解释了中、

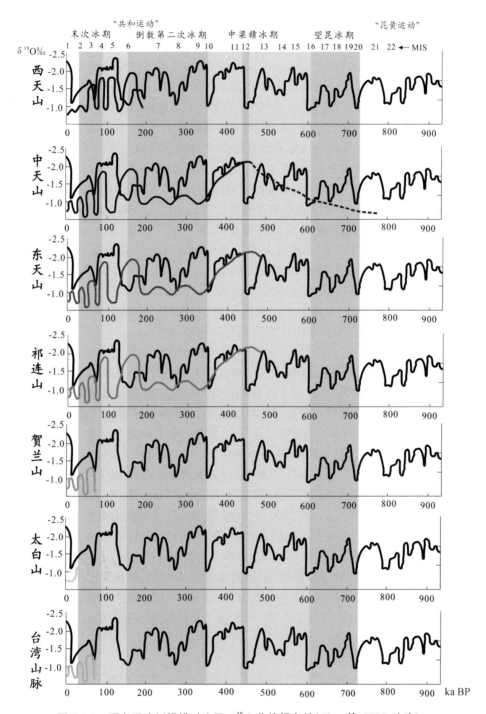

图 6-1-1　研究区冰川规模对比图,δ¹⁸O 曲线据文献(Zhou 等,2006,略改)

东天山的冰期历史为什么长,同样也可以说明中、东天山末次冰期早期时(MIS4)的冰川规模大于西天山的原因。然而,如果一味地强调构造因素,也不足以解释这种区域差异。如西天山的最大冰进规模发生在 MIS3,而此时中、东天山的冰川规模却不大,这很可能要得益于

MIS3 西风环流的增强,使整个亚洲大陆中、高纬度海平面气压都下降,导致西伯利亚高压减弱,中、东天山的降水不如西天山,所以表现为冰川规模发育相对较小。

处于季风降水影响区的贺兰山、太白山以及台湾山地,冰川规模均是末次冰期的早、中期大于末次冰盛期,这与气候条件逐渐变干燥有关。也就是说,尽管 LGM 时期的全球气温普遍大幅度下降,但是降水条件却普遍减弱,因此冰川规模呈现逐渐缩小的态势。这与欧洲、北美的许多山地冰川的最大前进规模发生在 LGM 时期有很大的不同,这个规律在日本地区也是非常明显的。然而,尽管说纵向对比末次冰期的最大冰川前进规模没有发生在 MIS2 阶段的末次冰盛期,但是如果从横向上来看,贺兰山、太白山与台湾山脉同时期冰川规模相比却是存在一定的差异。台湾雪山末次冰期的山庄冰阶段冰川长 4.5 km,末端降低到海拔 3100 m,平衡线高度 3300 m,而相当于末次冰盛期的冰碛物冰川长 3 km,末端海拔高度 3500 m(崔之久等,1999);贺兰山和太白山地区此时发育的却是冰斗 - 山谷冰川,贺兰山 MIS3 的冰川末端降至 2800 m,太白山的冰川末端 3000 m 左右。太白山和贺兰山主要受丰沛夏季降水影响,当夏季气温升高超过一定值时,降水增加反而加剧了冰面的融化和冲刷,导致冰川规模退缩。台湾季风夏季降水多于冬季,但海洋所包围的岛屿或沿海山地冬季降水均较丰富,降雪量大,所以冰川发育规模比贺兰山、太白山大。由此看出,即使同一季风系统条件下,由于地理位置、水热条件的不同,也可以引起冰川规模演化的区域差异。

此外,在天山、祁连山、贺兰山和台湾山地均有 MIS3b(44～54 ka)时期的冰碛物。根据古里雅冰芯中稳定同位素记录 MIS3 存在一个时间较长的冷事件(Yao 等,1997),将 MIS3 划成 a、b、c 三个亚阶段,3b 阶段代表一个冷湿期,这个冷湿阶段是导致冰川前进的直接原因(施雅风和姚檀栋,2002)。祁连山东段、贺兰山、台湾山系由于受季风环流影响,有比末次冰盛期(MIS2)更大规模的 MIS3b 冰进阶段,这与由丰富的降水时间与年差周期变化引起的较强的太阳辐射而引发的季风环流密不可分(Owen 等,2002a,2002b;Zech 等,2003;Kamp 等,2004)。天山受西风环流控制,在 MIS3 中期,较强的夏季西风波动使得该区降水增加,导致多个冰川作用区发现了 MIS3b 冰进产物(贾玉连等,2000,2001,2004;施雅风等,2002;Zhang 等,2002;杨保和施雅风,2003;Jia 等,2001;赵井东等,2007)。太白山虽然没有可靠数据显示存在 MIS3b 冰进,但是对于分布在内侧碛外围的高侧碛的形成时间,大多数研究者倾向于末次冰期早期。同时,在贺兰山麓家台附近基于 OSL 已测出(43±4.0)ka 冰碛产物(Zhang 等,2012a)。太白山与贺兰山同处弱季风带,山体高度也基本相同,在地理位置上贺兰山比太白山更偏西,受强季风影响小,降水量少于太白山,然而贺兰山发现的 MIS3b 产物,让我们有理由相信太白山也应该存在该阶段冰进产物,只是由于年代数据不全而没有得到进一步确证。

6.1.3.2 构造因素的影响

青藏高原隆升对第四纪冰川发育与演化影响深远,现有研究资料表明:无论是现代冰川还是第四纪冰川都是以山地为依托而发育的,山地抬升与全球性冰期气候的耦合是青藏高原及其周边山地冰川发育的根本原因(崔之久等,2011)。早更新世至中更新世初期的"昆仑 - 黄河运动"(1.1～0.7 Ma),使得青藏高原台面进一步抬升到 3000 m 以上,达到了冰川发育的临界高度(崔之久等,1998)。继"昆仑—黄河运动"之后,150 ka BP 前后发生的"共和运动"使青藏高原显著抬升,抬升区域也进一步扩大,基本达到了今天青藏高原的高度和广度。

有数据显示,当时黄河在龙羊峡口深切入黄土砾石层及下伏基岩底座,切割深度达到900～1000 m(李吉均等,1996)。受"共和运动"的影响,青藏高原周围的天山和祁连山山体高度进一步抬升,冰川规模进一步扩展。此时,青藏高原面已经普遍进入冰川发育的临界高度,结合全球气温降低的外界影响,青藏高原周围地区全面进入冰川作用期,这也标志着中国第四纪冰期的全面启动。深海氧同位素曲线记录表明控制气候波动的主周期由41万年的轨道倾斜率周期转型为10万年的轨道偏心率周期的气候转型,直接导致了全球温度的明显降低和冰盖的扩大(施雅风,1998b)。天山中、东段和西段冰期历史的差异,虽然有学者用气候条件进行解释,但是构造运动在其中也一定扮演着重要的角色。也就是说,受青藏高原抬升影响,天山西、中、东三个部分的抬升时间或是幅度是有所不同的,即天山中、东段和祁连山率先达到雪线高度,因此在MIS12(甚至更早),天山中段和东段即有冰川的发育,而西天山由于山体海拔高度不够,没有冰川形成。而在随后的倒数第二次冰期之前,也就是MIS6,山体持续抬升与当时的低温相结合,使得中天山和东天山的冰川规模得到进一步扩展。与此同时,西天山也达到了雪线高度,同时该处又是西风带的迎风面,带来大量降水,西天山借助这次低温和丰沛降水的优势,冰川规模得到迅速扩张。在末次冰期MIS3/4,贺兰山、太白山、长白山、日本以及台湾山脉首次经历了冰川作用,而在此前并没有冰川发育,很可能说明这些山地只有在末次冰期时由于强烈的新构造运动,导致山体抬升从而进入雪线,才孕育了冰川的发育。如台湾地区的新构造运动是强烈的,依据不同的指标确定的隆升速率结果也不尽一致,范围在几毫米到十几个毫米之间。目前,在讨论台湾地区的新构造运动时,多采用每年5 mm的数据,我们进行过测算,即使是将冰川作用的开始时间定在50 ka BP,山体的隆升高度也在250 m左右(张威等,2008c),所以新构造运动导致的山体抬升在台湾地区非常明显。类似的现象在内陆地区同样存在,如在研究贺兰山时,采用适中的3.5 mm的隆升速率(Zhang等,2012a),则末次冰期中期(MIS3)的冰川发生时,贺兰山的山体高度已经在雪线以上了。

小节

对中亚西风环流与东亚季风环流影响下的冰川演化差异性研究可以得出以下结论:

(1)西部山地的冰期启动时间早且冰期系列完整,绝对年代证据显示其发生在450 ka左右的中梁赣冰期,依次为倒数第二次冰期、末次冰期早冰阶、末次冰期中冰阶、末次冰盛期、近冰阶、全新世早中期冰进、新冰期和小冰期,冰川发育规模自中更新世中期以来冰川规模逐渐减小。

(2)东部的冰期历史短,只集中在75 ka以来的末次冰期,冰川作用阶段性明显。

(3)东西部地区冰川发育规模和冰期系列的差异表明,影响冰川发育的因素不仅仅是区域气候,构造驱动引起的地形差异也起着相当重要的作用。

6.2 中国低纬度地区中更新世以来冰川发育与成因探讨

青藏高原东南缘山地主要受来自孟加拉湾的西南季风的影响,是研究青藏高原隆升的良好地点。台湾山脉位于亚欧大陆与菲律宾海交界处破碎带的延伸处,气候上冬季受东亚东北风的影响,夏季受东南季风的影响。虽然两者处于不同的构造单元,但是山体纬度位置相当,本节即选取青藏高原东南缘山地的玉龙雪山、点苍山、拱王山以及台湾山脉进行对比,探讨可能影响冰川发育的构造和气候因素。

● 6.2.1 研究区的概况

青藏高原东南缘山地包括点苍山(4122 m)、玉龙雪山(5596 m)和拱王山(4344 m),地理坐标位于 25°34′~27°40′N,99°57′~103°20′E 之间(图 6-1-1),山脉大致呈 NNW—SSE 向倾向。在气候上,该地区主要受西南季风、东南季风、高原季风的共同影响(钟雷,2010),以西南季风为主,属于海洋性季风区,每年的 6—10 月为雨季,降水较多,11 月—次年 4 月受南支西风急流的控制,降水较少。年均温 15.1~21.7℃,年降水量 1200~2500 mm(邓合黎等,2009)。本区是联系青藏高原和东太平洋沿岸山地的关键部位,在构造上位于青藏高原的边缘,中国第二、三级阶梯的过渡地带的川滇菱形块体内。台湾山脉位于亚欧大陆与菲律宾海交界处的破碎带的延伸处,气候上冬季受东北风的影响,夏季受东南季风的影响,目前的气候条件是冬季风强于夏季风。台湾山脉现代年平均气温为 21℃,北部年平均气温 21.5℃、中部 11.3℃、南部约 24.9℃。年降雨量为 2616.8 mm,6—8 月降雨最明显(吴坤悌等,2006)。

● 6.2.2 冰期系列

6.2.2.1 青藏高原东南缘山地冰期系列划分

点苍山冰川自奥地利学者 Wissmann 命名为"大理冰期"(杨建强等,2007)后,就一直被广泛应用,陈钦峦(陈钦峦和赵维城,1997)等通过航片目视判读点苍山的冰川地貌并划分了三个冰期,即大小海子冰期、大理冰期Ⅰ期、大理冰期Ⅱ期,对沉积物进行了 ESR 测年,并认为在凤羽镇西南 5 km 处为一高约 3250 m 的古夷平面上保存着与丽江冰期相当的"倒二"冰期(140.35 ka BP)(况明生和赵维城,1997),测年数据如表 6-2-1 所示。崔之久(杨建强等,2007)等人对点苍山地区进行实地考察,认为大理冰期Ⅰ期和大理冰期Ⅱ期比较有参考价值,不存在较老的"倒二"冰期的冰川遗迹,依据 TL 测年得出的年代数据大多数属于末次冰盛期(15~18 ka BP)、晚冰期和新冰期的冰川遗迹。

玉龙雪山地区的冰期比较齐全,任美锷等(1957)划分出大理和丽江两次冰期,谢又予(施雅风等,1989)等划分了"倒三"冰期、"倒二"冰期、末次冰期、新冰期和小冰期。赵希涛等(赵希涛等,1999,2007)认为本区存在四次冰川作用。与之一起参加考察的郑本兴(2000)认为本区可能存在三次冰川作用,两者都进行了 ESR 测年(表 6-2-1),末次冰期都采用白水河北岸林营所附近的低侧碛堤的[14]C 测年数据。

拱王山发育了末次冰期和倒数第二次冰期,末次冰期还可划分为晚冰期、冰盛期、末次冰期早期。TL 测年(张威和崔之久,2003)晚冰期为 10 ka,冰盛期为 18~25 ka,末次冰期早期为 40~50 ka,而"倒二"冰期为 100~110 ka。况明生(况明生等,1997)认为在妖精塘 - 牛牭坪地区最老的一次冰期的 ESR 测年为 0.154 Ma BP。对应着倒数第二次冰期,他还认为拱王山地区新冰期没有发育冰川,广泛分布在妖精塘附近的石环以及大型石冰川底部土样的[14]C 测年为(3280±50)a,认为新冰期期间拱王山牛牭坪地区以冰缘作用为主。

6.2.2.2 台湾雪山冰川系列划分

台湾高山有无末次冰期的冰川遗迹,一直是地学界长久争论的问题,日本学者和大陆学者支持台湾高山有第四纪冰川作用的观点,但是台湾地学界也有学者反对存在冰川作用的观点(詹新甫,1960;徐铁良,1990)。直到 1998 年,崔之久(崔之久等,1999;Cui 等,2002)等考察了雪山主峰地区第四纪冰川,证实了第四纪冰川的存在并对冰期进行了划分:雪山冰期、水源冰期、山庄冰期。测年数据如表6-2-1 所示。Hebenstreit 和 Bose(Hebenstreit 等,2006;Hebenstriert 和 Bose,2003)通过 OSL 测定了台湾雪山、南湖大山、玉山冰碛物的年代,结果显示在台湾地区的测年分别为(55 ±4)ka BP、7 ~ 11.1 ka BP、3.3 ~ 1.1 ka BP。其中测年结果为(55 ±4)ka BP 的冰碛物就是崔之久等人通过 TL 确定的台湾末次冰期早期为(44.25 ±3.72)ka BP 的冰碛物,虽然两者的测年方法不同,得出的数据相差1.1 万年,但都能表示末次冰期早期的冰川作用,而 7 ~ 11.1 ka BP、3.3 ~ 1.1 ka BP 的两次冰川作用记录则属于新发现(张威等,2009)。何立德(Siame 等,2007)等人对南湖大山的 23 个样品进行 [10]Be 测年,结果显示年代在(5.7 ±2.5) ~ (15.5 ±5.1)ka BP 之间。

●6.2.3 冰期系列的对比

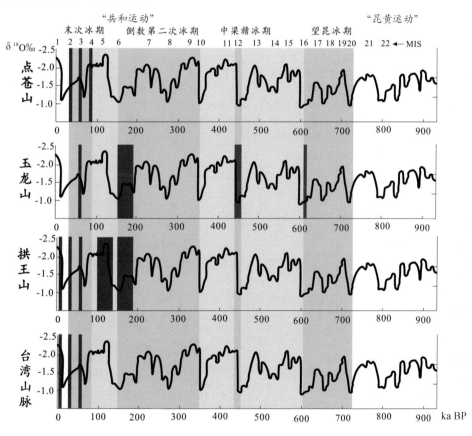

图 6-2-1　深海洋同位素与冰期对比图

所研究的几处山地,冰期历史均比较短,这符合亚洲中、低纬度地区冰川发育的基本规律(图6-2-1)。如目前发现最老冰期的玉龙雪山(5596 m) MIS16 发育的"玉龙冰期"(相当于昆仑山垭口地区的昆仑冰期)(伍永秋等,1999),ESR 年代数据介于 0.6 ~ 0.7 Ma ,其起始时间明显晚于两极和高纬地区;依次发育相当于中梁赣冰期的干海子冰期,ESR 年代数据为 0.53~0.45 Ma,冰川作用在其他几处山地均不存在;之后发育相当于倒数第二次冰期(古乡冰期)的丽江冰期,年代数据为(257.2±51.4)ka,该期冰川作用在拱王山地区比较发育,在点苍山地区也有倒数第二次冰期的说法(陈钦峦和赵维城,1997;况明生和赵维城,1997;万晔等,2003),并有年代学的支持,但是经崔之久等人的现场实地考察,认为证据不充分。在点苍山和台湾山脉等地,最明显的特点就是只发育了末次冰期的冰川遗迹,而且随着新测年手段的不断应用,冰川作用的阶段性特点日益凸显出来,几乎涵盖了末次冰期的早、中、晚三个阶段(表6-2-1)。

表6-2-1 青藏高原东南缘山地与台湾山脉具有绝对年代的冰期系列对比表

山体名称	主峰海拔(m)	MIS	冰期序列	形成年代(ka BP)	测年方法	文献来源
点苍山	4122	MIS3b	末次冰期中期	30~40	OSL	
		MIS2	末次冰盛期	15~18	TL	
		MIS4	末次冰期早期	57.60	ESR	
玉龙雪山	5596	MIS2	末次冰盛期	16.10	ESR	(赵希涛等,1999,2007a)
		MIS6	"倒二"冰期	140.35	ESR	
		MIS16	玉龙冰期	700~600	ESR	
		MIS12	干海子冰期	530~450	ESR	
		MIS6	"倒二"冰期	310~130	ESR	
		MIS12	中梁赣冰期	592.6±118.5	ESR	
		MIS6	"倒二"冰期	257.2±51.4	ESR	
		MIS3	末次冰期	24.018±1.335	[14]C	
拱王山	4344	MIS1	晚冰期	10	TL	
		MIS2	末次冰盛期	18~25	TL	
		MIS3b	末次冰期中期	40~50	TL	
		MIS5d	"倒二"冰期	100~110	TL	
		MIS6	"倒二"冰期	154	ESR	
雪山	3884	MIS1	末次冰期晚期	10.68±0.84	TL	(崔之久等,1999;Cui 等,2002)
		MIS2	末次冰盛期	14.28±1.13(上)	TL	
				18.26±1.52(下)	TL	
		MIS3b	末次冰期中期	44.25±3.72	TL	
玉山南湖大山	3952 3740	MIS3	末次冰期早期	55±4	OSL	(Hebenstriert 等,2006;Hebenstriert 和 Bose,2003;Siame 等,2007)
		MIS1		3.3±1.1	OSL	
		MIS1		7~11.1	OSL	
		MIS1		5.7~15.5	[10]Be	

● ▬▬ 成因探讨

6.2.4.1 构造对冰川发育的影响

1. 青藏高原东南缘

从上述冰期系列的对比可以看出,玉龙雪山的冰期历史最长,自 600~700 ka 就开始了冰川作用,而在邻近地区的点苍山和拱王山此时却没有冰川作用,如拱王山只有到倒数第二次冰期时才开始冰川作用,点苍山等地更是在末次冰期时才开始真正意义上的冰川发育。它们同处于横断山脉青藏高原的东南缘,在相似的气候背景条件下,为什么冰期历史会有早晚之分呢? 这里面最容易让人想到的就是构造在其中起了作用。事实上也可能如此,从中国冰川发育与构造运动的相互关系来看,二者的紧密程度主要体现在"昆黄运动"和"共和运动"对冰川发育的影响上,先期发生的"昆仑—黄河运动"可能是导致玉龙雪山玉龙冰期出现的原因,其晚幕可能导致中梁赣和丽江冰期的出现。而后,随着"共和运动"的影响,山体继续上升,一些起初并不高的山地持续隆起进入雪线,从而发育了冰川,如云南拱王山隆升速率较高,达到 2.3 mm/a(张威等,2005),发育了 100 ka 左右的冰川作用冰期。而像点苍山和老君山等海拔在 4000~4500 m 的山地中,依然是凭借山体的后续隆升而创造了有利于冰川发育的环境。下面以点苍山、玉龙雪山、拱王山为例来阐述山地的冰川发育与构造运动的关系。

玉龙雪山和点苍山均位于大理地块上,但是由于其所处的边界位置不同,从而山体的抬升速率就有差异,这可能与控制山体隆升的边界断裂有关。玉龙雪山抬升的断裂包括东部丽江断裂、西部剑川断裂、东北部大具断裂,这三条断裂将玉龙雪山切割成独立的菱形块体,将玉龙雪山与周围的山地分割开来(石许华等,2008)。点苍山主要受大理地块南侧红河断裂的影响(王二七等,2006);拱王山位于川滇菱形块体内部小江盆地与普渡河盆地之间(张威等,2005)。据陈富斌(陈富斌和徐毅峰,1992)研究,川滇一带上新世夷平面是在 330 万年前开始抬升解体的,之后以不同的速率隆升。表 6-2-2 的各个山体的隆升速率显示:在早更新世时点苍山和玉龙雪山的隆升速率分别 0.9~1.0 mm/a 和 1.6~1.8 mm/a(段建中等,2001),玉龙雪山的隆升速率近似于点苍山的 2 倍,也就是说,在早更新世时玉龙雪山的隆升速率明显高于点苍山;而到晚更新世时,玉龙雪山和点苍山的隆升速率分别为 4.7 mm/a(李峰和薛传东,1999)和 1.7 mm/a(王凯元等,1983),点苍山的隆升速率约为玉龙雪山的 3 倍,也就是说,晚更新世时点苍山的隆升速率不仅仅改变了早更新世时落后于玉龙雪山的状况,反而超过了玉龙雪山。换言之,在晚更新世之前,由于点苍山的隆升速率小于玉龙雪山,因而玉龙雪山先达到当时的雪线高度并发育了最老的冰期——玉龙冰期,而此时的点苍山由于隆升速率小,山体的高度达不到当时的雪线高度,故而此时并未发育冰川。而到晚更新世时期,点苍山的隆升速率远远超过了玉龙雪山的隆升速率,于是点苍山赶上了冰川发育的末班车,发育了末次冰期。这从隆升速率的值同样可以给出合理的解释,点苍山末次冰期雪线为 3700~3900 m(崔之久等,2002),海拔高 4122 m,如果将末次冰期起始时间定为 75 ka 年(刘东生等,2000),按照晚更新世以来 4.7 mm/a 的隆升速率计算,末次冰期以来点苍山隆升了 352 m,那么末次冰期开始时点苍山的实际高度为 3770 m,恰好位于当时的雪线之上,于是点苍山末次冰期时开始发育冰川。晚更新世时拱王山的隆升速率为 2.3 mm/a,介于玉龙雪山(1.7mm/a)和点苍山(4.7mm/a)之间,说明拱王山也如后起之势追赶玉龙雪山,但追赶得不似点苍山那样强烈(表6-2-2)。然而,一种现象应引起注意,即在全新世时,玉龙雪山、点苍山、拱王山均发育冰川,但目前只有玉龙雪山发育现代冰川,单纯用构造抬升来解释不同山体之间的冰川发育差异的话,则全新世(10 ka)时,三处山地的隆升速率分别为 3.0 mm/a(李峰和薛传东,1999)、2.3 mm/a(冉勇康等,1991)和 0.5 m/a(计凤桔等,1998),对应的上升高度分别为 30 m、23 m 和 5 m,这么小的差值不足以说明冰期系列的差异,显然还是受气候条件的制约。

表 6-2-2　三处山体不同时段的隆升速率

山体	时段	隆升速率(mm/a)	参考文献
点苍山	更新世以来	0.9 ~ 1.0	(段建中等,2001)
	晚更新世	4.7	(李峰和薛传东,1999)
	全新世以来	2.3	(冉勇康等,1991)
玉龙山	更新世以来	1.6 ~ 1.8	(段建中等,2001)
	晚更新世	1.7	(王凯元等,1983)
	全新世以来	3.0	(李峰和薛传东,1999)
拱王山	更新世以来	—	
	晚更新世	2.3	(张威等,2005)
	全新世以来	0.5	(计凤桔等,1998)

2. 台湾地区

台湾碰撞造山带位于菲律宾海板块与亚欧板块的交汇处,东北面为东北—近东北向的琉球沟–弧–盆系,东侧为西北向运动的菲律宾海板块,向南为近南北走向的吕宋岛弧(郑彦鹏等,2003)。台湾陆核曾是华夏古陆的一部分,其雏形可追溯到早古生代以前。自晚古生代以来,台湾长期处在大陆边缘海西–印支期地槽环境,新生代晚期到第四纪早更新世以来,受新构造运动的影响,台湾地区发生均衡上升,形成一系列复杂的褶皱带(胡东生和张华京,2004)。依据 Hebenstreit(2006)等不同研究者对台湾山脉晚更新世以来的抬升速率进行综合分析,认为 5 mm/a 的抬升速率比较符合实际情况,因此,本节也采用 5mm/a 的速率进行分析。

从台湾山脉的冰期系列上看,这里只发育了末次冰期的冰川作用,而且就目前的年代结果来说,很可能这里的冰川作用是在 55 ka(雪山地区)之后才开始的,最新的年代结果多集中在末次冰盛期和全新世之间(崔之久等,1999;Cui 等,2002;Hebenstriert 等,2006;Hebenstriert 和 Bose,2003;张威等,2009;Siame 等,2007)。从全球冰期气温的大背景来看,台湾地区的冰川作用应该是与新构造运动密切相关的,即强烈的新构造抬升导致台湾山体快速抬升,进而在末次冰期时达到了雪线高度,从而发育了冰川。粗略计算的结果表明,台湾雪山地区 55 ka 年以来山体隆升高度达 275 m,超过了末次冰期早期时的雪线高度(3400 m)(崔之久等,1999);而在倒数第二次冰期时,山体的高度大约在 3000 m,不具备冰川发育的高度条件。

综上可以看出,青藏高原东缘山地与东亚沿海的台湾山脉处于不同的构造单元,但一些海拔在4000 m左右的山地只发育有末次冰期的冰川作用,共同指示了强烈的构造抬升对冰川发育的深刻影响。假设没有构造抬升的作用,那么在全球冰期气候的大背景下,这些山地也应该发生更老的冰川作用。

6.2.4.2 气候对冰川发育的影响

冰川发育的前提条件是要有合适的气候,而气候(气温和降水)又决定了雪线的高度,故而可以通过雪线高度的变化来分析气候的变化情况。现代理论雪线的计算采用 Ohmura(Ohmura 等,1992)提出的公式 $P = 645 + 296T + 9T^2$,其中 P 代表全年平均降水量,T 代表6—8月的平均气温。玉山采用玉山本身的气象站(Hebenstrreit,2006)资料(3845m),但由于玉龙雪山、拱王山、点苍山本身并未建立气象站,因而采用所属地区的地面气象站资料,分别是丽江气象站(2393m)(王宇,1996)、东川气象站(3900 m)(张威等,2005)和大理气象站(1990m)(王宇,1996)。通过各气象站资料,可以计算出各个山体的现代理论雪线及现代理论雪线处的气温(表6-2-3);通过各个山体的隆升速率,可以计算出末次冰期(75 ka)以来的山体隆升量,从而恢复末次冰期雪线的实际高度,将计算出的现代理论雪线与恢复的各个山体末次冰期时的雪线做差,进而求出末次冰期的雪线降低值,再利用气温垂直递减率0.6℃/100 m 来计算末次冰期的雪线处气温到现代理论雪线处的气温降低值。玉龙雪山、拱王山、点苍山现代理论雪线处的气温分别为0.98℃、1.2℃、1.33℃,而台湾玉山的气温高达6.75℃,四个山地的气温满足纬度地带性规律,即纬度越高,气温越低。末次冰期早期,玉龙雪山、拱王山、点苍山、台湾玉山的雪线降低值分别为1220 m、1423 m、1630 m、928 m,对应气温较现代降低7.3℃、8.5℃、9.8℃、5.6℃。从雪线降低幅度以及降温幅度来看,玉龙雪山、拱王山、点苍山与 Iwata 等(1995)所得出的滇西北晚更新世玉龙雪山、老君山、雪邦山、点苍山的古雪线降低1000~1200 m、降温6~7℃的结论基本吻合,其中的差值主要是是否考虑构造抬升对雪线的影响所致。而台湾玉山的雪线降低值以及降温幅度不仅比处于同纬度的点苍山小,也比纬度稍高一些的拱王山和玉龙雪山小,可见台湾玉山的冰川发育状况应该不如横断山脉好,但事实却是台湾山脉末次冰期也发育有相当规模的冰川,可见影响冰川发育的因素不单是气温,还有降水因素的影响,在气温不太利于冰川发育的前提下,降水补偿了气温的损失进而促进了冰川的发育。气温控制冰川的消融,降水控制冰川的积累,如果气温较高、消融加快,那么相应的降水就要增加以补偿气温升高引起的消融,以寻求积累消融的平衡。从 Ohmura 的公式也可以看出,随着气温的升高,理论雪线处的降水也是相应增大的,并且温度和降水组合决定了冰川的性质、类型和演化。

表 6-2-3　各个山体的现代理论雪线、末次冰期雪线降低值、末次冰期气温降低值

山体名称	现代理论雪线(m)	未考虑构造抬升的末次冰期雪线(m)	构造抬升量(m)	考虑构造抬升的末次冰期雪线(m)	末次冰期雪线降低值(m)	现代理论雪线处气温(℃)	末次冰期降温值(℃)
玉龙雪山	25193	4100	127	3972	1220	0.98	7.3
拱王山	5000	3750	172	3577	1423	1.2	8.5
点苍山	5068	3800	362	3437	1630	1.33	9.8
台湾玉山	3953	3400	375	3025	928	6.75	5.6

■■■ 小节

（1）几处低纬度山地冰期系列以及抬升速率表明构造对冰川发育具有主导作用。

（2）玉龙雪山、拱王山、点苍山、台湾玉山的现代理论雪线分别为 25193 m、5000 m、5068 m、3953 m，考虑构造抬升的末次冰期雪线降低值分别为 1220 m、1423 m、1630 m、928 m，末次冰期6—8月降温值分别为 7.3℃、8.5℃、9.8℃、5.6℃，可以看出：台湾山脉的气温条件不如青藏高原东南缘山地有利于冰川发育，但是台湾山脉同样发现大规模的末次冰川作用，可见气温和降水因素共同影响冰川发育。

6.3　滇西北晚第四纪冰川发育的特点与影响因素

本节对滇西北地区海拔 4000～4500 m 山地的冰川发育特点进行探讨，从中寻求一些启示。

■■■ 研究区地质地理背景

滇西北地区受大河切割强烈，山顶发育宽缓的夷平面，大多海拔超过 4000 m（李炳元，1989）。本区受西南季风、西太平洋副热带高压、西风带南支和高原季风多种气候系统的影响（殷勇等，2002）。大部分地区的夏季降水为锋面降雨，西南季风和西风南支急流的季节更替，控制了云南绝大部分地区的气候，主要表现为：年温差较小而日温差大，冬季温暖，年降雨量中等而季节分配不均，干季少雨干燥（姜汉侨，1980）。区内植被发育且南北差异明显，由北而南依次为高山灌丛草甸、山地硬叶常绿阔叶林和山地针叶林、山地常绿阔叶林，森林上限达 4200～4300 m（郑度，1988）。滇西北地区新构造运动十分强烈，具有明显的继承性、间歇性和掀斜性，上升幅度从西北向东南逐渐减弱（赵维城，1998）。研究区出露的主要地层岩性为灰岩、板岩、花岗岩（云南省地质矿产局，1985）。

▇● ▇ ▇ 滇西北山地(4000～4500 m)晚第四纪冰川发育的基本特点

6.3.2.1 地貌特点

滇西北山地第四纪冰川作用的地貌特点,最主要的是依托海拔4000 m左右的夷平面,这些上新世晚期形成的与青藏高原统一的夷平面,经过后期的不断抬升而到达现今的高度。南部的老君山(4247 m)、北部千湖山(4249 m)、石卡雪山(4449 m),冰川的形态特点以早期小型的冰帽以及流入支谷的山谷冰川为主,在冰川地貌演化过程的后期发育冰斗冰川,冰川物理类型为海洋性冰川。冰川的侵蚀地貌主要是冰期时未经冰帽覆盖而幸存下来的柱状山峰(如三处山地的主峰及其附近的若干山峰)、冰岛型槽谷(依托夷平面发育的冰帽之下选择侵蚀而形成无粒雪盆和冰斗的槽谷,即溢出冰川的通道)、冰斗、冰蚀洼地、冰坎、岩坎,分布的海拔高度在3600～4500 m之间。冰川的堆积地貌则是由不同类型的冰碛地貌所组成,如散乱分布在夷平面之上的冰碛丘陵(老君山和千湖山)、流入支谷的侧碛垄、被限制在冰斗内部的侧碛垄和终碛垄、指示冰川作用下限的终碛垄。在滇西北地区,由于山高谷深而且各地存在一定地貌差异,冰川作用的下限也不尽相同。总体特点是南侧的冰川作用下限相对低一些,如老君山的冰川作用下限为3320 m,点苍山的冰川作用下限为3400 m左右,千湖山的冰川末端大约在3550 m,石卡雪山的冰川作用下限在海拔3650 m左右。冰川作用末端随纬度增加而升高的特点很可能与降水条件有关。

6.3.2.2 晚第四纪冰川作用的启动时间与规模

从已有的考察与测年结果来看,所研究的几处山地的冰川发生时代基本上限制在末次冰期的范围。其中,千湖山保存着末次冰期早期(MIS4)、末次冰期中期(MIS3),以及末次冰盛期(MIS2)的冰川遗迹(张威等,2012c)。点苍山的冰期序列与千湖山基本一致,光释光(OSL)和热释光(TL)的年代结果显示,该地的冰川作用时限也不早于末次冰期(Yang等,2007)。虽然况明生和赵维城(1997)认为罗坪山凤羽镇西南5 km、海拔3250 m的古夷平面上保存着"倒二"冰期的冰川遗迹,但经崔之久等人对点苍山地区的系统考察,认为不存在较老"倒二"冰期的冰川遗迹,释光(Yang等,2007)(TL和OSL)所做的年代数据大部分集中在末次冰盛期(17～21 ka)、晚冰期、新冰期,同时发现了MIS3b冰进的证据。虽然老君山、石卡雪山的绝对年代数据还没有最终结果,但是据Iwata等(1995)人运用相对地貌法所确定的数据,老君山、雪邦山等地冰川遗迹大约形成于末次冰期。

从所研究的几处山地来看,千湖山与点苍山的冰川规模是末次冰期中期(MIS3)大于末次冰盛期(LGM),这与已有测年数据的横断山脉其他几处山地末次冰期冰川发育的特点相吻合,如滇东北的拱王山(Zhang等,2005),末次冰期的冰川前进最大规模发生在(40.92±3.4)ka;贡嘎山的燕子沟、磨西台地、南门关跃进坪的冰碛物测年显示,发生于(29.3±1.4)～(58.0±6.3)ka年代范围的末次冰期中期冰进规模最大(张威等,2012c);雀儿山硬普沟(Xu等,2010)、当子沟(欧先交等,2013)保存的(47.3±4.7)～(58±5)ka时期的冰川遗迹规模也大于末次冰盛期。稻城库照日河谷(王建等,2006;许刘兵和周尚哲,2009;许刘兵等,

2004a)以及折多山口末次冰期中期的冰川规模也不亚于甚至大于末次冰盛期。

6.3.2.3 冰川平衡线的分布特点

1.现代平衡线的分布特点

由于石卡雪山、千湖山、老君山、雪邦山、点苍山均无现代冰川发育,故而现代平衡线应用公式 $P = 645 + 296T + 9T^2$（其中,T 为 6—8 月夏季平均气温,P 为年平均降水量）来计算（Ohmura 等,1992；Benn 和 Lehmkuhl,2000）。Hebenstreit 等（2006）曾应用此公式计算台湾的现代平衡线,张威等（2008c）也通过此公式计算长白山的现代平衡线,得到了良好效果。应该指出,公式中的气温和降水应该取自平衡线处,然而在所研究的几处山地中,平衡线附近均无气象站,因此,本节选用距离平衡线较近的气象站气温和降水数据进行计算。其中,石卡雪山和千湖山均位于云南香格里拉（原中甸）地区且相距不远,因而现代平衡线的计算采用中甸地面观测站（3276 m）的气象数据（王宇,1996；明庆忠等,2011）,老君山和雪邦山采用丽江地面观测站（2393 m）的气象数据（王宇,1996）,点苍山采用大理地面观测站（1990 m）的气象数据（王宇,1996）。根据前人的研究成果,温度递减率以丽江地区的气温递减率为标准,即高度每上升 1000 m,气温降低约 6℃（李吉均等,1996）。在计算过程中,采用了 Ohmura 等（1992）统计所得的 200 mm 标准误差,该值对应的温度值为 0.57℃。运用上述数据计算得出,石卡雪山、千湖山、老君山、雪邦山、点苍山的现代理论平衡线分别为（5312 ± 100）m、（5312 ± 100）m、（5193 ± 100）m、（5193 ± 100）m、（5073 ± 100）m（表 6-3-1）。计算结果显示:滇西北地区的现代平衡线随着纬度的升高而不断升高（图 6-3-1）,从纬度最低的点苍山（25°34′N）到石卡雪山（27°48′N）,平衡线的差值约为 300 m,表现出与平衡线分布的纬度地带性相反的规律,说明滇西北地区的现代平衡线高度更主要地受控于来自印度洋的季风降水。

表 6-3-1　各个山地现代与末次冰期平衡线高度

山体	经纬度 （E,N）	海拔高度 （m）	现代平衡线 （m）	TSAM （m）	CF （m）	Hofer （m）	末次冰期 平衡线(m)	夷平面高度 （m）
石卡雪山	99°36′ 27°48′	4449	5312	4050	4000	3895	3982	4300～4400
千湖山	99°30′ 27°30′	4249	5312	4025	—	3916	3970	4000～4100
老君山	99°43′ 27°01′	4247	5193	3878	—	3807	3842	4000
玉龙雪山	100°10′ 27°30′	5596	5193	—	—	—	4100	5000～5200
雪邦山	99°30′ 26°45′	4295	5193	3897	—	3776	3836	4000
点苍山	99°57′ 25°34′	4122	5073	3861	3805	3834	3833	3750～4000

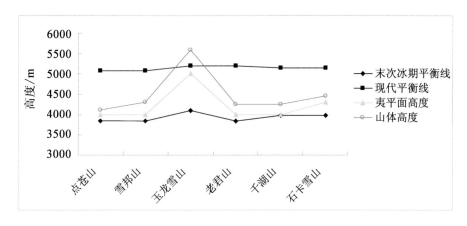

图 6-3-1　各个山地末次冰期平衡线、现代平衡线、夷平面高度及山峰高度分布图

2. 末次冰期平衡线的分布特点

对于重建末次冰期平衡线高度,学者们对于不同研究区以及不同的冰川地貌类型采用不同的计算方法(Benn 和 Lehmkuhl,2000;张威等,2008c;Porter,2001;Ono 等,2005;刘耕年等,2011),本节采用冰川末端到山顶高度法(TSAM)、冰斗底部高程法(CF)、冰川末端至分水岭平均高度法(Hofer)计算石卡雪山、千湖山、老君山、雪邦山、点苍山的古平衡线高度。此外,在研究区范围内,不同山体主峰周围海拔 3900～4100 m 高度普遍发育高山冰蚀与冰斗湖,李吉均认为这些冰川湖的湖面高程可以近似指示末次冰期的平衡线高度(李吉均等,1996),我们在确定古平衡线的过程中,也充分考虑了这些冰川湖的分布高程并相互参校,具体结果见表 6-3-1。

与现代平衡线的分布特点相似,末次冰期的平衡线展布也是从低纬度向高纬度逐渐升高,但是二者的变化幅度有所不同,如点苍山到石卡雪山末次冰期时的平衡线变幅大约 180 m,表明末次冰期时,影响冰川发育的滇西北地区气候格局与现代类似,只是气温更低、降水更少。

●6.3.3　讨论

6.3.3.1　关于末次冰期冰川规模演化

对于末次冰期早期和中期(MIS3-4)的冰川规模超过(或者不小于)末次冰盛期(LGM,MIS2),不同学者存有不同看法。Gillespie 和 Molnar(1995)认为在欧洲和北美地区,末次冰期冰川前进的最大规模早于末次冰盛期(LGM),可能的机制是冰川的发育主要受到降水的控制。在末次冰盛期时,如北美的阿拉斯加、墨西哥、西欧的比利牛斯山等地,由于风暴路径向南移动,造成降水量大减,干旱程度增加,从而限制了冰川发育的规模,而早于 LGM 时期,由于降水量丰富,冰川的规模比较大。近年来,人们将注意力集中到 MIS3 阶段的冰进规模上,如 Owen 等(2002a)在研究喜马拉雅山地区的冰川作用时,发现末次冰盛期并非发生在人们通常所认为的 MIS2,而是出现在 MIS3,究其原因是强太阳辐射引发的南亚夏季风增强并向北深入,导致喜马拉雅降水增加,有利于冰川积累,而 MIS2 低太阳辐射只能形成微弱的西南夏季风,给喜马拉雅山高海拔地区带来的降水稀少,限制冰川规模扩大。施雅风和姚檀栋(2002)检验中低纬度 MIS3b(54~44 ka)冰进规模大于 LGM 时,认为 MIS3b 时期降水较多,虽然降温幅度较小,但是寒冷湿润的气候仍然有利于冰川前进,而 LGM 时期全球严寒干燥的气候限制了山地冰川的前进。

然而,以 Owen 等为代表的观点却受到日本学者 Ono 等人的强烈质疑,如 Ono(郑本兴,2000)认为如果喀喇昆仑山和西喜马拉雅 MIS3 冰进真如 Owen 所说,是由于夏季风的增强所致,那么在东喜马拉雅地区,这个本该获得更多夏季降水的地方却未发现 MIS3 冰进的证据。因此,其认为喀喇昆仑山和西喜马拉雅 MIS3 冰进主要是由于西风带的增强,当然也有一些西南夏季风提供的水汽,并认为 LGM 时期的冰川前进主要由北半球的气温驱控,而 MIS3 的冰进似乎主要受控于水汽的多少。

限于当时具有绝对年代的考察地点相对还比较少,因此提出上述不同的看法是情有可原的。随着研究的不断深入,Ono 等用以推断 MIS3 冰川规模大于 MIS2 的原因可能是西风带增强的说法(东喜马拉雅没有发现比 LGM 更大规模的冰川遗迹)不断地被否定,如本节所提到的几个横断山脉的关键地点,均发育了 MIS3 的冰进系列,而且规模大于 LGM,这在很大程度上解决了 Ono 的困惑,也意味着 Owen 等提出的观点越来越合理。但是,这也绝对不意味着 MIS3 西风作用加强导致冰川规模增大的观点不可取,因为西喜马拉雅、喀喇昆仑等地完全可以受到来自西风带增强的降水,如赵井东等(2007)、王杰(2010)等在统计青藏高原及周边地区末次冰期中期冰进时,将研究区划分为季风环流区和西风环流区,MIS3b 时期虽然不同地区受控于不同的大气环流模式,但均形成较强的降水,并结合较低的温度,故而形成 MIS3b 时期比 LGM 更大规模的冰川前进。这样,在 MIS3 时,南亚季风与西风的影响范围就更值得在今后深入研究。

6.3.3.2 冰川发育与构造关系密切

冰川能否发育,关键是看山体或者冰川发育所依托的地形能否进入平衡线高度。构造活动控制着山体高度,气候条件控制着平衡线的高度,以此为切入点,以下讨论滇西北主要山地的冰川发生。

在末次冰期时,各个山体主峰均超过末次冰期平衡线,除了玉龙雪山高差达 1496 m,其他山体高差达 300~400 m。此外,各山体对应的夷平面也超过了冰川平衡线高度,为冰川的发育提供了非常有利的地势条件,如点苍山的夷平面高度为 3750~4000 m,雪邦山和老君山的夷平面高度为 4000 m 左右,千湖山的夷平面高度为 4100 m,石卡雪山的夷平面高度为 4300~4400 m,而相应的末次冰期平衡线高度分别为 3833 m、3836 m、3842 m、3970 m、3982 m。因此,这些山体依托夷平面开始发育小型冰帽,随着气候环境越来越不利于冰川的发育,各山地的现代平衡线相比末次冰期时大幅度上升,达 1000 m 左右,不能发育现代冰川。而玉龙雪山夷平面高度高出末次冰期平衡线达 1000 m,指示在末次冰期以前已远远超过当时的平衡线高度,这也正是为什么玉龙雪山存在更老冰川作用的缘由。但对于主峰海拔在 4000~4500 m 的山地来说,它们的冰期开始时间是晚更新世,也就是说,只有在晚更新世夷平面高度才会超过当时的平衡线,夷平面和平衡线之间的差值在 50~400 m 之间,故而只能依托山顶夷平面发育小型冰帽。

对于滇西北地区海拔 4000~4500 m 山地只发育末次冰期冰川作用这一现象,我们推断,此处的冰川发育是构造抬升使山体到达了冰川平衡线以上,并配合当时的冰期气候进而发育冰川。要想得出这一结论,还必须回答,末次冰期来临之前山体的高度并没有发生变化,而只是有当时的气候条件特别适合冰川发育的可能。研究显示,在 MIS16 时期,青藏高原出现了最大冰期(0.8~0.6 Ma),据施雅风等(1995)综合推断,当时的气温降低值为 6~8℃(平均7℃),而末次冰期时,气温降低值为 5~6℃。此外,恢复的青藏高原最大冰期时的降水量分别为:高原东南部 2000 mm、东北部 1500 mm、中部 1000 mm,相当于现代降水的 1.8~3.2 倍。由此我们不难看出,无论是气温还是降水条件,最大冰期时(0.8~0.6 Ma)具备更有利的气候条件。根据以上讨论,所讨论的几处山地当时应当发生冰川作用,然而,本节所涉及的一些海拔 4000~4500 m 的山地却没有更老的冰川遗迹,因此,认为气候条件到了末次冰期时更有利于冰川发育,从而发生冰川作用的说法站不住脚。另一方面,即使退一步讲,末次冰期时的气候条件对冰川发育有利,那么,当滇西北 4000~4500 m 的山地发生冰川作用时,高原上或者滇西北其他高大的山体,冰川作用应该更强烈,从而显示出更大的规模,然而,我们看到的现象是,那些最大冰期时发育冰川的山体,冰川规模却在逐渐减小,即冰川发生的最大规模时段根本不在末次冰期(郑本兴,2000;张志刚等,2012)。由此看来,单纯从气候的角度已经无法解释滇西北地区的一些山体只发生末次冰期的冰川作用,我们有理由相信,冰川的发生是构造和气候相耦合的结果。

◉ 6.3.4 小节

(1)滇西北海拔 4000~4500 m 山地的冰川作用主要依托海拔 4000~4300 m 的夷平面,千湖山、老君山、雪邦山、石卡雪山等地冰川演化经历了早期小型冰帽、流入支谷的山谷冰川,以及晚期的冰斗冰川阶段。冰川作用下限总体特点是南侧相对低,北侧相对较高,冰川作用末端随纬度增加而升高的特点很可能与降水条件有关。

(2)现代平衡线、末次冰期平衡线与夷平面的高度表明,冰川发育所依托的夷平面在末次冰期时超过古平衡线,从而发育小型冰帽,为冰川发育提供良好的地势条件。此外,现代平衡线表现出与平衡线分布的纬度地带性相反的规律,说明滇西北地区的现代平衡线高度主要受控于南亚季风降水,而末次冰期的平衡线分布走势与现代相近,表明影响冰川发育的气候格局与现代类似。

(3)古气温、降水数据、冰川规模演化以及冰期系列的差异说明:滇西北海拔 4000~4500 m 山地的冰川作用是构造和气候相配合的结果。

6.4 中纬度地区晚第四纪冰川发育的控制性因素

本节选取中纬度地区存在确切第四纪冰川遗迹的山地作为研究对象,对各个山地的冰期系列、冰川规模演化进行对比,并对造成各个山地冰川发育的差异性影响因素进行探讨。

区域背景

研究区主要位于亚洲中部,从西到东依次为横跨中哈两国的天山、阿尔泰山、祁连山、贺兰山、太白山、长白山和日本山地。天山位于研究区的最西部,划分为西、中、东三部分。托木尔峰为天山最高峰,海拔7435 m。位于哈萨克斯坦和吉尔吉斯斯坦的是西天山。祁连山位于河西走廊南部,平均海拔5000 m左右,最高峰团结峰海拔5826.8 m。阿尔泰山山脉高度一般在海拔3500 m以上,友谊峰(4374 m)为阿尔泰山的最高峰。贺兰山位于我国西北部,横贯于宁夏平原与阿拉善高原之间,为我国季风与非季风的分界线,山地呈北北东—南南西走向,南北长约250 km,东西宽20~40 km。海拔高度1600~3200 m,主峰3556 m。太白山是秦岭山脉的主脊,主峰八仙台海拔高度3767.2 m,是我国东部大陆上的第一高峰。长白山地区的最高峰是朝鲜境内的将军峰,海拔2749 m,中国境内的最高峰为白云峰,海拔2691 m。长白山是中国东部(105°E以东)数个被确认存在晚更新世冰川作用的山地之一。处于同一纬度的日本山地,与长白山隔海相望,最高峰为富士山,海拔高度3776 m。贺兰山以西主要受西风带的影响,贺兰山东侧则受我国季风影响。同时,贺兰山又是温带草原和荒漠草原的分界线,东部地区的年平均降水量要大于西部地区。

各个山地的冰进时序

对比研究区各山系第四纪冰川发育特点可以看出,尽管同处于中纬度地区,但冰进时序和冰川规模却存在较大差异,主要表现为:西部山地冰期历史长,冰期系列完整。已有的研究成果显示:最老的冰期历史可以追溯到40~50万年前的中梁赣冰期(周尚哲等,2001a),这可能是目前能够查明的最老的冰期启动时间,在天山地区、祁连山、阿尔泰山地区均有该期间的冰川遗迹。此后,西部各个山地的冰期系列表现得很完整,如倒数第二次冰期(Zhao等,2006,2009;李世杰,1995)、末次冰期(Zhao等,2009;李世杰,1995;Guo等,1995;赵井东等,2001a,2001b,2007;Xu等,2009)的各个阶段都有相应的表现,冰期系列分别与深海氧同位素的MIS12、MIS6、MIS4、MIS3b、MIS2和MIS1(江合理等,2012;Zhang等,2012a;周尚哲等,2001a;伍光和,1984a,1984b,1984c;Chen,1989;易朝路等,2001)阶段相对应。从冰川的发育规模上看,基本上是随着时间的推移,冰川作用规模依次减小。与此相对应的是,东部山地冰期历史表现出与西部地区截然相反的特点,即东部地区的冰期历史短暂,仅保留有末次冰期的冰川遗迹,基本上符合东亚地区冰川发育的基本特征。确切的年代数据表明,末次冰期早期或者中期(MIS4/3)的冰川规模大于传统意义上的末次冰盛期(MIS2),这与西部山地末次冰期冰川发育的规模演替相一致(表6-4-1)。

表 6-4-1　中国典型第四纪冰川年代数据

山体(m)	MIS	冰期序列	形成时代	依据	测年地点	资料来源
天山乌鲁木齐河流域(4476)	1	小冰期	(1538±20) A. D.	地衣	1号冰川终碛垄	(Chen,1989; 王宗太,1991)
			(1777±20) A. D.			
			(1871±20) A. D.			
			(390±211) a BP	AMS^{14}C		(易朝路等,1998)
			(420±150) a BP			
		新冰期	2.8 ka BP	地衣	气象站和北道班附近终碛垄	(Chen,1989)
			(1680±110) a BP	AMS ^{14}C	第二套冰碛	(易朝路等,1998)
	2	末次冰期晚期	(14920±750) a BP	AMS^{14}C	上望峰冰碛	(王靖泰,1981)
			27.6 ka BP	ESR	上望峰冰碛	(易朝路等,2001)
	3b	末次冰期中冰阶	(35±3.5) ka BP	ESR	上望峰冰碛	(Zhao 等,2006)
			37.4 ka BP	ESR	上望峰冰碛	(易朝路等,2001)
			(37.7±2.6) ka BP	TL	下望峰冰碛层底部河流沉积沙	(李世杰,1995)
			(41.8±5.4) ka BP			
	4	末次冰期早冰阶	54.6~72.6 ka BP	ESR	下望峰冰碛平台上部	(易朝路等,2001)
	6	倒数第二次冰期	(171.1±17) ka BP	ESR	下望峰冰碛平台下部	(Zhao 等,2006)
			(176±18) ka BP			
			(184.7±18) ka BP			
	12	中梁赣冰期	477.1 ka BP	ESR	高望峰冰碛	(周尚哲,2001; Zhou 等,2002a)
			(459.7±46) ka BP			(Zhao 等,2006)

续表

山体(m)	MIS	冰期序列	形成时代	依据	测年地点	资料来源
天山阿特奥依纳克河流域(6342)	1	中早全新世	(7.3±0.8)ka BP	OSL	科契卡尔巴西冰川末端冰碛中冰水沙	(Zhao 等,2009)
	2	YD 冰进	(12.3±1.2)ka BP	OSL	第二套冰碛	
		近冰阶	(15.0±1.5)ka BP			
		末次冰盛期	(18.3±1.8)ka BP	ESR	依什塔拉冰川U 形谷口冰碛	
			(21.5±2.2)ka BP		达乌孜科勒苏河东岸冰碛	
			(27.2±2.7)ka BP		距科契卡尔巴西冰川末端约 3km 处冰碛	
			(28.7±2.9)ka BP		达乌孜科勒苏河东岸冰碛	
	3b	末次冰期中冰阶	(51.3±5.1)ka BP	ESR	第三套冰碛	
			(54.4±5.4)ka BP		科契卡尔巴西冰川融水与依什塔拉冰川融水汇合处冰碛	
			(46.5±4.7)ka BP			
	4	末次冰期早冰阶	(62.3±5.8)ka BP	ESR	第四套冰碛	
			(56.1±5.6)ka BP		红山附近对应于第四套冰碛的冰水沉积	
	6	倒数第二次冰期	(155.8±15.6)ka BP	ESR	第五套冰碛	
			(234.8±23.5)ka BP			
	12	中梁赣冰期	(453.0±45.3)ka BP	ESR	冰碛平台(青山头)冰碛	
阿尔泰山(4374)	1	小冰期	(4040±80)a BP	^{14}C	侧碛垄冰碛表层钙膜	(崔之久等,1992)
	2	末次冰期晚期	(27.2±2.0)ka BP	OSL	U 形谷两侧的高大侧碛垄	(江合理,2012)
			(16.1±1.5)ka BP			
			(28.3±3.3)ka BP	OSL	第一组终碛垄冰碛	
	3b	末次冰期中冰阶	(34.4±12.2)ka BP	OSL	第二组终碛垄冰碛	(Xu 等,2009)
			(38.1±4.5)ka BP			
			(49.9±5.4)ka BP	OSL	第三组终碛垄冰碛	(Xu 等,2009)
	6	倒数第二次冰期	(266±130)ka BP	TL	北坡终碛垄冰碛	(施雅风等,2011)
			(145±131)ka BP			
	12	中梁赣冰期	(475±51)ka BP	TL	冰碛物	(乌尔坤等,1992)

续表

山体(m)	MIS	冰期序列	形成时代	依据	测年地点	资料来源
祁连山 (5254.5)	1	新冰期	(6920±78)a BP	^{14}C	长沟寺一级阶 地上古土壤	(周尚哲等,2001)
			(3110±120)a BP		岗什卡沟阻塞硫磺沟 U形谷的冰碛垄	(伍光和,1984a, 1984b,1984c)
			(2530±120)a BP			
	2	近冰阶	13.4 ka BP	ESR	第三套冰碛	(赵井东等,2001a)
		末次冰期最盛期	18.7 ka BP	ESR	冈龙沟冰碛丘陵前缘	(伍光和,1984a)
		末次冰期晚期	(25.615±0.37)ka BP	^{14}C	白水河堆积垄 后泥质样品	(Guo 等,1995)
	3b	末次冰期中冰阶	(49.3±4.9)ka BP	ESR	仙米沟U形谷 谷肩冰碛	(史正涛等,2000)
			(36.7±3.4)ka BP	ESR	白水河左侧冰碛丘陵	(赵井东等,2001a)
			(31.150±0.76)ka BP	^{14}C		(Guo 等,1995)
			(55.8±5.0)ka BP	ESR	白水河右侧冰碛丘陵	(周尚哲等,2001)
			(35.7±3.6)ka BP	ESR	老龙湾侧碛上部	(Guo 等,1995)
			(39.9±4.0)ka BP	ESR	老龙湾侧碛上部	
	4	末次冰期早期	73.0 ka BP	ESR	岗什卡右侧冰 碛丘陵上部	(赵井东等,2001a)
			>37.378 ka B	^{14}C		(康建成等,1992)
	6	倒数第二次冰期	135.3 ka BP	ESR	长沟寺冰碛	(史正涛等,2000)
			(141.7±11.4)ka BP	TL	长沟寺冰碛冰水 阶地上覆黄土	(周尚哲等,2001)
	12	中梁赣冰期	462.9 ka BP	ESR	第六套冰碛	(Zhou 等,2002b)
			(405.3±40)ka BP			
贺兰山 (3505)	1	新冰期冰进	(3.4±0.3)ka BP	OSL	麓家台冰斗东部 侧碛垄冰碛	(Zhang 等,2012a)
		YD冰进	(12.0±1.1)ka BP		麓家台冰坎 出口侧碛垄	
	2	末次冰期最盛期	>(9.3±1.4)ka BP	OSL	麓家台冰坎出口 侧碛垄上覆黄土	
	3	末次冰期中冰阶	(43.2±4.0)ka BP		麓家台冰坎下方 冰碛平台沉积物	
太白山 (3767.3)	2	末次冰期晚冰期	(19±2.1)ka BP	TL	黑河谷口谷地上游 侧碛垄冰碛物	(Rost,1994)

续表

山体(m)	MIS	冰期序列	形成时代	依据	测年地点	资料来源
长白山 (2691)	2	YD冰进	(11.3±1.2)ka BP	OSL	火山锥体的西坡和 北坡冰碛物	(张威等,2009)
		末次冰盛期	(20.0±2.1)ka BP			
日本山地 (3776)	2	末次冰期晚期	(10.4±0.9)ka BP	^{10}Be		(Aoki,2000,2003; Machida 和 Arai, 1992;Iwasaki 等, 2000;Sawagaki 等, 2003;Machida 和 Arai,2004;Okuno, 2002)
			(11.3±1.1)ka BP			
			(10.1±1.1)ka BP			
			(11.0±1.0)ka BP			
			16.7~19.2 ka BP	^{14}C		
			19~21 ka Bp			
			11~29 ka BP	AMS^{14}C		
	3b	末次冰期中冰阶	43~29 ka BP			
			40~45 ka BP			
	4	末次冰期早期	40~60 ka BP			

● 冰川发育的规模演化

　　研究区内西部山地各个冰期的冰川规模是在逐渐缩小的,而且在末次冰期时,不同地区的最大冰川扩展规模在时间上也是不一致的(崔之久和张威,2003);而东部地区末次冰期早期或者中期规模大于末次冰盛期(张威等,2009)(图6-4-1)。

　　表6-4-1显示,位于我国西部的天山、祁连山和阿尔泰山冰期历史较长,冰期系列比较完整。通过资料研究表明,我国学者周尚哲、易朝路、赵井东等在对天山进行年代数据测量中发现,冰川规模在不同时期呈逐步减小趋势;而肖清华等(2008)在对祁连山冰川规模的讨论中,通过统计祁连山地区5次冰期雪线下降值,以及相应的温度、降水变化的数据,发现中更新世以来祁连山地区雪线不断迁升,冰川规模也越来越小。在对阿尔泰山冰川规模的研究中,我国学者(施雅风,2006)通过地貌法,结合雪线高度的变化,认为该区最古老冰期的雪线较现代平均雪线下降1500~1550 m;倒数第二次冰期雪线较现代平均雪线(3200 m)下降值在1000 m左右;而末次冰期早阶段和晚阶段的雪线下降值分别为780 m和560 m。由此我们可以得出结论,阿尔泰山在第四纪冰期中的冰川规模同天山和祁连山一样,冰川规模是逐步减小的。

　　数据表明,进入末次冰期以后,各山系最大冰川扩展规模在时间上是不一致的。西天山在末次冰期中最大冰川规模发生在MIS3(Xu等,2009);而我国的中、东天山在末次冰期中最大冰川规模发生在MIS4。此外,西天山MIS2和MIS4阶段规模小于中、东天山。祁连山摆浪河地区末次冰期早期冰川沉积物以14号冰川源头算起为9.3 km,而末次冰期晚期的冰川沉积物为6.9 km(周尚哲等,2001)。在对冷龙岭白水河出山口的多道侧碛物进行^{14}C测量时,发现末次冰期早期冰碛规模大于晚期规模。在阿尔泰山,末次冰期冰川遗迹保存较佳,形态完整,以喀纳斯湖南附近的内侧碛堤和 3 套终碛垄为代表(崔之久等,1992),3 套冰碛物代表3 个不同的冰川作用阶段。许向科等认为这三组冰碛垄对应于 MIS4、MIS3、MIS2(Xu 等,2009),末次冰期早阶段的冰碛垄分布在喀纳斯湖湖口以下 3.5 km 处,末次冰期晚阶段是分布于喀纳斯湖湖口处,由 7~9 列冰碛垄组成的冰碛,末次冰期中阶段是在喀纳斯湖湖口以下2.5~3 km 的冰碛垄。综上可以看出,在末次冰期,西天山和阿尔泰山最大冰川规模发生在MIS3,中、东天山和祁连山的最大冰川规模都发生在 MIS4,而东部地区(包括日本山地),末次冰期的最大规模也没有发生在末次冰盛期(LGM)。

⬤▬▬▬ 构造因素对冰进时序和规模的重要影响

通过与高纬度地区的冰川作用区对比发现,研究区内各个山系的冰川历史和冰川规模与其他高纬度地区有较大区别,因此在形成机制上也会有很大不同。作者认为,一方面研究区域的山地多分布在中纬度,温度相对高纬度地区高一些,因此雪线的高度也随之提升;另一方面冰川的发育除了受到当时的气候条件制约以外(主要是气温),还要受到山地构造抬升的影响。也就是说,由于研究区内所有山系处于同一纬度带,接受太阳辐射强度一致,在温度大致相同的情况下,哪座山抬升的高度先达到当时所在地区的雪线高度以上,哪座山自然就会有冰川的形成并得到扩展。西部的天山、阿尔泰山和祁连山与其他四个山系相比,在海拔高度上更高一些,而天山、阿尔泰山和祁连山在冰期历史和规模上也比其他 4 座山更长一些。作者认为这并不是一种偶然现象。李吉均和方小敏(1996)、崔之久(2011)等学者根据地貌和沉积学证据认为青藏高原的最强烈隆升开始于 3.6 Ma 的青藏运动,直到 0.8 Ma 的"昆仑—黄河运动"才将青藏高原面抬升到3000 m 以上,而山地高度则抬升到4000 m 以上,达到了发育冰川的临界高度(崔之久等,1998)。尽管当时气温具有明显的下降,有利于冰川的扩大,但是更重要的是青藏高原已经普遍抬升到了发育冰川所需的临界高度,有冰川生成,而其他四个山系尽管在同期的低气温环境下,但由于山体高度未达到当时的雪线高度,所以并没有冰川的形成。"昆仑—黄河运动"一直延至 0.6 Ma,此时相当于深海氧同位素的 MIS12,对应的冰期为中梁赣冰期。在"昆仑—黄河运动"结束后,青藏高原于 150 ka 前后,发生了影响深远的"共和运动"。"共和运动"促使青藏高原进一步抬升,青藏高原周围的一系列山系的冰川规模得到进一步的发育。在此期间,天山、阿尔泰山和祁连山借助山体抬升这一优势,冰川规模都得到进一步扩展。这一段冰川规模大规模扩展的冰期,称为倒数第二次冰期。在倒数第二次冰期中,天山、阿尔泰山和祁连山的发育特点是,受当时全球气候变冷的大环境影响,结合山体抬升,雪线以上山体面积增加,冰川规模大幅度提升。但是与先前的中梁赣冰期相比,规模不如第一次冰川规模大。由于贺兰山、太白山、长白山和日本山地的海拔高度在末次冰期前,还没有达到雪线高度,因此,在倒数第二次冰期期间不存在冰川发育的可能。结合图 6-5-2 我们不难发现,在距今 40~60 ka,与深海氧同位素 MIS4 相对应的时期,在西部山系继续冰川活动的同时,与之遥相呼应的亚洲大陆东部的日本山地也有冰川的形成。之所以在此阶段日本山地首次经历第四纪冰川作用,原因除了外界环境的整体影响以外,主要原因在于日本山地只有在末次冰期发生之前才接近现代雪线高度。根据现代雪线的计算值,日本从

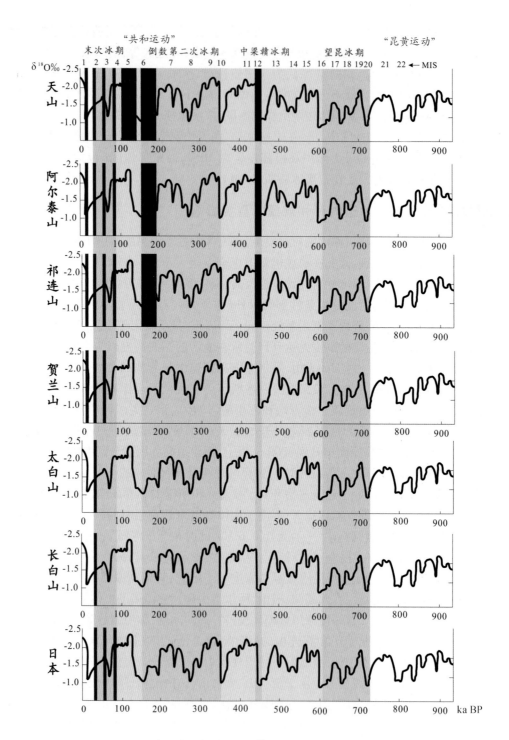

图 6-4-1　研究区冰川规模对比（δ¹⁸O 曲线，据 Zhou 等,2006 略改）

北向南的现代理论雪线高度依次递增,数值为 2680～4130 m（张威等,2009）。这与日本山地第四纪冰川作用遗迹所处的 3776 m 相符合。而与之相邻的长白山,无论是在纬度位置上,还是在气温降水等气候因素方面与日本山地都大致相同,但是由于没有达到雪线高度,所以此阶段的冰川并不发育。在进入 MIS3b 以后,全球气温急剧下降,受其影响世界各地降水普遍增多,这对于冰川的发育极其有利。因此,在末次冰期中阶段,除了太白山和长白山目前没有冰进的年代学支持外,其余山地又一次发生大规模的冰进。在末次冰盛期,即 MIS2(约 20 ka前),全球气温显著降低,降水条件却对冰川发育不利,尽管说山体的高度在不断地上升,但是上升效应被变干效应所抑制,因此,冰川的规模在缩小。综上所述,尽管处于同一纬度上的不同山系,由于地理位置和构造运动的不同,也会引起冰川演化的区域分异,造成各地冰川在各个时期最大冰进规模和时间的一致或者不一致。所以说,构造运动对于山体冰川发育具有很大的影响作用。

6.4.5 气候与构造的耦合对冰川演化的控制

前已叙及,西天山和阿尔泰山末次冰期最大冰进规模发生在 MIS3,而中、东天山和祁连山则发生在末次冰期早期(MIS4),并且中、东天山和阿尔泰山的冰期历史长。对于天山地区的冰期历史和规模演化,国内外学者的研究结果有一定的不同。如 Koppes 等(2008)和 Rost(Narama 等,2007,2009)在西天山进行年代测算时,认为天山冰川发育是在 MIS6 后期,在 MIS5 冰川发育较强,而在 MIS4 中、东天山冰川发育最强时反而整体冰川发育较小,在 MIS3 西天山的冰川规模发育达到末次冰期的最盛期。笔者认为,之所以会造成西天山与中、东天山冰期历史和规模的不同步,可能的原因在于青藏高原地区的隆起影响到天山西、中、东三个部分不同步的抬升。由于在中梁赣冰期之前,青藏高原发生了"昆仑—黄河运动",使得青藏高原平台抬升到 3000 m 以上,受之影响,天山中、东段率先达到雪线高度,因此在 MIS12 天山中段和东段有冰川的发育,而西天山由于山体海拔高度不够,没有冰川形成。而在随后的倒数第二次冰期之前,也就是 MIS6,山体的持续抬升与当时的低温相结合,使得中天山和东天山的冰川规模得到了进一步扩展,与此同时,西天山的山体高度也达到雪线高度,同时又是西风带的迎风面,带来大量降水,西天山借助这次低温和丰沛降水的优势,使冰川规模得到迅速扩张。

MIS5 时,西天山的山体进一步达到雪线高度以上,加之西风环流带来的丰沛降水,使得西天山的冰川规模迅速增长。而与此同时,受青藏高原和高大天山山体的屏障作用,从西边过来的水汽运抵中天山和东天山时已经锐减,所以在 MIS5 阶段西天山冰川规模得到了长足的发展。而在 MIS4、MIS2 和全新世阶段,中、东天山的规模要大于西天山,是由于西伯利亚高压增强导致的季风增强所带来的丰沛降雨,因此受该季风系统影响的中、东天山在 MIS2 和 MIS4 冰川扩展显著,此时西风带的影响范围后退,西天山的降水减少,造成西天山的冰川规模降低。而在 MIS3,西天山的冰川规模要大于中天山和东天山,这可能是因为在 MIS3 冰盖相对退缩,高纬度的冷高压减弱,使得西风环流北支北撤,但虽然强度较弱,末次冰盛期的大洋温度还是较高的,有相当的蒸发量,因而西风环流给西天山带来较多的降水,配合中期的低温,西天山的冰川出现了前进。但是由于中天山和东天山地处亚洲中部,加上"三山夹两盆"的特殊构造,中天山和东天山的湿度较小,气候比较干旱,因此与西天山相比,中天山和东天山的规模仍较小。

此外,在东亚沿海山地,由于只存在末次冰期的冰川作用,因此,气候条件对冰川的规模影响显得十分突出。

● 6.4.6 小节

亚洲中纬度地区第四纪冰川各山地的冰川时序、冰期历史和冰川规模显示出不同特点。总体来说,西部山地的冰川规模随时间而逐渐缩小,冰川历史较为完整,冰川规模要大于亚洲东部,东部山地的冰期历史较短,冰川作用的阶段性明显;不同地区的最大冰川扩展规模在时间上存在不一致性,尤其是在末次冰期旋回中,MIS3/4 的冰川规模大于传统意义上的末次冰盛期(LGM)。冰进时序和规模演化指示了不同的大气环流,尤其是西风环流和季风环流对冰川发育的重要影响。此外,构造因素深刻影响着不同地区的冰期系列。研究区内各山地冰川发育与构造运动密切相关。今后,应加强对各个山地冰期系列绝对年代的研究,并注重探讨冰川发育与构造运动和气候的耦合关系。

6.5 东亚季风影响区末次冰期冰川作用的控制性因素

本节以中国东部季风山地冰川年代学研究成果为依托,将相同季风系统控制下的俄罗斯远东、朝鲜、日本北海道、日本本州山地冰进时序进行对比,分析各地冰期的启动时间和规模以及差异性,并探讨研究区冰川发育的影响因素,以此达到进一步认识中国东部和整个东亚地区第四纪冰川冰期发生特点与环境差异的目的。

● 6.5.1 研究区地理概况

研究区位于亚洲东部,是东亚季风系统控制下所影响的最大范围区(图 6-5-1),也是降水类型主要以冬雨型和过渡型为主的季风区(Shi,2002;崔之久和张威,2003;Zhang 等,2006),包括中国东部、朝鲜半岛、俄罗斯远东、日本列岛等地区(不包括东亚季风与西南季风共同作用区)。研究区自西向东依次为:贺兰山、太白山、长白山、朝鲜盖马高原(Kaema)、俄罗斯远东山地、日本及中国台湾山地。其中,贺兰山位于季风区与非季风区分界线的最西端,平均海拔 1600~3200 m,主峰敖包疙瘩海拔 3556 m,年均降水量 430 mm,年均气温 −0.8℃(耿侃和杨志荣,1990)。东侧秦岭主脊太白山是中国南北分界及大陆东部第一高峰,平均海拔 3400~3700 m,主峰拔仙台海拔 3767 m,年均降水量 750 mm 以上,年均气温 −2℃(谢又予,1986)。中国东北最高的长白山,平均海拔 1500~2300 m,中国一侧的白云峰海拔 2691 m,年均降水量 1340 mm,年均气温 −7.3℃(张纯哲等,2007)。位于长白山脉南侧,被称为朝鲜的"屋顶"的盖马高原,平均海拔 1000~1200 m,最高峰冠帽峰(Hat)海拔 2541 m,年均降水量 1500 mm,年均气温 8~12℃(金哲和倪相,2014)。俄罗斯远东山地平均海拔 1500~2000 m,最高点扬阿林山(Yam-Alin)海拔 2505 m,年均降水量 400~900 mm。隔临日本海相望的日本山地,平均海拔多在 2500 m 以上,在本州中部形成相连的高峰,最高峰海拔达 3776 m。日本山地年均降水量 1818 mm,年均气温 10~16℃(关伟,1988)。中国台湾山脉平均海拔 3500 m,最高峰玉山海拔 3950 m,年均降水量 2500 mm,年均气温 24~30℃(郭恩华和陈海平,1997)。

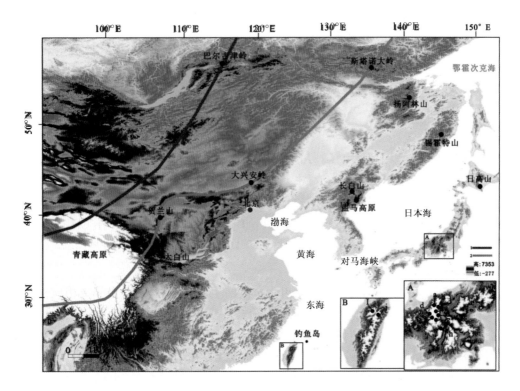

图 6-5-1 研究区山地冰川发育位置 DEM 图(降水界限参考 Shi,2002)

据 Shi,2002,略改;1—现代季风降水界限;2—末次冰期季风降水界限;a—白马岳;b—立山;
c—水晶岳;d—黑部五郎岳;e—鹿岛枪岳;f—弓折岳;g—穗高岳;h—木曾驹岳;i—雪山;j—南湖
大山;k—玉山

6.5.2 东亚季风控制下典型山地的冰进时序

6.5.2.1 中国东部山地冰期

近年来,随着对中国东部各山地冰碛物绝对年代的测定,在确切的第四纪冰川发育山地
中,冰期系列进一步明确(崔之久等,2011;施雅风,2011;张威等,2013a)。

1. 贺兰山

经实地考察与光释光(OSL)年代数据对比,确认贺兰山存在新冰期[(3.4±0.3)ka]、晚
冰期[(12.0±1.1)ka]、末次冰盛期(~18 ka)和末次冰期中期[(43.2±4.0)ka]四次冰进,
分别对应深海氧同位素 MIS1、MIS2、MIS3b 阶段(Zhang 等,2012a)。

2. 太白山

不同学者对太白山第四纪冰川的启动时间、地貌分布分歧较大,在冰期划分上也有多次
冰期、四次冰期、两次冰期、一次冰期两个阶段等不同看法(田泽生,1981;王桂增,1984;齐矗
华等,1985;马秋华和何元庆,1988),相对地貌法推断的结论差异较大。德国学者 Rost
(1994)曾最先测得黑河谷地上游三清池以下的内侧碛垄年代为(19±2.1)ka,时代对应末次

冰盛期。最近,张威等(2014)采用最新宇宙成因核素测年方法(TCN)对三爷海、二爷海冰坎基岩进行了^{10}Be测定,结果为$(18.62\pm1.08)\sim(16.87\pm0.95)$ka、$(16.88\pm1.08)\sim(15.07\pm0.92)$ka,还原了末次冰盛期(LGM)以来冰川退缩过程,结合野外考察与前人成果,依据地貌法推测二爷海槽谷的三套侧碛垄应为末次冰期内不同阶段的产物,推测可能存在更早的玉皇冰期(MIS3)。

3.长白山

长白山在2000 m以上保存有确切的第四纪冰川地貌,显示多次冰进作用,但对冰期历史和冰期具体划分很长时间里认识不清,主要是由于外力侵蚀和火山活动影响了对冰碛物的年代测定。通过对火山口周围冰碛物的光释光OSL、^{14}C年代测定,并结合冰川发育与火山活动相互关系及K-Ar、TIMS、ESR等年代结果,确定长白山两次冰期历史,即晚冰期$[(11.3\pm1.2)$ka]的气象站冰进和末次冰盛期$[(20.0\pm2.1)$ka]的黑风口冰进(Zhang等,2008)。

4.中国台湾山地

目前,已查明中国台湾山脉第四纪冰川分布范围主要集中在雪山、南湖大山、合欢山、玉山、三叉山嘉明湖、向阳山、秀姑坪等地区。中国台湾学者根据各山地冰川消融过程划分出"直接消融型"和"后退偏转型"两种冰川类型(何立德等,2010)。崔之久等(1999)运用TL法对中国台湾雪山地区的冰川沉积物进行年代测定,并结合冰蚀地貌划分出雪山冰阶$[(10.68\pm0.84)$ka]、水源冰阶$[(18.26\pm1.52)$ka]和山庄冰阶$[(44.25\pm3.72)$ka]。而后,中外学者(Hebenstreit等,2003,2006,2011;Siame等,2007;何立德和刘睿纮,2012)多次运用^{10}Be、OSL等测年技术对玉山、南湖大山、雪山等地的冰川沉积物和漂砾进行测定,结果处于$(3.3\pm1.1)\sim(55\pm4)$ka之间,支持了崔之久等先前对中国台湾山脉冰期系列的划分结果(崔之久等,2000;Ono等,2005)。

6.5.2.2 朝鲜冰期

位于长白山南麓朝鲜境内的盖马高原,主峰冠帽峰(2541 m)和其他高峰同样也存在多次冰川作用遗迹,据鹿野忠雄(1937)实地考察,发现海拔1900 m以上东坡和北坡分布着大小14个冰斗群,推测盖马高原末次雪线在2000 m左右,较北侧我国境内长白山低约300 m(施雅风,2006)。目前,对朝鲜境内山地冰川深入研究还是空白,根据地貌并结合周边山地推测,盖马高原最早冰期启动时间不早于末次冰期。

6.5.2.3 俄罗斯远东冰期

俄罗斯远东地处亚寒带、寒带地区,气候有利于冰川发育。Astakhov(2004)研究表明,西伯利亚地区末次冰期间曾出现大范围冰盖,冰盖启动时间明显早于北半球其他冰盖,中西伯利亚的新地(Novayazemlya)冰盖在40~50 ka达到最大(Gillespie等,1995;Brigham-Grette等,2003)。受其影响,末次冰期期间在寒冷季风控制下山地冰川曾大范围发育(施雅风等,1989),俄国学者据此命名出一套对应末次冰期的孜良卡(Zyryan)冰期系列,对应中早期的孜良卡冰期,对应晚期的萨尔顿(Sartan)冰期(李吉均,1992)。在俄罗斯远东季风系统控制下的锡霍特(Sichote)山、扬阿林林(Yam-Alin)、斯塔诺夫岭(Stanovoy)(外兴安岭)和敏感区的贝加尔山地(Baygal),都有末次冰川作用遗迹报道(李吉均,1992)。近年来,在贝加尔山地的巴尔古津岭(Barguzinsky)经测年得到晚冰期(10~13 ka)、末次冰盛期(18~22 ka)、末次冰期中期(34~39 ka)的年代数据(Osipov,2004),分别对应 MIS1、MIS2、MIS3b;而在斯塔诺夫岭以北的上扬斯克(Verkhoyansk)亚极地地区,光释光年代结果为(135±9)ka(Stauch 等,2007),对应"倒二"冰期(MIS6),这显示了季风区完全不同于亚极地型山地冰川的发育模式,即冰川发育在末次冰期之内,早中期(>MIS3b)受冰盖活动影响,山地冰进量最大,中期暖期(MIS3c)之后气温逐渐升高,冰川规模逐渐缩小。

6.5.2.4 日本山地的冰期

日本山地冰川分布于北海道日高山和本州阿尔卑斯山地区,两个地区的冰期划分具有一定差异,并采用不同的冰期命名系列(图6-5-2)。

1. 北海道

位于北海道东南侧的日高山(Hidaka),在1400~1500 m 保存有古冰川遗迹,在户笃别岳(Tottabetsu)和幌尻岳(Poroshiri)周边还形成叠套式冰斗群,通过日高山冰碛物的两套不整合关系命名为户笃别冰期和幌尻冰期,分别对应玉木冰期和里斯冰期(橋本誠二和熊野純男,1955)。而后,日本学者在此基础上利用火山灰层序对北海道冰期进行地层学重建,以支笏湖(Shikotsu)冰碛物测得(40±5)ka 为基准命名"幌尻冰期",末次冰盛期(LGM)对应户笃别冰期的划分形式被广泛接受(柳田誠,1994)。但也有学者依据冰碛地貌推测,爱西曼岳(Esaoman)范围内可能存在更早冰进,据此命名出属于"倒二"冰期的爱西曼冰期,利用 TL、U 系等测年方法测得112~115 ka 的年代数据(Machida 等,2004)。近年来,随着对北海道冰期研究的逐步深入,学者在日高山附近利用 AMS 和 OSL 测年得出了对应 LGM(19~21 ka、18~24 ka)的两组年代数据,并未发现末次冰期中早期和小冰期冰碛物,验证了前人对户笃别冰期的判断(岩崎正吾等,2000;Kondoa 等,2007),并确认幌尻冰期对应末次冰期中期(MIS3b),而对 MIS5e/6 的爱西曼冰期普遍表示怀疑。与本州山地冰期发育的特点不同,末次中期(MIS3b)、末次冰盛期(LGM)、晚冰期三次冰期作用的历史得到广泛认可。

2. 本州阿尔卑斯山

英国学者20世纪初最早提出日本中部存在第四纪冰川作用的论证,日本学者(山崎直方,1902;長田敏明,2011)通过论证,肯定了日本山地存在古冰川发育。日本阿尔卑斯山(Japanese Alps)古冰川地貌主要分布在本州岛中部的北阿尔卑斯山(飞驒山)、中阿尔卑斯山(木曽山)和南阿尔卑斯山(赤石山)三条山脉,日本学者依据最新测年手段对中部各山岳命名出不同的冰期系列,以北阿尔卑斯山最高峰穗高岳末次冰期晚期(MIS2)、中期(MIS3b)和早期(MIS4)为代表,命名为唐泽(Karasawa)、岩取(Iwato)、横尾(Yokoo)三次冰期系列,并指出末次中早期(MIS3/4)的冰川发育规模大于之后的末次冰盛期(LGM,Ono,1984;Ono 等,2004;Ono 和 Naruse,1997)。但也有一些学者提出了反对观点,他们认为日本本州山体高度和充足水汽足以促使"倒二"冰期的冰川发育,认为鹿岛枪岳(Kashima-yari)和白马岳

(Shirouma)存在大谷原(otanihara)冰期(MIS6)和吉原(Yoshiwara)冰期(MIS5/6)(Ehlers等,2011)。对于两次早于末次冰期的冰川作用,虽然有学者依据火山灰层序和U系等测年法,在北阿尔卑斯鹿岛枪岳和白马岳测得120~130 ka的年代数据(Machida 和 Arai,2004),但多数学者还是表示怀疑。

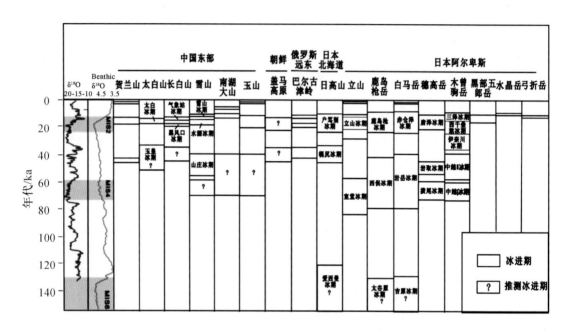

图 6-5-2　研究区各山地冰期系列对比

参考文献:鹿野忠雄,1937;長谷川裕彦,1992;青木賢人,1994;崔之久等,1999;岩崎正吾等,2000;Aoki,2003;Osipov,2004;Ono 等,2005;Zhang 等,2008,2012;Ehlers 等,2011;张威等,2014b

●6.5.3 各个山地的冰川作用启动时间与冰川发育规模

已有的绝对年代结果显示(图6-5-2),各山地冰进期大致控制于几次寒冷降温事件内,冰川作用的启动时间也大致限定在末次冰期范围内,这与早期研究者应用相对地貌/地层法所确定的冰期系列完全可以呼应(李吉均,1992)。但是如果从末次冰期冰川进退的阶段来看,各地的冰进时序却并不完全一致。如在所涉猎的存在第四纪冰川作用的山地中,日本本州山地冰期早于其他地区,包含末次冰期早(MIS4)、中(MIS3)、晚(MIS2)和全新世冰期的几个阶段,超过2900 m以上的立山、鹿岛枪岳、白马岳、穗高岳和木曾驹岳也都发现了末次冰期早(MIS4)冰进,甚至有推测更早 MIS5/6 阶段冰进的观点(Machida 和 Arai,2004;Ono 等,2004;Ehlers 等,2011),在晚冰期之后其又有数次小冰期冰进,冰川完全消融时间也最迟。相比日本山地,纬度较高的俄罗斯远东山地海拔低,冰期启动时间与西伯利亚冰盖最盛期相当,晚于南部的日本山地,最早冰进记录在末次冰期中期(MIS3),而后的 LGM 以及晚冰期也都有出现。中国台湾山脉目前最早年代数据为(55±4)ka,对应末次冰期中期(MIS3b)、末次冰期晚期(MIS2)、晚冰期等冰进阶段十分明显。最新发现的南湖大山(3.3+1.1)ka 全新世冰进记录说明,中国台湾山脉冰川消退时间也相对较晚,这与日本山地一致,体现了东部岛弧山地特殊性。在中国东部山地中,贺兰山最早的冰进记录在(43.2±4.0)ka左右,而更东侧的太白山和长白山却并未发现,通过与相同内陆的俄罗斯远东对比,这应该是中国东部季风区最早的冰期启动时间。在东部各山地中均有 LGM 时期的冰进记录,而小冰期记录只在贺兰山存在,这与东侧同纬度的日本本州山地的晚冰期冰川发育相呼应,但贺兰山海拔却高出近500 m,而东侧的太白山和长白山却并未发育。虽然朝鲜山地缺少年代数据,对冰期认识有限,但依据降水推测雪线较长白山更低,根据西北侧长白山和东侧北海道日高山推测盖马高原冰期启动时间不会早于末次冰期中期,精确划分还有待于进一步研究。处于东亚季风影响控制之下的各个山地,末次冰期各个时段的冰川规模都表现出渐次减小的规律(图6-5-3)。

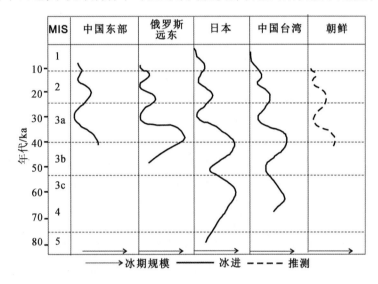

图 6-5-3 东亚季风区各国冰期/冰量规模

●6.5.4 影响东亚季风区冰川发育的主要因素

6.5.4.1 季风气候的控制

进入第四纪以后,青藏高原的隆起使得亚欧大陆腹地地区大陆度和季风系统强度增加。强大的启动器作用使得东亚地区形成了世界上独特而强大的季风环流系统(李吉均和方小敏,1998;施雅风等,1998),青藏高原的强烈隆起使得西风环流被迫分南北支绕流,青藏高原自身的高原环流"冷源"作用使得南北支绕流差异,南支西风稳定补给亚洲东部冬季降水,北支西风形成蒙古—西伯利亚高压,为东亚冬季风主要风源地。末次冰期之时,在强大的气旋系统控制下,亚洲东部地区成为冬季风水汽输送通道,为中国东部、俄罗斯远东、朝鲜、日本以及中国台湾降水提供足够的水汽来源;末次冰期时,季风发生多次周期性变动,冬、夏季风的交替变更对东部地区古环境影响颇深(安芷生和刘晓东,2000;Ono 等,2004;黄荣辉等,2008)。研究表明,东亚季风区末次冰期的冰川作用规模是中早期(MIS3/4)大于末次冰期盛晚期(LGM/MIS2)(李吉均,1992;张威等,2009),这就是季风周期性变动的结果。在末次冰期中早期,东亚季风影响区的冬季风强度不大,但是降水却相对丰富,因此冰川的发育规模比末次冰期晚期大;在 LGM 时段,虽然气温较早中期有大幅度的下降,但气候十分干燥,不利于冰川发育。各学者研究发现,中国台湾近海古生物大量灭绝(黄奇瑜等,2012);日本古植物群落的变迁研究指示末次冰盛期时段降水只有现代的 30% ~ 50%(塚田松雄,1984);东亚大量湖泊缺少水位记录,黄土沉积加强(廖梦娜和于革,2014),日本海及鄂霍次克海海面降低,对马海峡封闭,大陆架裸露,气候条件强力制约着冰川发育(Ono,1984;Ono 和 Naruse,1997)。在俄罗斯远东、中国东部、中国台湾等山地冰进均体现出此特性,体现了季风的波动变化对山地冰川发育的深刻影响。

6.5.4.2 季风与西风环流对冰进的影响

大量研究表明,作为西风急流中心区的东亚西风急流,与亚洲、西北太平洋地区的天气和气候变化有密切关系(Krishnamurti,1961;Hou,1998;Kung 和 Chan,1981;Yang 等,2002;Lin 和 Lu,2005)。Yang 等(2002)认为冬季东亚中纬度西风急流加强伴随着许多大尺度环流系统的加强,如西伯利亚高压、东亚大槽、阿留申低压和北美西北部高压脊,其影响可以通过一系列波动而传播。当西风急流加强时,东亚冬季风加强,东亚可能盛行冷干性质的空气,冷空气活动频繁直接导致东亚地表温度降低和降水减少。

青藏高原决定了东亚西风带的位置,纬向西风气流流经青藏高原时的分支和绕流作用以及西风环流的季节变化,对中国的气候及降水分布有直接作用(伍荣生,1999)(图 6-5-4a、b)。由于冬季高原相对于四周自由大气是个冷源(朱乾根等,2000;叶笃正和高由禧,1979),因此,它加强了高原上空大气南侧向北的温度梯度,使南支西风急流强而稳定,且风速很大,超过 80 m/s,其南侧的地形槽槽前的暖平流是中国冬半年东部地区主要水汽输送通道(伍荣生,1999)。西伯利亚高压和阿留申低压之间的东亚季风为日本、中国台湾和长白山的降雪提供水汽来源,因此,海洋所包围或靠海边的山地,冬夏降水均较丰富,冬季降雪量大。

影响日本列岛气候现状的是东亚大陆和日本列岛之间的东亚大槽(图 6-5-4a)。冬季大陆盛行西北风,而日本盛行西南风,可从低纬地区带来丰沛的降水,形成日本列岛与中国大陆相反的气候特征:冬季大陆寒冷干燥,而日本列岛西岸在冬季雨水多。在 MIS4 阶段,东亚大槽加深,向南扩展,可以给日本列岛从低纬地区输送更多的水汽。而在 MIS2 阶段,冬季风加强导致东亚大槽进一步加深,同时向远离亚欧大陆的东面移动,使得日本列岛位于槽后,因此日本岛屿冬季的主要风向由来自低纬地区的西南风变为来自鄂霍次克海的西北风。据研究,鄂霍次克海在 MIS2 阶段海平面下降 90 ~ 100 m,且被大量海冰覆盖,能够提供的水汽非常有限(Ono 和 Naruse,1997),从而造成日本列岛的降雪量非常有限,冢田松雄根据植被类型变化,推断日本西南端的降水在末次冰盛期时只及现代的 30% ~ 50%(李吉均,1992;姜大膀和梁潇云,2008),因此冰盛期的冰川规模要小于早期。

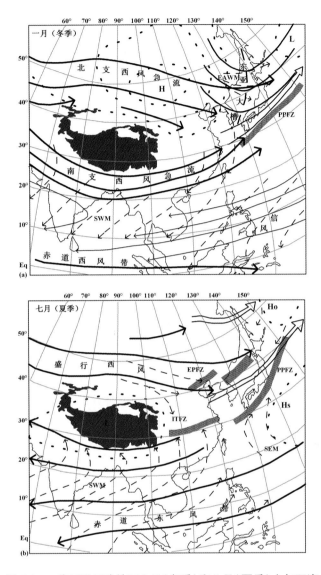

图6-5-4 我国及周边地区1月(冬季)和7月(夏季)大气环流

图(a)1月(冬季)大气环流:H—西伯利亚高压;L—阿留申低压;EAWM—东亚冬季风;PPFZ—太平洋极地前缘带;SWM—西南季风;

图(b)7月(夏季)大气环流:L—西藏低压;H₀—鄂霍次克海高压;Hₛ—西太平洋副热带高压;EPFZ—欧亚极地前缘带;SWM—西南季风;SEM—东南季风;ITFZ—印度热带前缘带;PPFZ—太平洋极地前缘带

台湾山脉目前受东亚冬季风控制,西风带的南北分支绕过青藏高原以后,在台湾岛与日本列岛之间的30°N附近的海域会合[图6-5-4(a)]。起源于欧亚大陆的蒙古高压的冬季风因为受地转偏心力的影响,抵达包括台湾岛屿附近的太平洋西岸山地时已经转向为东北风,可以带来太平洋的水汽。但是在末次冰期较冷的MIS2,西风带南移且南支西风急流加强,南北两支汇合的海域南移,使台湾有可能位于西风带的影响范围之内。此外,蒙古高压增强的同时向东南方向移动,冬季风风向变为直接来自大陆的西北风或北风。此时包括台湾海峡在内的东亚大陆架露出,冬季风途经东亚大陆(包括大陆架)地区,造成冰阶的水汽大为减少,冰川的发育受到限制。而在MIS3b,因上述大气环流改变程度较小,冬季依然盛行东北风,可以带来太平洋方向的水汽,加上冰期的降温,所以发育了大规模的冰川。

叶笃正等(Ye和Dao,1959)研究表明,一般在6月中旬,高空西风急流的位置会急速由30°~32°N北跳到35°N以北,北半球大气环流也就由冬季型转变成为夏季型(图6-5-4),因此,东亚大气环流的演变也就与东亚季风的活动有密切关系。Ono等(2004)通过永冻层、泰加林植被带、落叶阔叶林和长绿阔叶林的向南移动得出在末次冰盛期(LGM)时,北半球夏季西风急流向南移动3°~5°,而在冬季其并未发生明显移动,表明东北沿海山地在冰盛期时冬季降雪有可能大幅度提高。

6.5.4.3 构造运动的影响

如果说季风的波动影响冰川的发育规模,那么构造运动很可能就是决定冰期历史的重要原因。研究表明,亚洲中部地区山地冰川的启动时间早,最早的冰期启动时间可以追溯到昆仑冰期(0.6~1.1 Ma)(崔之久等,1998)。与研究区纬度相近的中国西部,已知最老的冰川作用时间是中梁赣冰期(400~500 ka)(周尚哲等,2001b),而与之相比,亚洲东部冰期启动时间相差甚远。李吉均(1992)在研究东亚季风区的末次冰期冰川作用特点时发现:一方面,东亚近海山地首次出现末次冰期的冰川作用,说明冰川作用在加强;另一方面,在中国西部有多次冰川作用的地方,冰川的规模却在逐步缩小,说明冰川作用在减弱。这一现象表面上看起来矛盾,实际上是在同一原因的支配之下形成的,即构造在其中扮演了重要角色。其合理的解释是,东亚沿海山地及其岛屿只有在末次冰期时才接近或达到现代的高度,是强烈构造运动支配的结果(崔之久和张威,2003)。而西部山地是由于青藏高原边缘山体的快速隆升导致高原内部变干,高度效应抑制了气候效应,使得冰川的发育规模反而不及早期的冰川规模。因此,如果单纯从气候上解释其对冰川的控制作用,就无法合理地说明中国东、西部冰期历史的巨大差异。

研究也发现,在东亚沿海各山地中,日本阿尔卑斯山和中国台湾山脉冰川启动时间最早,同样,冰川作用结束时段也最晚,其主要原因是同属岛弧隆升强烈构造带上,山体抬升量巨大。以中国台湾山地为例,山体平均抬升速率高达5 mm/a,如按冰川启动最早时间50 ka计算,抬升量可达250 m左右,这个高度对冰川发生与否具有决定性意义(张威等,2008c)。

相形之下,北海道山地公认冰进记录中缺少末次早期记录的原因也可能是因为构造作用,处于纬度较高的日本北海道山地最高为2052 m,相对于纬度较低的本州山地最高的3776 m和中国台湾山地的3950 m明显较低,虽然日本和中国台湾山地均处于火山岛弧活动构造带上,但末次冰期时火山活动对于山体隆升的影响较小,因此主要是因为构造抬升不足(山体高度不够)导致冰期启动时间晚。同样,本州阿尔卑斯一些山地也未发现末次冰期中早期(MIS3/4)记录的原因也大多如此。在季风区大陆上,情况也类似,如贺兰山和巴尔古津岭发现有末次冰期中期(MIS3b)记录。

6.5.4.4 纬度位置的制约

从纬度因素来看,地球上各纬度接受太阳辐射量是存在差异的,呈赤道向两极地区递减变化。所以,低纬度地区气温高,冰川发育的海拔高度亦高;中、高纬度地区接受太阳辐射量小,不考虑其他因素的条件下,冰川发育海拔高度低。山地冰川的物质平衡线是指在一个平衡年内,物质的积累和消融正好相等的位置连线(鞠远江等,2004)。据施雅风等(1989)测算最南端中国台湾末次冰期平均雪线在3500 m左右;张威等(2009)和Ono等(2004)推算,日本本州南阿尔卑斯山(赤石山)雪线高度为2800 m,中阿尔卑斯山(木曾山)雪线高度为2700 m,北阿尔卑斯山(飞骅山)雪线高度为2500～2600 m,长白山冰盛期雪线高度为2230 m,日本北海道日高山冰盛期雪线高度大致为1500～1600 m,俄罗斯远东的锡霍特山雪线为1500 m,扬阿林山晚更新世雪线为1300 m(施雅风等,1989)。雪线高度整体自南向北呈递减的趋势(图6-5-5),这一规律充分说明了纬度因素可以控制冰川雪线的高度,进而制约冰川的发育状况。

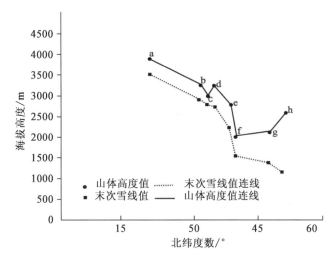

图6-5-5 季风区沿海山地末次冰期雪线高度随纬度降低图
a—玉山;b—日本南阿尔卑斯山;c—日本中阿尔卑斯山;d—日本北阿尔卑斯山;e—长白山;f—日高山;g—锡霍特山;h—扬阿林山

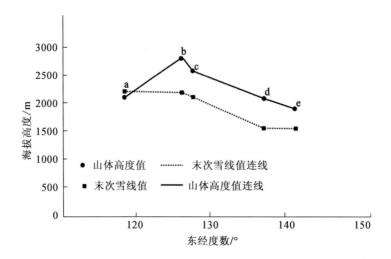

图 6-5-6　季风区北部山地末次冰期雪线高度随经度降低图
a—大兴安岭;b—长白山;c—盖马高原;d—锡霍特山;e—日高山

6.5.4.5　海陆位置的制约

在其他因素控制的同时,因距水汽源地远近不同,季风系统内也会出现不同区域分异,使得各山地冰川发育规模具有差异性。施雅风总结季风降水和冰川发育的关系,指出依赖季风水汽补给的海洋性暖冰川的特性:自东部沿海海洋性冰川逐渐向内陆大陆性冰川过渡(Shi,2002)。崔之久等(2003)划分了降水与季节分配关系,根据降水季节分配划分出三个亚区,指出了自东部沿海冬雨(雪)型降水向西部夏季降水型过渡的现象。东亚季风区介于第二、第三区域内,以海洋性冰川为主,自东侧日本、中国台湾山脉向西至贺兰山降水类型由冬雨型逐渐转向以夏雨型为主,冰川类型也由海洋性向大陆性逐渐过渡,对冰川发育环境而言也越来越受制约(崔之久等,2000)。通过对比季风区北部相近纬度内日高山、锡霍特山、盖马高原、长白山和大兴安岭雪线高度变化值可以看出,雪线高度从日本北海道晚更新世雪线高度1500 m 向内陆逐渐升高到2000 m 以上。同为2000 m 以上的山地,北海道日高山向西只跨了20 个经度到达大兴安岭内陆地区就已无冰川发育(图6-5-6),其原因是大兴安岭地处内陆季风区与非季风区分界线上,与其东侧各山地相比冬寒夏暖,降水集中于夏季;北侧俄罗斯远东山地阻挡了鄂霍次克海气流;东侧长白山和盖马高原又阻挡了日本海气流,来自海洋的气流因山地层层阻挡而难以到达,加之山体抬升高度低,使得末次冰期期间山体均在雪线以下,始终处于冰缘发育环境中,难以有冰川作用发育;而日本中部高山现代还存在婴孩形冰川说法(施雅风,2003),这不得不说是水热条件的差异所导致的巨大区域差异性。

◉▬▬▬ 小节

从以上的分析可以看出,影响东亚季风区冰川发育的主要因素是季风的周期性变动、构造因素、纬度因素以及海陆位置。在这些因素的作用下,东亚季风影响区末次冰期冰川作用的时间演替与空间分异逐步形成。

从分析结果来看,各个山体的冰期启动时间均处于末次冰期的时间范围内,最早的冰川作用时间是日本本州中部的阿尔卑斯山(MIS4)。因此,这一规律是气候、构造、纬度、海陆位置等综合作用的结果。

近年来,中国东部山地是否存在第四纪冰川作用的研究再度出现热潮。一些学者从地貌学、沉积学、年代学等方面均提出了新证据,低海拔型山地是否存在第四纪冰川作用一度难以解释,而东亚季风区山地冰川发育的基本规律对深入分析中国东部低海拔山地是否存在第四纪冰川作用具有一定的参考价值。以湖南大围山为例,ESR 测年方法测得的年代结果均早于 200 ka,最老的冰川作用时代为 425 ka,大体相当于中国西部的中梁赣冰期,这一结果与东亚季风区各山地年代结果相差甚远,显然不合理。因此,对于冰期划定总体要符合东亚季风区冰川作用的基本规律,采用的年代手段和相对地貌判别要与区域大环境相结合。

第7章 山地冰川平衡线的确定及影响因素

平衡线是冰川积累量和消融量的零平衡,积累量主要由降水控制,消融量主要由夏季气温控制,因此平衡线高度由降水和夏季气温共同决定。在第四纪冰川研究过程中,可能利用地貌证据恢复过去地质时期的平衡线高度(刘耕年等,2011)并与现代平衡线进行对比,从而推断某一山地是否具备冰川发育的气候条件。由此可见,现代和古平衡线高度的确定是否合理至关重要。对于中国东部许多山地而言,目前均无冰川发育,其现代平衡线是根据西部现代冰川区平衡线处的年降水量、夏季平均温度相关曲线与经验方程确定(Ohmura 等,1992;施雅风等,1988,2000;苏珍,1984),而古平衡线高度可以根据合适的方法来推算,如冰斗底部高程法、荷非尔法、侧碛堤最大高度法等(Iwata 等,1995,Benn 等,2000;Porter 等,2005;Ono 等,2005;Zhang 等,2009)。当某一个研究区的现代平衡线和各阶段的古平衡线高度确定之后,就可以进一步分析古今冰川发育条件的差异。对于影响现代平衡线计算的因素并没有人做过仔细讨论。本章以 17 个山体为研究对象(Yang 等,2007;Zhang 等,2008,2012a;Hebenstreit 等,2003,2006;Cui 等,2000,2002;张威等,2012c;崔之久等,1992),采用这些山体周围 28 个气象站的气温与降水数据,运用目前比较常用的计算现代平衡线的方法,计算出 17 个山体的现代平衡线高度。为了验证不同计算方法的合理性,研究中对发育现代冰川山体的平衡线高度进行计算,并与实际观测的现代平衡线进行比较,用得到的计算结果诠释不同方法的具体含义、参数获取、计算过程和可能的误差来源,并分析影响现代平衡线计算的多种因素。对于古平衡线高度的确定,目前国内外学者倾向于多种方法的综合运用取平均值,尽可能地消除误差,并且开始关注新构造运动对平衡线的影响(Zhang,2009;Ono,2004;Hebenstreit,2006;Xu 等,2010),因此,本章也对古平衡线的确定方法及影响因素进行了探讨。

7.1 山地冰川现代平衡线的确定

对于中国青藏高原边缘及中国东部无现代冰川区,想要恢复现代平衡线高度,主要方法如下:

1. 确定的最大降水带与经验曲线关系法(MPC)

根据施雅风等(1989)提出的计算中国东部地区现代平衡线的方法实例,将其计算过程归纳如下：

$$P_1 + \frac{2000 - H_1}{M} = P_2 \tag{7-1-1}$$

$$P_2 \Rightarrow T_2 \tag{7-1-2}$$

$$T_1 - T_2 = \Delta T \tag{7-1-3}$$

$$\Delta T/G = \Delta H \tag{7-1-4}$$

$$H = H_1 + \Delta H \tag{7-1-5}$$

公式(7-1-1)至(7-1-5)的具体含义对应下述的(1)~(5)：

(1)确定现代平衡线处的降水(P_2)

由于现代平衡线附近的降水很难确定,施雅风(1989)采用(Kerschner,1985)推算阿尔卑斯平衡线处降水量的方法,并结合中国东部山地的降水资料,以2000 m高度处降水量作为平衡线处的降水量(P_2)。根据公式可知,要想求出P_2,则需要利用各个山地的山上或者山麓气象站海拔高度(H_1)、年平均降水量(P_1)以及降水梯度(M)。这里面降水梯度的确定存在两种情况:一是在同一山体附近若存在不同高度处的气象站,则可利用多个气象站降水数据求出山体的实际降水梯度;二是若只有一个气象站,则只能根据降水量与降水梯度的关系图(施雅风等,1989)(图7-1-1),大致推算山体的降水梯度。

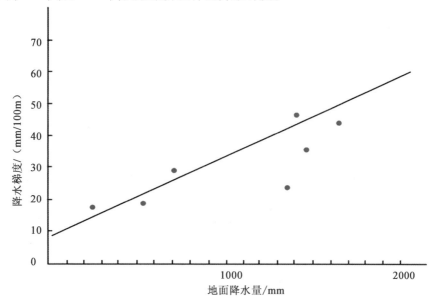

图7-1-1　中国东部降水梯度与降水量的关系图(施雅风等,1989)

(2)确定现代平衡线处的气温(T_2)

P_2确定之后,根据苏珍统计的中国西部现代冰川平衡线处年降水量和夏季6—8月平均气温的推算值绘制的曲线(施雅风等, 1989)(图7-1-2),查出对应P_2降水量的夏季平衡气温值(T_2)。

（3）确定现代平衡线和气象站之间的气温差（ΔT）

将气象站 6—8 月的平均气温（T_1）与现代平衡线处的气温（T_2）做差。

（4）确定现代平衡线和气象站之间的高差 ΔH

用现代平衡线和气象站之间的气温差（ΔT）除以气温垂直递减梯度（G 取 0.6℃/100 m）。

（5）确定现代平衡线高度（H）

用气象站的高度（H_1）加上高差（ΔH），即为所求。

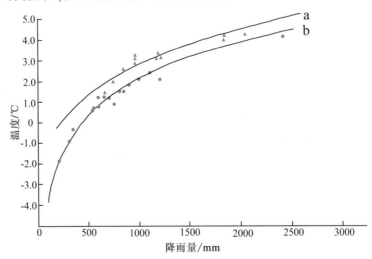

7-1-2　平衡线处年降水量和夏季 6—8 月平均气温关系（施雅风等，1989）

a—阿尔卑斯现代冰川;b—中国西部现代冰川

2. 确定的最大降水带与统计公式法（MPF）

用 MPF 法确定现代平衡线高度与 MPC 法的原理完全相同，只不过是在 MPC 法中，对应 2000 m 处降水的夏季平均气温值（T_2）是采用的苏珍（1984）根据中国西部冰川实际资料绘制的气温与降水关系图，这样在确定 T_2 的过程中，难免会存在曲线判读的误差。而在 MPF 法中，这种现代理论平衡线处的气温和降水关系被进一步量化，比较有影响的是赖祖铭根据间接推算的中国西部山区 16 条冰川及巴基斯坦境内巴托拉冰川平衡线处 6—8 月平均气温（T_{SO}）和年降水量（P_{EL}）资料绘制的相关曲线（施雅风，1988），见图 7-1-3。施雅风将此曲线转化成数学公式（7-1-6）：

$$T_{SO} = -15.4 + 2.4\ln P_{EL} \tag{7-1-6}$$

在实际应用 MPF 法计算现代平衡线过程中，只需将 MPC 法中的公式（7-1-2）用 MPF 法中的公式（7-1-6）代替，即 $T_2 = -15.4 + 2.48\ln P_2$，从而求出现代平衡线处的气温（$T_2$）。

3. 实际气象站降水与经验公式法（WPF）

近年来，一些学者（Zhang 等，2009；Ono 等，2004；Hebenstreit，2006）在计算现代平衡线时，多采用 Ohmura 根据中高纬度 70 条现代平衡线处的观测值（图 7-1-4）获得的统计公式：

$$P = 645 + 296T + 9T^2 \tag{7-1-7}$$

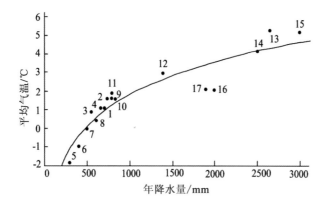

图 7-1-3　中国西部冰川平衡线处 6～8 月平均气温和年降水量关系图 (施雅风,1988)

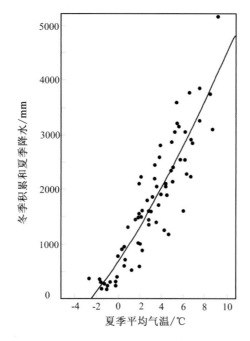

图 7-1-4　平衡线处 6～8 月气温与降水关系图 (Ohmura,1992)

　　与 MPC 法和 MPF 法不同的是,在确定现代平衡线高度的过程中,平衡线处降水(P_2)应用的是气象站的降水数据(P_1),即 $P_2 = P_1$,然后将 MPC 法中的公式(7-1-2)用 WPF 法中的公式(7-1-7)代替,进而求出相应平衡线高度处的气温值(T_2),最后用公式(7-1-3)、(7-1-4)、(7-1-5)求出现代平衡线高度。

　　表 7-1-1 统计了 17 座山体附近的气象站资料,利用上面所述的三种方法恢复了现代平衡线高度。

表 7-1-1　不同方法计算的现代平衡线处的高度,夏季气温和年降水量对比表

方法 山体	地理坐标 (N,E)	气象站 高度(m)	气象站 6~8 月气温(℃)	年降水 (mm)	实际平衡线 高度(m)	MPC 高度(m)	MPC 气温(℃)	MPC 降水(mm)	MPF 高度(m)	MPF 气温(℃)	MPF 降水(mm)	WPF 高度(m)	WPF 气温(℃)	WPF 降水(mm)	气象资料
阿尔泰山	45°~49°,85°~91°	1900	11.9	664	3320	3688	1.17	689	3750	0.8	689	3873	0.06	664	许问科(2010)
天山	43°,86°	3539	4.3	454	4056	4239	0.1	454	4294	-0.23	454	4365	-0.66	454	张国飞等(2012)
长白山	42°,128°	2624	6.9	1340		3290	2.9	1340	3364	2.46	1340	3407	2.2	1340	施雅风等(1989)
贺兰山	38°,106°	2901	10.6	430.2		4654	0.08	430.2	4727	-0.36	430.2	4791	-0.74	430.2	王聪等(2007)
玛雅雪山	37°,102°	3045	10.3	355.4		4856	-0.57	355.4	4900	-0.83	355.4	4928	-1	355.4	任炳辉(1981)
泰山	36°,117°	1534	16.8	1132		3867	2.8	1267	3949	2.31	1267	4072	1.57	1132	施雅风等(1989)
马衔山	36°,103°	1800	19	494.8		4883	0.5	536.8	4935	0.19	536.8	5050	-0.5	494.8	孙国钧等(1995)
太白山	34°,107°	1543	19.3	752.6		4451	1.85	876	4526	1.4	876	4700	0.36	752.6	戴君虎等(2001)
五台山	32°,113°	2898	9.5	828.5		4198	1.7	828.5	4271	1.26	828.5	4380	0.61	828.5	任健美等(2004)
黄山	30°,118°	1840	16.6	2394		3906	4.2	2461	3946	3.96	2461	3756	5.1	2394	施雅风等(1989)
白马雪山	28°,99°	4292	5.1	807.1	4800	4867	1.65	807.1	4942	1.2	807.1	5054	0.53	807.1	张谊光(1998)
千湖山	27°,99°	3276	12.9	849.8		5134	1.75	849.8	5206	1.32	849.8	5312	0.68	849.8	明庆忠等(2011)
玉龙雪山	27°,100°	2393	17.7	950	4800	5026	1.9	950	5076	1.6	950	5176	1	950	李宇(1996)
螺髻山	27°,102°	2640	15.8	956		4940	2.0	956	5005	1.61	956	5103	1.02	956	王吉均等(1996)*
点苍山	26°,100°	1990	19.8	1054		4905	2.31	1054	4980	1.86	1054	5068	1.33	1054	王宇(1996)
拱王山	26°,103°	3900	6.8	1570		4488	3.27	1570	4558	2.85	1570	4553	2.88	1570	张威等(2005)
台湾玉山	23°,120°	3845	7.4	3054		4361	4.3	3054	4328	4.5	3054	3953	6.75	3054	Hebenstreit(2006)

注:琼海—螺髻山风景名胜区总体规划,四川省城乡规划设计研究院,2006。

7.2 现代冰川平衡线确定的影响因素

7.2.1 降水量的选择对现代冰川平衡线的影响

三种方法计算现代平衡线的思路大体相同,只是平衡线处很少设置气象站,因而平衡线处的降水和气温资料都是间接推算或假设的,并非平衡线处的真实降水量。其中,MPC、MPF法将2000 m处的年平均降水量作为平衡线处的降水量,WPF法将平衡线处的降水默认为已知气象站处的降水数据。值得注意的是,施雅风在应用MPC和MPF法计算现代平衡线时并未明确指出该如何根据不同海拔气象站的资料计算现代平衡线处的降水,但他在实际计算过程中已经进行了分类,即如果气象站分布的海拔低于2000 m,则根据降水梯度推算出2000 m处的降水数据;如果气象站分布的海拔高于2000 m,则直接应用气象站的降水数据进行计算。而在WPF法中,无论气象站的海拔高度如何,平衡线处的降水数据均采用离平衡线最邻近的气象站降水数据,由此不难看出,平衡线处的降水数据的选取成为三种方法计算现代平衡线不同的一个主导因素。

现代平衡线处的降水量被海拔2000 m处的降水所代替,蕴含着一个基本假设,就是中纬度地区的最大降水高度一般在2000 m(Kerschner,1985),也意味着2000 m这一海拔高度上的降水条件有利于冰川发育。然而,中纬度最大降水高度一般在2000 m是否是一个普遍规律? 如果是,这一适用于中纬度地区的一般规律是否也适用于低纬度地区? 这些问题值得讨论。所谓最大降水高度(林之光等,1985)指的就是降水量达到最大时的海拔高度,在一定海拔高度范围内,降水量随高度升高而增加是一个普遍规律,超过一定的海拔高度再向上,就会出现相反的情况。研究认为,沿山坡上升的气流中所含水汽是有一定限度的。气流在爬升过程中,水汽不断凝结降落,随着上升高度的增加,气温降低,到某一高度水汽凝结降落达到最大限度。如再向上,气流中的水汽越来越少,降水量亦逐渐减少。最大降水高度的高低各地不同,主要与气候干湿程度和山体高度有关。气候越干燥的地方,最大降水高度越高,甚至可能不出现最大降水高度,即最大降水高度已过山顶;气候越湿润的地方,最大降水高度越低,甚至可以低到山麓。对于中国东部中纬地区来说(表7-1-1),如长白山(2691 m)、贺兰山(3556 m),均为存在确切的末次冰期冰川作用的山地,两个山体的降水量均随着海拔高度的增加而增加,长白山天池气象站(2624 m)年均降水量为1340 mm,而贺兰山气象站(2901 m)的年均降水量为430 mm,其最大降水带均不在2000 m的海拔高度上;对于中纬度的阿尔泰山,其最大降水高度在3190 m(赵成义等,2011)。而对于低纬度山地来说,与这一规律的偏差就更大,如白马雪山(张谊光,1998)的最大降水带分布在海拔3700~3800 m,根据122道班(3760 m)的资料,其年平均降水量为946.1 mm,而位于2050 m的奔子栏气象站数据则是285.6 mm,差值为660.5 mm,比2000 m处的降水高山2倍还多;拱王山3900 m处的降水为1570 m,比2000 m高度上的989 mm高出了581 mm,可见最大降水带的高度不一定位于海拔2000 m上,在有的地区这个误差还是非常明显的。此外,MPC法和MPF法将2000 m处的降水值作为平衡线处的降水值,如果2000 m果真是这个山体的最大降水高度,则平衡线处的实际降水量一定低于此值,这样会导致计算出的平衡线处的气温偏高,进而使现代平衡线的值偏低。

● 气温对现代冰川平衡线的影响

上述三种方法是根据不同地区冰川资料进行的统计分析,因此得到的平衡线处6—8月气温与年降水的关系也不尽相同。苏珍等根据中国西部17条(包括1条喀喇昆仑巴基斯坦境内)现代冰川处的气温和降水资料得出了气温(T)关于降水(P)的对数函数(公式7-1-6),而Ohmura根据中高纬度70条现代冰川资料统计出来了降水关于气温的幂函数关系(公式7-1-7)。显然,二者的横纵坐标正好相反,对此,我们稍作变换,将公式(7-1-6)改写为降水(P)关于气温(T)的函数,即变为公式(7-2-1)的指数函数关系:

$$P = e^{(T+15.4)/2.48} \tag{7-2-1}$$

图7-2-1显示随着平衡线处降水的增加,平衡线处气温上升,借以增加消融量达到与积累的增加相平衡。根据施雅风和Ohmura两人提出的现代冰川平衡线处气温和降水的关系图可知,公式(7-1-7)和(7-2-1)的气温与降水并不是无条件成立的,即公式(7-1-7)适用的气温和降水范围分别是 −2.4 ~ 10℃ 和 0 ~ 5000 mm,公式(7-2-1)为 −2 ~ 5.6℃ 和 0 ~ 3000 mm。每条曲线上 T 的升高都有个极大值,a 曲线中的夏季温度极值为 5 ~ 6℃,b 曲线中为 9 ~ 10℃,超过此极值,降水将由固态转为液态,无助于积累的增加;而两条曲线的气温也有个极小值(−2℃左右),当夏季温度低于 −2℃ 时,即使没有降水,冰川仍能够得以维持。

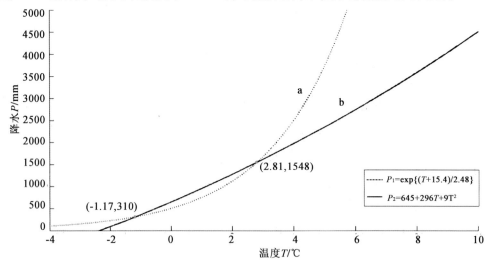

图 7-2-1   不同地区(中国西部和欧洲)冰川平衡线处气温与降水的关系

图 7-2-1 表示不同地区(中国西部和欧洲)冰川平衡线处气温与降水的关系,从图中可以看出,公式(7-1-7)和(7-2-1)的曲线有两个交点,交点坐标分别为(−1.17,310)和(2.81,1548),当气温 T 介于 −1.17~2.81 ℃,对应的降水介于 310~1548 mm 时,公式(7-1-7)所代表的曲线位于公式(7-2-1)之上。也就是说,在此区间内,气温相同的点,公式(7-1-7)对应的降水多于公式(7-2-1)对应的降水,换而言之,在此区间内,即使取相同的降水量,公式(7-1-7)所对应的气温低于公式(7-2-1)所对应的气温。表 7-1-1 中的长白山、天山、阿尔泰山、贺兰山、太白山、玛雅雪山、马衔山、螺髻山、白马雪山、千湖山、玉龙雪山、点苍山、泰山、五台山均显示了此规律。当降水低于 310 mm 或高于 1548 mm 时,公式(7-1-7)的曲线位于公式(7-2-1)之下,也就是说,即使两条曲线的降水点相同,公式(7-1-7)对应的气温也高于公式(7-2-1)对应的气温,如表 7-1-1 中的台湾玉山、云南拱王山和黄山。

以上分析可以明显地看出,即使计算现代平衡线时选取的降水数据相同,选用的方法不同,计算出的平衡线处 6~8 月气温(T_2)也不同,进而使气象站处的气温和平衡线处的气温差 ΔT 不同,相应的气象站高度和平衡线高度之间的高差(ΔH)不同,最终导致计算出的平衡线高度也不同。以玛雅雪山为例(表 7-1-1)进行具体说明,应用三种方法计算现代平衡线时均取降水量 355.4 mm,得到的气温分别为 −0.57℃、−0.83℃、−1℃,与气象站的气温差 ΔT 分别为 10.87℃、11.13℃、11.3℃,均采用 0.6℃/100 m 的气温递减率,相应的气象站和平衡线之间的高差 ΔH 为 1811 m、1855 m、1883 m,从而计算出现代平衡线高度分别为 4856 m、4900 m、4928 m。在参与计算的山地中,除了太白山、马衔山、阿尔泰山平衡线处的降水不同以外,其余的山地平衡线处的降水均相同,但是计算出来的现代平衡线高度却有一定的差别(图 7-2-2)。用白马雪山、阿尔泰山、玉龙雪山和天山地区的气象资料计算现代平衡线,并与实际观测的平衡线进行比较,说明采用 MPF 法比 WPF 法恢复出来的平衡线高度更符合实际情况。

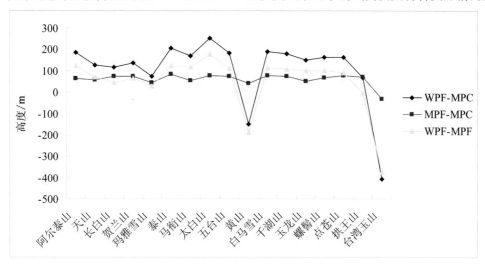

图 7-2-2 不同方法计算的平衡线高差

7.2.3 气象站位置与气温垂直递减梯度对现代冰川平衡线的影响

为了便于讨论气象站的位置对现代平衡线计算的影响,统一采用 WPF 法计算现代平衡线,结果见表 7-2-1。

表 7-2-1 各气象站气象数据以及应用 WPF 法计算的现代平衡线

观测站	海拔 (m)	年降水量 (mm)	夏季气温 (℃)	现代平衡线处气温值(℃)	夏季气温递减率(℃/100 m)	现代平衡线 (m)
奔子栏	2050	285.6	23.7	-1.26	0.75	5378
东竹林	2988	532.8	16.5	-0.38	0.78	5152
122 道班	3760	946.1	10	0.99	0.75	4961
白马雪山垭口	4292	807.1	5.1	0.53	0.76	4893
飞来寺	3485	513.8	11.3	-0.45	0.72	5117
向阳坡	2747	410.6	17.4	-0.81	0.69	5386
日嘴	2080	425.0	21.7	-0.76	0.69	5335
布尔津	474	117.4	22.5	-1.9	0.59	4609
哈巴河	533	172.0	21.6	-1.68	0.59	4479
阿勒泰	735	174	21.2	-1.67	0.59	4611
富蕴	803	157.7	22.8	-1.74	0.59	4962
青河	1218	158.9	18.6	-1.73	0.59	4663
森塔斯	1900	664	11.9	0.06	0.59	3907
拱王山(1)	3900	1570	6.8	2.88	0.6	4553
拱王山(2)	3200	1358	11.5	2.3	0.6	4733
拱王山(3)	2800	1235	14.2	1.9	0.6	4850
拱王山(4)	2000	989	19.2	1.1	0.6	5017
拱王山(5)	1000	680	26.3	0.1	0.6	5367

其中,奔子栏、东竹林、122 道班位于白马雪山东坡,白马雪山垭口位于分水岭,飞来寺、向阳坡、日嘴位于白马雪山西坡,布尔津、哈巴河、阿勒泰、富蕴、青河、森塔斯均位于阿尔泰山附近。其他为引自昆明市东川区气象站的拱王山的气象数据。从表 7-2-1 中可以看出,122 道班气象站的降水比白马雪山垭口气象站多,计算出平衡线处的气温就高,相应的平衡线位置应该更低。但是实际应用中,白马雪山垭口气象站比 122 道班气象站数据计算出的现代平衡线高,这是由于气象站本身高度不同产生的。也就是说,并非降水量越大的气象站数据求出的现代平衡线越低,还需要考虑气象站本身所处的海拔高度。将应用白马雪山不同海拔高度气象站数据计算出的现代平衡线与实际观测的现代平衡线(4800 m)进行对比,发现运用白马雪山垭口气象站数据计算的平衡线高度值更接近实际值,也就是说,采用越接近现代平衡线处的气象站资料,所计算的现代平衡线值越接近实际。通过对白马雪山的现代平衡线研

究发现,从山下 2050 m 的奔子栏气象站到山上 4292 m 的白马雪山垭口气象站,平衡线从 5378 m 到 4893 m,相差近 500 m。相似的现象在拱王山也有体现。可见,气象站的选取对于现代平衡线的计算值有很大的影响。

下面给出具体的分析过程,气象站 A 位于 H_a 高度,气象站气温降水分别为 T_a 和 P_a,对应恢复出的平衡线处气温为 T_a',平衡线高度为 H_a';气象站 B 位于 H_b 高度,气象站气温降水分别为 T_b 和 P_b,对应恢复出的平衡线处气温为 T_b',平衡线高度为 H_b',则使用气象站 A 和 B 恢复出来的平衡线高度可分别用公式(7-2-2)、(7-2-3)表示:

$$H_a' = (T_a - T_a')/G + H_a \tag{7-2-2}$$

$$H_b' = (T_b - T_b')/G + H_b \tag{7-2-3}$$

则使用气象站 A 和 B 恢复出来的平衡线高差为:

$$H_a' - H_b' = [(T_a - T_b) - (T_a' - T_b')]/G + H_a - H_b \tag{7-2-4}$$

据 Ohmura 研究,降水相差 300 ~ 400 mm,相当于气温相差 1℃,按照 0.6℃/100 m 的气温梯度,则对应的平衡线高差为 167 m。也就是说,气象站分布的高程相差 167 m,就抵消了 300 ~ 400 mm 的降水差异或 1℃ 的气温差异。可见,气象站分布的海拔高在计算现代平衡线中起着举足轻重的作用。

此外,气象站是位于山上还是山外对计算结果也有一定影响。以阿尔泰山为例,只有森塔斯气象站(1900 m)属于高山气象站,故而计算出来的现代平衡线值最低,并且比较接近实际平衡线,而应用地面气象站数据的计算结果就比实际高很多。原因可能是山上和山外气象站所记录的气温和降水有很大差异的缘故,资料显示,地面气象站的降水量远远低于山上气象站的降水,很可能已经不在同一个量级上(李吉均等,1986)。

为了便于对比,表 7-1-1 均采用 0.6℃/100 m 的气温垂直递减梯度,然而,对于不同的山体来说,由于高度、地形、坡向的不同,导致山体表面的气温垂直递减梯度会与此数据有一定的出入。如在计算白马雪山的现代平衡线时,采用白马雪山垭口(4292 m)气象站的数据,其中实测气温垂直递减梯度为 0.76℃/100 m,以此计算的该区现代平衡线值是 4893 m,若以 0.6℃/100 m 计算,则所获得的现代平衡线值为 5053 m,可以看出,由于运用的气温垂直递减梯度不同,导致计算的现代平衡线差值达 160 m,这个计算误差还是比较大的;再比如,在近南北走向的贺兰山地区,根据实测资料,东西坡的气温垂直递减梯度分别为 0.52℃/100 m 和 0.55℃/100 m(耿侃等,1990),计算出来的现代平衡线高度分别为 5074 m 和 4935 m,与采用 0.6℃/100 m 计算出的平衡线高度(4784 m)之间的差值达 290 m 和 151 m。

7.3 计算现代冰川平衡线综合因子法

综合分析上述计算现代理论冰川平衡线的方法,下面给出比较合理的计算方法。

图 7-3-1 指示了自由大气中的降水、气温和高度之间的关系,气象站的海拔高度为 H_1,对应的降水(P_1)和气温(T_1)随着海拔高度增加了 ΔH,达到冰川平衡线高度 H,相应的降水变化量为 $\partial P/\partial z \Delta H$,气温变化量为 $\partial T/\partial z \Delta H$,则平衡线处的降水($P_2$)和气温($T_2$)分别为 $P_1 + \partial P/\partial z \Delta H$,$T_1 + \partial T/\partial z \Delta H$。已知平衡线处的气温和降水的函数关系式为:

$$f(T, P) = 0 \qquad\qquad (7\text{-}3\text{-}1)$$

公式(7-3-1)可以是已知的现代冰川平衡线处的气温与降水的函数关系式,如公式(7-1-6)或者公式(7-1-7),也可以是实际观测统计的关系式。用气象站的气温(T_1)、降水数据(P_1)、气温梯度($\partial T/\partial z$)和降水梯度($\partial T/\partial z$)来表示平衡线处的气温和降水,带入公式(7-3-1),则该函数关系可表示为:

$$f\left(T_1 + \frac{\partial T}{\partial z}\Delta H,\ P_1 + \frac{\partial P}{\partial z}\Delta H\right) = 0 \qquad\qquad (7\text{-}3\text{-}2)$$

利用公式(7-3-2)便可以求出现代平衡线和气象站的高差,从而求出现代冰川平衡线的高度。由于上述方法将各因子统一考虑,我们把上述方法命名为综合因子法(ZYZ法)。

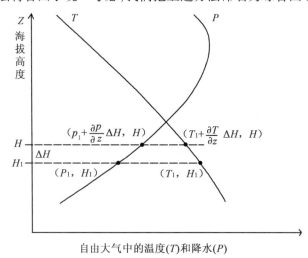

图 7-3-1　自由大气中的降水、气温和海拔高度的关系

H_1—气象站的海拔高度;P—自由大气中的降水;T—自由大气中的气温;Z—海拔高度;

P_1、T_1—海拔高度为H_1处气象站的降水和气温;$\triangle H$—海拔高度的变化量;H—冰川平衡

线处的海拔高度;$\partial P/\partial z\Delta H$—降水变化量;$\partial T/\partial z\Delta H$—气温变化量

在利用 ZYZ 法计算现代理论冰川平衡线时,无须像上述三种方法那样烦琐,需要经过多个步骤最终才求出现代冰川平衡线高度,只需将气象站处的气温降水数据和气温递减梯度以及降水梯度直接代入公式(7-3-2),求出现代理论冰川平衡线和气象站的高差,进而求出现代理论冰川平衡线的高度。

下面采用 ZYZ 法,以白马雪山为例进行验证。选取白马雪山垭口的气象数据,即气温5.1℃,降水807.1 mm,气温梯度0.78℃/100 m;降水梯度利用白马雪山垭口气象站(4292 m)和122道班气象站(3760 m)推算,其值为 26 mm/100 m;选用公式 $T_{SO} = -15.4 + 2.48\ln P_{EL}$ 和公式(7-3-2)得 ΔH 为500 m,计算出白马雪山的现代平衡线高度为4792 m。这与实际观测的平衡线高度4800 m 几乎一致,故而本节提出的计算现代理论冰川平衡线高度的方法是合理的。

尽管说公式(7-3-2)比较简洁,含义也比较清楚,但进一步分析也可看出,该模型仍存在计算误差,主要表现在:

（1）降水梯度。对于冰川平衡线处的降水，理论上应该为 $p_1 + \partial p/\partial z \Delta H$，由于某些高山区存在最大降水带和第二最大降水带，因而降水梯度需要分段考虑。

（2）现代冰川平衡线处的气温与降水关系。我们选择阿尔泰山、天山、白马雪山和玉龙雪山四处发育现代冰川的山体进行对比，结果表明，应用公式 $T_{SO} = -15.4 + 2.48\ln P_{EL}$ 比公式 $P = 645 + 296T + 9T^2$ 更接近实际观测的现代冰川平衡线高度（表7-1-1）。由此可以看出，在计算青藏高原外围及中国东部典型山地的现代理论冰川平衡线时，应首选公式 $T_{SO} = -15.4 + 2.48\ln P_{EL}$ 代表现代冰川平衡线处的气温与降水关系。

（3）气温垂直递减率。应尽可能地选取山体的实测气温递减率。

小结：

（1）对近年来常用的恢复现代理论冰川平衡线的方法、原理，以及计算过程中可能存在的误差来源进行分析，讨论了计算现代理论冰川平衡线的主要影响因素，提出了比较完善的计算现代冰川平衡线的 ZYZ 方法，并通过实测气象数据进行方法验证。

（2）三种方法推算的平衡线高度均高于实际平衡线，即实际平衡线高度 < MPC 法 < MPF 法。WPF 法恢复的现代理论平衡线高度主要取决于降水数据所处的区间，若降水量处于 310 ~ 1548 mm，则 MPF 法恢复的平衡线高度低于 WPF 法；若降水量低于 310 mm 或者高于 1548 mm，则情况相反。总体而言，采用不用方法恢复的现代理论平衡线高度是西部高、东部低。

（3）在实际计算过程中，应注意降水梯度和气温垂直递减率的选取。尤其是存在第二大降水带的高山区，降水梯度应该分段选取，同时应选取山体的实测气温垂直递减率。

7.4 古雪线高度的确定及影响因素

关于古雪线高度的重建，不同学者在不同研究区采用的方法也不尽相同（Benn 等，2000；Porter，2000）。本节以长白山的古雪线高度确定为例，计算并说明古雪线的确定方法及主要影响因素。

7.4.1 古雪线确定方法

由于不同的方法在实际应用的过程中各有利弊，本节采用累积面积比率法（accumulation-area ratio，简称 AAR）、侧碛垄最大高度法（maximum elevation of lateral moraines，简称 MELM）、末端至冰斗后壁比率法（toe-to headwall altitude ratios，简称 THAR）、冰川末端到山顶高度法（the terminal to summit altitudinal，简称 TSAM）、冰斗底部高度法（cirque-floor altitudes method，简称 CF）以及冰川末端至分水岭平均高度法（the terminal to average elevation of the catchment area，简称 Hofer/荷非尔法）计算古雪线高度。

7.4.2 冰盛期和晚冰期的雪线高度

累积面积比率法是在对大量冰川平衡线高度研究的基础上，依据经验确定不同类型冰川的积累区面积比率（AAR 值），从而在能够确定古冰川范围的情况下，确定其平衡线高度。

Meier 等和 Kulkarni 认为冰斗冰川的 AAR 为 0. 62 ~ 0. 65（Meier 等,1962;Kulkarni,1992）;而 Cui 等在实地调查台湾山脉冰盛期雪线高度时,估算 AAR 值为 0. 5（Cui 等,2000）;我们根据长白山冰川作用地貌特点,推测在末次冰期时冰川补给区与消融区面积应该大致相等,所以本节采用 AAR 为(0. 5 ± 0. 05)计算长白山冰盛期雪线高度,结果显示其高度值为(2340 ± 20)m（图 7-4-1）。

对于较大规模的山谷冰川而言,Louis 提出雪线可以通过最高峰和终碛之间的平均值而得出,即为 TSAM 法（Louis,1955）,该方法在一定程度上克服了难以解决的冰川作用上限问题。而对于规模较小的山谷、冰斗冰川而言,用积累区的平均高度代替最高峰的高度,从而确定古雪线的位置效果更好,这就是较早提出的 Hofer 法（Hofer,1879）。根据野外实地调查,西坡停车场谷地终碛垄海拔 2100 m,最高峰(青石峰)和冰川积累区的平均海拔分别为 2665 m 和 2557 m。用 TSAM 法和 Hofer 法计算西坡冰盛期的雪线高度分别为 2383 m 和 2329 m。通过对黑风口谷地冰碛物的位置、地貌形态和沉积物组成确认其为冰盛期的产物,与之相对应的北坡最高峰(天文峰)海拔 2670 m,积累区的平均海拔 2548 m,通过 TSAM 法和 Hofer 法得北坡冰盛期雪线高度分别为 2360 m 和 2299 m。

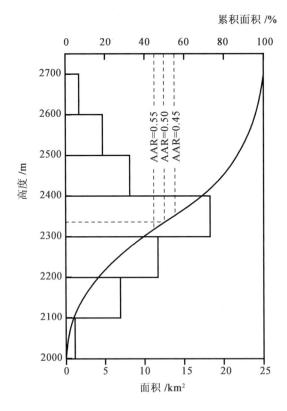

图 7-4-1　长白山冰盛期面积累积曲线图和高度与面积关系的柱状图

由于冰川物质平衡线必然是处于冰川作用最高点和最低点之间的某些点的连线,有的科学家因此假定:冰川的物质平衡线必然处于冰川作用最高点和最低点之间的某一个比率处,并将这一比率定为 THAR 值。但该方法最大的问题是如何确定冰川作用的最高点即上限问题,在研究现代冰川时,常用的做法是取冰川末端至冰斗后壁高度的中间值,即相当于将 THAR 为 0.5 作为平衡线高度。许多学者使用的 THAR 值都小于 0.5(Meierding,1982;Porter 等,1983;Iwata 等,1995;张威等,2003)。其中,Meierding 在计算科罗拉多冰川时使用的 THAR 值是 0.35~0.40;而 Porter 等使用的 THAR 为 0.4~0.5;Iwata 等(1995)和张威等(2003)取 0.4 计算云南高山区的古雪线高度。根据长白山冰川发育特点,本节采用 THAR 为 0.4 计算古代雪线高度,得到北坡和西坡冰盛期的雪线高度分别为 2298 m 和 2326 m,比 AAR 法计算的雪线高度低 10~40 m。

当地貌上明显具有冰斗特征时,一般用冰斗法作为该期(阶)冰川作用的近似雪线高度,其野外证据充分。白云峰(北坡)冰斗和青石峰冰斗(西坡)为末次冰盛期塑造的地貌,底部高程分别为 2250 m 和 2282 m,所以依据冰斗底部高程法(CF)确认末次冰盛期北坡和西坡的雪线高度分别为 2250 m 和 2282 m。

由于晚冰期冰斗不典型,所以在计算晚冰期雪线时没有使用冰斗法。Lichtenecker 等(1938)提出最高的侧碛可代表以前雪线高度的最低值,因为冰川的消融和冰碛物的沉积只能发生在雪线以下,这样,以前的平衡线高度一定位于最高的侧碛垄以上。此方法尤其适合侧碛垄目前仍存在的地方,这就是侧碛堤最大高度法(MELM)。长白山天池北坡气象站以东 200 m 谷地以及西坡青石峰以北谷地保存着冰碛物,延伸长度 70~150 m,末端止于 2300~2380 m,其上覆盖薄层的火山碎屑,根据其分布的海拔高度、地貌位置以及剖面沉积特点,与保存在青石峰冰斗内的晚冰期堆积物特征相似,最大侧碛高度分别为 2475 m 和 2403 m。因此,通过 MELM 法确定晚冰期时北坡与西坡的平衡线高度为 2475 m 和 2403 m。同样,依据 TSAM 法、THAR 法以及 Hofer 法确定的晚冰期雪线高度见表 7-4-1。计算结果显示,北坡和西坡晚冰期雪线的平均值分别为 2490 m 和 2440 m,北坡雪线值比西坡高 50 m。不考虑后期地壳抬升因素,估算晚冰期时长白山的雪线高度大约在 2465 m。

表 7-4-1　长白山更新世的雪线高度及雪线高度降低值

冰期	地点	主峰高度(m)	平均高度(m)	冰川末端(m)	AAR = 0.5(m)	CF(m)	TSAM(m)	THAR = 0.4(m)	MELM(m)	Hofer(m)	平均(m)	雪线降低值(m)
末次冰盛期	北坡	2670	2548	2050	2340±20	2250	2360	2298		2299	2309	1071±20
	西坡	2665	2557	2100	2340±20	2282	2383	2326		2329	2332	1048±20
晚冰期	北坡	2670	2548	2380			2525	2496	2475	2464	2490	890±20
	西坡	2665	2557	2300			2483	2446	2403	2429	2440	940±20

● 长白山地区构造抬升对古雪线高度的影响

对于古冰川的平衡线高度的计算,必须考虑冰川作用后的抬升量。长白山位于亚欧板块的东部边缘,是西太平洋火山带的一部分,自从上新世开始就有构造抬升运动。然而,由于选取的位置、计算方法、考虑的时间段不同,所以抬升速率在大小上有很大的不同。根据50年来国家3期高精度水准测量动态平差的结果,长白山地区目前地壳垂直运动速率为2.0～3.0 mm/a(董鸿闻等,2002)。另据研究资料记载,1928—1981年,天池的水面标高下降70 m,而白云峰却上升约5.7 m,这说明本区抬升运动强烈,抬升速率大于10 mm/a(崔钟燮等,1999)。李竹南认为,长白山在新生代早期处于张性环境,而在晚期是挤压环境(李竹南,1991)。后期此区域经历了地壳抬升,朝鲜东部边缘的抬升速率是2.71 mm/a,并且地壳抬升速率自东向西减少。通过对河流阶地和上升地貌的综合研究显示,自更新世以来长白山及周围地区的平均抬升速率为0.21～0.33 mm/a,而长白山主体自更新世以来的抬升速率是1 mm/a(Wang等,2003)。

7.4.4 长白山构造抬升对雪线降低值的影响

由于本区没有现代冰川发育,所以无法直接得到冰盛期和晚冰期的雪线降低值,但是可以依靠现代气象资料(不同海拔高度上的温度、降水)确定理论雪线,并依此计算其与古雪线的差值。雪线降低值见表7-4-1,可以看出,长白山冰盛期雪线降低值超过1000 m,如在不考虑构造抬升的情况下,北坡 $\Delta ELA=(1071\pm20)$ m,西坡 $\Delta ELA=(1048\pm20)$ m,此结果与以前计算的雪线降低值相当(施雅风等,1989)。对于长白山北坡和西坡古冰川平衡线高度的计算,必须考虑冰川作用后的抬升量。长白山位于亚欧板块的东部边缘,是西太平洋火山带的一部分。

考虑到长白山地区的冰川作用发生在末次冰盛期以及晚冰期,即发生于晚更新世,与目前的实际监测数据有明显的差异,本节在计算古雪线高度时采用1 mm/a的抬升速率。地壳抬升不但对山峰的高度产生影响而且对雪线高度的相对位置也起作用。如将军峰(2700 m)在冰盛期[OSL测年:(20.0±2.1)ka,这里用20 ka]后山体的上升值大约为20 m,考虑到地壳运动因素,当时的古雪线高度应为2300 m(图7-4-2)。晚冰期采用同样的抬升速率[OSL测年:(11.3±1.2)ka,这里用11 ka],计算晚冰期后地壳上升11 m,当时雪线的实际高度为2454 m。

长白山北坡和西坡晚冰期的雪线降低值分别为(890±20)m和(940±20)m,平均值为(915±20)m,这与台湾山脉的计算结果也是一致的(Hebenstreit,2006)。然而,如果考虑构造抬升的影响,其结果会有一定的变化,即用未考虑构造抬升作用所确定的雪线降低值,再加上构造抬升量,才是古今雪线之间真正的差值(图7-4-2)。从图7-4-2中亦可以看出,如果不考虑山体的剥蚀速率,那么山体高度与古雪线之间的差值为一个定值,即均是380 m。

雪线高度的计算需要获取数据并建立模型和理论假设,在数据的采集和理论雪线高度方法重建过程中会产生一系列误差,所有这些会导致雪线高度的数值降低或者升高。本节在计算古雪线高度时采用1 mm/a的抬升速率,此数值明显低于现代的抬升速率。然而即使我们使用较高的抬升速率如2 mm/a,本区末次冰期的山峰高度和雪线高度也不会有太大的变化。为了尽力避免单一方法带来的误差,我们采用了6种方法估算末次冰期雪线高度。在末次冰盛期时,上述方法给出了雪线的高度范围是2298～2383 m,平均值为(2320±20)m,考虑新构造运动后的雪线值为(2300±20)m,该雪线高度比以前估算的雪线高度高出200 m左右。

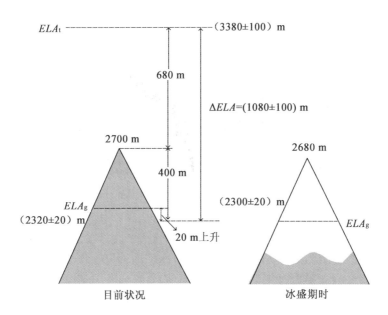

图 7-4-2 冰盛期雪线高度的降低值

ELA_t—现代理论雪线高度;ELA—古雪线高度;ΔELA—雪线高度的降低值

长白山新构造运动(LGM 上升约 20 m,晚冰期上升约 11 m)对冰川的影响不如台湾山脉明显。Hebenstreit 使用 5mm/a 的抬升速率重新计算了台湾山脉的新构造抬升量,结果显示:在末次冰期早期,山体抬升量为 275 m(Hebenstreit 等,2006)。而如果应用 Cui 等的年代数据(Cui 等,2002),并采用同样 5 mm/a 的上升速率,那么在冰盛期和晚冰期的抬升量分别为100 m 和 50 m,是长白山的 5 倍,因此,在台湾山脉更应重视新构造运动对冰川作用的影响。由此可以推及,在新构造运动活跃的冰川作用区,确定古雪线高度及雪线降低值时不应忽视新构造运动的作用。

第8章 山体隆升与剥蚀速率的确定

现代地形地貌是气候变化和构造运动共同作用的结果,以现代地貌为基础推断过去某一时段的山体高度,进而分析该时段的山体是否进入冰冻圈,是验证第四纪冰川发育气候与构造耦合关系的关键。合理推断冰期时的山体高度,需要综合考虑剥蚀与抬升作用对山体海拔高度的影响。本章着重对隆升与剥蚀问题进行探讨,并实际计算青藏高原东北缘玛雅雪山地区的隆升速率和剥蚀速率。

8.1 隆升速率的确定

测定隆升速率的方法有很多种,包括古生物-古气候法、沉积古地理法、地质压力计法、低温热年代学方法、稳定同位素法和变质作用 p-T-t 轨迹法等(王国灿,1995),由于不同方法都有各自适用的前提,因而需要根据研究区的具体情况来确定适宜的方法。低温热年代学中的磷灰石裂变径迹法受到人们的青睐,学者们提出多种利用磷灰石裂变径迹测定隆升速率的方法,并获得大量计算数据(王国芝等,1999;刘建辉等,2010;万景林等,2005)。常用的低温热年代学确定隆升速率或者剥露速率的方法中比较常用是径迹年龄-地形高差法和径迹年龄-海拔高度法。此外,对于时代较新的山地/山体来说,通常采用盆地堆积速率、断层崖垂直错距、阶地下切速率等方法来间接反映山体的隆升速率。下面主要分析径迹年龄-地形高差法、径迹年龄-地形高差法以及阶地下切速率等主要方法的原理。

8.1.1 径迹年龄-地形高差法

经迹年龄-地形高差法也被称为单矿物封闭温度年龄法,该方法的基本原理是:在一定范围内,某特定的地质体,某一特定的矿物冷却年龄应该随海拔高度的增高而增大,因为海拔较高的矿物样品通过其封闭温度等温面的时间较早,因此,由同一种矿物的不同冷却年龄而划分不同高程就提供了有关隆升冷却历史的直接量度,其隆升速率就等于被测矿物分布的高差与它们的年龄差之比(王国灿,1995)。此法多采用磷灰石进行分析,因为磷灰石的封闭温度较低。下面以磷灰石为例来分析(如图8-1-1)。假设磷灰石 A 和 B 最开始分别处于 H_1' 和 H_2' 的深度,随着岩石的隆升,A 和 B 同时向地表运动;A 和 B 都是磷灰石,属于同种矿物,因而它们的封闭温度等温面的温度相同,而因为 A 距离封闭等温面较近,其先通过封闭温度等温面;相对来说,B距离封闭等温面较远,通过封闭等温面的时间较晚。矿物一旦通过封闭温度等温面就达到封闭状态,它的地质"时钟"就开始启动,并记录矿物从封闭温度等温面运动到地表的时间,因而A的年龄值较大,B的年龄值相对较小。A、B是同时到达地表的,只不过是从封闭温度等温面运动到地表的时间不同而已。具体计算公式如下:

$$V = \frac{\Delta H}{\Delta t} \tag{8-1-1}$$

$$\Delta H = H_1 - H_2 \tag{8-1-2}$$

$$\Delta t = t_1 - t_2 \tag{8-1-3}$$

式中,H_1为磷灰石A出露地表的高度;H_2为磷灰石B出露地表的高度;t_1为磷灰石A通过封闭温度等温面的时间;t_2为磷灰石B通过封闭温度等温面的时间;V为隆升速率;ΔH为被测矿物的分布高度差;Δt为矿物冷却年龄差。

此公式中H_1,H_2可直接测得,因而ΔH可直接求得,不需要用封闭温度差与地温梯度来求得,因而此方法的优势就在于不需要使用地温梯度,不用考虑地温梯度所带来的影响,且利用同一种方法对同一种矿物测试,干扰因素较少。

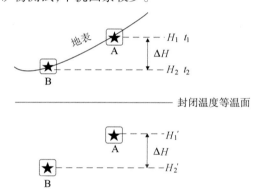

图8-1-1 单矿物封闭温度年龄法的概念模型

8.1.2 径迹年龄-海拔高程法

径迹年龄-海拔高程法是相对于径迹年龄-地形高差法提出的,此时又涉及两个概念即绝对隆升量与视隆升量。绝对隆升量指的是岩石块体作为一个巨大的物质实体相对其周边岩石圈的抬升,与之相关的量值是块体内部质点的绝对隆升量;而视隆升量指的是地表高程的抬升,其量值等于绝对隆升量减去剥蚀深度(柏道远,2004)。在古今地表高程不变的情况下,假设岩石的隆升速率等于地表的剥蚀速率,那么岩石的绝对隆升量等于剥蚀量,视隆升量为零,相应的绝对隆升速率等于剥蚀速率,我们可以简单地应用径迹年龄-地形高差法来计算隆升速率(柏道远,2004)。但对于像青藏高原及其边缘山地这样在第四纪期间地表高程增加数千米的地区来说,很显然,径迹-年龄地形法的前提条件已经不满足,因而不能笼统地使用年龄-地形高差法计算隆升速率,因为视隆升量不再为零,因而算出的视隆升量速率并不代表绝对隆升速率,具体分析如下:

图8-1-2代表现代的地表[8-1-2(c)]以及地下某深度岩石块体中磷灰石S_1和S_2的分布

高度[8-1-2(a)、(b)]，ΔH 为两个磷灰石的分布高差，从过去到现在 ΔH 几乎不变。在 t_1 时刻 [8-1-2(a)]磷灰石 S_1 处于它的封闭温度等温面 $\Delta H_{s_1-t_1}$，磷灰石 S_2 处于 S_1 以下 ΔH，即位于 $\Delta H_{s_2-t_1}$ 处，封闭温度等温面与当时的地表 H_{f_1} 高差为 H_m，表示样品冷却到封闭温度的埋深，可利用封闭温度减去地表温度差值除以地温梯度来求得；当 t_2 时刻[8-1-2(b)]，磷灰石 S_2 到达其封闭温度等温面 $H_{s_2-t_2}$，此时磷灰石 S_1 运动到 $H_{s_1-t_2}$，与 S_1 依然相差 ΔH，此时的地表抬升到 H_{f_2}，距封闭温度等温面依然是 H_m，于是有下面计算 t_1 到 t_2 时间内的绝对隆升速率的公式：

$$H_{s_1-t_1} = H_{f_1} - H_m \tag{8-1-4}$$

$$H_{s_2-t_2} = H_{f_2} - H_m \tag{8-1-5}$$

$$H_{s_1-t_2} = H_{s_2-t_2} + \Delta H \tag{8-1-6}$$

$$\Delta H_{t_1-t_2} = H_{s_1-t_2} - H_{s_1-t_1} = H_{f_2} - H_{f_1} + \Delta H \tag{8-1-7}$$

$$V_{t_1-t_2} = \frac{\Delta H_{t_1-t_2}}{t_1-t_2} = \frac{H_{f_2} - H_{f_1} + \Delta H}{t_1-t_2} \tag{8-1-8}$$

$$\Delta H_{t_1-0} = H - H_f + H_m \tag{8-1-9}$$

其中，$\Delta H_{t_1-t_2}$ 表示绝对隆升量；$H_{f_2} - H_{f_1}$ 为视隆升量，即古今地表海拔的高程差；ΔH 代表 t_1、t_2 时段的剥蚀量。也就是说，t_1、t_2 时段绝对隆升量等于样品高程差与所求时间段内的地表高程差之和。由公式(8-1-8)可以看出，ΔH 可以通过测量磷灰石在地表的分布高程差来直接测定，各个时间的古地表高程可以借用古地理方法得知，然后求出各时段的地表高程差，将样品分布高程差与所求时间段内的地表高程差之和除以时间，即所要求的绝对隆升速率。特殊的，在古今地表海拔基本一致(近似保持不变)的情况下，也就是当 $H_{f_2} = H_{f_1}$ 时，绝对隆升量等于剥蚀量，即径迹年龄–地形高差法所计算的前提。

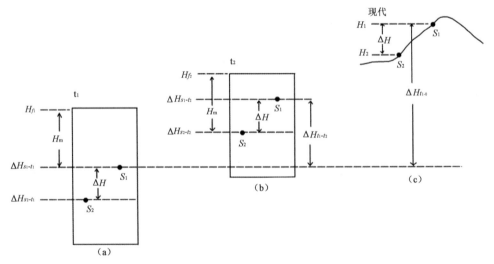

图 8-1-2　绝对隆升速率示意图(柏道远，2004)

在用此方法时要特别注意，岩石抬升和地面抬升是两个不同的概念，千万不要混为一谈。相对于岩石圈而言，岩石抬升就是绝对抬升，其抬升高度等于地面绝对抬升高度，然而，由于地表存在剥蚀作用，地面的实际抬升高度(视隆升量)应等于绝对抬升高度减去剥蚀深度。

对于 $t_1 - t_2$ 时间段内的隆升量 $\Delta H_{t_1 - t_2} = H_{f_2} - H_{f_1} + \Delta H$，是对两个同种矿物而言的；对于 t_1 时间以来至今的隆升量，$\Delta H_{t_1 - 0} = H - H_{f_1} + H_m$ 是对矿物 S_1 来说的。同理，$t_1 - t_2$ 时间段内地面的绝对隆升量，等于该时段的地面高程差与样品高程差之和。我们所观测到的地表是隆升剥蚀共同作用的结果，因而要求某一时间至今的地表绝对隆升量，应为观测到的地面高程差加上剥蚀量。

需要注意的是，为使径迹年龄－海拔高程法的使用更近合理，其适用的前提建立在 3 个稳态假设的基础上：(1)地温等温面的埋深和形状在样品测年时间范围内不随时间变化，即地温场稳态。(2)在相同地形条件下，采样范围内各点的剥露速率在测年时间范围内相等，即地貌稳态。(3)地温梯度随埋深呈线性变化且等温面保持水平，即地温梯度稳态。在剥露速率较低的地区，在足够长的剥露时间内，以上 3 个稳态假设是可以近似满足的，且在剥露速率较高地区的较小范围内，地温场稳态和地貌稳态两个条件也是可以实现的。尽管如此，地温梯度稳态的假设通常会受到地形变化、剥露速率、断层活动和岩浆侵位等因素的影响，导致年龄高程法所估算的剥露速率存在较大误差甚至错误(曹凯等，2011)。另外，上述公式(8-1-8)、(8-1-9)中清楚地表明进行高原绝对隆升量与隆升速率的计算时都离不开对古海拔高程的确定，而古海拔高程的确定方法至今仍有较大争议且不可避免地存在误差，因此年龄高程法在实际应用中还需要进一步完善。

8.1.3 河流阶地下切速率替代法

河流阶地能够完整地记录区域的地质构造环境，被看作是地质构造运动的直接证据。前人在研究阶地时，通常利用阶地面形成年龄和阶地拔河高度，或者是用相同河段内相邻两级阶地的拔河高度差除以相邻两级阶地的形成年代差，来估算河流的下切速率，并用河流阶地的下切速率来限定区域的构造抬升速率(许刘兵和周尚哲，2007a)。但由于河流阶地的形成年代测定的准确性、河流阶地拔河高度测定方法的多样性、阶地成因的多因性等条件的限制，在运用河流下切速率推断山地抬升速率时，还存在一定的不确定性。这里需要注意两个问题，首先是河流阶地必须是地面上升形成的，即构造抬升导致河流下切，才可用于推断地面抬升的时代与大致幅度(潘保田等，2000a)；其次还要注意河流下切速率限定构造抬升速率的影响因素。

8.1.3.1 阶地成因

河流阶地有多种成因模式，即气候成因模式、构造成因模式和构造－气候成因模式(潘保田等，2000；杨景春和李有利，2001；刘小凤和刘百篪，2003；Schumm，1977；Li 等，2012；Bridglan，2000；李有利，2004；Chappell，1983；Brakenridge，1980)。气候成因模式是指阶地形成以气候为主，如冰期－间冰期气候旋回模式和冰期－间冰期转型期下切、冰期堆积模式(李有利，2004；Maddy，1997；Pan 等，2003)；构造成因模式认为阶地的形成主要是构造运动引起河流下切，而与气候变化的关系较小(潘保田，2000；史兴民和杨景春，2003)；构造－气候成因模式认为阶地是在构造运动和气候变化共同作用下形成的，在阶地形成的不同时期起到不同的作用(潘保田，2000；刘小凤和刘百篪，2003)。虽然前人(许刘兵和周尚哲，2007a；魏全伟等,2006;常宏等,2005)对阶地成因概括出了一些标准模式,但上述成因模式只是简单的概念模式。实际上,河流阶地成因较复杂,不同流域甚至同一流域内不同的河段构造环境和古气候环境存在较大差异,造成不同河段的阶地成因也存在差异,因而不能简单地把阶地归因于某一种单一因素的影响,进而机械地套用阶地成因模式。在实际研究中,应根据阶地的高差(常宏等,2005;姚志强,2005)、阶地的坡降(沈玉昌,1965;杨景春等,1987)、阶地的物质组成和阶地结构(沈玉昌,1965;杨景春等,1987;Bucci 等,2003)、阶地的类型(向芳等,2005)等来判定阶地的成因。此外,构造运动和气候变化与阶地形成耦合关系也是重要因素(Li 等,1997;Pan 等,2003;Wateren,2000;Holbrook 和 Schumann,1999;魏全伟等,2006)。在利用河流阶地的下切速率推断山体抬升速率时,最主要的是构造成因阶地。

8.1.3.2 河流下切速率限定构造抬升速率的影响因素

河流下切速率是合理推断构造抬升速率的重要依据。河流下切速率的准确计算主要应注意以下两个方面。

1. 阶地拔河高度

阶地高度分为相对高度和绝对高度,如图 8-1-3 所示。研究中一般使用较多的是阶地的相对高度即阶地的拔河高度,但是在实际测量时,由于阶地上沉积物受后期改造,给确定原始阶地高程带来了一定困难。阶地高程可以通过以下几种方法进行修正:(1)当基座上沉积物属风尘沉积或坡积物,而非河流冲积物时,应减去相应堆积物厚度;(2)当阶地沉积物曾被冲刷改造时,应采用周边平均河床相和河漫滩相沉积厚度进行校正(杨达源,2004)。此外,张天琪(2014)等在研究天山北麓河流阶地时,也指出阶地面拔河高度应该是河漫滩相沉积顶部至现代河床的高度,阶地面上的上覆风成黄土是阶地面形成后沉积的,应该减去上覆黄土的厚度。另外,在测量阶地相对高度时,阶地相对高度起算基准面也常因人而异,有平水位(沈玉昌,1965)、枯水位(刘兴诗,1983)和平均洪水位(杨达源,2004)等不同起算基准面,这就造成阶地拔河高度的测定具有主观性和不确定性。

2. 采样点位置选取与测年物质

构建河流阶地的年代框架是深入开展河流阶地研究的前提和基础,也是目前河流阶地的研究重点和难点(刘小丰等,2011)。阶地的年代分为相对年代和绝地年代,20 世纪早期受科学技术限制,测年手段较少,阶地年代主要使用相对地貌法来大致推断阶地的相对形成年代。随着测年仪器的不断发展,准确测定阶地的绝地年代成为可能。在阶地测年研究时,为了保证阶地测年的准确性,首先应该明确样品位置的选取和测年方法的选取。

在阶地研究中,阶地年龄可以分为阶地面形成年龄和基座面形成年龄(如图 8-1-3),而阶地年代的确定是由采样点位置决定的。前人研究多认为阶地面形成年龄可以依据阶地沉积物顶部的年龄(Lu 等,2010;王萍等,2008;王小燕等,2013)或阶地面大漂砾的暴露年龄(Cording 等,2014)或阶地面上覆黄土的底界年龄(Lu 等,2010;王萍等,2008;Pan 等,2003)来推断,而基座面的形成年龄大致以阶地基座之上的河流沉积物的底界年龄推断。由于不同的测年方法需要不同的测年物质,这就使采样点位置的选取变得至关重要。在河流阶地研究中,大多测定的是阶地面的形成年代,对基座面形成年代研究较少,在野外采样时多采集阶地砾石层上部漫滩相物质,如砾石层中或砾石中的砂质透镜体、砾石层上部的细砂层和砂质黏土层、阶地上覆黄土层或是湖相黏土层。这些都可以大致推断阶地面的形成年代。

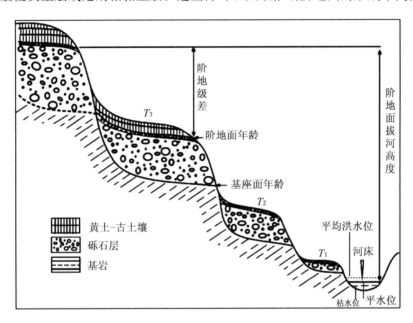

图8-1-3 河流阶地拔河高度、阶地级差、阶地年龄与阶地水位变化图(根据张天琪论文改进)

3. 阶地测年方法

阶地年代的精确获取是河流阶地研究的前提,以往主要运用生物、气候、地层、地貌等相对地貌方法来确定地质体形成的相对先后顺序,如古生物法、孢粉分析法、考古学方法、土壤分析法、地貌风化圈厚度推算法(李保俊等,1996)、气候 – 构造旋回法(刘小凤和刘百篪,2003)等;随着测年技术发展以及广泛运用,[14]C、TL、OSL、ESR、古地磁、宇生成因核素、古地磁极性倒转法、裂变径迹、砾石钙膜断代、铀系法(彭子成,1997)、树木年轮法(邵雪梅,1997)、钾 – 氩法等绝对年代测年方法用于测定阶地年代,使阶地的研究得到长足发展。目前,阶地测年中运用较多的是[14]C(李兴唐等,1984;鲍淑燕,2014)、TL(胥勤勉等,2006;李光涛等,2008)、OSL(潘保田等,2007;赵希涛等,2011)以及 ESR(Li 等,1999;Beerten 和 Stesmans,2006;许刘兵和周尚哲,2007a)方法。一般认为,[14]C 法是在第四纪测年方法中精度最高、用途最广和最成熟的方法,广泛应用于晚更新世晚期到全新世以来的地质、环境、考古研究(Zimmerman,1967),对于距今 200 ka 以来的第四纪沉积物,主要采用[14]C 和释光测年法;对于老于200 ka 的沉积物,主要采用电子自旋共振和宇宙成因核素法来获得其埋藏年龄(鲍淑燕,2014)。

但是这些绝对年代测定方法都有自己的适用范围及测年时限(Zimmerman,1967;Huntley 等,1985;Zhao 等,2006;陈铁梅,1995;刘春茹等,2011;王旭龙等,2004;魏全伟等,2006),在选择这些测年方法时都必须综合考虑每一种方法的测年时限、对测年物质的要求、年代误差、精度范围等方面,这样才能保证测年结果的准确性和科学性。

综上,河流的下切速率受多种因素影响,因此在限定区域构造抬升时也具有不确定性。不少研究(李勇等,2006;Maddy 等,1997;许刘兵和周尚哲,2007a)认为河流的下切速率与构造抬升速率不是一一对应的关系,不能简单地利用河流的下切速率来限定山地的抬升速率。此外,有关河谷下切速率的研究均发现,全新世河谷的下切速率较更新世中、早期有加速的趋势(Chadwick 等,1997),但也有研究者认为如果能够确定阶地受构造抬升因素的影响,可以运用阶地的下切速率来限定构造抬升速率(张天琪等,2014)。另外,如果阶地发育在局部构造抬升的背斜区,可以利用阶地在背斜区的拔河高度与该级阶地在背斜上下游区未变形段的拔河高度估算背斜自阶地形成后的抬升量,进一步结合阶地形成年龄计算背斜区自阶地形成以来的平均抬升速率(邓起东等,2000;杨景春和李有利,2011;杨景春等,1998)。因此,以后的研究者应该根据具体的研究区,综合考虑各种影响因素,以此达到更为准确的确定山体抬升速率的方法。

8.1.3.3 祁连山东北缘隆升速率的确定

对于祁连山东北缘,其隆升速率在不同的地质历史时期有较大差别。据万景林等(2010)应用低温年代学的研究结果,祁连山起始隆升时间为(9.5 ± 0.5)Ma,根据垂向位移确定的隆升速率为(0.5 ± 0.5)mm/a。由于裂变径迹法测量的年代单位较大,通常以百万年为单位,在研究更新世以来的山体隆升速率,尤其是晚更新世以来的山体隆升速率,通常采用盆地堆积速率、断层崖垂直错距、阶地下切速率等方法来间接反映山体的隆升速率。本文统计并对比了兰州地区黄河(刘小凤等,2003)、庄浪河(刘兴旺和袁道阳,2012)、湟水(曾永年等,1995)、沙沟河(潘保田等,2000b)的基座阶地下切速率,由于庄浪河离玛雅雪山最近,故而本节选取庄浪河阶地的下切速率作为玛雅雪山山体的隆升速率(见表8-1-1)。根据山体抬升与河流下切之间的相互关系,这个隆升量应该是偏小的。

表 8-1-1 兰州地区阶地形成时代及下切速率

地点	时间(ka BP)	隆升速率(mm/a)	确定依据	资料来源
黄河	60	0.3	二级基座阶地	刘小凤等(2003)
	140	0.56	二级基座阶地	
	560	0.17	二级基座阶地	
	4.9	1 ~ 3	一级堆积阶地	刘兴旺和袁道阳(2012)
	52.6	0.87 ~ 1.25	二级基座阶地	
	130 ~ 150	0.47 ~ 0.83	三级基座阶地	
湟水	> 50	0.16	二级基座阶地	曾永年等(1995)
	120	0.43	三级基座阶地	
	540	0.19	四级基座阶地	
沙沟河	78	0.35	二级基座阶地	潘宝田等(2000b)
	225	0.1	三级基座阶地	
	418	0.2	四级基座阶地	

8.2 剥蚀速率的确定

目前,剥蚀速率的定量研究方法主要有3种(许刘兵和周尚哲,2009):(1)利用蚀源区基岩矿物热年代计,包括矿物系列封闭温度年龄法(如角闪石和白云母^{40}Ar/^{39}Ar 封闭年龄及磷灰石和锆石中的裂变径迹年龄)和不同高程单矿物封闭温度年龄法(如磷灰石裂变径迹测年);(2)利用造山带相邻盆地的沉积信息,由于盆地区是蚀源区长期演化的综合产物,记录了蚀源区较长期的剥蚀过程,因此来自造山带的沉积物成为人们构筑造山带构造演化历史和气候变迁历史的极为重要的研究对象,该方法常用的技术手段主要是碎屑锆石和磷灰石裂变径迹热年代学;(3)利用宇宙成因核素(如^{10}Be,^{26}Al 和^{36}Cl 等)定量研究地表剥蚀速率,包括直接定量研究蚀源区露头岩石的剥蚀速率及通过研究蚀源区附近沉积物(盆地或河流沉积物)的沉积速率而间接获取蚀源区的地表(含基岩和土壤等)平均侵蚀速率。

无论上述哪一种方法,都离不开年代的测定。传统的测年方法如 AMS^{14}C、TL、OSL、ESR等只能测定堆积物的埋藏年代,并且对测年物质的要求比较高,如^{14}C 需要所测样品中含有大量的有机质^{14}C,TL、OSL 需要样品中含有大量细粒物质,而宇宙核素测年法弥补了传统测年方法的一些不足之处,不仅可以测定堆积物的暴露年代,还可以测定地貌面的形成年代(王建和徐孝彬,2000;张志刚等,2014)。

上述方法(1)和(2)主要在于揭示造山带的长期平均剥蚀速率,即几年至数十、百万年甚至更长时间尺度的平均剥蚀速率。而宇宙成因核素技术所揭示的剥蚀速率主要是几万至几十万年以来的平均剥蚀速率。由于^{10}Be 的测年下限可达几百年到几千年,上限理论上为元素的 3~4 个半衰期,^{10}Be 的半衰期(1.5 Ma)比^{26}Al (0.7 Ma)和^{36}Cl(0.3 Ma)的半衰期长,也就是^{10}Be 测年理论上限为几百万年,故而^{10}Be 相对于其他同位素来说测年范围更广并且^{10}Be 的测年精度较高(闫成国,2007)。因而,就第四纪(尤其是第四纪中晚期)来说,运用宇宙成因核素方法更能揭示地貌演变的真实情况(许刘兵和周尚哲,2009)。综合以上分析,宇宙因核素^{10}Be 被广泛地用于地球科学研究中,逐渐成为人们关注的焦点。

8.2.1 宇宙成因核素定义及形成机制

宇宙射线粒子与地表大气或岩石矿物中的原子发生反应,损失部分能量后成为次级宇宙射线粒子。次级宇宙射线粒子与大气中的 O、N 等原子核反应,形成大气生成宇宙成因核素,而通过直接轰击地表岩石或矿物产生的核素,因为具有原地特性,被称为地表生成核素或原地生成核素(李英奎等,2005)。假设地面稳定(即侵蚀为零),随着时间的推移,一些稳定性同位素(如^{3}He、^{21}Ne)在地表岩石或矿物中不断积累;另外一些放射性核素(如^{10}Be 、^{26}Al 、^{36}Cl等),则随着时间的推移,不仅积累,还按照自身的半衰期而衰变,故而岩石或矿物中实际的核素浓度应该是为积累和衰变之差。

8.2.2 侵蚀速率为零时剥蚀速率的计算

理想情况下计算岩石的剥蚀速率时要满足三个前提(闫成国,2007):(1)假定到达该地表岩石的宇宙射线通量为常数;(2)地表岩石中宇宙核素累计的浓度与岩石的暴露时间相关;(3)假定侵蚀速率为零。在以上假设条件下,单位时间内岩石或矿物中实际积累的核素浓度就应该是核素的产生速率与单位时间内核素自发衰变掉的核素之差,具体公式如下:

$$\frac{d_N}{d_t} = p - \lambda N \tag{8-2-1}$$

由公式(8-2-1)积分可以得到

$$N = \frac{P(1 - e^{-\lambda t})}{\lambda} \tag{8-2-2}$$

由公式(8-2-2)得

$$t = \frac{-\ln(1 - \frac{\lambda N}{P})}{\lambda} \tag{8-2-3}$$

其中,N 为样品中宇宙核素浓度,可通过对样品的分析测得;P 为宇宙核素产生速率,多种因素校正计算获得;λ 为衰变系数,其数值等于 $\ln 2$ 乘以半衰期的倒数,约为 4.62×10^{-7},可视为常数;t 为岩石暴露年代。

在 λ、N、P 均得知的情况下,根据公式(8-2-3)即可求得岩石暴露年代 t。

以上模型只是在完全理想的前提下建立的,它代表了宇宙核素测年的最基本原理,但由于实际中所测地点不可能处于侵蚀为零的状态,不符合 Davis 的侵蚀循环理论,因而人们在上述理想模型的基础上加以修正,即得到下面的计算暴露年代的方法。

■■8.2.9 侵蚀速率不为零情况下的暴露年代及剥蚀速率计算

假设前提:

(1)假定到达该地表岩石的宇宙射线通量为常数;

(2)地表岩石中宇宙核素累计的浓度与岩石的暴露时间相关。

在上述为理想模型的基础上,对侵蚀速率为零这一假设条件进行修正,得出实际地表侵蚀速率不为零时的暴露年代及剥蚀速率计算方法如下:

$$N = \frac{P[1 - e^{-(\lambda + \mu\varepsilon)t}]}{\lambda + \mu\varepsilon} \tag{8-2-4}$$

其中,$\mu = \frac{\rho}{\Lambda}$ 为靶元素吸收常数;ρ 为岩石密度;Λ 为宇宙射线在岩石中的平均吸收自由程,视纬度而定,从高纬到低纬在 $150 \sim 170$ g/cm^2 之间变动;ε 为侵蚀速率;其余参数同前。在已知 N、P、λ 之后,只要知道 μ 和 t 中的任何一个,就可以利用公式(8-2-4)求出另外一个。

当岩石长期暴露于地表,也就是 t 很大时,$e^{-(\lambda + \mu\varepsilon)t}$ 无限趋近于零,可近似认为是零,并且遭受稳定侵蚀,也就是侵蚀速率为一常数时,宇宙成因核素在岩石表面的浓度可达到平衡状态。也就是说,在此之后,核素再生成的量与由放射性核素衰变和剥蚀而失去的量相等,这时岩石表面核素的浓度与核素的生成速率之比代表了核素浓度达到平衡状态所需的最小暴露时间,即有效暴露时间 T_s,则公式(8-2-4)可表示为

$$N = \frac{P}{\lambda + \mu\varepsilon} \tag{8-2-5}$$

$$T_s = \frac{N}{P} \qquad\qquad (8\text{-}2\text{-}6)$$

T_s 称为最小暴露时间或有效暴露时间,它所代表的是暴露年代的下限。于是,由公式(8-2-5)和(8-2-6)得出剥蚀速率

$$\varepsilon = \frac{1}{\mu T_s} - \frac{\lambda}{\mu} \qquad\qquad (8\text{-}2\text{-}7)$$

只有当岩石处于稳定剥蚀的情况下,即剥蚀速率为一常数的前提下,计算出来的 ε 代表剥蚀速率,但在实际情况中,各个时间段内的剥蚀速率并非是一个固定值,因而公式(8-2-7)得出的 ε 只能代表相应时段内的最大剥蚀速率。

由于受侵蚀和隆升的共同作用,青藏高原及东缘的地表高程不可能不变,地表隆升剥蚀速率的计算也不尽相同,因而所求得的时间也会有所不同。针对这种实际情况,对模型进一步修正,具体计算原理如下(Wang 等,2006):

$$N = \frac{P}{\dfrac{\varepsilon}{\Lambda} + \lambda + \dfrac{U}{L_a}} \times [\,1 - e^{-\left(\frac{\varepsilon}{\Lambda} + \lambda + \frac{U}{L_a}\right)t}\,] + C_0 \times e^{-\lambda t} \qquad (8\text{-}2\text{-}8)$$

式中,U 为地面隆升速率,根据其他资料确定;L_a 为宇生同位素生成速率在大气中的衰减路径长度(Duai,2000);C_0 为地面暴露前岩石石英中所携带的 ^{10}Be 浓度,对于冰蚀磨光面来说可以认为为零,对于冰碛物来说它们可以通过测定埋藏一定深度的冰碛物 ^{10}Be 浓度代替,其余参数含义同前。

这些量均获得之后,便可以根据公式(8-2-8)计算地面或岩石的暴露时间 t。

当地面高度保持不变时 ,地面岩石中生成的宇生同位素的浓度是暴露时间与侵蚀速率的函数。在没有给出一定限定之前 ,我们可以假设地面岩石中生成的宇生同位素处于稳定状态,这样就可以估算地面的最小暴露时间(Wang 等,2006)。

■●■■ 玛雅雪山剥蚀速率的确定

由于下文在讨论冰川发育的气候与构造耦合模式时,会用到玛雅雪山的剥蚀速率,因此,通过前面介绍的基本原理与计算方法,对该山的剥蚀速率进行计算。应该指出的是,山体剥蚀速率的确定最好采用流域平均剥蚀速率,但是由于此数值难以获得,因而此处采用岩石剥蚀速率近似代表山体隆升速率。

由于达里加山位于玛雅雪山以南 170 km,太白山位于玛雅雪山西南,三者均处于相似的气候环境,因而可用这两个山体的剥蚀速率可以近似代表玛雅雪山的山体剥蚀速率。

根据公式(8-2-7),所需计算参数确定如下:甘肃境内的达里加山和陕西境内的太白山主要岩性为花岗岩,因此密度取 2.7 g/cm^3;宇宙核素衰减长度随纬度而变化介于 150～170 g/cm^2,两处山体地处 35°N 附近,故取 160 g/cm^2 比较合理;^{10}Be 半衰期为 1.5 Ma;宇宙核素暴露年代为实测数据。

计算结果为:达里加山的剥蚀速率介于(6.92 ± 0.61)～(51.21 ± 4.19)mm/ka 之间,平均值为(24.93 ± 2.06)mm/ka;太白山剥蚀速率介于(30.05 ± 1.74)～(37.01 ± 2.27)mm/ka 之间,平均值(33.31 ± 2)mm/ka(表 8-2-1),与许刘兵(2009)计算的藏东南的剥蚀速率

(27.1 ± 10.2) mm/ka 基本相同。

表 8-2-1　青藏高原东北缘山体剥蚀速率

样品编号	^{10}Be 年代(ka)	最大剥蚀速率(mm/ka)	样品编号	^{10}Be 年代(ka)	最大剥蚀速率(mm/ka)
DLJ－01	22.38 ± 2.01	26.18 ± 1.91	DLJ－14	23.44 ± 2.07	25.26 ± 2.05
DLJ－02	23.86 ± 2.14	24.81 ± 2.04	DLJ－15	22.63 ± 2.07	26.16 ± 2.19
DLJ－03	26.99 ± 2.47	21.93 ± 1.84	DLJ－16	41.34 ± 3.68	14.32 ± 1.17
DLJ－04	85.49 ± 8.29	6.92 ± 0.61	DLJ－17	11.89 ± 1.06	49.79 ± 4.08
DLJ－05	37.07 ± 3.7	15.97 ± 1.45	DLJ－18	38.02 ± 3.42	15.57 ± 1.29
DLJ－06	18.76 ± 1.88	31.56 ± 2.87	DLJ－19	21.09 ± 1.91	28.07 ± 2.33
DLJ－07	26.18 ± 2.47	22.61 ± 1.95	DLJ－20	17.21 ± 1.53	34.40 ± 2.81
DLJ－08	40.65 ± 3.6	14.56 ± 1.18	DLJ－21	17.24 ± 1.53	34.34 ± 2.80
DLJ－09	11.56 ± 1.03	51.21 ± 4.19	DLJ022	16.92 ± 1.49	34.99 ± 2.83
DLJ－10	37.14 ± 3.32	15.94 ± 1.31	TBS－1001－1	18.619 ± 1.081	30.05 ± 1.74
DLJ－11	52.96 ± 4.7	11.18 ± 0.91	TBS－1001－2	16.868 ± 0.949	33.23 ± 1.87
DLJ－12	44.5 ± 3.95	13.30 ± 1.08	TBS－1002－1	15.071 ± 0.923	37.01 ± 2.27
DLJ－13	20.17 ± 1.79	29.35 ± 2.39	TBS－1002－2	16.877 ± 1.08	32.97 ± 2.11

注：^{10}Be 年代数据据 wang 等(2013)。

第9章 | 第四纪冰川发育的气候和构造耦合模式

对全球冰川作用的规模、时代和性质的（Ehlers 和 Gibbard，2007）不断探索，极大地推动了第四纪冰川研究向更深的层次发展。随着青藏高原及其周边地区冰川发育特点的研究不断深入，中国第四纪冰川研究取得了可喜成就（施雅风等，1989，2011；赵井东等，2013；李吉均等，2015；Zhou 等，2006）。在总结归纳中、低纬度第四纪冰川发育基本特点的过程中，相关学者提出了中国第四纪冰川发育的气候和构造相互耦合模式（周尚哲等，1991；崔之久等，2011），从新的理论视角确定了中国第四纪冰期的成因，合理地解释了中国第四纪冰期历史晚于极地和高纬地区的特点，丰富且延伸了第四纪冰川研究的内容和领域。

该模式的提出，得益于大量冰川作用的地貌与沉积学证据，更为关键的是确定了第四纪冰川发生时限的年代学证据。然而，在探讨气候与构造对冰川的控制关系上，还需要相对科学地确定冰川作用发生时的山体高度与平衡线高度，从而更有效地支持第四纪冰川发育的气候与构造耦合模式。

相对而言，末次冰期古平衡线的高度容易确定，各种测年方法在末次冰期范围内得到的结果比较一致，山体的剥蚀速率因为年代较新而影响较小，构造抬升速率也比较容易确定，有鉴于此，本章以青藏高原东北缘的玛雅雪山和外围贺兰山两座山体为例，探讨第四纪冰川发育的气候与构造耦合模式。

9.1 逻辑假设

冰川能否发育，关键是看山体或者冰川发育所依托的地形能否进入平衡线高度，由于二者之间的关系是相对的，所以这里包含了三层含义：(1)山体未动，气候变化导致雪线发生改变，即气候条件适合冰川发育，则平衡线降低，冰川开始发育，反之，平衡线升高，不利于冰川发育甚至是无冰川作用发生。(2)气候没变，山体抬升/下降，这种情况是指雪线（气候雪线）未发生变化，仅仅是山体在抬升或者是下降，如果雪线在山体之上，则不发生冰川作用，反之，冰川就会扩展。(3)气候改变同时山体抬升。前两种情况是假设其中的一个参数在变化，而另一个参数固定，与此相对应，第三种情况是指影响冰川发育的两个参数都是变量，是在相互变化中对冰川发育起控制作用。从物理学的意义上来讲，所谓"耦合"是指两个或者两个以上的系统或运动形式通过各种相互作用而彼此影响的现象，当系统之间或系统内部要素之间配合得当、互惠互利时,为良性耦合;当系统之间或系统内部要素之间相互摩擦、彼此掣肘时,为恶性耦合。耦合度就是描述系统或要素彼此相互作用影响的程度。而本节所指的影响冰川发育的气候和构造耦合,是指只有在构造抬升的条件下,并与当时的冰期气候相配合时,冰川才有可能发育,反之不一定成立,即只有冰期气候而没有构造抬升导致的高度效应,冰川是不会发生的。下面就以构造活动控制着山体高度,气候条件控制着平衡线的高度为切入点,讨论玛雅雪山冰川发育的气候和构造耦合。

9.2 玛雅雪山冰川发育的气候与构造的耦合模式

9.2.1 冰期时段的山体高度

对于青藏高原及其边缘山地而言,其属于构造活跃区,大量的研究资料显示,现代的地形起伏主要是由构造抬升所引起的。在祁连山东缘发育的主要水系附近,结合前人资料与野外实地考察发现,无论是兰州附近的黄河段,还是支流的湟水、沙沟河、庄浪河,或是大夏河、洮河,河流两岸均发育了5~7级阶地,形成时代为中更新世晚期以至晚更新世。更为重要的是,除了一级阶地外,其余的几级阶地基本上都属于基座或者是侵蚀阶地,阶地面上保存的堆积物相对较薄,说明构造作用占主导。因此,有理由推断,玛雅雪山地区附近的山体抬升主要受控于构造作用。

玛雅雪山目前主峰高度4447 m,流域平均高度4250 m,根据前文的隆升速率推断,末次冰期中期以来的构造抬升量约为50 m,而根据达里加山的暴露年代^{10}Be计算的剥蚀速率为代表,该区的剥蚀速率平均值大约25 mm/ka。据此可知,末次冰期以来的山体剥蚀量为2~4 m,可以看出,剥蚀速率对于山体高度的影响是微不足道的。通过上述数据,恢复的末次冰期中冰阶时的山体主峰高度和流域平均高度分别为4400 m和4200 m。

9.2.2 冰期时段的雪线高度

1. 地形雪线

对于重建末次冰期古雪线高度,在不同的研究区,根据不同的冰川地貌类型学者们使用的计算方法也不同。根据玛雅雪山冰川地貌(见5.4)的基本特征,本节采用冰川末端到山顶高度法(TSAM)、冰斗底部高程法(CF)、侧碛堤最大高度法(MELM)、冰川末端至分水岭平均高度法(Hofer)来计算玛雅雪山的古雪线高度,具体结果见表(9-2-1)。从中可以看出,末次冰期中期时间的雪线高度为3804 m。

表9-2-1　玛雅雪山末次冰期雪线高度

山体名称	主峰高度(m)	冰期	TSAM(m)	CF(m)	MELM(m)	Hofer(m)	平均值(m)
玛雅雪山	4447	末次中期	3873	3840	3820	3680	3804

注:本表计算依据末次冰期中期的雪线高度。

经实地考察发现,玛雅雪山主峰周围海拔3800 m区域普遍发育着高山冰蚀湖,这些高山冰蚀湖的湖面高程可以近似指示末次冰期的古雪线高度,与表9-2-1中应用多种方法计算的末次冰期中期雪线高度基本吻合。

地貌法恢复的雪线高度需要减去末次冰期以来的构造抬升量,并加上末次冰期以来的剥蚀量才是末次冰期时的真正雪线高度。从末次冰期中期(50 ka)开始,山体隆升了50 m,剥蚀量仅仅2~4 m(此处取4 m),相对于隆升量来说,几乎是可以忽略不计的。恢复山体在末次冰期的雪线高度为3758 m。

2. 气候雪线

本节在计算末次冰期中冰阶气候雪线时,所需参数确定如下:(1)平衡线处的气温,末次冰期青藏高原降温5~6℃(本文取5℃(施雅风,1995);(2)平衡线处的降水,末次冰期青藏高原降水相当于现代的30%~70%(张兰生,1980;施雅风,1995),由于玛雅雪山很难受到西风带影响带来降水,并且季风带来的降水到达本区也很微弱,因此本文选取30%。假设古今的气温梯度、降水梯度不变,应用7.3节建立的计算现代平衡线的新方法,计算玛雅雪山的末次冰期中期时的气候雪线为4100 m。气候雪线高度已经叠加了构造因素的影响,无须考虑相应时段以来的构造隆升量和剥蚀量。

●9.2.3 山体高度与雪线之间的耦合关系

山体超过雪线高度从而发育冰川是一个基本事实。然而,在实际工作中,对于冰川地貌的判断经常存在一定争议,而且这种争议往往不可调和。因此,有必要跳出冰川地貌本身,从山体高度与雪线高度二者的关系入手,进行深入研究。

这里面涉及雪线的选取问题,到底是应用哪个雪线高度合理,因为地形雪线是利用地貌法恢复的,因此,如果选用地形雪线,则等于认同所确定的地貌就是冰川地貌,这样做显然不符合逻辑。

而气候雪线可以脱离地貌本身,从而不受地形控制,此时所计算出的雪线高度更符合实际情况,因此,在讨论山体高度与雪线之间的关系时,应选用气候雪线。即应用前面计算现代理论雪线的模型(见7.3),通过气候资料恢复玛雅雪山末次冰期的雪线高度。

应用玛雅雪山附近的各级河流阶地下切量近似代表隆升量(表8-1-1),在现代流域的平均高度(4250 m)基础上,减去对于末次冰期以来的隆升量,再加上末次冰期以来的剥蚀量,即得到末次冰期的流域平均高度(4200 m)。由此可以看出,在末次冰期时,流域高度已经超过了当时的雪线高度,在这个高度至主峰之间的广大区域开始发育冰川,从而证明,正是由于山体抬升配合着一定的气候条件,才开始发育冰川。玛雅雪山现代平衡线高度为4605 m,远远超过了流域的平均高度4250 m,说明末次冰期以来,气候变化强度远远超过了山体的隆升剥蚀速率,且气候朝着不利于冰川发育的趋势发展,山体隆升的高度效应对冰川的促进作用不及气候变化对冰川发育的影响。与玛雅雪山情况相似,青藏高原东缘地区海拔4000~4500 m的山地只发育末次冰期,从这一现象我们推断,此处的冰川发育是构造抬升使山体到达了冰川平衡线以上,并配合当时的冰期气候,进而发育冰川。

要想推出这一结论,还必须回答两个问题:一是末次冰期来临之前山体的高度并没有发生变化,而只是当时的气候条件特别适合冰川发育的可能,即山体未动,气候变化导致雪线发生改变;二是很可能气候从古至今没有发生变化,而仅仅是山体抬升到了足够的高度达到了雪线,即气候不变,山体抬升。

首先,针对第一种情况进行分析。已有的研究显示,在 MIS16 时期,青藏高原出现了最大冰期(0.8~0.6 Ma),据施雅风(1995)综合推断,当时的气温降低值为 6~8℃(平均7℃),而末次冰期时气温降低值为 5~6℃。此外,恢复的青藏高原最大冰期时的降水量为:高原东南部 2000 mm,东北部 1500 mm,中部 1000 mm,相当于现代降水的 1.8~3.2 倍。由此不难看出,无论是气温还是降水条件,最大冰期时(0.8~0.6 Ma)具备更有利的气候条件。按理说青藏高原东缘海拔处于 4000~4500 m 的山地当时应当发生冰川作用,然而,青藏高原东缘一些海拔 4000~4500 m 的山地却没有更老的冰川遗迹,因此,认为气候条件到了末次冰期时更有利于冰川发育,从而发生冰川作用的说法站不住脚。

另一方面,即使我们退一步讲,末次冰期时的气候条件对冰川发育有利,那么,当青藏高原东缘 4000~4500 m 的山地发生冰川作用时,高原上或者高原边缘其他高大的山体,冰川作用应该更强烈,从而显示出更大的规模。然而,我们看到的现象是,那些最大冰期时发育冰川的山体,冰川规模却在逐渐减小,即冰川发生的最大规模时段根本不在末次冰期。由此看来,单纯从气候的角度已经无法解释青藏高原东缘地区的一些山体只发生末次冰期的冰川作用。

至于气候未变,山体抬升这一观点,李吉均(1992)曾指出,如果只强调构造抬升,那么只能有一次冰川作用,冰川规模会越来越大,与目前观察到的多期次冰川作用矛盾,与规模逐渐减小也矛盾。李吉均(1992)在研究季风亚洲末次冰期冰川遗迹时,指出东亚沿海山地冰川只在末次冰期时出现,而西部多期次的冰川规模在减小,从冰期系列的差异,冰川规模的演化角度提出构造的驱动作用。通过以上正反两种证明方法相结合,我们有理由相信:冰川的发生是构造和气候相耦合的结果。

应该指出的是,尽管说山体抬升并且配合冰期气候进而发育冰川是中、低纬度冰川发育的一大特点,但在以往的研究中,这种构造与气候的耦合模式是根据冰川地貌规模及其发生时代所确定的,对于山体的绝对高度估算一般采用间接推断法(崔之久等,1996;Lu 等,2011)。本节考虑这一问题的思路是:运用山体及流域平均高度,综合考虑侵蚀与抬升速率来计算某一特定时段的山体高度,尽管也存在一定误差,但所恢复的冰期时段山体高度从逻辑上讲更合理。此外,用山体高度与气候雪线讨论冰川发育的气候与构造耦合关系的合理性在于,可以跳出冰川地貌本身,用研究所得到的冰川发育年代及其他相关数据,合理估算山体的高度以及雪线高度。即如果山体位于雪线之上,则可以进一步证明冰川地貌考察的可靠性,反之,则需要重新审视对已有研究成果的解释是否合理。遗憾的是,冰期时段的气候条件(气温、降水,以及气温梯度和降水梯度)难以确定,导致推断过去某一时段的气候雪线变得相当困难,这也是今后应针对性地加强研究的方向。

9.3 贺兰山冰川发育的气候与构造之间的耦合模式

在前面的逻辑假设中,山体的高度主要受控于构造抬升速率和剥蚀速率,而气候条件控制着雪线高度。在讨论冰川发育的气候与构造耦合模式时,也可以用山体高度与氧同位素曲线所限定的平衡线高度之间的关系来进行。下面即从影响冰川发育的贺兰山构造演化、气候环境及其平衡线高度等方面做进一步的探讨。

9.3.1 贺兰山的抬升历史与速率

贺兰山横亘于鄂尔多斯盆地的西北缘,东部以银川地堑与鄂尔多斯盆地相邻,西部与西北部紧邻阿拉善地块上发育的巴彦浩特盆地和吉兰泰凹陷,地质构造现象复杂,新构造运动活跃,因此贺兰山与银川盆地的差异升降、贺兰山的抬升时限及其演化历史受到了地质地理工作者的广泛关注(单鹏飞等,1991;赵红格等,2007;张进等,2004;杨景春等,1985)。据研究,贺兰山地区在中晚元古代至早古生代为坳拉槽沉积,晚古生代发生裂陷,中新生代以来向东逆冲推覆,开始褶皱隆起(单鹏飞,1990)。自始新世开始,由中生代形成的贺兰山与银川古断隆解体;直到第四纪期间,银川地堑向西扩大到贺兰山边;晚更新世以来,受印度洋板块向北俯冲及太平洋板块运移方向改变所产生应力的影响,山体强烈抬升,才最终形成山体与盆地直接过渡、地势鲜明的地貌格局。根据贺兰山现存地层的分布和岩浆及热液活动资料,赵红格等进一步认为贺兰山的抬升时间在中侏罗纪之后,大规模隆起时间为始新世,上新世以来山体开始快速抬升(赵红格等,2007)。

对于贺兰山的抬升速率,由于不同学者考虑的时间段及计算方法的不同,所以其抬升速率在大小上存在较大的差异。杨景春等人对贺兰山山前洪积扇上的活动断层进行研究,通过距今 400 年前的明代长城被垂直错断 0.95 m,继而推断出全新世断层的活动速率为 2.4 mm/a(杨景春等,1985)。徐锡伟等(2003)则认为银川 – 吉兰泰断陷盆地是中国大陆中轴构造带的一部分,贺兰山东麓断裂作为其西界的控制带,其全新世垂直滑动速率为(1.2 ± 0.4) mm/a。由于贺兰山与银川盆地毗邻,因此银川盆地的沉积速率可近似代表贺兰山的抬升速率。据隗福鹏研究,银川盆地晚更新世沉积速率为 3.33 mm/a(隗福鹏,1986),赵红格等人认为银川地堑始新世以来开始发生强烈沉降(赵红格等,2007),第四纪时期银川地堑的沉积速率为 0.625 mm/a。李吉均等根据兰州附近黄河下切产生的阶地测算,"共和运动"(150 ka)导致龙羊峡下切幅度达到 900 ~ 1000 m(李吉均等,1996;李吉均等,2001;李吉均和方小敏,1996),如果将下切速率看作周围山体的抬升速率,则可达 6.0 ~ 6.7 mm/a。考虑到贺兰山地区邻近青海共和盆地,晚更新世以来的抬升速率逐渐增强,因此本节采用较低的 3.5 mm/a 作为计算贺兰山各阶段的雪线高度和山体抬升速率。

9.3.2 贺兰山冰川发育的气候与构造之间的耦合关系模式

冰川的发育与否,关键是看山体能否达到雪线以上的高度。这在以往研究青藏高原的阶段性隆升与冰川发育的耦合关系时经常被应用(Zhou 等,2006)。Porter(2005)在研究夏威夷 Mauna Kea 火山冰川发育过程时,也提出了相类似的假设,将反映全球冰量变化的深海氧同位素曲线看作是平衡线变化的一个替代指标,即不同时期氧同位素曲线的相对振幅和该地区冰川平衡线的总体波动大体相当,将深海氧同位素曲线的最大振幅用间冰期(MIS1)和末次冰盛期(MIS2)的平衡线高度所限制,讨论了 Mauna Kea 火山冰川发育与山体高度之间的关系。为了显示贺兰山地区冰川发育的气候与构造之间的相互关系,本节采用深海氧同位素曲线(MIS)代表"共和运动"(150 ka)以来的冰川平衡线的变化,并用末次冰盛期的平衡线高度以及现代理论雪线高度值作为平衡线变化的最大振幅(图9-3-1)。采用Ohmura等的方法(Ohmura等,1992),计算现代理论雪线高度为4724 m;运用冰斗底部高程法、荷菲尔法、侧碛堤最大高度法等(王志麟,2011)计算贺兰山末次冰盛期(LGM)的平衡线高度为3050 m,考虑到贺兰山以3.5 mm/a的速率抬升,因此,末次冰盛期的实际平衡线高度为2980 m;以3500 m作为贺兰山的平均山顶面,由于贺兰山与太白山、达里加山位置相近,采用这两座山体的剥蚀速率进行剥蚀量的测算,其数值在冰川作用时段内不超过2 m,因此本节忽略剥蚀量,用3.5 mm/a的抬升速率推算贺兰山在150 ka以来各个时段的山体高度。图9-3-1显示,贺兰山在150 ka以前,平均山顶面高度在2975 m,接近当时平衡线高度,后来随着山体的抬升,直到深海氧同位素第4阶段才开始与平衡线相交,山体抬升到与当时冰期气候耦合的高度。因此,贺兰山的冰川作用发生在"共和运动"之后的末次冰期早中期(MIS3/4)。

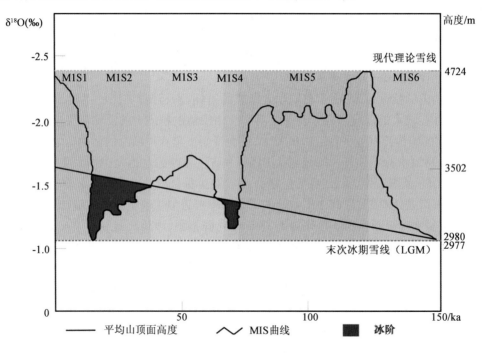

图9-3-1 深海氧同位素曲线(MIS)与平均山顶面高度变化关系图

参考文献

［1］ Aitken M J. An Introduction to Optical Dating: The Dating of Quaternary Sediments by the Use of Photon-stimulated Luminescence[M]. Oxford: Oxford University Press, 1998, 216-239.

［2］ Aitken M J. Thermoluminescence Dating [M]. London: Academic Press, 1985.

［3］ Aniya M, Welch R. Morphometric analyses of Antarctic Cirques from photogrammetric measurements[J]. Geografiska Annaler, 1981, 63A(1-2): 41-53.

［4］ Aoki T. Chronometry of the glacial deposits based by the 10Be exposure age method: a case study in Senjojiki and Nogaike cirque, northem partof the Kiso mountain range[J]. The Quaternary Research, 2000, 39(3): 189-198.

［5］ Aoki T. Younger Dryas glacial advances in Japan dated with in situ produced cosmogenie radionuclides[J]. Chikei, 2003, 24(1): 27-39.

［6］ Astakhov V. Middle Pleistocene glaciations of the Russian North[J]. Quaternary Science Reviews, 2004, 23 (11-13): 1285-1311.

［7］ Beerten K, Stesmans A. The use of Ti centers for estimating burial doses of single quartz grains: A case study from an aeolian deposit ~2 Ma old[J]. Radiation Measurements, 2006, 41(4): 418-424.

［8］ Benn D I, Lehmkuhl F. Mass balance and equilibrium-line altitudes of glaciers in high-mountain environments [J]. Quaternary International, 2000, 65-66: 15-29.

［9］ Borgne L E. Susceptilite magnetique anormale du sol superficiel[J]. Annales De Geophysique, 1955, 11: 399-419.

［10］ Brakenridge G R. Widespread episodes of stream erosion during the Holocene and their climatic cause[J]. 1980, 283(5748): 655-656.

［11］ Bridgland D R. River terraces system in north-west Europe: an archive of environmental change, uplift and early human occupation[J]. Quatenary Science Reviews, 2000, 19(13): 1293-1303.

［12］ Brigham-Grette J, Gualtieri L M, Glushkova O Y, et al. Chlorine-36 and ^{14}C chronology support a limited last glacial maximum across central chukotka, northeastern Siberia, and no Beringian ice sheet[J]. Quaternary Research, 2003, 59(3): 386-398.

［13］ Bucci D D, Mazzoli S, Nesci O, et al. Active deformation in the frontal part of the Northern Apennines: insights from the lower Metauro River basin area(northern Marcher, Italy)and adjacent Adriatic off-shore[J]. Journal of Geodynamics, 2003, 36(1-2): 231-238.

［14］ Buhay W M, Schwarcz H P, Grün R. ESR dating of fault gouge: The effect of grain size[J]. Quaternary Science Reviews, 1988, 7(3-4): 515-522.

［15］ Carcia-Ruiz J M. et al. Morphometry of glacial cirques in the Central Spanish Pyrenees[J]. Geografiska. Annaler, 2000, 82A(4): 433-442.

［16］ Carrivick J L, Brewer T R. Improving local estimations and regional trends of glacier Equilibrium Line Altitudes[J]. Geografiska Annaler, 2004, 86(1): 67-79.

［17］ Chadwick O A, Hall R D. Chronology of Pleistocene glacial advances in the central Rocky Mountains[J]. Geological Society of America Bulletin, 1997, 109(11): 1443-1452.

［18］Chappell J. A revised sea level record for the last 300000 years from Papua Guinea［J］, Search, 1983, 14 (3-4): 99-101.

［19］Chen A D, Tian M Z, Zhao Z Z, et al. Macroscopic and microscopic evidence of Quaternary glacial features and ESR dating in the Daweishan Mountain area, Hunan, eastern China［J］. Quaternary International, 2014, 333(4): 62-68.

［20］Chen J Y. Preliminary researches on lichenometric chronology of Holocene glacial fluctuations and on other topics in the headwater of Urümqi River, Tianshan Mountains［J］. Science in China: Series B, 1989, 32 (12): 1487-1500.

［21］Christina K. Climate and geomorphology in the uppermost geomorphic belts of the Central Mountain Range, Taiwan［J］. Quaternary International, 2006, 147(1): 89-102.

［22］Clarke M L, Rendell H M, Wintle A G. Quality assurance in luminescence dating［J］. Geomorphology, 1999, 29(1): 173-185.

［23］Clemens S C, Prell W L. Late Pleistocene variability of Arabian Sea summer monsoon winds and continental aridity: Eolian records from the lithogenic component of deep-sea sediments［J］. Paleoceanography, 1990, 5 (2): 109-145.

［24］Collinson D W. Methods in Rock Magnetism and Palaeomagnetism［M］. Chapman and Hall, London, New York, 1983: 21-33.

［25］Cording A, Hetzel R, Kober M, et al. [10]Be exposure dating of river terraces at the southern mountain front of the Dzungarian Alatau (SE Kazakhstan) reveals rate of thrust faulting over the past ~400 ka［J］. Quaternary Research, 2014, 81(1): 168-178.

［26］Credner W.民国十九年云南地理考察报告. 林超, 译. 国立中山大学地理学系报告集刊, 1931, 1(1): 1-35 .

［27］Cui Z J, Yang C F, Liu G N, et al. The Quaternary glaciation of Shesan Mountain in Taiwan and glacial classification in monsoon areas ［J］. Quaternary International, 2002, 97/98: 147.

［28］Cui Z J, Yang J F, Liu G N. Discovery of Quaternary glacial evidence of Snow Mountain in Taiwan, China ［J］. Chinese Science Bulletin, 2000, 45(6): 566-571.

［29］Dearing J. "Environmental magnetic susceptibility." Using the Bartington MS2 system［M］. England, Chi Publishing (1994).

［30］Derbyshire E. Geomorphology and Climate: The climatic factor in cirque variation［M］. A Wily-Interscience publication, 1976: 447-489.

［31］Derbyshire E. Geomorphology and climate［M］. Wiley, 1976: 243-254.

［32］Dielforder A, Hetzel R. The deglaciation history of the Simplon region (southern Swiss Alps) constrained by [10]Be exposure dating of ice-molded bedrock surfaces［J］. Quaternary Science Reviews, 2014, 84: 26-38.

［33］Dong R B, Yu J Y, Yu L Z, et al. Characterizing Fire-induced Magnetic Enhancement of Some Red Soils in Zhejiang Province, China［J］. Journal of Zhejiang Agricultural University. 1998, 24(6): 572-578.

［34］Dortch J M, Owen L A , Caffee M W. Timing and climatic drivers for glaciation across semi-arid western Himalayan-Tibetan orogen［J］. Quaternary Science Reviews, 2013, 78: 188-208.

［35］Duller G A T, Murray A S. Lumine scencedatin go fsedi me ntsusin gi ndividual mi neralgrains［J］. Geologos, 2000, 5(8): 87-106.

［36］Dunai T J. Scaling factors for production rates of in situ produced cosmogeniv nuclides: a critical reevalution ［J］. Earth and Planetary Science Letters, 2000, 176(1): 157-169.

［37］ Ehlers J, Gibbard P L. Extent and chronology of glaciations［J］. Quaternary Science Reviews, 2003, 22 (15): 1561-1568.

［38］ Ehlers J, Gibbard P L. The extent and chronology of Cenozoic Global Glaciation［J］. Quaternary International, 2007, 164-165: 6-20.

［39］ Ehlers J, Hughes P D, Hughes P D. Quaternary glaciations: extent and chronology［J］. Quaternary Science Reviews, 2011:139-140.

［40］ Embleton C, Cuchlaine A M. Glacial Geomorphology［M］. London:Edward Arnold,1975: 206-233.

［41］ Embleton C, Hamann C. A comparison of cirque forms between the Austrian Alps and the Highlands of Britain［J］. Zeitschrift für Geomorphologie. Supplementband, 1988, 70: 75-93.

［42］ Enquist F. Der Einfluss des Windes auf die Verterlung der Gletscher［J］. Bull. geol. lnstn. Upsala, 1917, 14: 1-108.

［43］ Evans I S, Cox N J. The form of glacial cirques in the English Lake District, Cumbria［J］. Zeitschrift Fur Geomorphologie, 1995, 39(2): 175-202.

［44］ Evans I S. Climatic effects on glacier distribution across the southern coast mountains, B. C. , Canada［J］. Annals of Glaciology, 1990, 14(5).

［45］ Evans I S. Glacial landforms, erosional features: major scale forms［M］. 2013.

［46］ Evans I S. Inferring process from form: the asymmetry of glaciated mountains［J］. International Geography, 1972, 1: 17-19.

［47］ Evans I S. Lithological and structural effects on forms of glacial erosion: cirques and lake basins. In: Robinson, D. A. and Williams, R. B. G［M］. RockWeathering and Landform Evolution. John Wiley & Sons Ltd. Chichester,1994: 455-472.

［48］ Evans I S. World-wide variations in the direction and concentration of cirque and glacier aspects［J］. Geografiska Annaler , 1977, 59A(3-4): 151-175.

［49］ Federici P R, Spagnolo M. Morphometric Analysis on the Size, Shape and Areal Distribution of Glacial Cirques in the Maritime Alps (Western French-Italian Alps)［J］. Geografiska Annaler, 2004, 86(3): 235-248.

［50］ Fu P, Stroeven A P, Harbor J M, et al. Paleoglaciation of Shaluli Shan, southeastern Tibetan Plateau ［J］. Quaternary Science Reviews, 2013, 64: 121-135.

［51］ Fukuchi T . ESR studies for absolute dating of fault movements［J］. Journal of the Geological Society, 1992, 149(2): 265-272.

［52］ Fukuchi T, Imai N, Shimokawa K. Dating of the fault movement by various ESR signals in Quartz-Cases of the faults in the South Fossa Magna,Japan［M］. ESR Dating and Dosimetry, 1985: 211-217.

［53］ Fukuchi T, Imai N, Shimokawa K. ESR dating of fault movement using various defect centres in quartz, the case in the western South Fossa Magna, Japan［J］. Earth and planetary science letters, 1986, 78(1): 121-128.

［54］ Fukuchi T, Imai N. Resetting experiment of E' centres by natural faulting -the case of the Nojima earthquake fault in Japan-ESR studies［J］. Quaternary Science Reviews, 1998, 17(11):1063-1068.

［55］ Fukuchi T. Applicability of ESR dating using multiple centres to fault movement — The case of the Itoigawa-Shizuoka tectonic line, a major fault in Japan［J］. Quaternary Science Reviews, 1988, 7(3-4): 509-514.

［56］ Gao L, Yin G M, Liu C R. , et al. Natural sunlight bleaching of the ESR titanium center in quartz［J］. Radiation Measurements, 2009, 44(5-6): 501-504.

[57] Gillespie A, Molnar P. Asynchronous maximum advances of mountain and continental glaciers [J]. Reviews of geophysics, 1995, 33(3): 311-364.

[58] Graf W L. The Geomorphology of the Glacial Valley Cross Section[J]. Arctic and Alpine Research, 1970, 2 (4): 303-312.

[59] Grün R. Electron spin resonance (ESR) dating[J]. Quaternary International, 1989, 1: 65-109.

[60] Grün R. The DATA program for the calculation of ESR age estimates on tooth enamel [J]. Quaternary Geochronology, 2009, 4(3): 231-232.

[61] Guo H, Chen Y, Li J. A Preliminary Study on the Sequences of Glaciers, Loess Records and Terraces of the Southern Foothills of Lenlong Ling in Qilian Mountains[J]. Journal of Lanzhou University, 1995, 31(1): 106-110.

[62] Harbor J M. WJ McGee on glacial erosion laws and the development of glacial valleys[J]. Journal of Glaciology, 1989, 35(2): 419-425.

[63] Hays J D, Imbrie J, Shackleton N J. Variations in the earth's orbit: Pacemaker of the ice ages [J]. Science, 1976, (4270): 1121-1132.

[64] Hebenstreit R, Böse M, Murray A. Late Pleistocene and early Holocene glaciations in Taiwanese mountains [J]. Quaternary International, 2006, 147(1): 76-88.

[65] Hebenstreit R, Böse M. Geomorphological evidence for a Late Pleistocene glaciation in the high mountains of Taiwan dated with age estimates by Optically Stimulated Luminescence (OSL)[J]. Zeitschrift Für Geomorphologie, 2003, 130: 31-49.

[66] Hebenstreit R, Ivy-Ochs S, Kubik P W, et al. Lateglacial and early Holocene surface exposure ages of glacial boulders in the Taiwanese high mountain range[J]. Quaternary Science Reviews, 2011, 30(3-4): 298-311.

[67] Hebenstreit R. Present and former equilibrium line altitudes in the Taiwanese high mountain range[J]. Quaternary International, 2006, 147(1): 70-75.

[68] Heyman J. Paleoglaciation of the Tibetan Plateau and surrounding mountains based on exposure ages and ELA depression estimates[J]. Quaternary Science Reviews, 2014, 91: 30-41.

[69] Hirano M, Aniya M. A rational explanation of crossprofile morphology for glacial valleys and of glacial valley development: A further note[J]. Earth Surface Processes and Landforms, 1988, 13(8): 707-716.

[70] Hofer H V. Gletscher und Eiszeitstudien Sitzungsberichte der Akademie der Wissenschaften, Mathematisch-Naturwissenschaftliche Klasse[J]. 1879, 1(79): 331-367.

[71] Hofumann J. Investigation of present and former periglacial, nival glacial features in Central Helan Shan (Inner Mongolia/the People's Rep. of China)[J]. Z Geomorph N F, 1992, 86: 139-154.

[72] Holbrook J, Schumann S A. Geomorphic and sedimentary response of rivers to tectonic deformation: abrief review and critique of a tool for recognizing subtle epeirogenic deformation in modern and ancient settings[J]. Tectonophysics, 1999, 305(1-3):287-306.

[73] Hou A Y. Hadley circulation as a modulator of the extratropical climate[J]. Journal of the atmospheric sciences, 1998, 55(14): 2437-2457.

[74] Huang M H, Wang Z X, Ren J W. On the temperature regime of continental-type glaciers in China[J]. Journal of Glaciology, 1982, 28(98): 117-128.

[75] Huang M H. On the temperature distribution of glaciers in China[J]. Journal of Glaciology, 1990, 36 (123): 210-216.

［76］ Huang T K. Pleistocene morainic and non-morainic deposits in the Taglag area, north of Agsu, Sinkiang［J］. Bulletin of Geological Society of China, 1944, 24(1-2): 125-145.

［77］ Huntley D J, Godfreysmith D I, Thewalt M L W. Optical dating of sediments［J］. Nature, 1985, 313 (5998): 105-107.

［78］ Huntley D J, Prescott J R. Improved methodology and new thermoluminescence ages for the dune sequence in south-east South Australia［J］. Quaternary Science Reviews, 2001, 20(5): 687-699.

［79］ Iestyn D B, Matteo S. Palaeoglacial and palaeoclimatic conditions in the NW Pacific, as revealed by a morphometric analysis of cirques upon the Kamchatka Peninsula［J］. Geomorphology, 2013, 192: 15-29.

［80］ Ikeya M, Tani A, Yamanaka C. Electron spin resonance isochrones dating of fracture age: Grain-size dependence of dose rates for fault gouge［J］. Japanese Journal of Applied Physics, 1995, 34(3a): 334-337.

［81］ Iwasaki S, Hirakawa K, Sawagaki T. Lata Quaternary Glaciation in the Esaoman-Tottabetsu Valley, Hidaka Range, Hokkaido, Japan［J］. Journal of Geography, 2000, 109(1): 37-55.

［82］ Iwata S, Yagi H, Fen Y Z. Glacial extent and ELAs during the last glacial period in Yunnan province, China ［J］. Proceedings of the International Symposium on paleo-environmental change in Tropical-Subtropical monsoon Asia, Special Publication, 1995, 24: 113-123.

［83］ Jenks G F. The data model concept in statistical mapping［C］. International Yearbook of Cartography. 1967, 7: 186-190.

［84］ Kamp U, Haserodt K, Shroder J F. Quaternary landscape evolution in the eastern Hindu Kush, Pakistan［J］. Geomorphology, 2004, 57(1): 1-27.

［85］ Kerschner K. Quantitative paleoclimatic inferences from late glacial snowline, timberline and rock glacial data Tyrolean Alps Australia［J］. Zeitschrift Gletscherkunde and Glacial Geologies Bd, 1985, 21: 363-369.

［86］ Kletetschka G, Banerjee S K. Magnetic stratigraphy of Chinese Loess as a record of natural fires［J］. Geophysical Research Letters, 1995, 22(11): 1341-1343.

［87］ Klimaszewski M. On the effect of the preglacial relief on the course and the magnitude of glacial erosion in the Tatra Mountains［J］. Geographia Polonica, 1964, 2: 11-21.

［88］ Kondo R, Tsukamoto S, Tachibana H, et al. Age of glacial and periglacial landforms in northern Hokkaido, Japan, using OSL dating of fine grain quartz［J］. Quaternary Geochronology, 2007, 2(1): 260-265.

［89］ Kong P, Fink D, Na C G, et al. Late Quaternary glaciation of the Tianshan, Central Asia, using cosmogenic Be-10 surface exposure dating［J］. Quaternary Research, 2009, 72(2): 229-233.

［90］ Koppes M, Gillespie A R, Burke R M, et al. Late Quaternary glaciation in the Kyrgyz Tien Shan［J］. Quaternary Science Reviews, 2008, 27(7-8): 846-866.

［91］ Krishnamurti T N. The Subtropical Jet Stream of Winter［J］. Journal of the Atmospheric Sciences, 2010, 18 (18): 172-191.

［92］ Kuang M. Quaternary glaciation series and glacial landform in Gongwang mountains in northeast part of Yunnan province, China［J］. Chinese Geographical Science, 1997, 7(2): 180-190.

［93］ Kulkarni A V. Mass balance of Himalayan glaciers using AAR and ELA methods［J］. Journal of Glaciology, 1992, 38(128): 101-104.

［94］ Kung E C, Chan P H. Energetics Characteristics of the Asian Winter Monsoon in the Source Region［J］. Monthly Weather Review, 1981, 109(4): 854-870.

［95］ Lai Z P, Mischke S, Madsen D. Paleoenvironmental implications of new OSL dates on the formation of the "Shell Bar" in the Qaidam Basin, northeastern Qinghai-Tibetan Plateau［J］. Journal of Paleolimnology,

2014, 51(2): 197-210.

[96] Lal D, Harris N B W, Sharma K K, et al. Erosion history of the Tibetan Plateau since the last interglacial: constraints from the first studies of cosmogenic 10Be from Tibetan bedrock[J]. Earth & Planetary Science Letters, 2004, 217(1-2): 33-42.

[97] Lal D. Cosmic ray labeling of erosion surfaces: In situ nuclide production rates and erosion models[J]. Earth and Planetary Science Letters, 1991, 104(2-4): 424-439 .

[98] Li J J, Fang X M, Vander V R , et al. Magnetostratigraphic dating of river terraces: Rapid and intermittent incision by the Yellow River of the northeastern margin of the Tibetan Plateau during the Quaternary[J]. Journal of Geophysical Research , 1997, 102(B5): 10121-10132.

[99] Li P Y, Wang Y J, Liu Z X. Chronostratigraphy and deposition rates in the Okinawa Trough region[J]. Science in China: Series D, 1999, 42(4): 408-415.

[100] Lichtenecker N. DiegegenwaK rtige und die eiszeitliche Schneegrenze in den Ostalpen. In: CoKtzingerG ed. Verhandlu gender Ⅲ Intemationalen QuartaK-Conferenz, Vienna. September 1936. INQUA, Vienna, Austria, 1938: 141-147.

[101] Lin Z D, Lu R Y. Interannual Meridional Displacement of the East Asian Upper-tropospheric Jet Stream in Summer[J]. Advances in Atmospheric Sciences, 2005, 22(2):199-211.

[102] Liu C R, Grün R. Fluvio-mechanical resetting of the Al and Ti centres in quartz[J]. Radiation Measurements, 2011, 46(10): 1038-1042.

[103] Liu C R, Yin G M, Zhang H P, et al. ESR geochronology of the Minjiang River terraces at Wenchuan, eastern margin of Tibetan Plateau, China[J]. Geochronometria, 2013, 40(4): 360-367.

[104] Liu G N, Ying-Kui L I, Chen Y X, et al. Glacial Landform Chronology and Environment Reconstruction of Peiku Gangri,Himalayas[J]. Journal of Glaciology & Geocryology, 2011, 33(5): 959-970.

[105] Liu G N, Zhang X Y, Cui Z J, et al. A review of glacial sequences of the Kunlun Pass, northern Tibetan Plateau[J]. Quaternary International, 2006, 154(5): 63-72.

[106] Louis H. Schneegrenze und Schneegrenzbestimmung[J]. Geographisches Taschenbuch, 1955, 19(54/55): 414-418.

[107] Lu H, Burbank D W, Li Y. Alluvial sequence in the north piedmont of the Chinese Tian Shan over the past 550 kyr and its relationship to climate change[J]. Palaeogeography Palaeoclimatology Palaeoecology, 2010, 285(3-4): 343-353.

[108] Lu H, Wu N, Liu K, et al. Modern pollen distributions in Qinghai-Tibetan Plateau and the development of transfer functions for reconstructing Holocene environmental changes [J]. Quaternary Science Reviews, 2011, 30(7-8): 947-966.

[109] Lu Y C, Wang X L, Wintle A G. A new OSL chronology for dust accumulation in the last 130 kyr for the Chinese Loess Plateau[J]. Quaternary Research, 2007, 67(1): 152-160.

[110] Machida H, Arai F. Atlas of Tephrain and Around Japan[M]. University of Tokyo Press, Tokyo, Japan (In Japanese), 2004: 336.

[111] Maddy D. Uplift-driven valley incision and river terrace formation in southern England[J]. Journal of Quaternary Science, 1997, 12(6): 539-545.

[112] Magali D, Yanni G, Marc C. Environmental controls on alpine cirque size[J]. Geomorphology, 2014, 206: 318-329.

[113] Mahaney W C, Vortisch W, Julig P J. Relative differences between glacially crushed quartz transported by

mountain and continental ice; some examples from North America and East Africa[J]. American Journal of Science, 1988, 288(8): 810-826.

[114] Maher B A, Taylor R M. Formation of ultrafine-grained magnetite in soils[J]. Nature, 1988, 336(6197): 368-370.

[115] Maher B A. Magnetic properties of some synthetic submicron magnetites[J]. Geophysical Journal International, 1988, 94(1): 83-96.

[116] Marek K, Peter M. The influence of aspect and altitude on the size, shape and spatial distribution of glacial cirques in the High Tatras (Slovakia, Poland)[J]. Geomorphology, 2013, 198: 57-68.

[117] Mccabe L H. Nivation and Corrie Erosion in West Spitsbergen[J]. Geographical Journal, 1939, 94(6): 447-465.

[118] Mcgee W J. Glacial Canons[J]. Journal of Geology, 1883, 2(4): 350-364.

[119] Mclennan S M. Weathering and Global Denudation[J]. Journal of Geology, 1993, 101(2): 295-303.

[120] Meier M, Post A. Recent Variations in Mass Net Budgets of Glaciers in Western North America. Symposium of Obergurgl[J]. In Symposium of Obergurgl-Variations of the Regimes of Existing Glaciers, 1962, 58: 63-77.

[121] Meierding T C. Late pleistocene glacial equilibrium-line altitudes in the Colorado Front Range: A comparison of methods[J]. Quaternary Research, 1982, 18(3): 289-310.

[122] Miallier D, Sanzelle S, Falgueres C, et al. Intercomparisons of red TL and ESR signals from heated quartz grains[J]. Radiation Measurements, 1994, 23(1): 143-153.

[123] Michele K, Alan R G, Raymond M B, et al. Late Quaternary glaciation in the Kyrgyz Tianshan[J]. Quaternary Science Reviews, 2008, 27(7-8): 846-866.

[124] Molnar P, England P. Late Cenozoic uplift of mountain ranges and global climate change: Chicken or egg? [J]. Nature, 1990, 346(6279): 29-34.

[125] Murari M K, Owen L A, Dortch J M, et al. Townsend-Small, A Timing and climatic drivers for glaciation across monsoon-influenced regions of the Himalayan-Tibetan orogen [J]. Quaternary Science Reviews, 2014, 88: 159-182.

[126] Murray A S, Wintle A G. Luminescence dating of quartz using an improved single-aliquot regenerative-dose protocol[J]. Radiation Measurements, 2000, 32(1): 57-73.

[127] Murray A S, Wintle A G. The single aliquot regenerative dose protocol: potential for improvements in reliability[J]. Radiation Measurements, 2003, 37(4): 377-381.

[128] Narama C, Kondo R, Tsukamoto S, et al. OSL dating of glacial deposits during the Last Glacial in the Terskey-Alatoo Range, Kyrgyz Republic[J]. Quaternary Geochronology, 2007, 2(1-4): 249-254.

[129] Narama C, Kondo R, Tsukamoto S, et al. Timing of glacier expansion during the Last Glacial in the inner Tien Shan, Kyrgyz Republic by OSL dating[J]. Quaternary International, 2009, 199(1-2): 147-156.

[130] Nelsen T A. Time-and method-dependent size distributions of fine-grained sediments[J]. Sedimentology, 1983, 30(2): 249-259.

[131] Nesbitt H W, Young G M. Early proterozoic climates and plate motions inferred from major element chemistry of lutites[J]. Nature, 1982, 299(5885): 715-717.

[132] Nie G Z. Zeroing mechanisms of loess quartz in ESR dating[J]. Scientia Geological Sinica, 1992, 1(3-4): 217-224.

[133] Nie Z, Pan R, Li C, et al. Analysis of the glacial geomorphological characteristics of the last glacial in the

Tianger area, Tien Shan, and their paleoclimate implications[J]. Annals of Glaciology, 2014, 55(66): 52-60.

[134] Nishiizumi K, Lal D, Klein J, et al. Production of ^{10}Be and ^{26}Al by cosmic rays in terrestrial quartz in situ and implications for erosion rates[J]. Nature, 1986, 319(6049): 134-136.

[135] Nishiizumi K, Winterer E L, Kohl C P, et al. Cosmic ray production rates of ^{10}Be and ^{26}Al in quartz from glacially polished rocks[J]. Journal of Geophysical Research Solid Earth, 1989, 94(B12): 17907-17915.

[136] Oadas J M. The nature and distribution of iron compounds in soil[J]. Soil and Fertilizer, 1963, 26: 69-80.

[137] Ohmura A, Kasser P, Funk M. Climate at the equilibrium line of glaciers[J]. Journal of Glaciology, 1992, 38(130): 397-411.

[138] Okuno M. Chronology of Tephra Layers in Southern Kyushu, SW Japan, for the Last 30000 Years[J]. The Quaternary Research (Daiyonki-Kenkyu), 2002, 41(4): 225-236.

[139] Oldfield F. Environmental magnetism—a personal perspective[J]. Quaternary Science Reviews, 1991, 10(1): 73-85.

[140] Ono Y, Aoki T, Hasegawa H, et al. Mountain glaciation in Japan and Taiwan at the global Last Glacial Maximum[J]. Quaternary International, 2005, 138(3): 79-92.

[141] Ono Y, Naruse T. Snowline elevation and eolian dust flux in the Japanese Islands during Isotope Stages 2 and 4[J]. Quaternary International, 1997, 37(96): 45-54.

[142] Ono Y, Shulmeister J, Lehmkuhl F, et al. Timing and causes of glacial advances across the PEP-II transect (East-Asia to Antarctica) during the last glaciation cycle[J]. Quaternary International, 2004, 118(03): 55-68.

[143] Ono Y. Last glacial paleoclimate reconstructed from glacial and periglacial landforms in Japan[J]. Geographical Review of Japan (Series B), 1984, 57(1): 87-100.

[144] Osipov E Y. Equilibrium-line altitudes on reconstructed LGM glaciers of the northwest Barguzinsky Ridge, Northern Baikal, Russia[J]. Palaeogeography Palaeoclimatology Palaeoecology, 2004, 209(1-4): 219-226.

[145] Owen L A, Caffee M W, Finkel R C, et al. Quaternary glaciation of the Himalayan-Tibetan orogen[J]. Journal of Quaternary Science, 2008, 23(6-7): 513-531.

[146] Owen L A, Dortch J M. Nature and timing of Quaternary glaciation in the Himalayan-Tibetan orogen[J]. Quaternary Science Reviews, 2014, 88: 14-54.

[147] Owen L A, Finkel R C, Barnard P L, et al. Climatic and topographic controls on the style and timing of Late Quaternary glaciation throughout Tibet and the Himalaya defined by ^{10}Be cosmogenic radionuclide surface exposure dating[J]. Quaternary Science Reviews, 2005, 24(12-13): 1391-1411.

[148] Owen L A, Finkel R C, Caffee M W. A note on the extent of glaciation throughout the Himalaya during the global Last Glacial Maximum[J]. Quaternary Science Reviews, 2002a, 21(1): 147-157.

[149] Owen L A, Kamp U, Spencer J Q, et al. Timing and style of Late Quaternary glaciation in the eastern Hindu Kush, Chitral, northern Pakistan: a review and revision of the glacial chronology based on new optically stimulated luminescence dating[J]. Quaternary International, 2002b, 97-98(1): 41-55.

[150] Pan B T, Burbank D, Wang Y, et al. A 900 ky record of strath terrace formation during glacial-interglacial transitions in northwest China[J]. Geology, 2003, 31(11): 957-960.

[151] Panahi A, Young G M. A geochemical investigation into the provenance of the Neoproterozoic Port Askaig Tillite, Dalradian Supergroup, western Scotland[J]. Precambrian Research, 1997, 85(1): 81-96.

［152］ Penck A, Brünckner E. Die Alpen im Eiszeitalter［J］. Tauchnitz Leipzig, 1909, (3): 1199.

［153］ Phillips W M, Sloan V F, Shorder J, et al. Asynchronous glaciated at Nanga Parbat northwestern Himalaya Moutains, Pakistau［J］. Geology, 2000, 28(5): 431-434.

［154］ Porter S C, Pierce K L, Hamilton T D. Late Wisconsin mountain glaciation in the western United States ［M］. In: Porter S C ed. Late Quaternary Environments of the UnitedStates: The Late Pleistocene. Minneapolis:University of Minnesota Press , 1983: 71-111.

［155］ Porter S C. Pleistocene snowlines and glaciation of the Hawaiian Islands［J］. Quaternary International, 2005, 138(138): 118-128.

［156］ Porter S C. Snowline depression in the tropics during the Last Glaciation［J］. Quaternary Science Reviews, 2000, 20(10): 1067-1091.

［157］ Prescott J R, Hutton J T. Cosmic ray contributions to dose rates for luminescence and ESR dating: large depths and long-term time variations［J］. Radiation measurements, 1994, 23(2): 497-500.

［158］ Prescott J R, Stephan L G. The contribution of cosmic radiation to the environmental dose for thermoluminescence dating. Latitude, altitude and depth dependences［C］. Pact, 1982, 6: 17-25.

［159］ Prins M A, Postma G, Weltje G J. Controls on terrigenous sediment supply to the Arabian Sea During the Late Quaternary: The Indus Fan［J］. Marine Geology, 2000, 169(3): 327-349.

［160］ Rea D K, Janecek T R. Mass-Accumulation Rates of the Non-Authigenic Inorganic Crystalline (Eolian) Component of Deep-Sea Sediments from the Western Mid-Pacific Mountains, Deep Sea Drilling Project Site 463［M］. Initial Reports of the Deep Sea Drilling Project, 1981: 653-659.

［161］ Richards B W, Owen L A, Rhodes E J. Timing of Late Quaternary glaciations in the Himalayas of northern Pakistan［J］. Journal of Quaternary Science, 2000, 15(3): 283-297.

［162］ Rink W J, Bartoll J, Schwarcz H P, et al. Testing the reliability of ESR dating of optically exposed buried quartz sediments［J］. Radiation Measurements, 2007, 42(10): 1618-1626.

［163］ Rink W J. Electron spin resonance (ESR) dating and ESR applications in Quaternary science and archaeometry［J］. Radiation Measurements, 1997, 27(5): 975-1025.

［164］ Rost K T. Paleoclimatic field studies in and along the Qinling Shan (Central China)［J］. Geojournal, 1994, 34(1): 107-120.

［165］ Sauchyn D J, Cruden D M, Hu X Q. Structural control of the morphometry of open rock basins, Kananaskis region, Canadian Rocky Mountains［J］. Geomorphology, 1998, 22(3): 313-324.

［166］ Sawagaki T, Iwasaki S, Nakamura Y, et al. Late Quaternary glaciationin the Hidaka Mountain range, Hokkaido, northernmost Japan, Its chronology and deformation till［J］. Zeitschrifi fur Geomorphologie, 2003, 130: 237-262.

［167］ Schaefer J M, Oberholzer P, Zhao Z, et al. Cosmogenic beryllium-10 and neon-21 dating of late Pleistocene glaciations in Nyalam, monsoonal Himalayas［J］. Quaternary Science Reviews, 2008, 27(3-4): 295-311.

［168］ Schumm S A. The fluvial system［M］. Wiley, 1977.

［169］ Schwarcz H P. Current challenges to ESR dating［J］. Quaternary Science Reviews, 1994, 13(5-7): 601-605.

［170］ Shi Y F, Yu G, Liu X D, et al. Reconstruction of the 30 ~ 40 ka BP enhanced Indian monsoon climate based on geological records from the Tibetan Plateau［J］. Palaeogeography, Palaeoclimatology, Palaecology, 2011, 169(1/2): 69-83.

［171］ Shi Y F. Characteristics of late Quaternary monsoonal glaciation on the Tibetan Plateau and in East Asia

[J]. Quaternary International, 2002, 97(02): 79-91.

[172] Siame L, Chu H T, Carcaillet J, et al. Glacial retreat history of Nanhuta Shan (north-east Taiwan) from preserved glacial features: the cosmic ray exposure perspective[J]. Quaternary Science Reviews, 2007, 26 (17-18): 2185-2200.

[173] Stauch G, Lehmkuhl F, Frechen M. Luminescence chronology from the Verkhoyansk Mountains (North-Eastern Siberia)[J]. Quaternary Geochronology, 2007, 2(1-4): 255-259.

[174] Stuut J B W, Prins M A, Schneider R R, et al. A 300-kyr record of aridity and wind strength in southwestern Africa: inferences from grain-size distributions of sediments on Walvis Ridge, SE Atlantic[J]. Marine Geology, 2002, 180(1-4): 221-233.

[175] Sun Y, Wang X, Liu Q, et al. Impacts of post-depositional processes on rapid monsoon signals recorded by the last glacial loess deposits of northern China[J]. Earth & Planetary Science Letters, 2010, 289(s 1-2): 171-179.

[176] Svensson H. Is the cross-section of a glacial valley a parabola? [J]. Journal of Glaciology, 1959, 3(25): 362-363.

[177] Tanaka K, Hataya R, Spooner N A, et al. Dating of marine terrace sediments by ESR, TL and OSL methods and their applicabilities[J]. Quaternary Science Reviews, 1997, 16(3-5): 257-264.

[178] Tanaka T, Sawada S, Ito T. ESR dating of late Pleistocene near-shore and terrace sands in southern Kanto, Japan[M]. ESR dating and Dosimetry, 1985, 275-280.

[179] Taylor S R, McLennan S M. The Continental Crust: Its Composition and Evolution[M]. London: Blackwell, 1985, 277.

[180] Toyoda S, Ikeya M. Thermal stabilities of paramagnetic defect and impurity centers in quartz: Basis for ESR dating of thermal history[J]. Geochemical Journal, 1991, 25(6): 437-445.

[181] Toyoda S, Voinchet P, Falguères C, et al. Bleaching of ESR signals by the sunlight: a laboratory experiment for establishing the ESR dating of sediments[J]. Applied Radiation & Isotopes Including Data Instrumentation & Methods for Use in Agriculture Industry & Medicine, 2000, 52(5): 1357-1362.

[182] Trenhaile A S. Cirque Morphometry in the Canadian Cordillera[J]. Annals of the Association of American Geograohers, 1976, 66(3): 451-462.

[183] Unwin D J. The Distribution and Orientation of Corries in Northern Snowdonia, Wales[J]. Transactions of the Institute of British Geographers, 1973, 58: 85-97.

[184] Vilborg L. The cirque forms of Central Sweden[J]. Geografiska Annaler, 1984, 66A (1-2): 41-77.

[185] Vilborg L. The cirque forms of Swedish Lapland[J]. Geografiska Annaler. Series A: Physical Geography, 1977, 59(3-4): 89-150.

[186] Voinchet P, Falguères C, Laurent M, et al. Artificial optical bleaching of the Aluminium center in quartz implications to ESR dating of sediments[J]. Quaternary Science Reviews, 2003, 22(10-13): 1335-1338.

[187] Voinchet P, Falguères C, Tissoux H, et al. ESR dating of fluvial quartz: Estimate of the minimal distance transport required for getting a maximum optical bleaching[J]. Quaternary Geochronology, 2007, 2(1-4): 363-366.

[188] Wang J, Kassab C, Harbor J M, et al. Cosmogenic nuclide constraints on late Quaternary glacial chronology on the Dalijia Shan, northeastern Tibetan Plateau[J]. Quaternary Research, 2013, 79(3): 439-451.

[189] Wang J, Pan B T, Zhang G L, et al. Late Quaternary glacial chronology on the eastern slope of Gongga Mountain, eastern Tibetan Plateau, China[J]. Science China Earth Sciences, 2013, 56(3): 354-365.

[190] Wang J, Raisbeck G, Xu X B, et al. In situ cosmogenic [10]Be dating of the Quatenary glaciations in the-southern Shaluli Mountain on the Southeastern Tibetan Plateau[J]. Science in China(Series D), 2006, 49 (12): 1291-1298.

[191] Wang L, Sarnthein M, Erlenkeuser H, et al. East Asian monsoon climate during the Late Pleistocene: high-resolution sediment records from the South China Sea[J]. Marine Geology, 1999, 156(1-4): 245-284.

[192] Wang X L, Lu Y C, Zhao H. On the performance of the single-aliquot regenerative-dose (SAR) protocol for Chinese loess: Fine quartz and polymineral grains[J]. Radiation Measurements, 2006, 41(1): 1-8.

[193] Wang Y, Li C, Wei H, et al. Late Pliocene-recent tectonic setting for the Tianchi volcanic zone, Changbai Mountains, northeast China[J]. Journal of Asian Earth Sciences, 2003, 21(10): 1159-1170.

[194] Van R T, Houtgast R F, Van F M. Sediment budget and tectonic evolution of the Meuse catchment in the Ardennes and the Roer Valley Rift System[J]. Global & Planetary Change, 2000, 27(1): 113-129.

[195] Wissmann H V. The Pleistocene Glaciation in China [J]. Bulletin of the Geological Society of China, 1937, 17(2): 145-168.

[196] Xu L B, Ou X J, Lai Z P, et al. Timing and style of Late Pleistocene glaciation in the Queer Shan, northern Hengduan Mountains in the eastern Tibetan Plateau[J]. Journal of Quaternary Science. 2010, 25(6): 957-966.

[197] Xu L B, Zhou S Z. Quaternary glaciations recorded by glacial and fluvial landforms in the Shaluli Mountains, Southeastern Tibetan Plateau[J]. Geomorphology, 2009, 103(2): 268-275.

[198] Xu X, Yang J, Dong G, et al. OSL dating of glacier extent during the Last Glacial and the Kanas Lake basin formation in Kanas River valley, Altai Mountains, China[J]. Geomorphology, 2009, 112(3): 306-317.

[199] Yang J Q, Cui Z J, Yi C L, et al. "Tali Glaciation" on Massif Diancang[J]. Science in China, 2007, 50 (11): 1685-1692.

[200] Yang J Q, Zhang W, Cui Z J, et al. Late Pleistocene glaciation of the Diancang and Gongwang Mountains, southeast margin of the Tibetan Plateau[J]. Quaternary International, 2006, 154/155: 52-62.

[201] Yang J, Zhang W, Cui Z, et al. Climate change since 11.5 ka on the Diancang Massif on the southeastern margin of the Tibetan Plateau[J]. Quaternary Research, 2010, 73(3): 304-312.

[202] Yang S, Lau K M, Kim K M. Variations of the East Asian jet stream and Asian-Pacific-American winter climate anomalies[J]. Jounal of Climate, 2002, 15(3): 306-325.

[203] Yao T D, Thompson L G, Shi Y F, et al. Climate variation since the Last Interglaciation recorded in the Guliya ice core[J]. Science in China, 1997, 40(6): 662-668.

[204] Ye Y G, Diao S B, He J, et al. ESR dating studies of palaeo-debris-flow deposits in Dongchuan, Yunnan Province, China[J]. Quaternary science reviews, 1998, 17(11): 1073-1076.

[205] Yeh T C, Dao S J, Li M T. The abrupt change of circulation over the northern hemisphere during June and October[M]. The atmosphere and the sea in motion. 1959: 249-267.

[206] Yi C L, Jiao K Q, Liu K X, et al. ESR dating of the sediments of the Last Glaciation at the source area of the Urumqi River, Tian Shan Mountains, China[J]. Quaternary International, 2002, 97/98(3): 141-146.

[207] Yi C L, Liu K X, Cui Z J. AMS dating on glacial tills at the source area of the Urumqi River in the Tianshan Mountains and its implications[J]. Chinese Science Bulletin, 1998, 43(20): 1749-1751.

[208] Yi C L, Liu K X, Cui Z J, et al. AMS radiocarbon dating of late Quaternary glacial landforms, source of Urumqi River, Tianshan-a pilot study of ^{14}C dating on inorganic carbon[J]. Quaternary International, 2004,

121(1): 99-107.

[209] Yi C L. Subglacial comminution in till—evidence from microfabric studies and grain-size distributions[J]. Journal of Glaciology, 1997, 43(145): 437-479.

[210] Yin Y. Palaeoenvironmental Evolution Deduced from Organic Carbon Stable Isotope Compositions of Napahai Lake Sediments, Northwestern Yunnan, China[J]. Journal of Lake Science, 2001, 13(4): 289-295.

[211] Yiou F, Raisbeck G M, Bourles D, et al. ^{10}Be in ice at Vostok Antarctica during the last climatic cycle [J]. Nature, 1985, 316(6029): 616-617.

[212] Yiou F, Raisbeck G M, Klein J, et al. ^{26}Al/^{10}Be in terrestrial impact glasses[J]. Journal of Non-Crystalline Solids, 1984, 67(1-3): 503-509.

[213] Yokoyama Y, Falgueres C, Quaegebeur J P. ESR dating of quartz from Quaternary sediments: First attempt [J]. Nuclear Tracks & Radiation Measurements, 1985, 10(4-6): 921-928.

[214] Yoshida H. ANU-Digital Collections: Quaternary dating studies using ESR signals, with emphasis on shell, coral, tooth enamel and quartz[D]. Australian National University, 1996.

[215] Young G M, Wayne N H. Paleoclimatology and provenance of the glaciogenic Gowganda Formation (Paleoproterozoic), Ontario, Canada: A chemostratigraphic approach[J]. Geological Society of America Bulletin, 1999, 111(2): 264-274.

[216] Zech R, Zech M, Kubik P W, et al. Deglaciation and landscape history around Annapurna, Nepal, based on ^{10}Be surface exposure dating[J]. Quaternary Science Reviews, 2009, 28(11): 1106-1118.

[217] Zech W, Glaser B, Abramowski U, et al. Reconstruction of the Late Quaternary Glaciation of the Macha Khola valley (Gorkha Himal, Nepal) using relative and absolute (^{14}C, ^{10}Be, dendrochronology) dating techniques[J]. Quaternary Science Reviews, 2003, 22(21-22): 2253-2265.

[218] Zhang B, Ou X J, Lai Z P. OSL ages revealing the glacier retreat in the Dangzi valley in theeastern Tibetan Plateau during the Last Glacial Maximum[J]. Quatemary Geochronology, 2012, 10(7): 244-249.

[219] Zhang H, Wünnemann B, Ma Y, et al. Lake Level and Climate Changes between 42,000 and 18,000 ^{14}C yr BP in the Tengger Desert, Northwestern China[J]. Quaternary Research, 2002, 58(1): 62-72.

[220] Zhang W, Cui Z J, Feng J L, et al. Late Pleistocene glaciation of the Hulifang Massif of Gongwang mountains in Yunnan Province[J]. Journal of Geographical Sciences, 2005, 15(4): 448-458.

[221] Zhang W, Cui Z J, Li Y L. Review of the timing and extent of glaciers during the last glacial cycle in the bordering mountains of Tibet and in East Asia[J]. Quaternary International, 2006, 154-155(5): 32-43.

[222] Zhang W, Cui Z J. Yan L. Present and Late Pleistocene equilibrium line altitudes in Changbai Mountains, Northeast China[J]. Journal of Geographical Sciences, 2009, 19(3): 373-383.

[223] Zhang W, He M Y, Li Y H, et al. Quaternary glacier development and the relationship between the climate change and tectonic uplift in the Helan Mountain[J]. Chinese Science Bulletin, 2012a, 57(34): 4491-4504.

[224] Zhang W, Niu Y B, Yan L, et al. Late Pleistocene glaciation of the Changbai Mountains in northeastern China[J]. Chinese Science Bulletin, 2008, 53(17): 2672-2684.

[225] Zhao J D, Liu S Y, He Y Q, et al. Quaternary glacialchronology of the Ateaoyinake river valley, Tianshan Mountains, China[J]. Geomorphology, 2008, 103(2): 276-284.

[226] Zhao J D, Liu S Y, Wang J, et al. Glacial advances and ESR chronology of the Pochengzi glaciation, Tianshan Mountains, China[J]. Science China Earth Sciences, 2010, 53(3): 403-410.

[227] Zhao J D, Zhou S, He Y Q, et al. ESR dating of glacial tills and glaciations in the Urumqi River headwa-

ters, Tianshan Mountains, China[J]. Quaternary International, 2006, 144(1): 61-67.

[228] Zhou S Z, Jiao K Q, Zhao J D, et al. Geomorphology of the Urümqi River Valley and the uplift of the Tianshan Mountains in Quaternary[J]. Science in China, 2002a, 45(11): 961-968.

[229] Zhou S Z, Li J J, Zhang S Q. Quaternary glaciation of the Bailang River Valley, Qilian Shan[J]. Quaternary International, 2002b, 97-98(02): 103-110.

[230] Zhou S Z, Wang X L, Wang J, et al. A preliminary study on timing of the oldest Pleistocene glaciation in Qinghai-Tibetan Plateau[J]. Quaternary International, 2006, 154: 44-51.

[231] Zhou S Z, Xu L B, Cui J Q, et al. Geomorphologic evolution and environmental changes in the Shaluli Mountain region during the Quaternary[J]. Chinese Science Bulletin, 2005, 50(1): 52-57.

[232] Zhou S Z. Xu L B, Patrick M C, et al. Cosmogenic 10Be dating of Guxiang and Baiyu Glaciations[J]. Chinese Science Bulletin, 2007, 52(10): 1387-1393.

[233] Zimmerman D W. Thermoluminescence from fine grains from ancient pottery[J]. Archaeometry, 1967, 10(1): 26-28.

[234] 《宁夏贺兰山地区第四纪古冰川的研究》课题组. 贺兰山第四纪古冰川研究及其意义[J]. 宁夏大学学报:自然科学版, 1993, 14(3): 80-83.

[235] 安保华. 老君山岩体特征, 成因及其找矿意义探讨[J]. 西南矿产地质, 1990, 4(1): 30-35.

[236] 柏道远, 贾宝华, 王先辉. 青藏高原隆升过程的磷灰石裂变径迹分析方法[J]. 沉积与特提斯地质, 2004, 24(1): 35-40.

[237] 鲍淑燕. 雅砻江下游河流阶地研究及其新构造运动意义[D]. 北京:中国地质大学, 2014.

[328] 曹凯, 王国灿, Peter van der Beek. 热年代学年龄温度法和年龄高程法的应用条件:对采样策略及年龄表达的启示[J]. 地学前缘, 2011, 18(6): 347-357.

[239] 曾永年, 马海洲, 李珍, 等. 西宁地区湟水阶地的形成与发育研究[J]. 地理科学, 1995, 15(3): 253-258.

[240] 長谷川裕彦. 北アルプス西南部、打込谷の氷河地形地と氷河前進期[J]. 地理学評論, 1992. 65A(4): 320-338.

[241] 長田敏明. 我が国の氷河論争の2つの系譜[J]. 地学教育と科学運動 2011, 66: 80-87.

[242] 常宏, 安芷生, 强小科, 等. 河流阶地的形成及其对构造与气候的意义[J]. 海洋地质动态, 2005, 21(2): 8-11.

[243] 陈福忠, 廖国兴. 昌都地区地质基本特征[M]//地质矿产部青藏高原地质文集编委会. 青藏高原地质文集. 北京:地质出版社, 1983.

[244] 陈富斌, 陈继良, 徐毅峰, 等. 玉龙雪山-苍山地区第四纪沉积与层状地貌的新构造分析[J]. 地理学报, 1992, 47(5): 430-441.

[245] 陈桂华, 徐锡伟, 袁仁茂, 等. 川滇块体东北缘晚第四纪区域气候-地貌分析及其构造地貌年代学意义[J]. 第四纪研究, 2010, 30(4): 837-854.

[246] 陈弘, 刘坚, 王宏斌. 琼东南海域表层沉积物常量元素地球化学及其地质意义[J]. 海洋地质与第四纪地质, 2007, 27(6): 39-45.

[247] 陈慧娴. 光释光测年方法与应用[J]. 中山大学研究生学刊:自然科学与医学版, 2013(2): 57-70.

[248] 陈钦峦, 赵维城. 从航片上观察点苍山冰川地貌[J]. 云南地理环境研究, 1997, 9(2): 66-73.

[249] 陈荣彦, 宋学良, 张世涛, 等. 滇池700年来气候变化与人类活动的湖泊环境响应研究[J]. 盐湖研究, 2008, 16(2): 7-12.

[250] 陈铁梅. ^{14}C 测年与示踪用于研究四万年来的全球变化[J]. 第四纪研究, 1990, 10(2): 181-187.

［251］陈铁梅. 第四纪测年的进展与问题［J］. 第四纪研究，1995（2）：182-191.

［252］陈文寄，彭贵. 年轻地质体系的年代测定［M］. 北京：地震出版社，1991：156-173.

［253］陈亚宁，王志超，高顺利. 西藏南迦巴瓦峰地区冰川沉积物粒度特征的初步分析［J］. 干旱区地理，1986，9（3）：32-40.

［254］陈旸，陈骏，刘连文. 甘肃西峰晚第三纪红粘土的化学组成及化学风化特征［J］. 地质力学学报，2001，7（2）：167-176.

［255］陈艺鑫，李英奎，张梅，等. 昆仑山垭口地区"望昆冰期"冰碛宇宙成因核素[10]Be 测年［J］. 冰川冻土，2011，33（1）：101-109.

［256］仇士华，蔡莲珍. [14]C 测年技术新进展［J］. 第四纪研究，1997（3）：222-229.

［257］崔航，王杰. 冰川物质平衡线的估算方法［J］. 冰川冻土，2013，35（2）：345-354.

［258］崔之久，陈艺鑫，张威，等. 中国第四纪冰期历史、特征及成因探讨［J］. 第四纪研究，2011，31（5）：749-764.

［259］崔之久，高全洲，刘耕年，等. 青藏高原夷平面与岩溶时代及其起始高度［J］. 科学通报，1996，41（15）：1402-1406.

［260］崔之久，唐元新，李建江，等. 太白山佛爷池剖面的全新世环境变化信息［J］. 地质力学学报，2003，9（4）：330-336.

［261］崔之久，伍永秋，刘耕年，等. 关于"昆仑—黄河运动"［J］. 中国科学，1998，28（1）：53-59.

［262］崔之久，谢又予，李洪云. 四川攀西螺髻山第四纪冰川作用遗迹与冰期系列［J］. 冰川冻土，1986，8（2）：107-117.

［263］崔之久，谢又予. 论分歧的现状和展望——关于中国东部第四纪冰川问题［J］. 冰川冻土，1984，6（3）：77-86.

［264］崔之久，杨健夫，刘耕年，等. 季风的发展与冰川的消失——从台湾高山末次冰期冰川发育特征说起［J］. 冰川冻土，2000，22（1）：7-14.

［265］崔之久，杨健夫，刘耕年，等. 中国台湾高山第四纪冰川之确证［J］. 科学通报，1999，44（20）：2220-2224.

［266］崔之久，易朝路，严竞浮. 新疆阿尔泰山哈纳斯河流域及其邻域第四纪冰川作用［J］. 冰川冻土，1992，14（4）：342-351.

［267］崔之久，张威. 末次冰期冰川规模与冰川"异时""同时"问题的讨论［J］. 冰川冻土，2003，25（5）：510-516.

［268］崔之久. 贡嘎山现代冰川的初步观察［J］. 地理学报，1958，24（3）：318-338.

［269］崔之久. 混杂堆积与环境［M］. 石家庄：河北科学技术出版社，2013：1-718.

［270］崔之久. 青藏高原（及其邻近山地）冰川侵蚀地貌发育的基本特征与影响因素［J］. 地理学报，1980，35（2）：137-148.

［271］崔之久. 天山乌鲁木齐河源冰川侵蚀地貌与槽谷演化［J］. 冰川冻土，1981，3（增刊）：36-48.

［272］崔钟燮，张三焕，安在律. 长白山火山活动的现状和未来展望［J］. 国际地震动态，1999（3）：1-5.

［273］戴君虎，崔海亭，唐志尧，等. 太白山高山带环境特征［J］. 山地学报，2001，19（4）：299-305.

［274］单鹏飞，温晋林，璩向宁. 贺兰山东麓新构造运动特征初探［J］. 干旱区地理，1991，14（2）：15-20.

［275］邓合黎，李爱民，吴立伟. 横断山南部边缘地区蝴蝶种系分布［J］. 宜宾学院学报，2009，9（12）：90-95.

［276］邓起东. 天山活动构造［M］. 北京：地震出版社，2000：251-300，348-372.

［277］第四纪冰川考察队. 四川西昌螺髻山地区第四纪冰川地质［M］. 北京：地质出版社，1977：1-43.

[278] 丁国瑜. 我国东北地区的新构造环境与深震火山活动[J]. 东北地震研究, 1988, 4(3): 3-9.

[279] 董鸿闻, 白尚东, 王文利. 长白山地区地壳垂直运动的监测问题[J]. 东北测绘, 2002, 25(4): 37-39.

[280] 董元杰, 马玉增, 陈为峰, 等. 坡面侵蚀土壤磁化率变化机理的研究[J]. 土壤通报, 2008, 39(6): 1400-1403.

[281] 杜德文, 石学法, 孟宪伟, 等. 黄海沉积物地球化学的粒度效应[J]. 海洋科学进展, 2003, 21(1): 78-82.

[282] 杜榕桓, 康志成, 陈循谦, 等. 云南小江流域泥石流综合考察与防治规划研究[M]. 北京: 科学技术文献出版社重庆分社. 1987.

[283] 段建中, 薛顺荣, 钱祥贵. 滇西"三江"地区新生代地质构造格局及其演化[J]. 云南地质, 2001, 20(3): 243-253.

[284] 樊祺诚, 隋建立, 王团华, 等. 长白山天池火山粗面玄武岩的喷发历史与演化[J]. 岩石学报, 2006, 22(6): 1449-1457.

[285] 冯连君, 储雪蕾, 张启锐, 等. 化学蚀变指数(CIA)及其在新元古代碎屑岩中的应用[J]. 地学前缘, 2003, 10(4): 539-544.

[286] 冯志刚, 王世杰, 罗维均, 等. 不同前处理方法对红色风化壳粒度测试结果的影响[J]. 矿物学报, 2006, 26(1): 1-7.

[287] 高志友. 南海表层沉积物地球化学特征及物源指示[D]. 成都:成都理工大学, 2005.

[288] 耿侃, 杨志荣. 贺兰山气候特征与气候地貌[J]. 烟台师范学院学报:自然科学版, 1990(2): 49-56.

[289] 关伟. 日本气候的特征及其评价[J]. 辽宁师范大学学报:自然科学版, 1988(1): 61-67.

[290] 郭斌, 朱日祥, 白立新, 等. 黄土沉积物的岩石磁学特征与土壤化作用的关系[J]. 中国科学: D 辑, 2001, 31(5): 377-386.

[291] 郭恩华, 陈海平. 季风与地形对台湾降水的影响[J]. 热带地理, 1997, 17(1): 23-29.

[292] 郭宏伟, 陈晔, 李吉均. 祁连山冷龙岭南麓的冰川序列、黄土记录和阶地系列的初步研究[J]. 兰州大学学报: 自然科学版, 1995, 31(1):102-110.

[293] 韩同林, 劳雄, 郭克毅. 河北, 内蒙古中低山区发现罕见的冰臼群[J]. 地质论评, 1999, 45(5): 456-462.

[294] 何立德, 陈淑桦, 齐士峥. 台湾第四纪高山冰川后退模式[J]. 台湾地理学报, 2010, (59): 19-38.

[295] 何立德, 刘睿纮. 初探南湖大山第四纪冰川漂砾风化面强度与暴露年代之关系[J]. 地理学报, 2012, (67): 31-47.

[296] 何永峰, 王建力, 王勇. 长江三峡巫山地区第四纪沉积物元素地球化学特征[J]. 太原师范学院学报(自然科学版), 2009, 8(4): 94-100.

[297] 何元庆. 四川螺髻山地区某些混杂堆积物的成因探讨[J]. 冰川冻土, 1986, 8(4): 389-396.

[298] 胡东生, 张华京. 地球卫星遥感影像解译中国台湾地区的构造系统[J]. 中国工程科学, 2004, 6(4): 77-81.

[299] 胡守云, 吉磊, 王苏民, 等. 呼伦湖地区扎赉诺尔晚第四纪湖泊沉积物的磁化率变化及其影响因素[J]. 湖泊科学, 1995, 7(1): 33-40.

[300] 胡守云, 王苏民, Appel E, 等. 呼伦湖湖泊沉积物磁化率变化的环境磁学机制[J]. 中国科学, 1998, 28(4): 334-339.

[301] 黄茂桓, 施雅风. 三十年来我国冰川基本性质研究的进展[J]. 冰川冻土, 1988, 10(3): 228-237.

[302] 黄茂桓. 我国冰川温度研究 40 年[J]. 冰川冻土, 1999, 21(3): 193-199.

[303] 黄培华.中国第四纪气候演变与庐山"冰川遗迹"问题[J].冰川冻土,1982,4(3):1-14.

[304] 黄奇瑜,闫义,赵泉鸿,等.台湾新生代层序:反映南海张裂,层序和古海洋变化机制[J].科学通报,2012,57(20):1842-1862.

[305] 黄荣辉,顾雷,陈际龙,等.东亚季风系统的时空变化及其对我国气候异常影响的最近研究进展[J].大气科学,2008,32(4):691-719.

[306] 黄锡畴,刘德生,李祯.长白山北侧的自然景观带[J].地理学报,1959,25(6):435-446.

[307] 计凤桔,李建平,郑荣章.小江断裂沿线低阶地面热释光年代学标尺的研究[C].中国地震学会第七次学术大会.1998:613-616.

[308] 贾玉连,施雅风,曹建廷,等.40~30 ka BP期间高湖面稳定存在时青藏高原西南部封闭流域的古降水量研究[J].地球科学进展,2001,16(3):346-351.

[309] 贾玉连,施雅风,范云崎.四万年以来青海湖的三期高湖面及其降水量研究[J].湖泊科学,2000,12(3):211-218.

[310] 贾玉连,施雅风,马春梅,等.40 ka BP来亚非季风演化趋势及青藏高原泛湖期[J].地理学报,2004,59(6):829-840.

[311] 简平,刘敦一,孙晓猛.滇西北白马雪山和鲁甸花岗岩基SHRIMP U-Pb年龄及其地质意义[J].地球学报,2003,24(4):337-342.

[312] 江合理,赵井东,殷秀峰,等.阿尔泰山喀纳斯河流域末次冰期OSL年代学新证[J].冰川冻土,2012,34(2):304-310.

[313] 姜大膀,梁潇云.末次盛冰期东亚气候的成因检测[J].第四纪研究,2008,28(3):491-501.

[314] 姜汉侨.云南植被分布的特点及其地带规律性[J].云南植物研究,1980,2(1):22-33.

[315] 焦克勤.天山乌鲁木齐河源冰川谷的横剖面[J].冰川冻土3(增刊),1981:92-96.

[316] 焦世晖,王凌越,孙才奇,等.青藏高原末次盛冰期和全新世大暖期多年冻土边界变化的探讨[J].第四纪研究,2015,35(1):1-11.

[317] 金伯录,张希友.吉林省长白山全新世火山喷发期及火山活动特征[J].吉林地质,1994,13(2):1-12.

[318] 金嗣炤,邓中,黄培华.黄土石英E'中心光效应研究[J].科学通报,1991,36(10):741-744.

[319] 金哲,倪相.朝鲜冰雹的气候特征分析[J].北京大学学报:自然科学版,2015,0(3):437-443.

[320] 景才瑞,揭毅,景高了.论中国第四纪冰川研究的历史[J].华中师范大学学报:自然科学版,2010,44(2):330-336.

[321] 鞠远江,刘耕年,张晓咏,等.山地冰川物质平衡线与气候[J].地理科学进展,2004,23(3):43-49.

[322] 鞠远江,刘耕年.天山玛纳斯河源鹿角湾冰川地貌与冰期序列[J].冰川冻土,2005,27(6):907-912.

[323] 康建成,朱俊杰,陈宏凯.祁连山冷龙岭南坡晚第四纪冰川演化序列[J].冰川冻土,1992,14(4):352-359.

[324] 孔屏.宇宙成因核素在地球科学中的应用[C].中国科学院地质与地球物理研究所2002学术论文摘要汇编,2002,(9):41-48.

[325] 况明生,李吉均,赵瑜,等.云南省东北部拱王山第四纪冰川遗迹研究[J].冰川冻土,1997,19(4):366-372.

[326] 况明生,赵维城.云南大理点苍山地区更新世晚期沉积地层的ESR测年研究[J].云南地理环境研究,1997,9(1):49-57.

[327] 赖忠平, 欧先交. 光释光测年基本流程[J]. 地理科学进展, 2013, 32(5): 683-693.

[328] 赖祖铭, 黄茂桓. 我国冰川的模糊聚类分析[J]. 科学通报, 1988, 33(16): 1250-1254.

[329] 黎彤. 中国陆壳及其沉积层和上陆壳的化学元素丰度[J]. 地球化学, 1994, 23(2): 140-145.

[330] 李邦良. 白头山区冰川地貌航空卫星照片解译[J]. 地质论评, 1992, 38(5): 431-438.

[331] 李保俊, 杨景春, 李有利, 等. 根据砾石风化圈厚度估算地貌年龄[J]. 地理研究, 1996, 15(1): 11-21.

[332] 李秉成, 胡培华, 王艳娟. 关中泾阳塬全新世黄土剖面磁化率的古气候阶段划分[J]. 吉林大学学报: 地球科学版, 2009, 39(1): 99-106.

[333] 李炳元, 潘保田. 青藏高原古地理环境研究[J]. 地理研究, 2002, 21(1): 61-70.

[334] 李炳元, 王富葆, 张青松, 等. 西藏第四纪地质[M]. 北京: 科学出版社, 1983: 1-192.

[335] 李炳元. 横断山区地貌区划[J]. 山地研究, 1989, 7(1): 13-20.

[336] 李峰, 薛传东. 滇西北新生代以来地球动力学背景及其环境影响[J]. 大地构造与成矿学, 1999, 23(2): 115-122.

[337] 李福藻. 苍山水文[M]. 见: 段诚忠. 苍山植物科学考察报告. 昆明: 云南科技出版社, 1995: 28-37.

[338] 李光涛, 陈国星, 苏刚, 等. 滇西地区怒江河流阶地、夷平面变形反映的第四纪构造运动[J]. 地震, 2008, 28(3): 125-132.

[339] 李宏. 拱王山植被研究[J]. 云南师范大学学报: 自然科学版, 1997, 17(1): 117-122.

[340] 李虎侯. 黄土的热释光年代——光晒退的实验测定和结果修正[J]. 地球化学, 1984(2): 180-185.

[341] 李华勇, 潘安定, 明庆忠. 不同预处理方法对尕海沉积物粒度测试的影响[J]. 干旱区地理, 2011, 34(4): 621-628.

[342] 李吉均, 方小敏, 潘保田, 等. 新生代晚期青藏高原强烈隆起及其对周边环境的影响[J]. 第四纪研究, 2001, 21(5): 381-391.

[343] 李吉均, 方小敏. 青藏高原隆起与环境变化研究[J]. 科学通报, 1998, 43(15): 1568-1574.

[344] 李吉均, 方小敏, 马海洲, 等. 晚新生代黄河上游地貌演化与青藏高原隆起[J]. 中国科学, 1996, 26(4): 316-322.

[345] 李吉均, 冯兆东, 周尚哲. 横断山第四纪冰川作用遗迹. 见: 李吉均, 苏珍, 1996. 横断山冰川[M]. 北京: 科学出版社: 1-26.

[346] 李吉均, 康建成. 中国第四纪冰期、地文期和黄土记录[J]. 第四纪研究, 1989(3): 269-278.

[347] 李吉均, 舒强, 周尚哲, 等. 中国第四纪冰川研究的回顾与展望[J]. 冰川冻土, 2004, 26(3): 235-243.

[348] 李吉均, 张林源, 邓养鑫, 等. 庐山第四纪环境演变和地貌发育问题[J]. 中国科学: 化学 生物学 农学 医学 地学, 1983, 13(8): 734-745.

[349] 李吉均, 郑本兴, 杨锡金. 西藏冰川[M]. 北京: 科学出版社, 1986: 1-328.

[350] 李吉均, 周尚哲, 潘保田. 青藏高原东部第四纪冰川问题[J]. 第四纪研究, 1991(3): 193-203.

[351] 李吉均, 苏珍. 横断山冰川[M]. 北京: 科学出版社, 1996.

[352] 李吉均. 季风亚洲末次冰期的古冰川遗迹[J]. 第四纪研究, 1992(4): 332-340.

[353] 李吉均. 青藏高原的地貌演化与亚洲季风[J]. 海洋地质与第四纪地质, 1999, 19(1): 1-12.

[354] 李吉均. 青藏高原隆升与亚洲环境演变[M]. 北京: 科学出版社, 2006.

[355] 李江风. 乌鲁木齐河流域水文气候资源与区划[M]. 北京: 气象出版社, 2006.

[356] 李丽, 张威, 李云艳, 等. 大连市七顶山黄土剖面磁化率特征及其古环境变迁的初步研究[J]. 资源与产业, 2008, 10(6): 112-118.

[357] 李秋根, 刘树文, 韩宝福, 等. 新疆库鲁克塔格震旦系冰碛岩的地球化学特征及其对物源区的指示 [J]. 自然科学进展, 2004, 14(9): 999-1005.

[358] 李世杰. 天山乌鲁木齐河源更新世晚期的古环境重建:地貌—环境—发展[M]. 北京:中国环境出版社, 1995: 14-18.

[359] 李四光. 安徽黄山之第四纪冰川现象[J]. 中国地质学会会志, 1936, 15(3): 279-290.

[360] 李四光. 北京西山地区第四纪冰川遗迹和中国冰期问题. 见:中国第四纪冰川[M]. 北京:科学出版社, 1975: 1-160.

[361] 李四光. 冰期之庐山[J]. 中央研究院地质研究所专刊乙种第 2 号, 1947: 28-33.

[362] 李四光. 扬子江流域之第四纪冰期[J]. 中国地质学会会志, 1933, 13(1): 15-62.

[363] 李兴唐, 许学汉, 黄鼎成, 等. 渡口—西昌区域河流冲积层 ^{14}C 年龄与断裂活动最新地质年代研究 [J]. 地质科学, 1984(3): 262-275.

[364] 李徐生, 韩志勇, 杨守业, 等. 镇江下蜀土剖面的化学风化强度与元素迁移特征[J]. 地理学报, 2007, 62(11): 1174-1184.

[365] 李徐生, 杨达源. 镇江下蜀黄土 – 古土壤序列磁化率特征与环境记录[J]. 中国沙漠, 2002, 22(1): 27-32.

[366] 李旭, 刘金陵. 四川西昌螺髻山全新世植被与环境变化[J]. 地理学报, 1988, 43(1): 44-51.

[367] 李雪铭. 辽南滨海黄土粒度环境信息高分辨率研究[J]. 地理研究, 2002, 21(2): 201-209.

[368] 李英奎, JonHarbor, 刘耕年, 等. 宇宙核素地学研究的理论基础与应用模型[J]. 水土保持研究, 2005, 12(4): 139-145.

[369] 李英奎, 刘耕年, 崔之久. 冰川槽谷横剖面形态特征的古环境标志再探讨[J]. 应用基础与工程科学学报, 1999, 0(2): 163-170.

[370] 李英奎, 刘耕年. 冰川槽谷横剖面形态特征探析[J]. 冰川冻土, 2000a, 22(2): 171-177.

[371] 李英奎, 刘耕年. 冰川槽谷横剖面沿程变化及其对冰川动力的反映[J]. 地理学报, 2000b, 55(2): 235-242.

[372] 李勇, Densmore A L, 周荣军, 等. 青藏高原东缘数字高程剖面及其对晚新生代河流下切深度和下切速率的约束[J]. 第四纪研究, 2006, 26(2): 236-243.

[373] 李有利, 史兴民, 傅建利, 等. 山西南部 1.2 Ma BP 的地貌转型事件[J]. 地理科学, 2004, 24(3): 292-297.

[374] 李云艳. 大连市七顶山黄土沉积特征及其环境意义[D]. 大连:辽宁师范大学, 2009.

[375] 李竹南. 朝鲜北部及其邻区的新构造运动和现代地形构造的形成[J]. 吉林地质, 1991, 10(1): 1-12.

[376] 廖梦娜, 于革. 3 万年来亚洲降水与大气环流变化重建和模拟综述[J]. 地理科学进展, 2014, 33(6): 807-814.

[377] 林之光, 张家诚. 中国的气候[M]. 陕西人民出版社, 1985.

[378] 刘潮海, 王宗太, 蒲健辰, 等. 中国冰川及其分布特征[M]// 施雅风, 黄茂桓, 姚檀栋, 等. 中国冰川与环境——现在、过去和未来[M]. 北京:科学出版社, 2000: 20-23.

[379] 刘春茹, 尹功明, Rainer Grün. 石英 ESR 测年信号衰退特征研究进展[J]. 地球科学进展, 2013, 28(1): 24-30.

[380] 刘春茹, 尹功明, 高璐, 等. 第四纪沉积物 ESR 年代学研究进展[J]. 地震地质, 2011, 33(2): 490-498.

[381] 刘东生, 施雅风, 王汝建, 等. 以气候变化为标志的中国第四纪地层对比表[J]. 第四纪研究, 2000,

20(2)：108-128.

[382] 刘东生. 黄土与环境[M]. 北京：科学出版社，1985.

[383] 刘耕年，Li Yingkui，陈艺鑫，等. 喜马拉雅山佩枯岗日冰川地貌的年代学、平衡线高度和气候研究[J]. 冰川冻土，2011，33(5)：959-970.

[384] 刘耕年，傅海荣，崔之久，等. 太白山佛爷池湖泊沉积理化分析反映的8000 a BP以来环境变化[J]. 水土保持研究，2005，12(4)：1-4.

[385] 刘耕年，张跃，傅海荣，等. 贡嘎山海螺沟冰川沉积特征与冰下过程研究[J]. 冰川冻土，2009，31(1)：68-74.

[386] 刘耕年. 川西螺髻山冰川侵蚀地貌研究[J]. 冰川冻土，1989，11(3)：249-259.

[387] 刘耕年. 螺髻山冰川地貌[D]. 北京：北京大学，1985.

[388] 刘鸿雁，王红亚，崔海亭. 太白山高山带2000多年以来气候变化与林线的响应[J]. 第四纪研究，2003，23(3)：299-308.

[389] 刘嘉麒，王松山. 长白山火山与天池的形成时代[J]. 科学通报，1982(21)：1312-1315.

[390] 刘嘉麒. 中国东北地区新生代火山岩的年代学研究[J]. 岩石学报，1987(4)：21-31.

[391] 刘建辉，张培震，郑德文，等. 贺兰山晚新生代隆升的剥露特征及其隆升模式[J]. 中国科学：地球科学，2010(1)：50-60.

[392] 刘南威. 自然地理学[M]. 北京：科学出版社，2000：282.

[393] 刘若新，李继泰，魏海泉，等. 长白山天池火山——一座具潜在喷发危险的近代火山[J]. 地球物理学报，1992，35(5)：661-665.

[394] 刘若新. 长白山天池火山近代喷发[M]. 北京：科学出版社，1998：6-14.

[395] 刘淑珍，柴宗新. 横断山区地貌特征[J]. 大自然探索，1986，15(1)：139-143.

[396] 刘伟. 沉积物元素地球化学特征的古环境学意义[D]. 北京：中国地质大学，2008.

[397] 刘小丰，高红山，刘洪春，等. 河流阶地研究进展评述[J]. 西北地震学报，2011，33(2)：195-199.

[398] 刘小凤，袁道阳，刘百簾. 兰州及邻近地区河流阶地变形特征[J]. 西北地震学报，2003，25(2)：119-124.

[399] 刘啸. 白马雪山第四纪冰川地貌与冰期初步划分[D]. 大连：辽宁师范大学，2012：32-37.

[400] 刘兴诗. 四川盆地的第四纪[M]. 成都：四川科学技术出版社，1983.

[401] 刘兴旺，袁道阳. 兰州庄浪河阶地差分GPS测量与构造变形分析[J]. 西北地震学报，2012，34(4)：393-397.

[402] 刘秀铭，安芷生，强小科，等. 甘肃第三系红粘土磁学性质初步研究及古气候意义[J]. 中国科学：D辑，2001，31(3)：192-205.

[403] 刘勇，李吉均. 马衔山晚第四纪冰川与环境[M]. 见：李吉均. 中国西部第四纪冰川与环境. 北京：科学出版社，1991：46-56.

[404] 刘泽纯，刘振中，王富葆. 关于珠穆朗玛峰，腾格里峰，祁连山团结峰附近第四纪冰川发展的比较[J]. 地理学报，1962，28(1)：19-33.

[405] 柳田誠. 支笏降下軽石1(Spfa-1)の年代資料. 第四紀研究，1994，33(3)：205-207.

[406] 鹿比煜，安芷生. 前处理方法对黄土沉积物粒度测量影响的实验研究[J]. 科学通报，1997，42(23)：2535-2538.

[407] 鹿化煜，苗晓东，孙有斌. 前处理步骤与方法对风成红黏土粒度测量的影响[J]. 海洋地质与第四纪地质，2002，22(3)：129-135.

[408] 鹿野忠雄. 朝鮮東北部山地冰河地形[J]. 地理学评论，1937，13：1126-1145.

[409] 罗成德. 马鞍山的古冰川地貌[J]. 地理科学, 1997, 17 (3): 285-288.

[410] 吕洪波, 任晓辉, 杨超. 赤峰等地第四纪大陆冰川的地貌证据[J]. 地质论评, 2006, 52(3): 379-385.

[411] 吕厚远, 韩家懋, 吴乃琴, 等. 中国现代土壤磁化率分析及其古气候意义[J]. 中国科学: B 辑, 1994, 24(12): 1290-1297.

[412] 马光祖, 赵宗玲, 梁国立. 我国 X 荧光光谱分析现状[J]. 光谱学与光谱分析. 1982, 2(3-4): 281-287.

[413] 马配学, 郭之虞, 李坤, 等. ^{10}Be 和 ^{26}Al 就地产率与在地表岩石中浓度积累的定量模型[J]. 地球物理学进展, 1998, 13(1): 101-114.

[414] 马秋华, 何元庆. 太白山第四纪冰碛物特征与冰期[J]. 冰川冻土, 1988, 10(1): 66-75.

[415] 马瑞俊. 兰州地区的水文[J]. 西北师范大学学报: 自然科学版, 1984, (1): 37-51.

[416] 马玉增, 董元杰, 史衍玺, 等. 坡面侵蚀土壤化学性质对磁化率影响机理的研究[J]. 水土保持学报, 2008, 22(2): 51-53.

[417] 毛海明. 自然地理学[M]. 杭州: 浙江大学出版社, 2009.

[418] 米小建, 周亚利. 光释光测年及发展[J]. 湛江师范学院学报, 2012, 33(6): 66-70.

[419] 明庆忠, 苏怀, 史正涛, 等. 云南小中甸盆地湖相沉积记录的最近 5 次 Heinrich 事件[J]. 地理学报, 2011, 66(1): 123-130.

[420] 明庆忠. 滇西北玉龙山第四纪冰川作用的探讨[J]. 云南师范大学学报(自然科学版), 1996, 16(3): 94-104.

[421] 欧先交, 曾兰华, 隆浩, 等. 横断山地区末次冰期冰碛物石英光释光测年的适应性[J]. 冰川冻土, 2011, 33(1): 110-117.

[422] 欧先交, 赖忠平, 曾兰华, 等. 青藏高原及其周边山地冰川沉积物光释光测年: 综述及方法上的建议[J]. 地球环境学报, 2012, 3(2): 743-756.

[423] 欧先交, 张彪, 赖忠平, 等. 青藏高原东部当子沟末次冰期冰川演化光释光测年[J]. 地理科学进展, 2013, 32(2): 262-269.

[424] 潘保田, 李吉均, 李炳元. 青藏高原地面抬升证据讨论[J]. 兰州大学学报: 自然科学版, 2000b, 36 (4): 100-111.

[425] 潘保田, 苏怀, 刘小丰, 等. 兰州东盆地最近 1.2 Ma 的黄河阶地序列与形成原因[J]. 第四纪研究, 2007, 27(2): 172-180.

[426] 潘保田, 邬光剑, 王义祥, 等. 祁连山东段沙沟河阶地的年代与成因[J]. 科学通报, 2000a, 45 (24): 2669-2675.

[427] 庞奖励, 黄春长, 贾耀峰. 不同方法测定黄土和古土壤样品粒度的比较[J]. 陕西师范大学学报: 自然科学版, 2003, 31(4): 87-92.

[428] 庞奖励, 乔晶, 黄春长, 等. 前处理过程对汉江上游谷地"古土壤"粒度测试结果的影响研究[J]. 地理科学, 2013, 33(6): 748-754.

[429] 彭补拙, 杨逸畴. 南迦帕瓦峰地区自然地理与自然资源[M]. 北京: 科学出版社, 1996.

[430] 彭子成. 第四纪年龄测定的新技术——热电离质谱铀系法的发展近况[J]. 第四纪研究, 1997, (3): 258-264.

[431] 蒲晓强, 钟少军. 不同的前处理方法对南黄海沉积物粒度测试的影响[J]. 海洋地质动态, 2009, 25 (5): 15-18.

[432] 齐矗华, 甘枝茂, 惠振德, 等. 太白山及其邻近地区冰川地貌的基本特征[J]. 陕西师范大学学报: 自

然科学版，1985，(4)：53-70.

[433] 橋本誠二，熊野純男. 北部日高山脈の氷蝕地形[J]. 地质学雑誌，1955，61：208-217.

[434] 秦大河，冯兆东，李吉均. 天山乌鲁木齐河源地区主玉木冰期以来冰川变化和发育环境的研究[J]. 冰川冻土，1984，6(3)：51-62.

[435] 秦蕴珊，李铁刚，苍树溪. 末次间冰期以来地球气候系统的突变[J]. 地球科学进展，2000，15(3)：143-250.

[436] 秦蕴珊，赵一阳，陈丽蓉，等. 东海地质[M]. 北京：科学出版社，1987.

[437] 青木賢人. モレーン構成砾の風化皮膜の厚さから推定した中央ヌルプる北部にぉける氷河前進期. 地理学評論，1994，67(9)：601-618.

[438] 裴善文，李风华，隋秀兰. 长白山冰缘地貌[J]. 冰川冻土，1981，3(1)：26-31.

[439] 裴善文. 长白山古冰川、冰缘地貌的研究[J]. 第四纪研究，1990，(2)：137-145.

[440] 区域地质调查报告(地质部分)1：200000 云南省地质矿产局[M]，北京：地质出版社，1985：1-281.

[441] 屈鹏，郭东林. 祁连山东部近50年气候特征变化分析[J]. 干旱区资源与环境，2009，23(12)：66-70.

[442] 冉勇康，李祥根，掳顺民，等. 大理—丽江地区一些第四纪构造运动现象及认识. 国家地震局地质研究所. 现代地壳运动(5). 北京：地震出版社，1991：33-43.

[443] 任炳辉. 兰州地区附近山地第四纪冰川与冰缘问题[J]. 冰川冻土，1981，3(01)：19-25.

[444] 任健美，牛俊杰，胡彩虹，等. 五台山旅游气候及其舒适度评价[J]. 地理研究，2004，23(06)：856-862.

[445] 任美锷，刘振中，雍万里，等. 丽江和玉龙山地貌的初步研究[J]. 云南大学学报(自然科学版)，1957，4：9-18.

[446] 山崎直方. 日本に於ける氷河遺跡の発見[J]. 地质学雑誌，1902，9(108)：352-353.

[447] 邵雪梅. 树轮年代学的若干进展[J]. 第四纪研究，1997，17(3)：265-271.

[448] 沈玉昌. 长江上游河谷地貌[M]. 北京：科学出版社，1965，1-200.

[449] 施雅风，崔之久，李吉均. 中国东部第四纪冰川与环境问题[M]. 北京：科学出版社，1989.

[450] 施雅风，黄茂桓，姚檀栋. 中国冰川与环境——现在、过去和未来[M]. 北京：科学出版社，2000.

[451] 施雅风，贾玉连，于革，等. 40~30 ka BP青藏高原及邻区高温大降水事件的特征、影响及原因探讨[J]. 湖泊科学，2002，14(1)：1-11.

[452] 施雅风，李吉均，李炳元，等. 晚新生代青藏高原的隆升与东亚环境变化[J]. 地理学报，1999，54(1)：10-21.

[453] 施雅风，汤懋苍，马玉贞. 青藏高原二期隆升与亚洲季风孕育关系探讨[J]. 中国科学，1998，28(3)：263-271.

[454] 施雅风，姚檀栋. 中低纬度MIS3b(54~44 ka BP)冷期与冰川前进[J]. 冰川冻土，2002，24(1)：1-9.

[455] 施雅风，赵井东，王杰. 中国第四纪冰川新论[M]. 上海：上海科学普及出版社，2011.

[456] 施雅风，郑本兴，李世杰，等. 青藏高原中东部最大冰期时代高度与气候环境探讨[J]. 冰川冻土，1995，17(2)：97-112.

[457] 施雅风. 地理环境与冰川研究[M]. 北京：科学出版社，1998a：1-742.

[458] 施雅风. 第四纪中期青藏高原冰冻圈的演化及其与全球变化的联系[J]. 冰川冻土，1998b，20(3)：197-208.

[459] 施雅风. 对崔之久、张威《末次冰期冰川规模与冰川"异时""同时"问题的讨论》一文的商榷[J]. 冰

川冻土, 2003, 25 (5): 517.

[460] 施雅风. 韩同林的"冰臼论"是对花岗岩类岩石"负球状风化"的误解[J]. 地质论评, 2010, 56 (3): 349-354.

[461] 施雅风. 庐山真的有第四纪冰川吗?[J]. 自然辩证法通讯, 1981, (2): 41-45.

[462] 施雅风. 论李四光教授的庐山第四纪冰川是对泥石流的误读[J]. 地质论评, 2010, 56 (5): 683-692.

[463] 施雅风. 气候变化对西北华北水资源的影响[M]. 济南: 山东科学技术出版社, 1995.

[464] 施雅风. 中国冰川概论[M]. 北京: 科学出版社, 1988.

[465] 施雅风. 中国第四纪冰期划分改进建议[J]. 冰川冻土, 2002, 24 (6): 1-12.

[466] 施雅风. 中国东部中低山地有无发育第四纪冰川的可能性?[J]. 地质论评, 2011, 57 (1): 44-49.

[467] 施雅风. 中国第四纪冰川与环境变化[M]. 石家庄: 河北科学技术出版社, 2006: 503-518.

[468] 时文立. SPSS 19.0 统计分析从入门到精通[J]. 北京: 清华大学出版社, 2012.

[469] 史兴民, 杨景春. 河流地貌对构造活动的响应[J]. 水土保持研究, 2003, 10 (3): 48-51.

[470] 史正涛, 张世强, 周尚哲, 等. 祁连山第四纪冰碛物的 ESR 测年研究[J]. 冰川冻土, 2000, 22 (4): 353-357.

[471] 舒良树. 普通地质学[M]. 北京: 地质出版社, 2010.

[472] 宋方敏, 汪一鹏, 俞维贤, 等. 小江活动断裂带[J]. 北京: 科学出版社, 1998.

[473] 苏珍, 蒲健辰. 横断山冰川发育条件、数量及形态特征[M]. 见: 李吉均, 苏珍, 1996. 横断山冰川. 北京: 科学出版社, 1-25.

[474] 苏珍, 赵井东, 郑本兴. 中国现代冰川平衡线分布特征与末次冰期平衡线下降值研究[J]. 冰川冻土, 2014, 36 (1): 9-19.

[475] 苏珍. 从我国现代冰川研究的一些结果看庐山第四纪冰川问题[J]. 冰川冻土, 1984, 6 (2): 83-88.

[476] 孙国钧, 赵松岭. 甘肃省马衔山地区植被特征分析[J]. 西北植物学报, 1995, 15 (5): 115-120.

[477] 孙建中. 吉林省第四纪冰期的划分[J]. 地质学报, 1982, 56 (2): 174-186.

[478] 孙岩. 第四纪泥石流沉积物地球化学分析[D]. 大连: 辽宁师范大学, 2008.

[479] 孙有斌, 高抒, 鹿化煜. 前处理方法对北黄海沉积物粒度的影响[J]. 海洋与湖沼, 2001, 32 (6): 665-671.

[480] 孙玉芳, 强小科, 徐新文, 等. 黄土高原西北缘末次冰期晚期以来黄土沉积物的岩石磁学性质[J]. 地球物理学报, 2011, 54 (5): 1310-1318.

[481] 田泽生, 黄春长. 秦岭太白山古冰川发育与黄土高原气候变迁[J]. 地理研究, 1990, 9 (3): 15-23.

[482] 田泽生. 太白山第四纪冰川遗迹的探讨[J]. 西北大学学报: 自然科学版, 1981, (3): 59-69.

[483] 童国榜, 张俊牌, 范淑贤, 等. 秦岭太白山顶近千年来的环境变化[J]. 海洋地质与第四纪地质, 1996, 16 (4): 95-104.

[484] 万景林, 王瑜, 李齐, 等. 太白山中新生代抬升的裂变径迹年代学研究[J]. 核技术, 2005, 28 (9): 712-716.

[485] 万景林, 郑文俊, 郑德文, 等. 祁连山北缘晚新生代构造活动的低温热年代学证据[J]. 地球化学, 2010, 39 (5): 439-446.

[486] 万晔, 韩添丁, 朱静, 等. 云南点苍山-罗坪山地区地貌发育与第四纪冰川作用[J]. 热带地理, 2003, 23 (4): 304-308.

[487] 汪海斌, 陈发虎, 张家武. 黄土高原西部地区黄土粒度的环境指示意义[J]. 中国沙漠, 2002, 22 (1): 21-26.

[488] 王斌, 陈亚明, 周志宇. 贺兰山西坡不同海拔梯度上土壤氮素矿化作用的研究[J]. 中国沙漠, 2007,

27（03）：483-490.

[489] 王德杰, 范代读, 李从先. 不同预处理对沉积物粒度分析结果的影响[J]. 同济大学学报：自然科学版, 2003, 31（3）：314-318.

[490] 王二七, 樊春, 王刚, 等. 滇西哀牢山－点苍山形成的构造和地貌过程[J]. 第四纪研究, 2006, 26（2）：220-227.

[491] 王桂增. 东秦岭第四纪冰川概要[J]. 陕西地质, 1984, 2（2）：47-62.

[492] 王国灿. 隆升幅度及隆升速率研究方法综述[J]. 地质科技情报, 1995, 14（2）：17-22.

[493] 王国庆, 石学法, 刘焱光, 等. 长江口南支沉积物元素地球化学分区与环境指示意义[J]. 海洋科学进展, 2007, 25（4）：408-418.

[494] 王国芝, 王成善, 刘登忠, 等. 滇西高原第四纪以来的隆升和剥蚀[J]. 海洋地质与第四纪地质, 1999, 19（4）：67-74.

[495] 王海军, 张勃, 靳晓华, 等. 基于GIS的祁连山区气温和降水的时空变化分析[J]. 中国沙漠, 2009, 29（6）：1196-1202.

[496] 王浩. 青海湖湖相沉积[14]C 年代学与古环境研究[D]. 北京：中国科学院研究生院, 2011.

[497] 王建, G. Raisbeck, 徐孝彬, 等. 青藏高原东南部沙鲁里山南端第四纪冰川作用的[10]Be 年代学研究[J]. 中国科学, 2006, 36（8）：706-712.

[498] 王建, 刘泽纯, 姜文英, 等. 磁化率与粒度、矿物的关系及其古环境意义[J]. 地理学报, 1996, 51（2）：155-163.

[499] 王建, 徐孝彬. 地面测年技术——宇生同位素测年[J]. 地球科学进展, 2000, 15（2）：237-240.

[500] 王杰, 潘保田, 张国梁, 等. 贡嘎山东坡中更新世晚期以来冰川作用年代学研究[J]. 中国科学地球科学, 2012, 42（12）：1889-1900.

[501] 王杰, 周尚哲, 许刘兵. "8.2 ka BP 冷事件"的研究现状展望[J]. 冰川冻土, 2005, 27（4）：520-527.

[502] 王杰, 周尚哲, 赵井东, 等. 东帕米尔公格尔山地区第四纪冰川地貌与冰期[J]. 中国科学：地球科学, 2011, 41（3）：350-361.

[503] 王杰, 周尚哲. 宇宙成因核素技术在第四纪冰川测年研究中的评述及展望[J]. 冰川冻土, 2009, 31（3）：501-509.

[504] 王杰. 青藏高原及周边地区MIS3中期冰进探讨[J]. 第四纪研究, 2010, 30（5）：1055-1065.

[505] 王靖泰, 张振栓. 天山乌鲁木齐河源的冰川沉积[J]. 冰川冻土3（增刊）, 1981：49-56.

[506] 王靖泰. 天山乌鲁木齐河源的古冰川[J]. 冰川冻土3（增刊）, 1981：57-63.

[507] 王君波, 朱立平. 不同前处理对湖泊沉积物粒度测量结果的影响[J]. 湖泊科学, 2005, 17（1）：17-23.

[508] 王铠元, 孙克祥, 段彦学. 滇西地区新构造运动几个问题的探讨[J]. 青藏高原地质文集, 1983, （4）：201-212.

[509] 王美霞. 辽东半岛黄土地球化学特征研究及其环境意义[D]. 大连：辽宁师范大学, 2010.

[510] 王萍, 蒋汉朝, 袁道阳, 等. 兰州黄河Ⅱ和Ⅲ级阶地的地层结构、年龄及环境意义[J]. 第四纪研究, 2008, 28（4）：553-563.

[511] 王苏民, 吉磊. 呼伦湖晚第四纪湖相地层沉积学及湖面波动历史[J]. 湖泊科学, 1995, 7（4）：297-306.

[512] 王为, 周尚哲, 李炳元, 等. 崂山冰臼之质疑[J]. 第四纪研究, 2011, 31（5）：917-932.

[513] 王小燕, 邱维理, 张家富, 等. 晋陕峡谷北段保德－府谷地区唐县面上冲积物的特征及其地貌意义[J]. 第四纪研究, 2013, 33（4）：715-722.

[514] 王晓勇, 鹿化煜, 李珍, 等. 青藏高原东北部黄土堆积的岩石磁学性质及其古气候意义[J]. 科学通报, 2003, 48(15): 1693-1699.

[515] 王旭龙, 卢演俦, 李晓妮. 细颗粒石英光释光测年:简单多片再生法[J]. 地震地质, 2005, 27(4): 615-623.

[516] 王学印. 贺兰山西麓冰川遗迹[J]. 宁夏地质学会会刊, 1983, 4: 42-48.

[517] 王学印. 贺兰山西麓第四纪冰川遗迹[J]. 中国地质科学院天津地质矿产研究所文集 (20), 1988, 20: 149-156.

[518] 王宇. 云南气候变化概论[M]. 北京:气象出版社, 1996: 53-18.

[519] 王志麟. 贺兰山的冰川与环境[D]. 大连:辽宁师范大学, 2011.

[520] 王宗太. 天山中段及祁连山东段小冰期以来的冰川及环境[J]. 地理学报, 1991, 46(2): 160-168.

[521] 王宗太. 中国冰川的规模及其评价方法探讨[J]. 干旱区资源与环境, 1992, 6(4): 1-10.

[522] 隗福鹏. 宁夏新生代构造运动的若干表现和动力学过程[M]. 地震地质论文集. 天津科学技术出版社, 1986: 1-217.

[523] 魏海泉, 李春茂, 金伯禄, 等. 长白山天池火山造锥喷发岩浆演化系列与地层划分[J]. 吉林地质, 2005, 24(1): 22-27.

[524] 魏全伟, 谭利华, 王随继. 河流阶地的形成、演变及环境效应[J]. 地理科学进展, 2006, 25(3): 55-61.

[525] 魏文寿, 胡汝骥. 中国天山的降水与气候效应[J]. 干旱区地理, 1990, 13(1): 29-36.

[526] 文启忠, 孙福庆, 刁桂仪, 等. 黄土剖面中氧化物的比值和相对淋溶、积聚值在地质上的意义[J]. 地球化学, 1981, (4): 381-387.

[527] 乌尔坤, 叶玮, 陈显峰. 阿尔泰山"东山区"的古冰川作用与砂金矿[J]. 冰川冻土, 1992, 14(1): 63-72.

[528] 吴积善, 康志成, 田连全, 等. 云南蒋家沟泥石流观测研究[M]. 北京:科学出版社, 1990.

[529] 吴坤悌, 王胜, 陈明. 台湾岛与海南岛气候条件对比及其对农业种植的影响[J]. 热带作物学报, 2006, 27(3): 105-110.

[530] 吴瑞金. 湖泊沉积物的磁化率, 频率磁化率及其古气候意义——以青海湖, 岱海近代沉积为例[J]. 湖泊科学, 1993, 5(2): 128-135.

[531] 吴艳宏, 李世杰, 夏威岚. 可可西里苟仁错湖泊沉积物元素地球化学特征及其环境意义[J]. 地球科学与环境学报, 2004, 26(3): 64-68.

[532] 吴艳宏, 周俊. 山地环境与全球变化研究的进展与展望[J]. 第四纪研究, 2011, 31(5): 909-916.

[533] 伍光和. 祁连山的第四纪冰期问题[M]. 见,中国科学院兰州冰川冻土研究所集刊, 第5号. 北京科学出版社, 1985: 116-123.

[534] 伍光和. 祁连山的自然地理特征及冰川资源[M]. 见,中国科学院兰州冰川冻土研究所集刊, 第5号. 北京:科学出版社, 1984a, (5): 1-8.

[535] 伍光和. 祁连山新冰期冰碛的初步观察[J]. 冰川冻土, 1984b, 6(2): 53-60.

[536] 伍荣生. 现代天气学原理[M]. 北京:高等教育出版社, 1999.

[537] 伍永秋, 崔之久, 刘耕年, 等. 昆仑山垭口地区的冰期系列[J]. 冰川冻土, 1999, 21(1): 71-76.

[538] 武安斌. 冰碛物的粒度参数特征及其与沉积环境的关系[J]. 冰川冻土, 1983a, 5(2): 47-53.

[539] 武安斌. 祁连山冰川沉积物的粒度分布特征及流体动力环境的讨论[J]. 兰州大学学报:自然科学版, 1988, (S1): 29-35.

[540] 武安斌. 托赖山"七一"冰川流域冰碛石和冰水砾石的沉积构造分析[J]. 兰州大学学报:自然科学

版，1983b，19(3)：127-139.

[541] 夏正楷. 第四纪环境学[M]. 北京大学出版社，1997.

[542] 夏正楷. 太白山古冰川地貌与地质构造[J]. 冰川冻土，1990，12(2)：155-160.

[543] 向芳，朱利东，王成善，等. 长江三峡阶地的年代对比法及其意义[J]. 成都理工大学学报(自然科学版)，2005，32(2)：162-166.

[544] 肖海丰，沈吉，肖霞云. 云南鹤庆钻孔揭示的西南季风轨道尺度演化[J]. 第四纪研究，2006，26(2)：274-282.

[545] 肖清华，张旺生，张伟，等. 祁连山地区更新世以来冰期雪线变化研究[J]. 干旱区研究，2008，25(3)：426-432.

[546] 肖荣寰，胡俭彬. 东北地区末次冰期以来气候地貌的若干特征[J]. 冰川冻土，1988，10(2)：125-134.

[547] 谢昕，郑洪波，陈国成，等. 古环境研究中深海沉积物粒度测试的预处理方法[J]. 沉积学报，2007，25(5)：684-692.

[548] 谢又予，吴淑安. 九江庐山地区第四纪沉积物环境的初步探讨[M]. 见，地理集刊13号-地貌. 北京：科学出版社，1981.

[549] 谢又予. 沉积地貌分析[M]. 北京：海洋出版社，2000.

[550] 谢又予. 太白山冰缘地貌的初步研究[J]. 地理科学，1986，6(2)：183-190.

[551] 胥勤勉，杨达源，葛兆帅，等. 金沙江三堆子－乌东德河段阶地研究[J]. 地理科学，2006，26(5)：609-615.

[552] 徐树建，潘保田，陈莹莹，等. 陇西盆地晚更新世风成堆积物粒度参数的对比[J]. 海洋地质与第四纪地质，2005，25(3)：145-150.

[553] 徐树建，潘保田，高红山，等. 末次间冰期－冰期旋回黄土环境敏感粒度组分的提取及意义[J]. 土壤学报，2006，43(2)：183-189.

[554] 徐铁良. 南湖大山所谓冰川地形之检讨[J]. 地质，1990，10(1)：79.

[555] 徐锡伟，于贵华，马文涛，等. 中国大陆中轴构造带地壳最新构造变动样式及其动力学内涵[J]. 地学前缘，2003，10(S1)：160-167.

[556] 徐馨，曹琼英，王雪瑜，等. 第四纪环境研究方法[M]. 贵阳：贵州科技出版社，1992，69-57.

[557] 徐兴永，肖尚斌，李萍. 崂山古冰川遗迹的地质证据[J]. 中国石油大学学报：自然科学版，2005，29(4)：5-9.

[558] 许峰宇，钱刚. 萧县黄土剖面的磁化率测量及意义[J]. 徐州师范学院学报：自然科学版，1996，14(3)：51-54.

[559] 许刘兵，周尚哲，崔建新，等. 稻城冰帽区更新世冰川测年研究[J]. 冰川冻土，2004a，26(5)：528-534.

[560] 许刘兵，周尚哲，王杰. 沙鲁里山更新世冰川作用及西南季风波动对末次冰期冰川作用的影响[J]. 第四纪研究，2005，25(5)：620-629.

[561] 许刘兵，周尚哲. 川西硕曲河流阶地及其对山地抬升和气候变化的响应[J]. 冰川冻土，2007b，29(4)：603-612.

[562] 许刘兵，周尚哲. 基于宇宙成因核素^{10}Be 的青藏高原东南部地区末次间冰期以来地表岩石剥蚀速率研究[J]. 地质学报，2009，83(4)：487-495.

[563] 许刘兵，周尚哲. 宇宙成因核素测年方法及其在地球科学中的应用[J]. 冰川冻土，2006，28(4)：577-585.

[564] 许刘兵. 沙鲁里山地区第四纪冰川与地貌演变研究[D]. 兰州：兰州大学, 2005.

[565] 许向科. 阿尔泰山喀纳斯河流域晚更新世冰川地貌与冰期序列测年[D]. 北京：中国科学院研究生院, 2010.

[566] 闫成国. 宇宙核素测年法的基本原理及应用[J]. 地壳构造与地壳应力文集, 2007, (00)：83-92.

[567] 岩崎正吾, 平川一臣, 澤柿教伸. 日高山脈エサオマトタベッタ川流域における第四紀後期の氷河作用とその編年. 地学雑誌, 2000, 109(1)：37-55.

[568] 阎桂林. 考古磁学 - 磁学在考古中的应用[J]. 考古, 1997, (1)：84-91.

[569] 杨保, 施雅风. 40～30 ka BP 中国西北地区暖湿气候的地质记录及成因探讨[J]. 第四纪研究, 2003, 23(1)：60-68.

[570] 杨达源, 李郎平, 黄典, 等. 云南高原隆升特点的初步研究[J]. 第四纪研究, 2010, 30(5)：864-871.

[571] 杨达源. 长江研究[M]. 南京：河海大学出版社, 2004.

[572] 杨大庆, 姜彤, 张寅生, 等. 天山乌鲁木齐河源降水观测误差分析及其改正[J]. 冰川冻土, 1988, 10(4)：384-399.

[573] 杨建强, 崔之久, 易朝路, 等. 关于点苍山"大理冰期"[J]. 中国科学, 2007, 37(9)：1205-1211.

[574] 杨建强, 崔之久, 易朝露, 等. 云南点苍山冰川湖泊沉积物磁化率的影响因素及其环境意义[J]. 第四纪研究, 2004a, 24(5)：591-597.

[575] 杨建强, 崔之久, 易朝露, 等. 云南点苍山全新世以来的冰川湖泊沉积[J]. 地理学报, 2004b, 59(4)：525-533.

[576] 杨建强, 崔之久. 云南点苍山冰川地貌特征[J]. 水土保持研究, 2003, 10(3)：90-93.

[577] 杨兢红, 王颖, 张振克, 等. 苏北平原 2.58 Ma 以来的海陆环境演变历史———宝应钻孔沉积物的常量元素记录[J]. 第四纪研究, 2006, 26(3)：340-352.

[578] 杨景春, 郭正堂, 曹家栋. 用地貌学方法研究贺兰山山前断层全新世活动状况[J]. 地震地质, 1985, 7(4)：23-31.

[579] 杨景春, 李有利. 地貌学原理[M]. 北京：北京大学出版社, 2001：1-230.

[580] 杨景春, 刘光勋. 汾河南段河流阶地与新构造运动[M]. 北京：地震出版社, 1987, 30-41.

[581] 杨景春, 谭利华, 李有利, 等. 祁连山北麓河流阶地与新构造演化[J]. 第四纪研究, 1998, 18(3)：229-237.

[582] 杨景春, 李有利. 活动构造地貌学[M]. 北京：北京大学出版社, 2011, 48-56.

[583] 姚檀栋, Thompson L G, 施雅风, 等. 古里雅冰芯中末次间冰期以来气候变化记录研究[J]. 中国科学, 1997, 27(5)：447-452.

[584] 姚志强. 新构造运动在黄河中游河流阶地形成中的作用研究[J]. 池州学院学报, 2005, 19(3)：59-60.

[585] 业渝光, 和杰, 刁少波, 等. 晚更新世海岸风成砂 ESR 年龄的研究[J]. 海洋地质与第四纪地质, 1993, 13(3)：85-90.

[586] 业渝光. 电子自旋共振(ESR)测年方法简介[J]. 中国地质, 1992, (3)：28-29.

[587] 叶笃正, 高由禧. 青藏高原气象学[M]. 北京：科学出版社, 1979.

[588] 叶玮, Sadaya Y, Shinji K. 中国西风区黄土常量元素地球化学行为与古环境[J]. 干旱区地理, 2003, 26(1)：23-29.

[589] 易朝路, 崔之久, 熊黑钢. 中国第四纪冰期数值年表初步划分[J]. 第四纪研究, 2005, 25(5)：609-619.

[590] 易朝路,焦克勤,刘克新,等. 冰碛物 ESR 测年与天山乌鲁木齐河源末次冰期系列[J]. 冰川冻土, 2001, 23(4): 389-393.

[591] 易朝路,刘克新,崔之久. 天山乌鲁木齐河河源末次冰期以来冰川沉积物 AMS 测年及其意义[J]. 科学通报, 1998, (6): 655-656.

[592] 易朝路,明庆忠. 云南省昆明市东川区雪岭第四纪冰川遗迹[J]. 冰川冻土, 1991, 13(2): 185-186.

[593] 易朝路. 四川西南部小相岭东坡更新世冰川地貌与冰川沉积特征的初步研究[J]. 冰川冻土, 1989, 11(1): 76-81.

[594] 殷勇,方念乔,盛静芬,等. 云南中甸纳帕海湖泊记录指示的 57 ka 环境演化[J]. 海洋地质与第四纪地质, 2002, 22(4): 99-105.

[595] 尹金辉. 地质灾害事件的^{14}C 年代学研究[D]. 北京:中国地震局地质研究所, 2006.

[596] 尹泽生,徐叔鹰. 祁连山区域地貌与制图研究[M]. 北京:科学出版社, 1992.

[597] 于洋. 螺髻山古冰川发育与构造 – 气候演化的耦合关系[D]. 北京:辽宁师范大学, 2012.

[598] 余素华,文启忠,张士三,等. 中国西北地区晚第四纪黄土中镁铝地球化学与古气候意义[J]. 沉积学报, 1994, 12(1): 112-116.

[599] 余铁桥,贾铁飞. 巢湖 CH-1 孔沉积物磁性、粒度特征分析[J]. 上海师范大学学报:自然科学版, 2008, 37(5): 523-528.

[600] 俞立中,许羽,许世远,等. 太湖沉积物的磁性特征及其环境意义[J]. 湖泊科学, 1995, 7(2): 141-150.

[601] 虞光复,陈永森,朱光辉,等. 白马雪山自然保护区土壤类型及其分布规律[J]. 云南地理环境研究, 1996(1): 81-89.

[602] 袁复礼. 中国西南区第四纪地质的一些资料[J]. 第四纪研究, 1958, 1(2): 130-140.

[603] 袁旭音,陈骏,季峻峰,等. 太湖现代沉积物的物质组成和形成条件分析[J]. 南京大学学报(自然科学版), 2002, 38(6): 756-765.

[604] 云南省地质矿产局. 大理县幅、下关市幅、凤仪镇幅 1: 50000 区域地质调查报告[M]. 北京:地质出版社, 1990.

[605] 云南省地质矿产局第一区域地质调查队. 区域地质调查报告古学幅[M]. 北京:地质出版社, 1982: 83-171.

[606] 云南省地质矿产局区域地质调查队. 古学幅区域地质调查报告[M]. 北京:地质出版社, 1982: 83-88.

[607] 云南省地质矿产局区域区域地质调查队. 1: 200000 区域地质调查报告东川幅[M].北京:地质出版社,1980.

[608] 云南省林业厅. 白马雪山国家级自然保护区[M]. 昆明:云南民族出版社, 2003: 12-58.

[609] 张兰生. 我国晚更新世最后冰期气候复原[J]. 北京师范大学学报(自然科学版), 1980, (1): 101-118.

[610] 詹新甫. 台湾南湖大山冰蚀地形问题之商榷[J]. 中国地质学会会刊, 1960, (3): 109-111.

[611] 张纯哲,南万洙,太松花,等.长白山天池气象条件的分析[J].延边大学农学学报, 2007, 29(1): 33-36

[612] 张国飞,李忠勤,王文彬,等. 天山乌鲁木齐河源 1 号冰川 1959—2009 年物质平衡变化过程及特征研究[J]. 冰川冻土, 2012, 34(6): 1301-1309.

[613] 张红艳,鹿化煜,赵军,等. 超声波振荡对细颗粒黄土样品粒度测量影响的实验分析[J]. 沉积学报, 2008, 26(3): 494-500.

[614] 张华伟，鲁安新，王丽红，等. 祁连山地区气温和降水变化分析[J]. 甘肃联合大学学报：自然科学版，2011，25(5)：34-40.

[615] 张会平，张培震，郑德文，等. 祁连山构造地貌特征：青藏高原东北缘晚新生代构造变形和地貌演化过程的启示[J]. 第四纪研究，2012，32(5)：907-920.

[616] 张家富，周力平，姚书春，等. 湖泊沉积物的^{14}C和光释光测年——以固城湖为例[J]. 第四纪研究，2007，27(4)：522-528.

[617] 张进，马宗晋，任文军. 再论贺兰山地区新生代之前拉张活动的性质[J]. 石油学报，2004，25(6)：8-11.

[618] 张克旗，吴中海，吕同艳，等. 光释光测年法——综述及进展[J]. 地质通报，2015(01)：183-203.

[619] 张桥英，罗鹏，张运春，等. 白马雪山阴坡林线长苞冷杉(Abies georgei)种群结构特征[J]. 生态学报，2008，28(01)：129-135.

[620] 张瑞虎，刘韬，黎兵. 不同前处理方法和测量时间对泥炭中无机矿物颗粒粒度的影响[J]. 沉积学报，2011，29(2)：374-380.

[621] 张天琪，吕红华，赵俊香，等. 河流阶地演化与构造抬升速率——以天山北麓晚第四纪河流作用为例[J]. 第四纪研究，2014，34(2)：281-291.

[622] 张威，毕伟力，刘蓓蓓，等. 基于年代学约束的白马雪山晚第四纪冰川作用[J]. 第四纪研究，2015，35(1)：29-37.

[623] 张威，崔之久，郭善莉，等. 滇东北高山末次冰期冰川与环境[M]. 北京：知识产权出版社，2005.

[624] 张威，崔之久，李永化. 贺兰山第四纪冰川特征及其与气候和构造之间的耦合关系[J]. 科学通报，2012a，57(25)：2390-2402.

[625] 张威，崔之久. 云南东川拱王山、轿子山地区末次冰期冰川演化序列[J]. 水土保持研究，2003，10(3)：94-96.

[626] 张威，董应巍，于治龙，等. 气候和地貌对晚第四纪冰川发育差异性的影响[J]. 地理学报，2013b，68(7)：909-920.

[627] 张威，郭善莉，崔之久. 冰蚀湖相沉积物的环境磁学特征[J]. 辽宁工程技术大学学报：自然科学版，2004，23(6)：740-743.

[628] 张威，何代文，刘丽波，等. 四川螺髻山清水沟冰川槽谷演化及其影响因素[J]. 地理科学进展，2014a，33(10)：1397-1404.

[629] 张威，李媛媛，冯骥，等. 青藏高原东缘山地古冰川沉积物磁化率特点及其影响因素分析[J]. 地理科学进展，2012b，31(11)：1415-1425.

[630] 张威，刘蓓蓓，崔之久，等. 中国第四纪冰川作用与深海氧同位素阶段的对比和厘定[J]. 地理研究，2013a，32(4)：628-637.

[631] 张威，刘蓓蓓，崔之久，等. 中国典型山地冰川平衡线的影响因素分析[J]. 地理学报，2014a，69(7)：958-968.

[632] 张威，刘蓓蓓，李永化，等. 云南千湖山第四纪冰川发育特点与环境变化[J]. 地理学报，2012c，67(5)：657-670.

[633] 张威，刘蓓蓓. 滇西北山地末次冰期冰川发育及其基本特征[J]. 冰川冻土，2014b，36(1)：30-37.

[634] 张威，穆克华，崔之久，等. 云南拱王山地区全新世以来的环境变化记录[J]. 地球与环境，2007，35(4)：343-350.

[635] 张威，牛云博，闫玲，等. 吉林长白山地晚更新世冰川作用[J]. 科学通报，2008b，(15)：1825-1834.

[636] 张威，闫玲，崔之久，等. 东亚沿海山地末次冰期冰川与环境[J]. 地理学报，2009，64(1)：33-42.

[637] 张威，闫玲，崔之久，等. 长白山现代理论雪线和古雪线高度[J]. 第四纪研究，2008c，28(4)：739-745.

[638] 张威，闫玲，崔之久. 山地冰川冰斗发育的控制因素与气候变化[J]. 冰川冻土，2008a，30(2)：266-273.

[639] 张文彤，闫洁. SPSS统计分析基础教程[M]. 北京：高等教育出版社，2004.

[640] 张西娟，曾庆利，马寅生. 玉龙–哈巴雪山断块差异隆升的基本特征及其地质灾害效应[J]. 中国地质，2006，33(5)：1075-1082.

[641] 张祥松，朱国才，钱嵩林，等. 天山乌鲁木齐河源1号冰川雷达测厚[J]. 冰川冻土，1985，7(2)：153-162.

[642] 张谊光. 横断山区垂直气候的几个问题[J]. 资源科学，1998，20(3)：12-19.

[643] 张谊光. 横断山区气候区划[J]. 山地学报，1989，(1)：21-28.

[644] 张振克，吴瑞金，王苏民. 岱海湖泊沉积物频率磁化率对历史时期环境变化的反映[J]. 地理研究，1998，17(3)：297-302.

[645] 张振栓. 天山博格达峰地区冰碛物的粒度特征[J]. 冰川冻土，1983，5(3)：191-200.

[646] 张振栓. 天山乌鲁木齐河源的雪线变化[J]. 冰川冻土3(增刊)，1981：106-113.

[647] 张志刚，王建，徐孝彬，等. 稻城冰帽库照日冰碛垄的宇生核素[10]Be年代测定[J]. 海洋地质与第四纪地质，2012(1)：85-91.

[648] 张志刚，徐孝彬，王建，等. 青藏高原地区宇生核素暴露年代数据存在问题探讨[J]. 地质论评，2014，60(6)：1359-1369.

[649] 张子玉，俞劲炎. 土壤经大火焚烧后磁化率增加的机理探讨[J]. 土壤通报，1994(4)：163-165.

[650] 张宗祜. 川滇南北构造带中段晚新生代地质研究[M]. 北京：石油工业出版社，1994：234-253.

[651] 赵晨. X射线荧光光谱仪原理与应用探讨[J]. 电子质量. 2007，(2)：4-7.

[652] 赵成义，施枫芝，盛钰，等. 近50 a来新疆降水随海拔变化的区域分异特征[J]. 冰川冻土，2011，33(6)：1203-1213.

[653] 赵红格，刘池洋，王锋. 贺兰山隆升时限及其演化[J]. 中国科学，2007，37(S1)：185-192.

[654] 赵锦慧，王丹，鹿化煜，等. 西宁地区黄土地球化学元素所揭示的古气候变化[J]. 干旱区资源与环境，2006，20(5)：104-108.

[655] 赵井东，刘时银，何元庆，等. 天山阿特奥依纳克河流域冰川沉积序列[J]. 地理学报，2006，61(5)：491-500.

[656] 赵井东，刘时银，王杰，等. 天山破城子冰期的冰进及ESR年代学研究[J]. 中国科学，2009a，(12)：1681-1687.

[657] 赵井东，施雅风，李忠勤. 天山乌鲁木齐河流域冰川地貌与冰期研究的回顾与展望[J]. 冰川冻土，2011b，33(1)：118-125.

[658] 赵井东，施雅风，王杰. 中国第四纪冰川演化序列与MIS对比研究的新进展[J]. 地理学报，2011a，66(7)：867-884.

[659] 赵井东，王杰，刘时银. 天山木扎尔特河流域的冰川地貌与冰期[J]. 地理学报，2009b，64(5)：553-562.

[660] 赵井东，王杰，上官冬辉. 天山托木尔河流域第四纪冰川沉积序列及其初步年代学[J]. 冰川冻土，2009c，31(4)：628-633.

[661] 赵井东，王杰，殷秀峰. 中国第四纪冰川研究的现状与争议——兼记首届"中国第四纪冰川与环境变化"研讨会[J]. 冰川冻土，2013，35(1)：119-125.

[662] 赵井东,易朝路,郑本兴,等.施雅风教授对中国第四纪冰川研究的贡献[J].第四纪研究,2012,32(1):16-26.

[663] 赵井东,周尚哲,崔建新,等.摆浪河流域的 ESR 年代学与祁连山第四纪冰期新认识[J].山地学报,2001b,19(6):481-488.

[664] 赵井东,周尚哲,刘时银,等.中国西部山岳冰川 MIS3b 冰进的初步探讨[J].冰川冻土,2007,29(2):233-241.

[665] 赵井东,周尚哲,史正涛,等.祁连山东段冷龙岭南麓白水河冰碛物 ESR 测年研究[J].兰州大学学报,2001a,37(4):110-116.

[666] 赵景波.黄土地层化学成分迁移深度与含量研究[J].陕西师范大学学报(自然科学版),1999,27(3):103-107.

[667] 赵松龄.中国东部低海拔型古冰川遗迹[M].北京:海洋出版社,2010.

[668] 赵维城.论云南地貌体系[J].云南地理环境研究,1998,10(S1):47-55.

[669] 赵希涛,曲永新,李铁松.玉龙山东麓更新世冰川作用[J].冰川冻土,1999,21(3):242-248.

[670] 赵希涛,吴中海,朱大岗,等.念青唐古拉山脉西段第四纪冰川作用[J].第四纪研究,2002,22(5):424-433.

[671] 赵希涛,张永双,曲永新,等.玉龙山西麓更新世冰川作用及其与金沙江河谷发育的关系[J].第四纪研究,2007a,27(1):35-44.

[672] 赵希涛,郑绵平,李道明.云南迪庆小中甸古湖的形成演化及其与石鼓古湖和金沙江河谷发育的关系[J].地质学报,2007b,81(12):1645-1651.

[673] 赵兴田,高红,李德生,等.石英 E'心 ESR 信号光效应的研究[J].核技术,1991,(02):87-89.

[674] 赵一阳,鄢明才.中国浅海沉积物化学元素丰度[J].中国科学,1993,23(10):1084-1090.

[675] 赵一阳,张秀莲,夏青,等.东海各种沉积物的化学特征[J].科学通报.1986,(20):1573-1575.

[676] 赵志中,钱方,刘宗秀,等.青藏高原若干地点的第四纪冰川年代学——深切怀念孙殿卿院士[J].第四纪研究,2007,27(05):669-673.

[677] 郑本兴,马秋华.贡嘎山地区全新世的冰川变化、气候变化与河谷阶地发育[J].地理学报,1994,49(6):500-508.

[678] 郑本兴,施雅风.珠穆朗玛峰地区第四纪冰期探讨[M].见:中国科学院西藏科学考察队编.珠穆朗玛峰地区科学考察报告(1966-1968)[R].第四纪地质.北京:科学出版社,1976:29-62.

[679] 郑本兴.云南玉龙雪山第四纪冰期与冰川演化模式[J].冰川冻土,2000,22(1):53-61.

[680] 郑度.喜马拉雅山区与横断山区自然条件对比[J].山地研究,1988,(3):137-146.

[681] 郑彦鹏,韩国忠,王勇,等.台湾岛及其邻域地层和构造特征[J].海洋科学进展,2003,21(3):272-280.

[682] 钟雷.中国东部晚更新世冰川发育气候与构造运动的耦合关系研究[D].大连:辽宁师范大学,2010.

[683] 塚田松雄.日本列島における約2万年前の植生図[J].日本生態学会誌,1984,34(2):203-208.

[684] 周尚哲,李吉均,李世杰.青藏高原更新世冰川再认识[M]//中国西部第四纪冰川与环境(论文集).北京:科学出版社,1991:67-74.

[685] 周尚哲,李吉均,张世强,等.祁连山摆浪河谷地的冰川地貌与冰期[J].冰川冻土,2001a,23(2):131-138.

[686] 周尚哲,李吉均.第四纪冰川测年研究新进展[J].冰川冻土,2003,25(6):660-666.

[687] 周尚哲,欧先交,王杰,等.冰碛曝光问题的沉积学探讨——以帕米尔东坡阿依直苏冰川为例[J].

第四纪研究，2012，32(01)：39-45.

[688] 周尚哲，许刘兵，Colgan P M，等. 古乡冰期和白玉冰期的宇宙成因核素[10]Be 定年[J]. 科学通报，2007，52(8)：945-950.

[689] 周尚哲，许刘兵，崔建新，等. 沙鲁里山第四纪地貌发育与环境演变[J]. 科学通报，2004，49(23)：2480-2484.

[690] 周尚哲，易朝路，施雅风，等. 中国西部 MIS12 冰期研究[J]. 地质力学学报，2001b，7(4)：321-327.

[691] 周卫建. 最近 13 000 年我国环境敏感带的季风气候变迁及[14]C 年代学[D]. 西安：西北大学，1995.

[692] 朱大运，王建力. 青藏高原冰芯重建古气候研究进展分析[J]. 地理科学进展，2013，32(10)：1535-1544.

[693] 朱丽东，叶玮，周尚哲，等. 金衢盆地第四纪红土沉积粒度组成特征[J]. 海洋地质与第四纪地质，2006a，26(4)：111-116.

[694] 朱丽东，叶玮，周尚哲，等. 中亚热带第四纪红黏土的粒度特征[J]. 地理科学，2006b，26(5)：5586-5591.

[695] 朱乾根，林锦瑞，寿绍文，等. 天气学原理和方法[M]. 北京：气象出版社，2000.

[696] 朱银奎. 崂山花岗岩山脊壶穴的特征及成因探讨[J]. 地质论评，2014，60(2)：397-408.

[697] 竺可桢. 地学通论[M]. 长春：长春东北印书局. 1930.